石油高职院校特色规划教材

油田化学

主　编　史园园　刘晓丽
副主编　李　洋　张传周　魏　姗

石油工业出版社

内 容 提 要

本书全面系统地介绍了油田化学领域的核心技术和应用实践,从油田化学的基础知识出发,深入探讨了黏土矿物、钻井液技术、水泥浆体系等理论与关键技术,不仅涵盖了油层的化学改造和油水井的化学处理等关键环节,还特别关注了乳化原油的破乳、起泡原油的消泡、埋地管道的腐蚀与防腐措施、原油降凝输送技术以及天然气处理与油田污水处理等实际问题。理论与实践相结合的教学理念贯穿全书,旨在培养学生的实际操作技能和解决复杂问题的能力。

本书可作为高职高专石油地质、钻井、采油、集输、炼油和石油化工等专业的教材,也可作为石油行业技术人员的培训教材或参考书。

图书在版编目(CIP)数据

油田化学/史园园,刘晓丽主编.—北京:石油
工业出版社,2024.8.—(石油高职院校特色规划教材).
ISBN 978-7-5183-6779-5

Ⅰ. TE31

中国国家版本馆 CIP 数据核字第 202422Y3J7 号

出版发行:石油工业出版社
    (北京市朝阳区安定门外安华里二区1号楼 100011)
  网 址:www. petropub. com
  编辑部:(010) 64523697
  图书营销中心:(010) 64523633
经 销:全国新华书店
排 版:三河市聚拓图文制作有限公司
印 刷:北京中石油彩色印刷有限责任公司

2024年8月第1版   2024年8月第1次印刷
787毫米×1092毫米 开本:1/16 印张:16.5
字数:420千字

定价:40.00元
(如发现印装质量问题,我社图书营销中心负责调换)

《油田化学》编审人员名单

主　　编：史园园　濮阳职业技术学院

　　　　　刘晓丽　濮阳职业技术学院

副 主 编：李　洋　濮阳职业技术学院

　　　　　张传周　濮阳职业技术学院

　　　　　魏　姗　濮阳职业技术学院

主　　审：常香玲　濮阳职业技术学院

　　　　　王国庆　濮阳职业技术学院

参　　编：李兆刚　濮阳职业技术学院

　　　　　李庆会　濮阳职业技术学院

　　　　　史太平　中海石油（中国）有限公司深圳分公司

　　　　　王　林　河南省中原大化集团有限责任公司

　　　　　张继军　中石化中原石油工程有限公司钻井一公司

　　　　　张洪智　中国石油化工集团有限公司中原油田分
　　　　　　　　　公司

前　言

能源是社会发展之引擎，文明进步之动力，其中石油和天然气在现代工业的发展历程中扮演着至关重要的角色。面对资源紧张和环境保护的双重压力，石油工业正寻求高效资源开发与自然环境和谐共存的解决方案。油田化学作为化学科学与石油工程技术相结合的前沿领域，正以其创新的化学原理和前沿技术，引领着石油工业的可持续发展之路。

《油田化学》这本教材，是濮阳职业技术学院与企业紧密合作的成果，它不仅体现了教育资源与产业需求的深度融合，更通过丰富的案例分析和最新技术趋势，确保了教学内容的前沿性和实用性。

本书共分为十章，全面介绍了油田化学的基础理论、核心技术、最新研究进展和实际应用案例。本书特别注重理论与实践的结合，并关注到知识的系统性和前沿性，以期展现油田化学领域的最新发展。

教材编写团队由濮阳职业技术学院的资深教师和企业一线专家组成。史园园、刘晓丽担任主编，李洋、张传周、魏姗担任副主编。史园园负责全书的统稿，并撰写前言。常香玲、王国庆负责全书的审核。具体章节分工如下：绪论、第一章、第十章由史园园编写；第二章、第八章由魏姗编写；第三章由李洋编写；第四章、第五章由张传周编写；第六章由刘晓丽编写；第七章由李兆刚、史太平、王林编写；第九章由李庆会、张继军、张洪智编写。

衷心感谢石油行业的专家、学校领导以及众多同事在本书的编写过程中给予的大力支持与无私帮助。他们的专业知识、宝贵建议和无私协助对本书的完成起到了至关重要的作用。此外，本书在编写过程中参考了众多权威的石油专业书籍和教材，我们尽最大努力确保所有引用资料的准确性和完整性。对于可能存在的遗漏或未能详尽注明出处的资料，在此表示诚挚的歉意，并承诺将在未来版本中进一步完善和修正。欢迎广大读者提出宝贵的意见和建议，帮助我们不断改进教材。

随着本书的翻开，我们诚挚地邀请您一同深入探索油田化学的丰富内涵，并见证它如何助力石油工业克服挑战，迈向更加美好的未来。让我们携手同行，在知识的海洋中乘风破浪，共同开启这段充满挑战与机遇的探索之旅。

编者

2024 年 3 月

目　录

绪　　论

能源是现代社会运转的基石，而石油和天然气作为最重要的化石能源，在全球能源结构中占据着举足轻重的地位。随着全球经济的快速发展，对能源的需求持续增长，如何高效、安全、环保地开发和利用石油资源，已成为全球能源领域面临的重大挑战。油田化学，作为石油工程与化学交叉的学科，正是为了应对这一挑战而发展起来的重要领域。

一、油田化学的定义与发展

油田化学，也称为石油化学，是石油科学领域中的一个重要分支，专注于研究和应用化学原理与技术于油田勘探、钻井、开采、集输和处理过程。这一学科的起源可以追溯到 20 世纪初，当时主要关注钻井液的研究。随着石油工业的不断发展，油田化学逐渐扩展到包括钻井化学、采油化学和集输化学等多个分支，形成了一个综合性的学科体系。

我国油田化学的发展历程中，有几个关键的里程碑事件：

（1）20 世纪 70 年代，石油院校开始设立油气田应用化学专业，标志着油田化学作为独立学科的地位得到认可。

（2）1978 年，召开了第一次全国性油田化学会议，为该领域的学术交流和技术合作奠定了基础。

（3）1984 年，《油田化学》期刊的创刊，为油田化学的研究成果提供了发表和交流的平台。

（4）1988 年，中国石油天然气总公司（CNPC）成立油田化学公司，体现了油田化学在工业应用中的重要性。

（5）1990 年，建立了全国油田化学剂供应网络，进一步推动了油田化学品的标准化和规模化生产。

（6）21 世纪初，信息技术的发展，特别是数字化和智能化技术的应用，极大地提升了油田化学管理的效率和精确度，为油田化学领域带来了革命性的变化。

（7）2015 年，巴黎协定签署，促使油田化学领域加大了对环境友好型技术的研发，这不仅有助于减少温室气体排放，也推动了石油工业向绿色、可持续方向发展。

（8）新冠疫情期间，远程监控和自动化技术的应用加快，这不仅提高了作业效率，也显著增强了石油工业在面对全球性危机时的抗风险能力。

二、油田化学的特点

油田化学领域的特点主要表现在以下几个方面。

1. 具有特定的针对性

油田化学的研究和应用紧密针对油田的特定条件，包括地层特性、油藏属性和采油环境等。其研究需要深入了解油田的具体情况，根据不同油田的特点和需求，设计和应用适合的化学剂和工艺技术，以满足油田开发的需求。例如，针对易受侵蚀的多孔疏松地层，研究人员可能会开发出具有特定润湿性质的树脂，以确保其在岩石表面的有效附着，防止砂粒流失并维持地层稳定；在高温高压油藏中，化学剂需要具备出色的热稳定性和抗氧化性，以保证长期有效性。此外，工艺技术的创新，如钻井液的流变控制和酸化作业的优化设计，也是提高油田开发效率的关键。

2. 新兴的交叉学科

油田化学，作为一门综合性的新兴学科，融合了化学、地质学、材料科学和环境工程等多个领域的知识，专注于开发和优化化学剂及其应用技术，以应对油田勘探、钻井、开采、集输和处理过程中的挑战。研究人员致力于深入理解化学剂的组成、结构和性质，并掌握其制备、表征技术，同时探索它们在实际油田环境中的作用机制和效果。油田化学强调基础研究与实践应用的紧密结合，旨在为油田的高效开发提供创新的解决方案和技术支持，同时推动环境保护和可持续发展的实践。

3. 产品种类多样

油田化学的产品种类极为丰富，包括钻井液处理剂、油井水泥外加剂、堵水剂、固砂剂、防蜡剂、原油降黏剂、压裂液添加剂、破乳剂、化学驱油剂、黏土防膨剂、堵漏剂、缓蚀剂和污水处理剂等众多类别。这些化学剂在油田开发的各个阶段发挥着至关重要的作用，从提高钻井效率的钻井液处理剂，到增强油井产能的原油降黏剂，再到确保环境保护的污水处理剂，它们不仅提升了油田作业的效率和经济效益，还对维护和改善油田环境起到了关键作用。随着油田化学技术的不断进步，这些化学剂将继续优化和发展，以适应更严格的作业要求和环境保护标准，推动石油资源的高效、环保开发。

4. 技术风险大

油田化学技术的应用是一项涉及高投资和高风险的系统工程，它要求对油田化学剂与地层岩石及黏土矿物的相互作用、配伍性以及针对性进行综合考量。这些化学剂的设计和使用不仅需要适应地层的温度、压力和矿化度等条件，还要考虑到施工方法对效果的影响。尽管化学驱油技术在提高原油采收率方面展现出巨大潜力，能够将采收率从二次采油的 35%～50% 提升至 90% 以上，但其高昂的成本限制了其在油田现场的广泛应用。因此，油田化学剂（如表面活性剂和高分子聚合物等）的研发和应用必须以提升采收率和降低操作成本为目标，通过不断的技术创新和成本优化，推动油田化学领域的持续进步。这包括开发新型高效化学剂、改进现有配方以提高性能，以及探索更为经济的施用方法，旨在实现石油资源的高效开发和油田化学技术的广泛应用。

5. 注重环保和可持续发展

油田化学在提升采收率和降低成本方面发挥着重要作用，但同时也面临着环境保护和可持续发展的挑战。如果使用化学剂不当，会给地层带来伤害，甚至给环境造成污染。例如，钻井液可能导致油气层内黏土矿物膨胀和堵塞孔隙，酸化作业可能引起地层矿物与酸溶液反应生成沉淀，降低渗透率。此外，我国油田使用的木质素磺酸钠—聚丙烯酰胺堵水剂中，其交联剂重铬酸钠是一种有毒化学品，在使用时特别应该注意操作人员的防护和防止对环境造成污染。因此，油田化学的研究和应用转向更加注重环保和可持续性，致力于开发和应用环境友好型化学剂及工艺技术，力求在提高经济效益的同时保护环境，实现油田开发的环境责任与经济效益的双赢。

6. 研究与应用见效周期长

油田化学的多学科性，给油田化学剂的研制和使用带来了复杂性，通常研制一种新型油田化学剂的一般过程如图 0-1 所示。

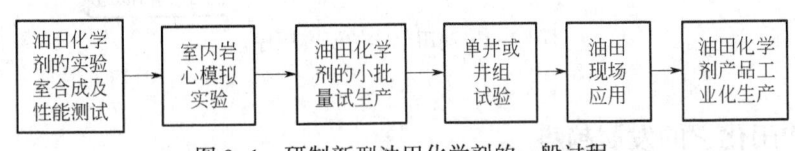

图 0-1　研制新型油田化学剂的一般过程

油田化学的研究与应用成效受到基础研究深度、实验测试准确性、现场应用效率、技术支持完善度以及法规遵循和环境保护要求等多方面因素的影响。为了缩短油田化学的见效周期，需强化基础研究和创新技术的开发，提升实验与测试的质量和效率，并优化现场实施方案与技术支持。此外，遵循行业法规和环保标准是不可或缺的，同时，通过促进多学科间的合作和国际交流，可以更有效地推动油田化学的前进步伐和实际应用。

三、油田化学的研究内容

油田化学的研究内容主要围绕钻井化学、采油化学和集输化学三个核心领域展开，本书共十章，各章内容虽然各自独立，但相互关联，共同构成了油田化学的研究框架。

1. 钻井化学

钻井化学专注于钻井液和水泥浆的性能优化，以及钻井过程中的化学问题，如钻井液的稳定性、滤失控制和钻井液对地层的保护作用。该领域研究的目标是通过化学手段提高钻井效率，确保钻井过程的顺利进行，并减少对地层的伤害，从而维持地层的完整性。

2. 采油化学

采油化学致力于研究油层化学改造和油水井的化学处理，包括提高采收率的化学方法、注水井的调剖技术、油井的防砂与固砂、油井的防蜡与清蜡处理、油水井的酸化处理、稠油的降黏技术，以及压裂液和采油处理剂的开发。这些研究旨在提升油井的生产效率和延长油田的生命周期。

3. 集输化学

集输化学关注原油的破乳与乳化问题、设备和管道的腐蚀防护、原油的降黏与减阻输送技术、天然气的处理与利用，以及油田污水和污泥的综合处理。这一领域的研究对于确保原油和天然气的安全、高效运输及环保处理至关重要。

油田化学研究顺序如图 0-2 所示，按"实践—理论—实践"的规律展开，循环向上，使油田化学不断发展。

油田化学的研究不仅致力于解决现有问题，还积极探索新的化学原理和技术，以适应石油工业不断变化的需求。通过不断的技术创新和实践应用，油田化学为石油工业的可持续发展提供了坚实的科学基础。

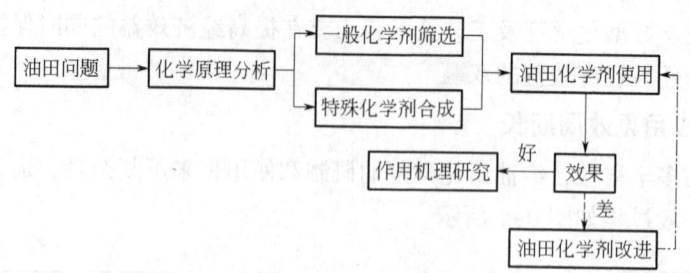

图 0-2　油田化学的研究顺序

四、油田化学的发展趋势

油田化学正处于一个快速变革的时期，其发展趋势反映了行业对高效、环保和可持续发展的迫切需求。以下是油田化学未来的几个关键发展方向。

1. 技术创新与新体系的涌现

油田化学正经历着由传统化学体系向跨学科技术融合的转变。科技进步，尤其是材料科学、纳米技术和生物技术等领域的突破，为油田化学带来了新的化学体系和化学剂种类。例如，钻井液体系的演变不仅体现在聚合物的类型上，还涉及生物基和环境友好型材料的开发。这些创新不仅提高了钻井效率和安全性，还减少了对环境的影响。

2. 提高采收率用剂的创新

面对老油田稳产的挑战，高新技术如纳米技术被引入到提高采收率的化学剂中。此外，生物技术的应用，例如微生物驱油技术，通过利用微生物的代谢活动，提供了一种环保且有效的提高采收率的方法。这些创新有助于延长油田的生命周期，并提高资源的利用率。

3. 非常规油气资源化学剂需求的增长

随着非常规油气资源开采技术的快速发展，对压裂液体系的需求日益增长。化学剂的发展正朝着提高压裂和酸化效果的方向迈进，以适应复杂地质条件。这包括开发能够在高温高压环境下稳定工作的化学剂，以及能够适应复杂地质结构的压裂液体系等。

4. 油层保护与环保化学剂的开发

环保意识的提升促使油田化学更加关注油层保护和环境保护。新型环保钻井液、采油化学剂和污水处理技术的研发与应用，旨在减少对油层的伤害，同时降低对环境的影响。绿色化学原则的应用，如设计无害或低害的化学剂，以及评估化学剂的生命周期，都是这一趋势的体现。

5. 环境影响的长期考量

环境因素是油田化学剂发展的重要制约。特别是在页岩油开采中，研究的重点是如何确保化学剂在整个钻井至水力压裂过程中不对环境造成长期破坏。环境监测和评估技术的进步，例如遥感技术和地下水监测技术，可以帮助更好地理解和控制化学剂对环境的长期影响。

6. 智能化与数字化的融合

物联网、大数据和人工智能等先进技术的应用，正在推动油田化学向智能化和数字化转型。通过实时监测、优化控制和预测性维护，智能化设备和数字化技术提高了油田生产过程的效率和安全性。此外，大数据分析和机器学习算法的应用，为化学剂的设计和使用提供了优化的可能，而数字化平台则为油田化学剂的管理和决策支持提供了新的工具。

综上所述，油田化学拥有一个充满挑战与机遇的未来。在资源日益稀缺和环保要求日益严格的双重压力下，油田化学必须不断创新，以实现石油资源的高效、环保和可持续开发。通过跨界融合和技术创新，油田化学有望在石油工业中发挥更加重要的作用。

复习思考题

1. 描述油田化学的定义，并解释它在石油工业中的关键作用。
2. 列举油田化学的主要特点，并结合实际案例进行分析。
3. 阐述钻井化学的主要研究内容，并解释其在钻井过程中的重要性。
4. 描述油田化学剂使用不当可能对地层和环境造成的伤害，并提供具体例子。
5. 考虑到环保和可持续发展的要求，油田化学未来可能面临哪些新挑战？
6. 基于资源稀缺和环保要求，预测油田化学未来的发展方向。
7. 油田化学在非常规油气资源开发中扮演了哪些关键角色？

第一章　油田化学基础知识

随着社会生产与科学技术的不断发展，自然科学领域日益细分。化学从最初的单一学科，到近代的无机化学、有机化学、分析化学、物理化学、生物化学、结构化学、量子化学等，再到定性分析化学、定量分析化学、环境化学、放射化学、药物化学、材料化学、海洋化学、地球物理化学、水化学、煤化学、石油化学等。在石油生产与加工过程中，大量的化学知识被应用。本章主要学习生产中常用的油田化学基础知识，如有机化学、物理化学和胶体化学等。

第一节　有机化学

有机化合物，简称有机物，广泛存在于自然界，并与人类生活密切相关。最初，有机物被定义为仅从动植物体内提取的物质，因而被视作"有生机之物"。这一观念与 19 世纪中叶之前的"生命力学说"相呼应，该学说认为有机物只能由生物体内部的生命力量产生。然而，1828 年德国化学家弗里德里希·维勒在实验室中首次合成尿素，成功用无机物质氨和氰酸铵合成了这一有机物，从而颠覆了"生命力学说"。此后，乙酸和油脂的合成进一步证实了人工合成有机物的可行性，标志着有机化学迈入了合成时代。随着工业化的发展，特别是煤焦油的利用，人们开始合成大量以燃料、药物和炸药为主的有机化合物。时至今日，"有机"一词已经逐渐摆脱了其最初的定义，人们认识到有机物与无机物之间并不存在不可逾越的界限，有机化学的研究和应用范围也因此得到了极大的扩展。

随着有机元素分析技术的日益成熟，人们发现有机化合物都含有碳元素，绝大多数含有氢元素，许多还含有氧、氮、硫、磷、卤素等元素。因此，有机化合物可以定义为碳氢化合物及其衍生物。有机化学是研究碳氢化合物及其衍生物的一门科学，它主要研究有机化合物的组成、结构、性质、反应规律以及合成方法。然而，具有典型无机物性质的物质，如一氧化碳、二氧化碳、碳酸和碳酸盐等，仍属于无机化学的研究范畴。

一、有机物的特点和分类

1. 有机物的特点

除了元素组成外，有机物在结构和性质上也与无机物有明显区别。有机物多为共价化合物，有其独特的结构和性质。有机物的一般特点表现在以下几个方面。

1) 热稳定性较差

大多数有机物在受热时不稳定，容易分解或燃烧。它们的蒸气与空气混合后，遇火易发生爆炸。燃烧时，有机物主要转化为二氧化碳和水，并释放大量热量。例如，乙醚、酒精、汽油等物质在火中会发烟、炭化或燃烧，而纤维、淀粉和糖等物质则会燃烧。当然，也有例外，如四氯化碳不仅不燃烧，反而是一种有效的灭火剂。

2）低熔点和沸点

许多有机物在常温下呈气态或液态，即使是固态，其熔点和沸点也相对较低，但这个"低"是相对的，因为具体的熔点和沸点取决于化合物的种类和结构，它们可以覆盖从极低到超过400℃的广泛范围。

3）难溶于水而易溶于有机溶剂

大多数有机物难溶或不溶于水，但易溶于有机溶剂，如酒精、乙醚和丙酮。但也有例外，例如酒精、醋酸可以与水以任意比例互溶等。

4）反应速度慢，且副反应多

与无机物相比，有机物之间的反应通常较慢，且伴随多种副反应。为了提高有机物的反应速率，通常需要加热、光照或添加催化剂等。

5）种类繁多、数目巨大

有机物种类繁多、数目巨大，异构现象普遍存在。目前已确定结构的有机物已达数百万种，而无机物只有几万种。研究表明，碳原子间可以形成强共价键连接成碳链和碳环，是有机物种类繁多的根本原因。

2. 有机物的分类

有机物数目繁多，其分类方法多样，一般有两种：按碳骨架分类和按官能团分类。

1）按碳骨架分类

按照碳骨架，通常把有机物分为四大类。

（1）脂肪族有机物。脂肪族有机物，也称为开链有机物，最初是从动植物油脂中获得的。这类有机物的共同特点是分子链都是张开的。在这类有机物中，碳原子间或碳原子与其他原子连接成链状碳骨架。例如，乙烷（CH_3CH_3）、乙烯（$CH_2{=}CH_2$）、乙醇（CH_3CH_2OH）和乙酸（CH_3COOH）等都是典型的脂肪族有机物。

（2）脂环族有机物。脂环族有机物的共同特点是分子中的碳原子连接成了环状碳骨架。由于这类有机物的性质与脂肪族有机物相似，所以称为脂环族有机物。例如，环戊烷、环己烷和环己烯等都属于脂环族有机物。

环戊烷　　　　　　环己烷　　　　　　环己烯

（3）芳香族有机物。芳香族有机物的共同特点是分子中碳原子不仅连接成了环状碳骨架，而且形成了一种特殊的苯环结构。因此，与脂肪族有机物、脂环族有机物不同，它们具有特殊的性质。芳香族有机物最初是从天然香树脂和香精油中提取出来的，因此称为芳香族有机物。例如，苯、甲苯、苯酚等都是芳香族有机物。

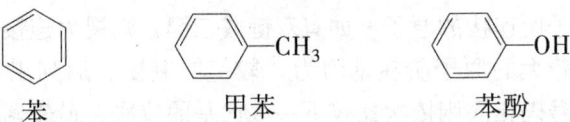

苯　　　　　　甲苯　　　　　　苯酚

（4）杂环族有机物。杂环族有机物的共同特点是分子中也具有环状结构，但是组成环的原子除了碳原子外还有氧、硫、氮等原子，在碳环上的这些原子被称为杂原子。例如，呋喃、吡喃、吡啶、糠醛等都是杂环族有机物。

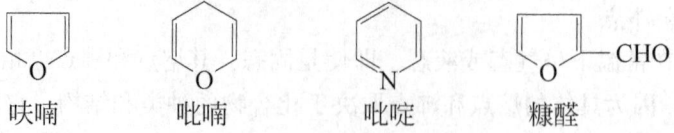

呋喃　　　　吡喃　　　　吡啶　　　　糠醛

2）按官能团分类

官能团是指有机物分子中比较活泼、容易反应的原子或基团，它常常决定有机物的主要性质，反映着有机物的主要特征。例如，烯烃中的双键、炔烃中的三键、卤代烃中的卤原子（F、Cl、Br、I）和醇中的羟基（—OH）等，都是常见的官能团。常见的官能团见表1-1。

表1-1　常见的官能团

结构	名称	结构	名称
C＝C	双键	—CHO	醛基
C≡C	三键	—COOH	羧基
—OH	羟基	—C≡N	氰基
—X	卤原子	—NO$_2$	硝基
C—O—C	醚键	—NH$_2$	氨基
C＝O	羰基	—SO$_3$H	磺酸基

这些官能团赋予有机物特定的化学性质，使得含有相同官能团的有机物具有相似的化学行为。例如，含有双键的烯烃和三键的炔烃通常具有较高的反应活性，而含有羟基的醇则表现出良好的溶解性和亲水性等。

二、有机物的命名

由于有机物种类繁多且结构复杂，命名法在有机化学中占据着核心地位。常见的命名方法包括习惯命名法、衍生物命名法和系统命名法。其中，习惯命名法和衍生物命名法只适用于含碳原子较少的有机化合物，而系统命名法则被国际广泛采用。

中国的"有机化学命名原则"是中国化学会在1892年日内瓦命名法及国际纯粹与应用化学联合会（International Union of Pure and Applied Chemistry，简称IUPAC）加以修订的基础上，结合我国文字特点而制定的。系统命名法的一般规则是：

（1）主链或主环系的选取。以含有主要官能团的最长碳链作为主链，将靠近该官能团的一端的碳原子标记为1号碳。如果化合物的核心是一个环（系），将该环（系）视为母体；除苯环以外，各个环（系）按照自己的规则确定1号碳，但同时要确保取代基的位置号最小。

（2）取代基的顺序规则。取代基的第一个原子质量越大，次序越高；如果第一个原子相同，再比较该原子所连接的原子；如有双键或三键，则视为连接了2个或3个相同的原子。相对原子质量较大的原子所在基团为"较优"基团，后列出——较优基团后列出原则；如两端取代基号码相同则依次比较下一取代基的位次，最先遇到最小位次的定为最低系列（不管取代基性质如何）——最低系列原则。次序最高的官能团有时可能作为母体名称的一部分。

(3) 数词。位置号用阿拉伯数字表示；官能团的数目用汉字数字表示；碳链上碳原子的数目，10 以内用天干数字（甲、乙、丙等）表示，10 以外用汉字数字表示。

烃是仅由碳和氢组成的有机化合物，烃分子中的氢原子被其他官能团取代后，形成烃的各种衍生物。因此，烃是一切有机化合物的母体，其他的有机化合物可视为烃的衍生物。

1. 烷烃的命名

1）烷烃的通式、同系物、同分异构体

烷烃，也称饱和烃，是由碳原子通过单键相连形成的链状或环状化合物。研究表明，烷烃分子中每增加一个碳原子就会增加两个氢原子，因此烷烃的通式为 C_nH_{2n+2}，其中 n 表示碳原子的数量。例如，甲烷（CH_4）、乙烷（C_2H_6）、丙烷（C_3H_8）等都是烷烃。相邻的两个烷烃在组成上相差一个 CH_2，称为系差。在组成上相差一个或几个系差的化合物属于同系列化合物，同系列的化合物互称为同系物。同系列化合物在结构上的相似性，使得它们具有规律性的物理性质和相似的化学性质。

分子中原子间互相连接的顺序和方式称作分子构造，表示分子构造的化学式称作构造式。下面给出 $C_1 \sim C_5$ 烷烃的分子构造和名称：

CH_4

甲烷

CH_3CH_3

乙烷

$CH_3CH_2CH_3$

丙烷

$CH_3CH_2CH_2CH_3$

正丁烷

异丁烷

$CH_3CH_2CH_2CH_2CH_3$

正戊烷

异戊烷

新戊烷

分子式相同、分子构造不同的化合物称为构造异构体。如正丁烷和异丁烷就属于构造异构体。同分异构体是指具有相同分子式但性质不同的化合物，包括构造异构体、构型异构体和构象异构体，本书主要介绍构造异构体。

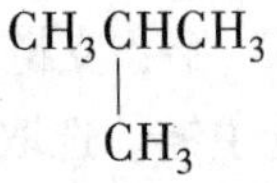

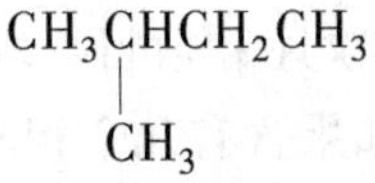

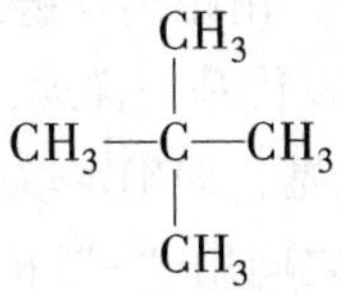

2）碳原子与氢原子的命名

在有机分子中，根据碳原子连接的碳原子数量，可以把碳原子分为伯碳（连接 1 个碳原子）、仲碳（连接 2 个碳原子）、叔碳（连接 3 个碳原子）和季碳（连接 4 个碳原子），与之相连接的氢原子则分别称为伯氢原子、仲氢原子、叔氢原子和季氢原子。此外，根据与官能团所在碳原子的距离，可将主链中其他碳原子的位次分别标记为 α、β、γ 和 δ 等，其相连接的氢原子相应地被称为 α、β、γ 和 δ 等氢原子。

3）烷烃的命名法

由于构造异构现象普遍存在，所以有机化合物不能用分子式表示，只能用构造式表示。有机化合物的名称必须确切地表示出该有机化合物的分子构造，其命名方法如下：

(1) 习惯命名法。习惯命名法适用于碳原子较少的烷烃，如直链烷烃称为正某烷，分子中碳原子数在 10 以内的，依次用甲、乙、丙、丁、戊、己、庚、辛、壬、癸表示；

碳原子数在 10 以上的，直接用汉字数字十一、十二、十三……表示，如 $C_{12}H_{26}$ 称为十二烷。对于带支链的烷烃，则在名称前加上"异"或"新"等前缀，例如：

$$CH_3CHCH_2CH_3 \qquad\qquad CH_3-\overset{\displaystyle CH_3}{\underset{\displaystyle CH_3}{C}}-CH_3$$
$$\text{异戊烷} \qquad\qquad\qquad \text{新戊烷}$$

（2）衍生命名法。衍生命名法只适用于简单有机物的命名。衍生命名法以甲烷作为"母体"，把其他烷烃视为甲烷的烷基衍生物，即甲烷分子中的氢原子被烷基取代所得到的衍生物。命名时，一般把连接烷基最多的碳原子作为母体碳原子，例如：

$$CH_3CHCH_2CH_3 \qquad\qquad CH_3-\overset{\displaystyle CH_3}{\underset{\displaystyle CH_3}{C}}-CH_3$$
$$\text{二甲基乙基甲烷} \qquad\qquad \text{四甲基甲烷}$$

（3）系统命名法。直链烷烃的系统命名法与习惯命名法基本相同，只是烷烃名称前不加"正"字；支链烷烃将直链视为母体，支链为取代基。其命名规则如下：

① 选主链。选取含碳原子数最多（即最长）的碳链为主链，主链以外的其他烷基视为取代基，根据主链所含碳原子数把主链称作某烷。

② 标次序。由距离支链最近的一端开始将主链上的碳原子依次用 1、2、3……编号。如果两端距离取代基一样远，从较小取代基一端开始，即服从"最低系列原则"。

③ 定取代基，即确定取代基的次序和数目。取代基的序号用阿拉伯数字表示，序号与取代基名称之间用"–"隔开；如果含有几个相同的取代基，则把它们合并起来，在取代基的名称之前用中文数字二、三、四……表示其数目，序号之间要用","隔开；如果含有几种不同的取代基，则简前繁后，即服从"较优基团后列出原则"。

④ 写出全称。标明位次和数目的取代基名称在前，母体名称在后，写出烷烃的全称，例如：

$$CH_3CHCH_2CH_3 \qquad\qquad CH_3CH-CHCH_3$$
$$\underset{\displaystyle CH_3}{|} \qquad\qquad \underset{\displaystyle CH_3}{|}\ \underset{\displaystyle CH_3}{|}$$
$$\text{2-甲基丁烷} \qquad\qquad \text{2,3-二甲基丁烷}$$

4）烷基的命名

烷基是从烷烃分子中碳原子上去掉 1 个氢原子后剩下的基团，用—R 表示，例如：

$$CH_3CH_2CH_2- \qquad\qquad CH_3CH_2CH_2CH_2-$$
$$\text{丙基（或正丙基）} \qquad\qquad \text{丁基（或正丁基）}$$

对于带支链的烷基，IUPAC 认可下列 8 个烷基的习惯名称：

$$CH_3CH- \qquad CH_3CHCH_2- \qquad CH_3CHCH_2- \qquad CH_3CHCH_2CH_2-$$
$$\underset{\displaystyle CH_3}{|} \qquad \underset{\displaystyle CH_3}{|} \qquad \underset{\displaystyle CH_3}{|} \qquad \underset{\displaystyle CH_3}{|}$$
$$\text{异丙基} \qquad \text{异丁基} \qquad\quad \text{异戊基} \qquad\qquad \text{异己基}$$

$$CH_3CH_2CH-\atop |\atop CH_3 \qquad CH_3-C-\atop |\atop CH_3 \qquad CH_3CH_2-C-\atop |\atop CH_3 \qquad CH_3-CHCH_2-\atop |\atop CH_3}$$

仲丁基　　　　　叔丁基　　　　　叔戊基　　　　　新戊基

从烷烃分子中去掉两个氢原子后剩下的基团称为亚某基，从烷烃分子中去掉 3 个氢原子后剩下的基团称为次某基，例如：

$$-CH_2- \qquad CH_3CH-\atop | \qquad -CH-\atop |$$

亚甲基　　　　亚乙基　　　　次甲基

烷烃的代表物是甲烷（CH_4），其分子空间构型为正四面体。它是一种无色、无味、无毒、密度小于空气的可燃气体，爆炸极限为 5%～15%（体积分数，下同），相对密度为 0.424，难溶于水。甲烷化学性质相当稳定，跟强酸、强碱或强氧化剂（如 $KMnO_4$）等一般不起反应，在适当条件下会发生氧化、热解及卤代等反应。燃烧时火焰明亮，当其不完全燃烧时产生 CO 会使人中毒。甲烷主要来源于天然气和油田气，此外焦化煤气中也含有部分甲烷，矿井中的瓦斯气、沼泽地冒出的沼气的主要成分也是甲烷。甲烷可用作燃料及制造氢气、一氧化碳、炭黑、乙炔、氢氰酸及甲醛等物质的原料。重要的烷烃还有乙烷、丙烷、丁烷和环己烷等。

2. 烯烃的命名

烯烃是含有一个或多个碳—碳双键（C=C）的脂肪烃，属于不饱和烃类，通式是 C_nH_{2n}。烯烃通常是以衍生物和系统命名法命名的，只有个别烯烃用习惯名称，例如 $(CH_3)_2C=CH_2$ 一般称为异丁烯。通常烯烃的命名遵循以下规则。

1）烯基

从烯烃分子中去除一个氢原子后剩余的基团称为烯基。例如，乙烯基（$CH_2=CH-$）、丙烯基（$CH_3CH=CH-$）和烯丙基（$CH_2=CHCH_2-$）。

2）系统命名法

烯烃的系统命名法与烷烃类似，但以含有双键的最长碳链作为主链，并从靠近双键的一端开始编号，双键的位次用较小的序号表示在烯名之前。主链碳原子数少于 10 个时，称为"某烯"；碳原子数多于 10 个时，称为"某碳烯"。如果主链上出现两次以上的双键，根据双键的数量，可命名为"二烯"或"三烯"。注意要把没有双键异构的烯烃的双键位次省略掉，例如：

$$CH_3C=CH_2\atop |\atop CH_3 \qquad CH_3CHCH_2C=CH_2\atop |\qquad\quad |\atop CH_3\quad CH_2CH_3 \qquad CH_2=CHC=CH_2\atop |\atop CH_3}$$

2-甲基丙烯　　　4-甲基-2-乙基-1-戊烯　　　2-甲基-1,3-丁二烯

重要的烯烃有乙烯（C_2H_4）、丙烯（C_3H_6）、丁二烯（C_4H_6）和苯乙烯（C_8H_8）等，烯烃的代表物是乙烯。乙烯是无色、略带甜味的可燃气体，爆炸极限是 3%～29%，相对密度为 0.9654，不溶于水。乙烯在空气中燃烧时的火焰比甲烷明亮，并带黑烟。

3. 炔烃的命名

炔烃是脂肪烃分子中含有碳碳三键的不饱和烃。炔烃的官能团是碳—碳三键（C≡C），

通式是 C_nH_{2n-2}。炔烃的命名与烯烃相似，只是在名称中把"烯"字改成"炔"字。其命名同样遵循系统命名法，以含有三键的最长碳链为主链，并从靠近三键的一端开始编号，例如：

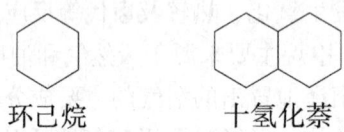

丙炔　　　　　4-甲基-2-戊炔

炔烃的代表物是乙炔，也是易爆易燃气体。乙炔燃烧时比乙烯的火焰更为明亮，黑烟更浓而且温度更高，因此常用氧炔焰来切割或焊接金属制品。

4. 脂环烃的命名

分子中含有碳环结构，性质与开链脂肪族化合物非常相似的脂肪烃称为脂环族化合物。只由 C、H 两种元素组成的脂环化合物称作脂环烃。饱和脂环烃称为环烷烃；不饱和脂环烃有环烯烃和环炔烃等。根据脂环烃分子中含有的碳环数目，脂环烃分为单环脂环烃、双环脂环烃等，例如：

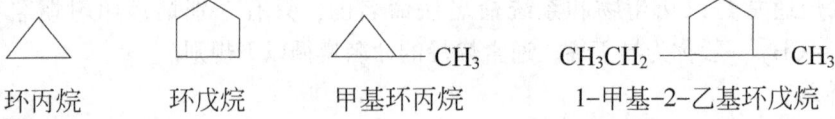

环己烷　　　　十氢化萘

1）单环烷烃的命名

根据组成环的碳原子数目，单环烷烃称为环某烷。对于带有支链的环烷烃，环上的支链被视为取代基。如果有多个取代基，需要对环碳原子进行编号，以使取代基的位次尽可能地小，例如：

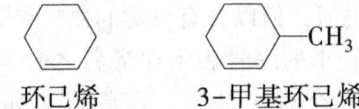

环丙烷　　　环戊烷　　　甲基环丙烷　　　1-甲基-2-乙基环戊烷

2）单环烯烃的命名

根据组成环的碳原子数目，单环烯烃称为环某烯。若有不同取代基时，要给环碳原子编号，编号时要把 1、2 号位次留给双键碳原子，例如：

环己烯　　　3-甲基环己烯

脂环烃的代表物是环己烷，它是一种无色、易燃的液体，沸点为 80.7℃，不溶于水，但能与乙醇、乙醚等有机溶剂混溶。

5. 芳烃的命名

分子中含有苯环结构的碳氢化合物称为芳香烃，简称芳烃。芳烃及其衍生物总称为芳香族化合物。按分子中所含苯环的数目和结构分为 3 类：单环芳烃、多环芳烃（分子中含有两个或两个以上独立的苯环）和稠环芳烃（分子中含有两个或两个以上相连的苯环），例如：

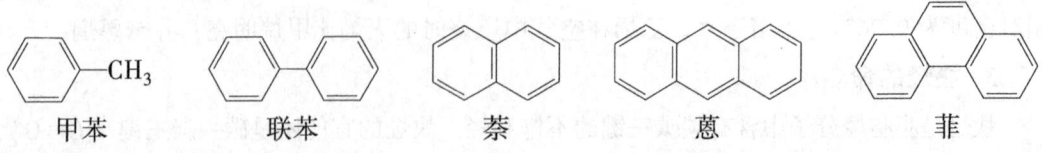

甲苯　　　　联苯　　　　萘　　　　蒽　　　　菲

1) 单环芳烃的命名

简单的一元取代苯命名是以苯为母体，烷基作为取代基。对于碳原子数少于 10 的烷基，可以省略"基"字，例如：

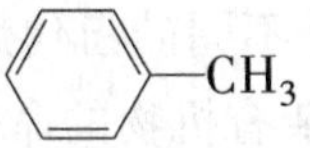

甲苯 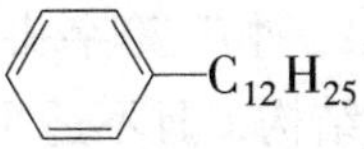　　　　十二烷基苯

如果苯环上连有两个或两个以上的取代基，要用阿拉伯数字给苯环编号，编号原则与脂环烃相同。但是，对于二元相同烷基的位次，通常使用邻、间、对（或 $o-$、$m-$、$p-$）来表示；对于三元相同烷基的位次常以连、偏、均来表示，例如：

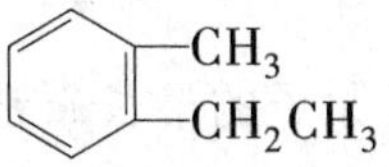

1-甲基-2-乙基苯 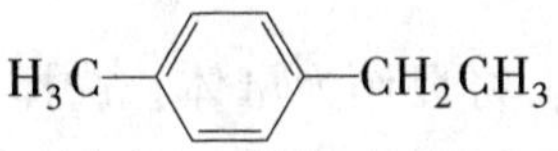　　　1-甲基-4-乙基苯 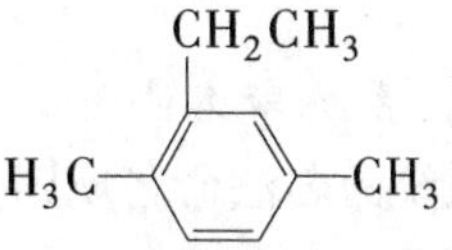　　　1,4-二甲基-2-乙基苯

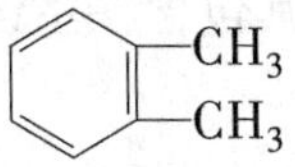

1,2-二甲基苯（邻二甲苯） 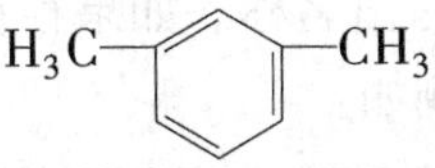　1,3-二甲基苯（间二甲苯） 　1,4-二甲基苯（对二甲苯）

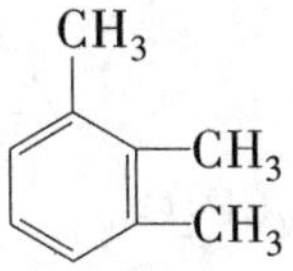

1,2,3-三甲苯（连三甲苯） 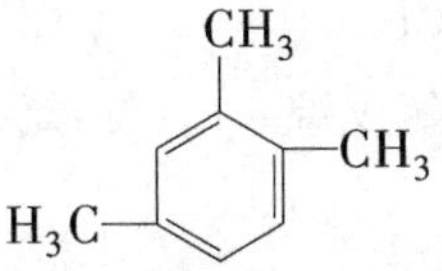　1,2,4-三甲苯（偏三甲苯） 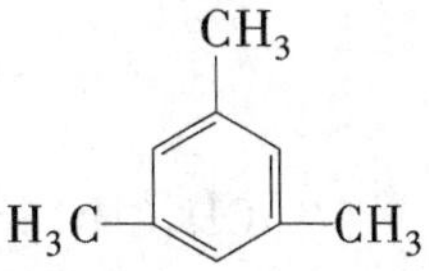　1,3,5-三甲苯（均三甲苯）

当苯环上连接的脂肪烃基比较复杂或连接的是不饱和烃基时，则把支链作为母体，苯环作为取代基命名，例如：

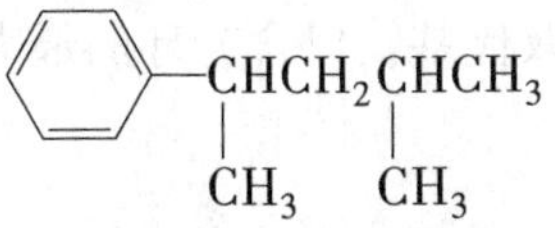

2-甲基-4-苯基戊烷 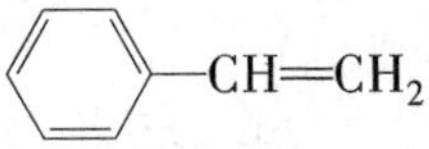　　　　　　苯乙烯

2) 芳基的命名

苯分子中去掉一个氢原子后剩下的基团称为苯基，用 Ph— 表示。芳烃分子中从苯环上去掉一个氢原子后剩下的基团称为芳基，用 Ar— 表示，例如：

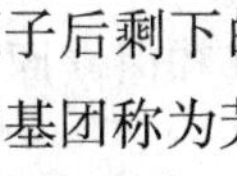

苯基 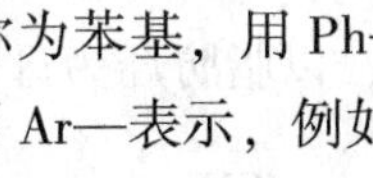　　　　　对甲苯基

重要的单环芳烃有苯、甲苯和二甲苯等。其中，苯以其无色、易燃、易挥发的特性著称，它是一种液体，不溶于水，熔点为 $5.5℃$，沸点为 $80.1℃$，相对密度为 0.879。苯的蒸气有毒，爆炸极限为 $1.5\% \sim 8\%$。苯是重要的有机化工基础原料，也常用作有机溶剂。

6. 卤代烃的命名

卤代烃是烃分子中的一个或几个氢原子被卤素原子（如氟、氯、溴、碘）取代后形成的化合物，官能团是卤素原子。卤代烃的命名方法主要有两种：习惯命名法和系统命名法。

1) 习惯命名法

习惯命名法是我国早期对一些有机物的命名方法，又称为普通命名法。通常冠以"正、异、新""伯、仲、叔、季"等字头来区分不同的卤代烃。这种方法简单易记，但无法准确反映有机物的分子结构，且不适用于复杂有机物的命名，例如：

$$CH_3CH-Cl \qquad\qquad CH_3-C-Br$$
$$\quad\ |\ \qquad\qquad\qquad\quad |$$
$$\quad CH_3 \qquad\qquad\qquad\quad CH_3$$

（上方 CH_3）

异丙基氯　　　　　叔丁基溴

2) 系统命名法

系统命名法命名规则为：首先，将烃作为母体，选择带有卤素原子的最长碳链为主链；接着按照"最低系列原则"对主链进行编号，即从最靠近卤素原子的一端开始编号；然后按照"较优基团后列出原则"写出名称。如果存在不饱和键，应将其包含在主链内，并尽可能使不饱和键的位次最小，例如：

$$CH_3CHCH_2CHCH_3 \qquad\qquad CH_3CHCH_2CHCH_3$$
$$\quad\ |\qquad\quad |\qquad\qquad\qquad\quad\ |\qquad\quad |$$
$$\quad CH_3\quad\ Cl\qquad\qquad\qquad\quad Cl\qquad Br$$

2-甲基-4-氯戊烷　　　　2-氯-4-溴戊烷

$$CH_3CHCH=CHCH_3 \qquad\qquad\qquad CH_2=CCH_2CH_2Cl$$
$$\quad\ |\qquad\qquad\qquad\qquad\qquad\qquad\qquad\ |$$
$$\quad Br\qquad\qquad HC\equiv CCH_2Br\qquad\quad CH_2CH_3$$

4-溴-2-戊烯　　　　3-溴丙炔　　　　4-氯-2-乙基-1-丁烯

3) 卤代芳烃的命名

卤素原子连在芳环上时，把卤素原子作为取代基，以含芳环的最大烃基为母体进行命名，例如：

1,3-二氯苯（间二氯苯）　　4-氯甲苯（对氯甲苯）

卤素原子连在侧链上时，以脂肪烃为母体，芳基和卤素原子都作取代基命名，例如：

苯氯甲烷（俗称苄氯）　　1-溴-3-苯氯丁烷

重要的卤代烃有氯仿（$CHCl_3$）、四氯化碳（CCl_4）和苄氯（$C_6H_5CH_2Cl$）等。三氯甲烷俗名氯仿，常温下是一种无色带有甜味的液体，沸点为 62℃，密度比水大，不易燃烧，常作为食品等分析中的有机溶剂。医药上三氯甲烷曾被用作麻醉剂，但因其在空气中会逐渐被氧化分解产生剧毒的光气，现已不再使用。三氯甲烷应置于棕色瓶中保存。四氯化碳是常用的有机溶剂和灭火剂，但四氯化碳有毒，能损坏肝脏、破坏臭氧层，国际环境会议决定从 1995 年开始逐步停止生产。

7. 醇的命名

醇可以看作是烃分子中一个或几个氢原子被羟基取代后的化合物。醇的官能团是羟基（—OH）。其命名方法主要有两种：习惯命名法和系统命名法。

1）习惯命名法

习惯命名法适用于低级一元醇，例如：

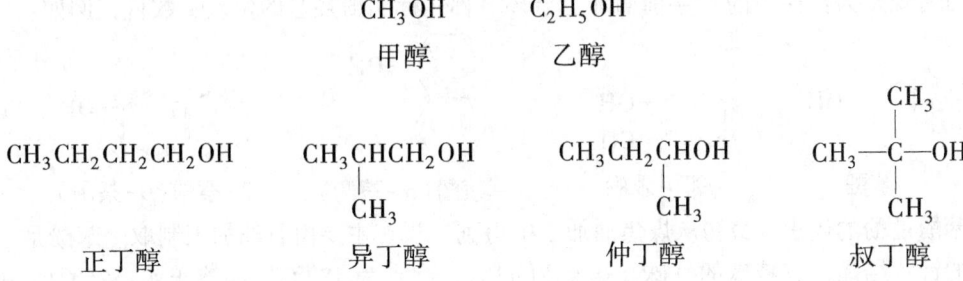

$$CH_3OH \qquad C_2H_5OH$$
$$甲醇 \qquad\qquad 乙醇$$

正丁醇　　　　　异丁醇　　　　　仲丁醇　　　　　叔丁醇

2）系统命名法

（1）饱和醇。命名规则为：选择含羟基的最长碳链为主链，给主链编号时，使羟基的位次最小，其他命名原则同烷烃，例如：

$$CH_3CH_2\underset{\underset{CH_3}{|}}{C}HOH \qquad CH_3CH_2\underset{\underset{CH_3}{|}}{C}H-\underset{\underset{CH_3}{|}}{C}HOH$$

2-丁醇　　　　　3-甲基-2-戊醇

（2）不饱和醇。命名规则为：选择含羟基和不饱和键的最长碳链为主链，给主链编号时，使羟基的位次最小，其他命名原则同烷烃，例如：

$$HOCH_2CH_2CH_2\underset{\underset{CH_3}{|}}{C}=CH_2$$

4-甲基-5-己烯-1-醇

（3）芳香醇。命名规则为：将芳烃基作为取代基，例如：

3-苯基-2-戊醇

（4）多元醇。命名规则为：选择含尽可能多的羟基的碳链为主链，注明羟基数目和位次，例如：

1,3-丙二醇　　　　　丙三醇（俗称甘油）

重要的醇类有甲醇、乙醇、乙二醇、丙三醇和苯甲醇等。甲醇为无色透明液体，沸点为64.5℃，能与水及多数有机溶剂混溶。甲醇具有麻醉作用，但毒性很强，10mL甲醇能使人双目失明，30mL能使人中毒而死。甲醇可作溶剂，也是一种重要的化工原料。利用甲醇可以合成氯甲烷、甲胺、有机玻璃、合成纤维，还可添加到汽油中形成甲醇汽油，作为机动车燃料。乙醇为无色液体，沸点为 78.5℃，用途广泛，是一种重要的有机合成原料和溶剂。医学上使用 70%～75%（体积分数）的乙醇水溶液作外用消毒剂，还常用乙醇配制药剂，如俗称碘酒的碘酊就是碘和碘化钾的乙醇溶液。

8. 酚的命名

酚是羟基（—OH）直接连接到苯环上的化合物，其官能团为酚羟基。

命名规则为：在"酚"字前面加上芳环名称，标明酚羟基的位次、数目，例如：

苯酚　　　　　　邻甲苯酚　　　　1-萘酚（α-萘酚）　　　　2-萘酚（β-萘酚）

苯酚是酚的代表，最初从煤焦油加工中得到，现在主要由石油加工制取。苯酚是一种无色的针状结晶，有特殊的气味，熔点为 43℃，沸点为 182℃，能溶于水，25℃时 100g 水中可溶解约 6.7g 苯酚，68℃以上可完全溶解。此外，它还易溶于乙醇、乙醚、苯等有机溶剂。由于苯酚能凝固蛋白质，有杀菌能力，医药上可用作消毒剂。3%～5%（体积分数）的苯酚溶液可用于手术器具的消毒，而 1%（体积分数）的苯酚溶液可用于皮肤止痒。然而，苯酚的浓溶液对皮肤有腐蚀性，因此在使用时需谨慎。由于苯酚易被氧化，通常应储存在棕色瓶中以避免光照。

9. 醚的命名

醚是两个烃基通过氧原子结合的化合物，两个烃基相同时称作单醚，两个烃基不同时称作混醚，醚的官能团为醚键（C—O—C）。

1）习惯命名法

对于简单醚，通常将两个烃基的名称放在"醚"字之前。对于单醚，烃基前的"二"字可以省略；对于芳醚，芳基（如苯基）通常放在前面，例如：

$CH_3OCH_2CH_3$　　　　$CH_3CH_2OCH_2CH_3$　　　　CH_3O—
　甲乙醚　　　　　　　　乙醚　　　　　　　　　苯甲醚

2）系统命名法

对于结构复杂的醚，使用系统命名法，将烃氧基（RO—）作为取代基，然后按照取代基的优先级和位置进行命名，例如：

$CH_3CHCH_2CH_3$　　　　$CH_3CHCH_2CH_2OH$
　　|　　　　　　　　　　　|
　OCH_3　　　　　　　　OCH_3
　2-甲氧基丁烷　　　　3-甲氧基-1-丁醇

3）环醚的命名

环醚命名时一般称环氧某烷，或按杂环化合物命名，例如：

环氧乙烷　　1,4-环氧丁烷（四氢呋喃）

乙醚是醚类化合物的代表，它是一种易挥发、易燃的液体，沸点为 34.5℃，爆炸极限为 2.34%~36.15%（体积分数），微溶于水，易溶于有机溶剂，使用时应远离火源。环氧乙烷是有毒的环醚气体，沸点为 11℃，易液化，溶于水和有机溶剂，用于制造聚氧化乙烯等聚合物。

10. 醛和酮的命名

醛和酮是含有羰基（C═O）的有机化合物，统称为羰基化合物。醛是羰基碳原子分别与氢原子和烃基相连接的化合物，用通式 R—CHO 表示，官能团是醛基（—CHO）。酮是羰基碳原子连接两个烃基的化合物，用通式 RCOR' 表示。它们广泛应用于合成化学、医药、香料和涂料等领域。以下是醛和酮的命名规则。

1）习惯命名法

对于简单的醛，通常根据分子中碳原子的数目来命名，称为某醛，例如：

$$\underset{\underset{O}{\displaystyle\|}}{CH_3CH_2CH_2-C-H} \qquad \underset{\underset{CH_3}{\displaystyle|}\ \underset{O}{\displaystyle\|}}{CH_3CH-C-H}$$

正丁醛   异丁醛

对于简单的酮，命名时根据羰基连接的两个烃基来命名，"基"字可省略，例如：

$$\underset{}{\overset{\underset{\displaystyle\|}{O}}{CH_3-C-CH_3}} \qquad \underset{}{\overset{\underset{\displaystyle\|}{O}}{CH_3-C-CH_2CH_3}}$$

二甲酮   甲乙酮（甲基乙基酮）

2）系统命名法

命名规则为：选择包括羰基碳原子在内的最长碳链作为主链，从靠近羰基的一端编号；酮的母体前面要标明羰基的位次；如果是含有不饱和键的醛或酮，还需标出不饱和键的位次，例如：

$$\underset{\underset{CH_3}{\displaystyle|}}{CH_3CHCH_2CHO} \quad \underset{\underset{O}{\displaystyle\|}\ \underset{CH_3}{\displaystyle|}}{CH_3CCH_2CHCH_3} \quad CH_3CH{=}CHCHO \quad \underset{\underset{O}{\displaystyle\|}}{CH_3CCH_2CH{=}CH_2}$$

3-甲基丁醛   4-甲基-2-戊酮   2-丁烯醛   4-戊烯-2-酮

芳香醛、芳香酮命名时，芳烃基作为取代基，脂肪醛、脂肪酮为母体，例如：

苯乙酮   4-苯基-2-丁酮

甲醛（HCHO）和乙醛（CH_3CHO）是重要的醛类化合物。甲醛，又名蚁醛，因刺激性气味和溶于水的特性，被用作消毒剂和防腐剂，其 37%~40%（体积分数）的水溶液称作福尔马林。丙酮（CH_3COCH_3）是典型的酮类，无色液体，沸点 56.5℃，易溶于水和多种有机溶剂，也能溶解油脂、蜡、树脂和塑料等，广泛用于溶剂、清洁剂和医药。在医学上，糖尿病人常有过量丙酮从尿中排出，可用亚硝酰铁氰化钠[$Na_2Fe(CN)_5NO$]来检查，也可用碘仿反应检验。

11. 羧酸的命名

羧酸是含有羧基（—COOH）的化合物，分为脂肪酸（RCOOH）和芳香酸（ArCOOH）。

1）脂肪酸的命名

命名规则为：选择包括羧基的最长碳链为主链，从羧基一端给主链碳原子编号；用阿拉伯数字（或从羧基相邻的碳原子开始用希腊字母）标明取代基的位次；如果有不饱和键包含在主链内要标明其位次，母体则称为"某烯酸"或"某碳烯酸"。有些脂肪酸采用俗名，例如：

$$CH_3CHCH_2COOH \qquad\qquad CH_3-C=CHCOOH$$
$$CH_3 \qquad\qquad\qquad\qquad\quad CH_3$$

3-甲基丁酸 　　　　　3-甲基-2-丁烯酸（β-甲基-α-丁烯酸）

$$CH_3CH=CHCOOH \qquad\qquad CH_3(CH_2)_7CH=CH(CH_2)_7COOH$$

2-丁烯酸（巴豆酸）　　　　　　9-十八碳烯酸

二元脂肪族羧酸主链包含两个羧基，根据主链碳原子数量称为"某二酸"，例如：

$$HOOC-COOH \qquad\qquad HOOCCHCH_2COOH$$
$$Cl$$

乙二酸 　　　　　　　　氯代丁二酸

2）芳香酸的命名

羧酸的代表物是乙酸（CH_3COOH）。乙酸是最早由自然界获取的有机化合物之一，许多微生物可以将不同的有机物转化为乙酸（发酵），例如在酸牛奶、葡萄酒中都含有乙酸。乙酸是食醋的主要成分，俗称醋酸。无水乙酸在常温下是无色有刺激性气味的液体，沸点为118℃，熔点为16.6℃。由于纯的乙酸在16.6℃以下能结成似冰状的固体，所以常把无水乙酸称作冰醋酸。

若羧基直接连在苯环上，命名时以苯甲酸为母体，环上其他基团作为取代基；当羧基连在支链上时，以相应的脂肪酸为母体，苯环作为取代基，例如：

邻甲基苯甲酸 　　　　　　苯乙酸 　　　　　　3-苯基丙烯酸

12. 胺的命名

胺可以看作是 NH_3 分子中的一个或几个氢原子被烃基取代的化合物。

1）衍生命名法

对于结构简单的胺，一般使用衍生命名法，根据氨基上所连的烃基来命名，例如：

$$CH_3NH_2$$
甲胺

环己胺　　　　　　苯胺

叔丁胺

$$CH_3CH_2NHCH_2CH_3$$
二乙胺

二苯胺

$$CH_3NHCH_2CH_3$$
甲乙胺

对于芳胺，如果苯环上有其他取代基，通常以苯胺为母体，例如：

邻甲苯胺   2,4-二氯苯胺

当氨基上同时连有芳基和脂肪烃基时，以苯胺为母体，在脂肪烃基前冠以"N"，以表示脂肪基是连在氨基氮原子上，例如：

N-甲基苯胺   N,N-二甲基苯胺

2）系统命名法

对于结构复杂的胺，采用系统命名法，命名规则为：以烃为母体，氨基作为取代基。例如：

$$CH_3CHCH_2CHCH_3 \qquad CH_3CHCH_2CH_2CH_3$$

2-甲基-4-氨基戊烷   2-甲氨基戊烷

13. 杂环化合物的命名

杂环化合物是由碳原子和其他原子（如氧、氮、硫等）构成的环状化合物，其命名通常采用译音法，例如：

呋喃   噻吩   吡咯   吡啶   喹啉

重要的杂环化合物有呋喃、糠醛、吡咯和喹啉等。呋喃是松木焦油中的一种无色液体，沸点为32℃，有氯仿气味，难溶于水，易溶于有机溶剂。糠醛最初是从米糠与稀酸共热制得的，是一种有毒的无色液体，沸点为162℃，易氧化，可溶于水和醇、醚等有机溶剂，是有机合成的重要原料，与苯酚缩合生成酚糠醛树脂。吡咯及其衍生物广泛存在于自然界，如叶绿素和血红素，沸点为131℃，难溶于水，易溶于有机溶剂。喹啉是无色油状液体，沸点为238℃，具有特殊臭味，难溶于水，易溶于有机溶剂，具有弱碱性，可从骨焦油和煤焦油中提取。

三、有机物的重要反应类型

有机化学反应涉及多种类型，一般可分为取代反应、加成反应、氧化反应、聚合反应、消除反应、与金属的反应、酯化反应、酸性反应和还原反应等。

1. 取代反应

1）烷烃的氯代

甲烷与氯气反应生成氯代甲烷，包括一氯甲烷、二氯甲烷、三氯甲烷和四氯甲烷，其他烷烃也有类似反应，都属于自由基取代反应，例如：

$$CH_4 + Cl_2 \xrightarrow[300℃]{光照} CH_3Cl + HCl$$

$$CH_3CH_2CH_3 + Cl_2 \xrightarrow[25℃]{光照} CH_3CH_2CH_2Cl + \underset{\underset{Cl}{|}}{CH_3CHCH_3}$$

环戊烷以及其他五元环以上的环烷烃在光照或加热时，也能与氯气发生取代反应。

2）烯烃分子中 α-氢原子的取代

丙烯在高温时主要发生如下取代反应：

$$CH_3CH{=}CH_2 + Cl_2 \xrightarrow{500℃} ClCH_2CH{=}CH_2 + HCl$$

3）苯环上氢原子的取代

苯环上的氢被取代，能发生硝化、卤化、磺化和烷基化等反应，例如：

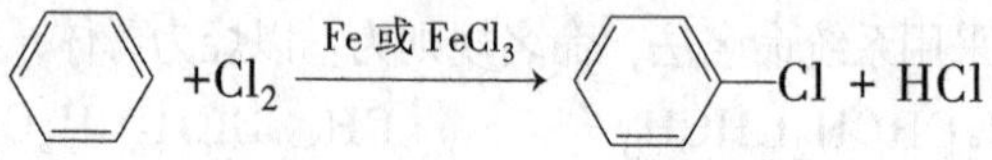

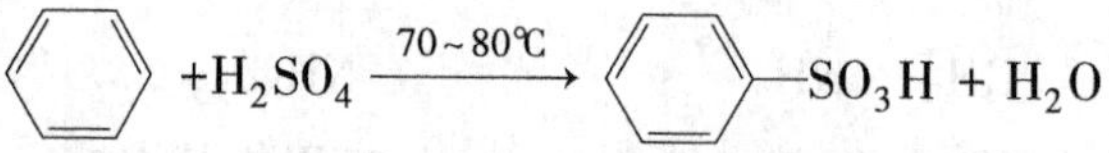

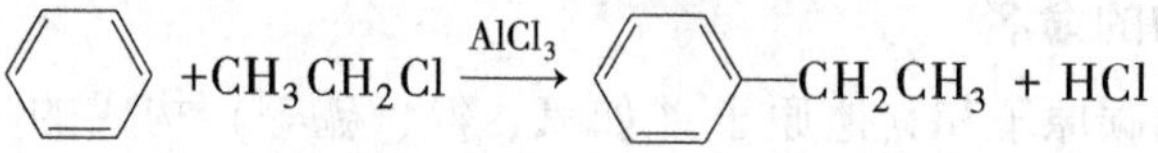

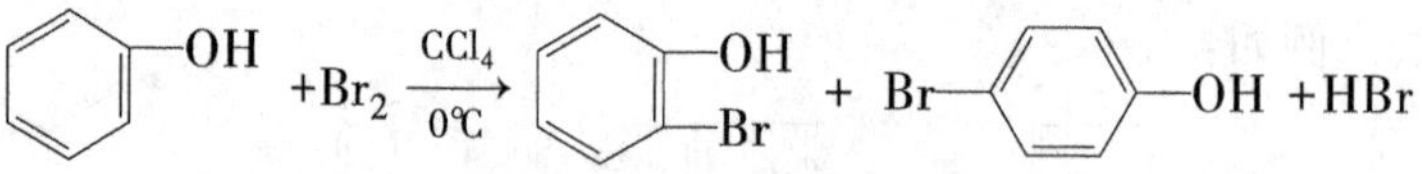

（33%）　　（67%）

邻溴苯酚　　对溴苯酚

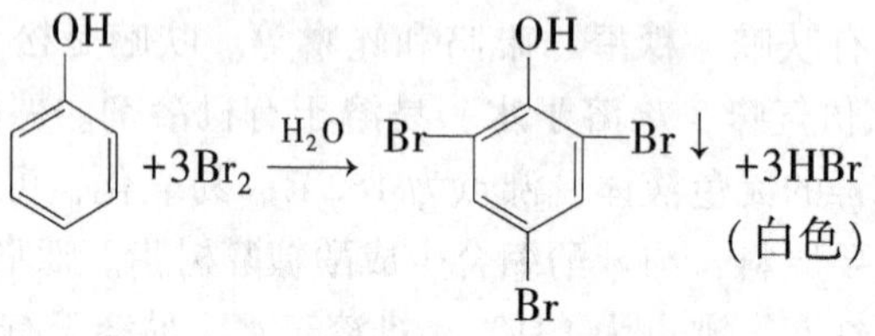

2,4,6-三溴苯酚

4）苯环侧链上的氯代

苯环侧链上的卤化与烷烃卤化一样是自由基反应，反应过程如下：

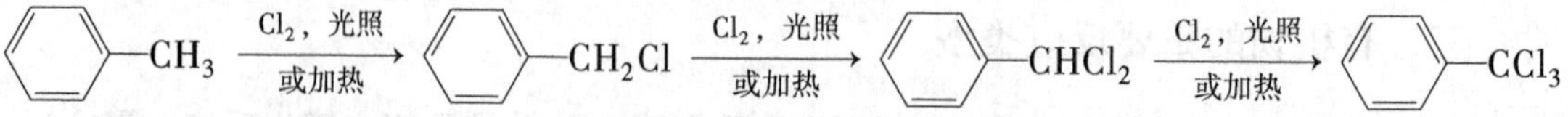

5）卤代烷的取代反应

伯卤代烷与稀氢氧化钠水溶液、醇钠、氰化钠、氨等能发生水解、醇解、氰解、氨解等取代反应，例如：

$$CH_3CH_2CH_2Cl + NaOH \xrightarrow{H_2O} CH_3CH_2CH_2OH + NaCl$$

$$CH_3CH_2CH_2Br + CH_3CH_2ONa \longrightarrow CH_3CH_2OCH_2CH_2CH_3 + NaBr$$

$$CH_3CH_2CH_2Br + NaCN \longrightarrow CH_3CH_2CH_2CN + NaBr$$

丁腈

$$CH_3CH_2CH_2Br + 2NH_3 \text{（过量）} \longrightarrow CH_3CH_2CH_2NH_2 + NH_4Br$$
丙胺

$$RX + AgNO_3 \xrightarrow{\text{乙醇}} RONO_2 + AgX\downarrow \quad \text{（X 可以为 Cl、Br、I）}$$
硝酸烷基酯

6）醛和酮中 α-碳原子上氢的取代

在酸或碱催化下，醛、酮的 α-氢原子被卤素原子取代生成 α-卤代醛、酮，例如：

$$CH_3CHO + Cl_2 \xrightarrow{H^+} ClCH_2CHO + HCl$$
α-氯代乙醛

$$CH_3COCH_3 + Br_2 \xrightarrow{H^+} BrCH_2COCH_3 + HBr$$
α-溴代丙酮

7）羧酸中羟基被取代的反应

羧基中的羟基可被氯原子、氨基等取代生成酰氯、酰胺等羧酸衍生物。

$$3R-\overset{\overset{\displaystyle O}{\|}}{C}-OH + PCl_3 \longrightarrow 3R-\overset{\overset{\displaystyle O}{\|}}{C}-Cl + H_3PO_3$$
酰氯

$$R-\overset{\overset{\displaystyle O}{\|}}{C}-OH + NH_3 \longrightarrow R-\overset{\overset{\displaystyle O}{\|}}{C}-NH_2 + H_2O$$
酰胺

2. 加成反应

1）催化加氢

在铂、钯或镍等催化剂的作用下，烯烃、炔烃、环烷烃和芳烃等都可与氢加成，例如：

$$RCH{=}CH_2 + H_2 \xrightarrow{\text{催化剂}} RCH_2CH_3$$

$$HC{=}CH + 2H_2 \xrightarrow{\text{催化剂}} CH_3CH_3$$

$$CH_3C{\equiv}CH + H_2 \xrightarrow{\text{林德拉催化剂}} CH_3CH{=}CH_2$$

$$\triangle + H_2 \xrightarrow{\text{催化剂}} CH_3CH_2CH_3$$

$$\bigcirc + 3H_2 \xrightarrow{\text{催化剂}} \bigcirc$$

使用林德拉催化剂可以控制炔烃的加成停止在 C=C 双键上，避免进一步反应。

2）加卤素

烯烃、炔烃和环烷烃等可以与氯或溴加成，生成连二氯代烷或连二溴代烷，例如：

$$CH_3CH{=}CH_2 + Cl_2 \longrightarrow CH_3CHClCH_2Cl$$
1,2-二氯丙烷

$$RCH{=}CH_2 + X_2 \longrightarrow RCHXCH_2X$$

$$CH{\equiv}CH \xrightarrow{Cl_2} CHCl{=}CHCl \xrightarrow{Cl_2} CHCl_2{-}CHCl_2$$

$$\square + Br_2 \longrightarrow BrCH_2CH_2CH_2CH_2Br$$

3）加卤化氢

（1）烯烃。烯烃能与卤化氢（如 HCl、HBr）加成生成卤代烷，例如：

$$CH_3CH = CH_2 + HBr \longrightarrow CH_3CHBrCH_3$$

$$RCH = CH_2 + HBr \xrightarrow{\text{过氧化物}} RCH_2CH_2Br$$

烯烃与卤化氢加成时，氢原子主要加在 $C = C$ 双键含氢较多的那个碳原子上，卤素原子则加在 $C = C$ 双键含氢较少的那个碳原子上。这个经验规则叫作马尔科夫尼科夫规则。如果有过氧化物存在，则得到的产物是反马尔科夫尼科夫规则的。

（2）炔烃。乙炔与氯化氢加成生成氯乙烯，然后按马尔科夫尼科夫规则继续反应生成 1,2-二氯乙烷。如果有氯化汞作催化剂并使温度保持在 160℃，则反应停留在氯乙烯阶段，反应式如下：

$$CH \equiv CH + HCl \xrightarrow[160℃]{HgCl_2} CH_2 = CHCl$$

不对称炔烃与卤化氢加成时，其产物与马尔科夫尼科夫规则一致，反应式如下：

$$CH_3C \equiv CH + HCl \xrightarrow{HgCl_2} CH_3C = CH_2$$
$$\phantom{CH_3C \equiv CH + HCl \xrightarrow{HgCl_2} CH_3C} |$$
$$\phantom{CH_3C \equiv CH + HCl \xrightarrow{HgCl_2} CH_3C} Cl$$

（3）环烷烃。环丙烷与溴化氢发生开环加成反应：

$$\triangle + HBr \longrightarrow CH_3CH_2CH_2Br$$

（4）加水。

① 烯烃。烯烃与水（H_2O）加成，生成醇：

$$CH_2 = CH_2 + H_2O \xrightarrow[300℃]{\text{磷酸—硅藻土}} CH_3CH_2OH$$

$$CH_3CH = CH_2 + H_2O \xrightarrow[250℃]{\text{磷酸—硅藻土}} CH_3CHCH_3$$
$$\phantom{CH_3CH = CH_2 + H_2O \xrightarrow[250℃]{\text{磷酸—硅藻土}} CH_3CH} |$$
$$\phantom{CH_3CH = CH_2 + H_2O \xrightarrow[250℃]{\text{磷酸—硅藻土}} CH_3CH} OH$$

② 炔烃。不对称炔烃与水的加成产物遵循马尔科夫尼科夫规则，例如：

$$CH \equiv CH + H_2O \xrightarrow[105℃]{HgSO_4 \cdot H_2SO_4} CH_3CHO$$

（5）羰基的加成。

① 羰基与氢氰酸加成。醛和大多数甲基都可以与氢氰酸发生亲核加成反应，生成 α-羟基腈：

$$\underset{\substack{\| \\ O}}{R-C-H} + HCN \longrightarrow \underset{\substack{| \\ OH}}{R-CH-CN}$$
$$\alpha\text{-羟基腈}$$

② 羰基与格氏试剂加成。格氏试剂能与醛、酮发生亲核加成反应，加成产物水解得到不同种类的醇，例如：

$$\underset{\substack{\| \\ O}}{R-C-H} + R'MgX \xrightarrow{\text{干醚}} \underset{\substack{| \\ MgX}}{\overset{\substack{OH \\ |}}{R-C-R'}} \xrightarrow{H_3O^+} \underset{\substack{| \\ \text{仲醇}}}{\overset{\substack{OH \\ |}}{R-CH-R'}}$$

3. 氧化反应

1) 氧化剂氧化

（1）烯烃。在使用过量高锰酸钾和加热的条件下，烯烃的 C＝C 双键断裂，生成羧酸，例如：

$$RCH{=}CHR' \xrightarrow[\text{加热}]{\text{高锰酸钾}} RCOOH + R'COOH$$

$$\underset{R-C-R'}{\overset{CH_2}{\underset{\parallel}{}}} \xrightarrow[\text{加热}]{\text{高锰酸钾}} \underset{R-C-R'}{\overset{O}{\overset{\parallel}{}}} + CO_2 + H_2O$$

（2）炔烃。乙炔在高锰酸钾的作用下被氧化，生成羧酸或其衍生物，例如：

$$CH{\equiv}CH \xrightarrow{\text{稀高锰酸钾}} CO_2 + H_2O \text{（有 } MnO_2 \text{ 析出）}$$

$$R-C{\equiv}C-R' \xrightarrow[\text{过量}]{\text{高锰酸钾}} RCOOH + R'COOH$$

（3）苯环侧链的氧化。当苯环侧链上有 α-氢原子时，苯环的侧链较易被氧化生成羧基，例如：

$$\text{（苯环）}{-}R \xrightarrow[\text{OH}^-\text{、加热}]{\text{高锰酸钾}} \text{（苯环）}{-}COOH$$

苯甲酸

（4）醛和酮的氧化。托伦（Tollens）试剂，即银氨溶液，可以将含醛基的物质氧化成羧酸，这一反应称为银镜反应，因为生成的银沉积在试管壁上形成银镜。

$$RCHO + 2Ag(NH_3)_2OH \xrightarrow{\text{水浴}} RCOONH_4 + 3NH_3 + 2Ag\downarrow + H_2O$$

费林（Fehling）试剂是由硫酸铜溶液和酒石酸钾钠的碱溶液混合而成的，它是一种弱氧化剂，能把醛氧化为羧酸（碱性溶液中生成羧酸盐），同时铜离子被还原为红色的氧化亚铜。

$$RCHO + 2Cu(OH)_2 + NaOH \xrightarrow{\triangle} RCOONa + Cu_2O\downarrow + 3H_2O$$

2) 催化氧化

（1）烯烃。烯烃催化氧化可以生成不同的产物，例如：

$$2CH_2{=}CH_2 + O_2 \xrightarrow[220\sim280℃]{Ag} 2\underset{O}{\overset{CH_2-CH_2}{\diagdown\diagup}}$$

$$CH_2{=}CH_2 + O_2 \xrightarrow[125℃]{PdCl_2-CuCl_2} CH_3CHO$$

$$CH_3CH{=}CH_2 + O_2 \xrightarrow[125℃]{PdCl_2-CuCl_2} \underset{CH_3CCH_3}{\overset{O}{\overset{\parallel}{}}}$$

（2）醇的氧化。伯醇（如乙醇 CH_3CH_2OH）、仲醇（如异丙醇 $CH_3CHOHCH_3$）蒸气高温时通过高活性的铜（或银）催化剂发生脱氢反应，分别生成醛和酮，例如：

$$CH_3CH_2OH \xrightarrow{Cu, 300℃} CH_3CHO$$

$$\underset{CH_3CHCH_3}{\overset{OH}{\overset{\mid}{}}} \xrightarrow{Cu, 480℃} \underset{CH_3CCH_3}{\overset{O}{\overset{\parallel}{}}}$$

4. 聚合反应

1）烯烃

在一定条件下，烯烃分子中的不饱和键会断裂，使得多个烯烃分子通过加成反应连接起来，形成长链的高分子化合物（或聚合物），例如：

$$nCH_2{=\!=}CH_2 \xrightarrow{引发剂} \{\!\!-CH_2CH_2-\!\!\}_n$$
$$聚乙烯$$

$$nCH_2{=\!=}CH_2 \xrightarrow{引发剂} \{\!\!-\underset{\overset{|}{R}}{CH}-CH_2-\!\!\}_n$$
$$\quad\quad\quad \underset{R}{|}$$

2）炔烃

乙炔在适当的条件下也能发生聚合反应，生成不同类型的聚合物，例如：

$$3CH{\equiv}CH \xrightarrow{Ni(CO)} \bigcirc$$

5. 消除反应

1）卤代烷

卤代烷在碱性条件下与醇共热，能发生消除反应而生成不同的烯烃，例如：

$$CH_3CH_2CH_2CH_2Br+KOH \xrightarrow[\text{乙醇，加热}]{} CH_3CH_2CH{=\!=}CH_2+KBr+H_2O$$

$$CH_3CH_2\underset{\overset{|}{Br}}{CH}CH_3 \xrightarrow[\text{加热}]{KOH，乙醇} CH_3CH{=\!=}CHCH_3+CH_3CH_2CH{=\!=}CH_2$$
$$\qquad\qquad\qquad\qquad （约81\%）\qquad\quad （约19\%）$$

这种反应遵循札依采夫（Saytzeff）规则，即从含氢较少的碳原子上消除氢原子，形成较为稳定的烯烃。卤代烷的活性顺序是：叔卤代烷→仲卤代烷→伯卤代烷。

2）醇的脱水

醇在酸性条件下，如与浓硫酸共热，可以发生脱水反应，生成不同的产物，例如：

$$CH_3CH_2OH \xrightarrow[175℃]{浓硫酸} CH_2{=\!=}CH_2+H_2O$$

$$2CH_3CH_2OH \xrightarrow[140℃]{浓硫酸} CH_3CH_2OCH_2CH_3+H_2O$$
$$乙醚$$

6. 与金属的反应

卤代烷与金属镁在干醚中反应，生成烷基卤化镁，即格利雅试剂（Grignard V），例如：

$$CH_3CH_2Br+Mg \xrightarrow[回流]{干醚} CH_3CH_2{-}MgBr$$
$$乙基溴化镁$$

7. 酯化反应

醇与有机酸反应生成羧酸酯，例如：

$$CH_3COOH+CH_3CH_2OH \xrightarrow[回流]{H^+} CH_3\overset{\overset{O}{\|}}{C}{-}OCH_2CH_3 +H_2O$$
$$乙酸乙酯$$

8. 酸性反应

1）酚的反应

酚具有弱酸性，可以与强碱（如氢氧化钠）反应生成酚盐，例如：

$$\text{C}_6\text{H}_5\text{—OH} + \text{NaOH} \xrightarrow{\text{H}_2\text{O}} \text{C}_6\text{H}_5\text{—ONa} + \text{H}_2\text{O}$$

苯酚钠

以上反应可以用于区别、分离不溶于水的醇、酚和羧酸。

2）羧酸的反应

羧酸具有较强的酸性，可以与碱（如氢氧化钠）反应生成羧酸盐，例如：

$$\text{RCOOH} + \text{NaOH} \longrightarrow \text{RCOONa} + \text{H}_2\text{O}$$

9. 还原反应

醛和酮在适当的还原剂（如氢气、金属氢化物）的作用下，被还原成相应的醇。

$$\text{RCHO} + \text{H}_2 \xrightarrow{\text{Ni}} \text{RCH}_2\text{OH}（伯醇）$$

$$\begin{array}{c} \text{R} \\ | \\ \text{C}=\text{O} \\ | \\ \text{R}' \end{array} + \text{H}_2 \xrightarrow{\text{Ni}} \begin{array}{c} \text{R} \\ | \\ \text{CHOH} \\ | \\ \text{R}' \end{array}（仲醇）$$

四、高分子化合物和离子交换树脂

1. 高分子化合物

高分子化合物，尤其是高分子化合物配制成的水溶液，在石油工业中扮演着重要角色，如钻井液中的降黏剂和增黏剂，油井酸化压裂液中的缓蚀剂，防砂、堵水的各种树脂，提高乳状液及泡沫稳定性的稳定剂，提高注水黏度的增黏剂等。因此，理解并掌握高分子化合物及其溶液的性质和特点，对于油田应用高分子化合物具有重要意义。

1）高分子化合物的基本知识

（1）高分子化合物的定义。高分子化合物简称高分子，也称为聚合物或高聚物，是具有高分子量（一般超过 10^4）的化合物。淀粉、纤维素、蛋白质、聚乙烯和聚氯乙烯等都属于高分子。高分子的分子量虽然很大，但其化学组成一般比较简单，通常是由结构单元重复连接而构成的。例如，乙烯分子聚合生成聚乙烯：

$$n\text{CH}_2{=}\text{CH}_2 \xrightarrow{\text{引发剂}} \text{—[CH}_2\text{CH}_2\text{]}_{\overline{n}}$$

乙烯　　　　　　　聚乙烯

聚乙烯分子是由重复出现的基本结构单元—CH_2—CH_2—连接而成的。通常将组成高分子化合物的重复结构单元称为链节，每个高分子中所包含的链节数 n 称为聚合度，而把聚合成高分子化合物的低分子物质称为单体。因此很容易得出，高分子化合物的分子量就是链节的分子量与聚合度的乘积。实际上，高分子化合物是分子量大小不等的同系列分子的混合物，只是一种平均分子量。

（2）高分子化合物的结构。高分子化合物是由一系列链节通过共价键连接而成的大分子，这些链节可以形成不同的结构类型，包括线型结构、支链型结构和体型（网状）

结构。其中，线型结构由连续的链节通过共价键串联成长链分子。这种结构中的单键允许原子或链节间自由旋转，赋予材料极高的柔韧性。因此，无论是橡胶、纤维还是热塑性塑料，这些线型高分子在常规条件下都呈现出柔软且卷曲的状态，如图1-1（a）所示。这种柔韧性也决定了它们在适当的溶剂中能溶解，升高温度可使其软化并具有流动性，常温下具有弹性和塑性等。在油田生产中，线型高分子化合物常用于增加注水的黏度和防止油井中的蜡质沉积。支链型结构在主链上带有侧链，如图1-1（b）所示，这些侧链的长度和数量各异。这种结构的高分子化合物可能具有与线型结构不同的溶解性和流变特性，这使得它们在特定的油田中应用可能更为合适。体型结构的高分子（如热固性塑料），是由多个线型或支链型高分子交联成网状（或立体）结构，如图1-1（c）所示。这种结构限制了分子间的自由旋转，使得体型高分子坚硬且脆弱。体型高分子不溶于任何溶剂且不熔化，在油气生产中常用于防砂和堵水，这是由于它们能够形成稳定的屏障，有效阻止砂粒进入油井或封堵裂缝。

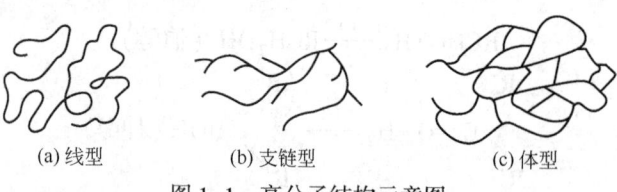

(a) 线型　　　　(b) 支链型　　　　(c) 体型

图1-1　高分子结构示意图

（3）高分子化合物的特性。高分子化合物因其独特的结构和相对较大的分子量，展现出一系列与低分子化合物不同的特性，主要体现在以下几个方面：

① 溶解性：线型高分子化合物能够在适当的溶剂中溶解，但溶解速度通常比低分子化合物慢。体型结构的高分子化合物不能溶解，但低交联度的体型高分子在某些溶剂中可能会发生膨胀，这种现象称为溶胀。

② 弹性：线型高分子化合物通常具有一定的弹性，这使得它们在受到外力作用后能够恢复原状。然而，高度交联的体型高分子化合物则失去了这种弹性，变得较为僵硬。

③ 可塑性：线型高分子化合物在加热到一定温度后，可以通过模塑、浇铸、滚压等方法加工成特定形状，冷却后能保持该形状，这种性质称为可塑性，又称热塑性。相比之下，体型结构的高分子化合物在加工成型后，即使再次加热也不会熔化或变形，这种性质称为热固性。

④ 机械强度：由于高分子化合物的分子量很大，分子间的相互作用力强，因此它们通常具有较高的机械强度，包括抗拉、抗压和抗弯曲等能力。一般来说，同一种高分子化合物的分子量越大，其机械强度也越高。特别是体型结构的高分子，机械强度尤为显著。

2）高分子化合物的合成、分类及命名

（1）高分子化合物的合成。高分子化合物是由一种或多种单体在催化剂作用下经聚合反应而合成的。聚合反应一般分为加聚反应和缩聚反应两类。

① 加聚反应。

相同或不相同的不饱和单体通过双键加成而聚合为高分子化合物的反应，称为加聚反应，例如聚乙烯、聚苯乙烯、聚丙烯酰胺等高分子化合物都是经过加聚反应而生成的。由加聚反应得到的产物称作加聚物。

$$n\mathrm{CH_2}\!=\!\mathrm{CH} \xrightarrow{\text{引发剂}} \left[\mathrm{CH_2CH}\right]_n$$
$$\phantom{n\mathrm{CH_2}\!=\!}\underset{\mathrm{Cl}}{|}\phantom{\xrightarrow{\text{引发剂}}}\phantom{\left[\mathrm{CH_2CH}\right]}\underset{\mathrm{Cl}}{|}$$

氯乙烯   聚氯乙烯

$$n\mathrm{CH_2}\!=\!\mathrm{C}\!-\!\mathrm{COOCH_3} \xrightarrow{\text{引发剂}} \left[\mathrm{CH_2}\!-\!\overset{\mathrm{COOCH_3}}{\underset{\mathrm{CH_3}}{\mathrm{C}}}\right]_n$$

甲基丙烯酸甲酯   聚甲基丙烯酸甲酯

加聚物还可进一步划分为均加聚物（简称均聚物）和共加聚物（简称共聚物），前者是由相同单体通过加聚反应得到的产物，而后者是由不相同单体通过加聚反应得到的产物。例如，聚丙烯酰胺是均加聚物，而部分水解聚丙烯酰胺（可由丙烯酰胺和丙烯酸钠经加聚反应制成）则是共加聚物。

$$\left[\mathrm{CH_2CH}\right]_n \qquad \left[\mathrm{CH_2CH}\right]_x \quad \left[\mathrm{CH_2CH}\right]_y$$
$$\underset{\mathrm{CONH_2}}{|} \qquad\qquad \underset{\mathrm{CONH_2}}{|} \qquad\quad \underset{\mathrm{COONa}}{|}$$

聚丙烯酰胺   部分水解聚丙烯酰胺

② 缩聚反应。

相同或不相同的低分子化合物（多官能团单体）之间通过官能团之间的缩合作用生成高分子化合物，同时还产生低分子化合物（如 H_2O、NH_3、CH_3OH、C_2H_5OH、HCl 等）的反应称为缩聚反应，缩聚反应得到的产物称为缩聚物。例如：

$$n\mathrm{HOCH_2CH_2OH} \xrightarrow{\text{引发剂}} \mathrm{H}\!\left[\mathrm{OCH_2CH_2}\right]_n\!\mathrm{OH} + (2n-1)\mathrm{H_2O}$$

乙二醇   聚乙二醇

酚醛树脂、脲醛树脂和环氧树脂等高分子都是通过缩聚反应合成的。缩聚物同样分为均缩聚物（由单一单体合成）和共缩聚物（由两种或多种单体合成）。聚乙二醇是均缩聚物的一个例子，而工程塑料尼龙 1010（由癸二胺和癸二酸合成）则是共缩聚物。

$$n\mathrm{H_2N}\!\left[\mathrm{CH_2}\right]_{10}\!\mathrm{NH_2} + n\mathrm{HOOC}\!\left[\mathrm{CH_2}\right]_8\!\mathrm{COOH} \xrightarrow{\text{引发剂}}$$

癸二胺   癸二酸

$$\mathrm{H}\!\left[\mathrm{NH}\!\left[\mathrm{CH_2}\right]_{10}\!\mathrm{NH\!-\!CO}\!\left[\mathrm{CH_2}\right]_8\!\mathrm{CO}\right]_n\!\mathrm{OH} + (2n-1)\mathrm{H_2O}$$

尼龙 1010

（2）高分子化合物的分类和命名。

① 高分子化合物的分类。

高分子化合物可以根据来源、性质、工艺性能和用途进行分类。按来源不同，高分子化合物可分为生化高分子、天然高分子和合成高分子三大类。其中，生化高分子由生物化学方法（如细菌发酵）得到；天然高分子来自自然界，如蛋白质、纤维素、淀粉、天然橡胶等；合成高分子有合成橡胶（如氯丁橡胶）、合成纤维（如聚酰胺纤维）、合成树脂（如酚醛树脂）等。

按溶解性不同，高分子化合物可分为水溶性高分子、油溶性高分子和油水都不溶高分子；按受热的性质不同，可分为热塑性高分子和热固性高分子。

按工艺性能和用途不同，高分子化合物可分为塑料、橡胶和纤维三大类。根据受热时所表现的特性，塑料又可分为热塑性塑料和热固性塑料两类。橡胶可分为天然橡胶和合成橡胶两类。纤维可分为天然纤维和化学纤维两类，其中，化学纤维包括人造纤维和合成纤维两类。

按主链结构不同，高分子化合物可分为碳链高分子、杂链高分子和元素有机高分子。

② 高分子化合物的命名。

高分子化合物的命名规则通常较复杂，很少使用。在命名天然高分子化合物时，通常使用俗名或者根据其来源进行命名。例如，纤维素、淀粉和蛋白质是常见的天然高分子化合物，而褐藻胶（从海洋植物褐藻制得的胶）和田菁胶（从植物田菁种子制得的胶）则是根据其来源命名的。

对于合成高分子化合物，通常根据其合成方法和原料来命名。均加聚物在命名时，会在相应单体名称前冠以"聚"字，例如聚乙烯（PE）、聚丙烯（PP）、聚氯乙烯（PVC）和聚丙烯腈（PAN）等。共加聚物则在两种单体名称后加"共聚物"，如乙烯—苯乙烯共聚物（E-S 共聚物）和丙烯酸—二乙烯苯共聚物等。均缩聚物的命名与均加聚物相似，也是在合成单体前冠以"聚"字，如聚乙二醇（PEG）等。共缩聚物则在两种合成单体名称后加"树脂"两字，例如酚醛树脂和脲醛树脂等。此外，合成高分子化合物也常使用商业名称，这些名称通常更加简洁且易于识别，如尼龙（聚酰胺）、腈纶（聚丙烯腈）、氯纶（聚氯乙烯）、丙纶（聚丙烯）和有机玻璃（聚甲基丙烯酸甲酯，PMMA）等。

3）淀粉与纤维素

淀粉、纤维素都是天然高分子化合物，属于糖类，对维持动植物生命至关重要，例如动物乳汁中的乳糖、肌肉和肝脏中的糖原、血液中的糖等。糖类含碳、氢、氧元素，如葡萄糖（$C_5H_{12}O_6$）和蔗糖（$C_2H_{22}O_{11}$）。糖类结构含多羟基醛（酮）或可水解为此类物质，分为单糖、低聚糖和多糖三大类。葡萄糖、果糖为单糖；蔗糖、麦芽糖为二聚糖；淀粉和纤维素为多糖。多糖不同于低聚糖，它们无甜味，大多数难溶于水，有的能与水形成胶体溶液。多糖不是一种纯粹的化学物质，而是聚合度不同的物质的混合物，是由很多单糖分子以苷键连接而成的高聚物，如淀粉和纤维素等。

（1）淀粉。

淀粉 $[(C_5H_{12}O_6)_n]$ 是无色无味的无定形粉末，大量存在于植物的种子、茎和块根中。例如，大米含淀粉 75%~82%，小麦含淀粉 60%~65%，玉米含淀粉 65%~72%。淀粉是人类三大营养素之一，也是重要的工业原料，可用来制备乙醇、丁醇、丙酮、葡萄糖、饴糖等。在油田生产中，淀粉是最早使用的钻井液降滤失剂之一，随着改性淀粉、接枝淀粉的研究及工业化，其用途越来越广。

从结构上看，淀粉是由葡萄糖单元连接起来的，分为直链和支链两大类。直链淀粉的聚合度为 200~4000，占淀粉总量的 20%，由于分子内氢键的作用使其卷曲成螺旋状，不利于水分子的接近，故不溶于冷水。支链淀粉聚合度为 600~20000，易溶于水，遇热水膨胀成糊状，占淀粉总量的 80%。淀粉的分子链端虽含有苷羟基，但因其分子量很大，故没有还原性。淀粉具有特殊的螺旋结构，可与碘等发生络合反应；淀粉在水解作用下可以逐步分解为葡萄糖；淀粉分子中的羟基能参与酯化、醚化和氧化等化学反应，形成多种有用的衍生物。

① 与碘作用。

淀粉与碘能发生很灵敏的颜色反应，这种特性在化学分析中用于鉴别碘的存在。淀粉遇碘显色，它们之间并未形成化学键，而是碘分子钻进了淀粉分子的螺旋链中，被吸附于螺旋内生成淀粉—I_2络合物，从而改变了碘的原有颜色。络合物显示的颜色随淀粉的组成、聚合度的不同而异。直链淀粉—I_2络合物呈蓝色，支链淀粉则呈紫红色。

② 水解反应。

淀粉对碱的作用较稳定，但遇酸能发生水解，使大分子链断裂、聚合度降低。淀粉在酸性条件下或酶的催化下，可逐步水解为如下的产物：

$$(C_6H_{10}O_5)_n \xrightarrow[H_2O]{H^+ 或酶} (C_6H_{10}O_5)_m \xrightarrow[H_2O]{H^+ 或酶} C_{12}H_{22}O_{11} \xrightarrow[H_2O]{H^+ 或酶} C_6H_{12}O_6$$

淀粉　　　　　　糊精($m<n$)　　　　麦芽糖　　　　D-(+)-葡萄糖

糊精稍溶于冷水，较易溶于热水，广泛用作增稠剂、黏合剂等。不同的环糊精可以包合不同大小的中性分子（无机和有机的），这样的特性已应用于有机合成中。此外，环糊精作为稳定剂、乳化剂、抗氧剂等，也应用于食品、医药、农业、化工等行业。

③ 淀粉与丙烯腈接枝共聚物。

将丙烯腈接枝到淀粉主链上，得到淀粉与丙烯腈接枝共聚物，再用氢氧化钠处理，可得到支链上含有羧基、氨基、甲酰基的共聚物。该共聚物吸水能力很强，常用作尿布、吸水纸巾等。反应式如下：

淀粉—OH + mCH$_2$=CH $\longrightarrow$ 淀粉—O$\overset{}{\underset{\overset{|}{\text{CN}}}{(\text{CH}_2-\text{CH})_m}}$H
　　　　　　　　　｜
　　　　　　　　 CN

$\xrightarrow{\text{NaOH, H}_2\text{O}}$ 淀粉—O$(\text{CH}_2\text{CH})_x(\text{CH}_2\text{CH})_y$
　　　　　　　　　　　　　　｜　　　　　｜
　　　　　　　　　　　　 CONH$_2$　　 COONa

淀粉的其他一些接枝共聚物制成薄膜，可用作农田地膜，其优点是可以部分降解，减少环境污染。

（2）纤维素。

纤维素是自然界中最常见的多糖，主要构成植物体。棉花中含纤维素90%以上，亚麻80%，木材50%。自然界中纤维素通常与木质素、半纤维素、果胶、油脂、蜡质、无机盐类等共存，工业上（如纺织、造纸、人造纤维等工业）用碱或亚硫酸氢钙溶液提纯。纯纤维素是无色无味的纤维状物质，不溶于水和常见有机溶剂，因其分子内含有大量羟基，具有一定的吸湿性。它由葡萄糖单元连接成直链大分子，并通过氢键形成刚性的线状结构。纤维素的化学性质与淀粉相似，也能发生水解、醚化和酯化等反应。以纤维素为原料，可制得一系列钻井液处理剂。

① 水解反应。

纤维素可以水解生成分子量较小的低聚物，彻底水解可得 D-(+)-葡萄糖，但其水解反应比淀粉困难得多。纤维素在酸性水解中，一般要在存在较浓酸的条件下才可水解生成纤维四糖、纤维三糖和纤维二糖，最终水解产物为葡萄糖。

② 与碱作用。

在常温下，使用大约18%的氢氧化钠溶液处理棉纤维素时，棉纤维素长度缩短而直径增大，出现溶胀现象，经拉紧和水洗后，纤维光泽增强且易染色，这种处理方法称为丝光化。用碱处理后得到的碱纤维在一定温度下与氯乙酸钠进行醚化反应，再经老化、干燥即可制得钠羧甲基纤维素（CMC），可用作钻井液降滤失剂。

③ 酯化反应。

纤维素酯化是将纤维素中部分羟基变成酯，以减少分子链间的氢键，降低分子间的作用力，从而使之可熔或可溶，以便加工成型制成各种制品。硝酸纤维素酯是由纤维素与浓硝酸—浓硫酸作用而制得的，含氮量为 12.5%~13.6% 的称为火棉，即无烟火药，易燃易爆，可用作枪弹的推进剂；含氮量约为 11% 的称为胶棉，易燃而无爆炸性，与樟脑混合可制成赛璐珞塑料等。醋酸纤维素酯可由纤维素与乙酐—乙酸的混合物在少量浓硫酸催化作用下制得，经处理可制成高质量的人造丝和电影胶片。

4）油田常用高分子化合物

（1）部分水解聚丙烯酰胺（HPAM）。

聚丙烯酰胺（PAM）是一种水溶性链状高分子化合物，由丙烯酰胺单体通过聚合反应合成。它不溶于汽油、煤油、柴油、苯、甲苯和二甲苯等有机溶剂，但可溶于水。聚丙烯酰胺在碱的作用下可以水解，水解产物中仍含有 $-CONH_2$，这表示聚丙烯酰胺仅是部分水解，所以称为部分水解聚丙烯酰胺（HPAM）。

部分水解聚丙烯酰胺在水中发生解离，产生羧酸根（$-COO^-$），使整个离子带负电荷、链节上有静电斥力。链节上的静电斥力使得原本卷曲的高分子链展开，形成更为伸展的结构。这种结构的展开增加了分子链之间的相互作用，从而显著提高了溶液的黏度。HPAM 的这种增黏特性对于油田注水、增强钻井液性能以及提升油藏开发效率等方面具有重要意义。

然而，HPAM 的性能受到盐度和温度的影响。为了保持其高效的增黏效果，建议地层水的含盐度控制在 100000mg/L 以下，且注入水应为淡水。此外，随着温度的升高，聚合物的化学降解速率会急剧增加，因此在使用 HPAM 时，油藏温度应控制在 93℃ 以下。当温度高于 70℃ 时，需要严格控制体系中的氧气含量，以防止 HPAM 的降解。高温和高盐度条件下，HPAM 可能会发生沉淀，导致油层堵塞。因此，在高温和高盐度环境下，使用 HPAM 时应采取适当的预防措施。

（2）酚醛树脂。

酚醛树脂是通过苯酚与甲醛在催化剂的作用下进行缩聚反应生成的高分子化合物。根据催化剂的性质和配料比的不同，可以制备出两种具有不同特性的酚醛树脂，即热固性酚醛树脂和热塑性酚醛树脂。在油田应用中，热固性酚醛树脂更为常见，它在碱性催化剂（如氢氧化钠或氢氧化钡）的作用下，通过控制苯酚与甲醛的物质的量比小于 1 的条件下来合成，反应式如下：

热固性酚醛树脂

热固性酚醛树脂热固前呈液体，可以注入地层，而热固后变为不溶、不熔的固态，因此非常适合用作封堵剂和胶结剂。热固反应可以通过酸性催化剂（如盐酸或草酸）来加速进行，这在油水井防砂作业中尤为重要。此外，热固性酚醛树脂中的羟基可以与环氧乙烷作用，生成具有亲水性的聚氧乙烯酚醛树脂。这种树脂的水溶性得到大大提高，其支链结构也赋予了它良好的增黏性能，使其在油田化学中的应用更加广泛。

（3）脲醛树脂。

脲醛树脂是尿素与甲醛在缩聚反应中生成的高分子化合物。在油田中，常用的是热固性脲醛树脂，它在碱性催化剂（如氢氧化钠或氢氧化铵）的作用下制备，通常保持尿素与甲醛的物质的量比小于1（通常为1∶2）。反应式如下：

$$nH_2N\!-\!\underset{\underset{O}{\|}}{C}\!-\!NH_2 + 2nCH_2O \xrightarrow[pH>7]{80\sim100℃} \left[\begin{array}{c} N\!-\!CH_2 \\ | \\ CO \\ | \\ HN\!-\!CH_2OH \end{array}\right]_n + nH_2O$$

热固性脲醛树脂

热固性脲醛树脂加热后变成不溶、不熔的交联体型结构，这种结构使其成为理想的封堵剂和胶结剂，尤其在油田作业中，它能够提供快速的固化反应，实现有效的封堵和胶结。在使用时，为了加速热固反应的进行，也可使用酸性催化剂。

（4）羧甲基纤维素（CMC）。

羧甲基纤维素是一种白色絮状或略呈纤维状的粉末，由纤维素（如棉花短纤维或木屑纤维）经过苛性钠处理后，再与一氯乙酸钠反应制得。在这个过程中，纤维素的羟基被 NaOH 中和后转化为羧甲基，随后与钠盐反应，形成羧甲基纤维素钠盐（Na—CMC）。反应式如下：

$$R_{纤}OH + NaOH + ClCH_2COONa \longrightarrow R_{纤}OCH_2COONa + NaCl + H_2O$$

Na—CMC 中的羧基在水溶液中电离，生成 COO^- 和 Na^+，这使得高分子链节带有负电荷而相互排斥，减小了分子链的卷曲程度，从而有较好的增黏能力。Na^+ 分布在溶液的扩散层中，增强了水化作用，有助于降低失水率。此外，Na—CMC 分子结构中的羟基（—OH）和醚键（—O—）能够吸附在水泥和黏土颗粒上，形成吸附层，增强了水泥及黏土颗粒的分散性。然而，Na—CMC 的耐温性有限，仅能耐受至120℃。超过这个温度，Na—CMC 即开始分解，因此在高温环境下，它不适合作为降失水剂使用，这种特性限制了 Na—CMC 在高温油田作业中的应用。

（5）生物聚合物黄胞胶（XG）。

黄胞胶是由微生物黄单胞菌（Xanthomonas）接种到淡水化合物中，经发酵而产生的生物聚合物，又称黄原胶。黄胞胶的主要成分是纤维素骨架，其支链比 HPAM 更多且较长，这使得黄胞胶的主链在溶液中呈较伸展的构象。这种结构赋予了黄胞胶良好的增黏性、抗剪切性和耐盐性等特性。

黄胞胶主要用于水的增黏，交联后的黄胞胶可用作注水井的调剖剂和抽水井的压裂液。它对盐分的敏感性较低，适合应用于地层水含盐度较高的油藏。然而，黄胞胶存在一些局限性：生物稳定性较差，细菌易对微生物聚合物进行生物降解；热稳定性不足，温度超过80℃时容易发生热降解，因此使用温度通常不超过75℃；溶解氧易引起黄胞胶的氧化降解。为了克服这些问题，使用黄胞胶时需要添加除氧剂、热稳定剂和杀菌剂等。由于生物聚合物的成本较高，黄胞胶一般只适用于高盐度地层，在其他条件下，使用聚丙烯酰胺可能更经济有效。

（6）木质素磺酸盐。

木质素磺酸盐是利用木材中天然存在的木质素，经亚硫酸盐的磺化作用后，从纸浆废液中提取出来的副产品。经常使用的是木质素磺酸钙和木质素磺酸钠，它们可以在井底循环温度小于87℃时单独使用，具有良好的缓凝效果，能有效延长水泥浆的稠化时间。

铁铬木质素磺酸盐（简称铁铬盐）作为常用的钻井液的稀释剂，有时也用作油井水泥的缓凝剂。然而，由于重金属铬离子具有潜在的毒性，考虑到环境和健康风险，使用铁铬木质素磺酸盐作为钻井液稀释剂和固井缓凝剂的情况正在逐渐减少。

（7）水解聚丙烯腈（HPAN）。

水解聚丙烯腈是一种白色或淡黄色的粉末状物质，由聚丙烯腈（PAN）在高温碱性条件下水解而成。由于聚丙烯腈本身不溶于水，不能直接加入水泥浆中，必须预先在95～100℃的烧碱溶液中水解，转化为水溶性的水解聚丙烯腈，才能用于水泥浆中。聚丙烯腈水解度范围较广，具有中等水解度的水解聚丙烯腈可以作为油井水泥的降失水剂，有助于减少水泥浆的失水量。然而，水解程度过高或过低的聚丙烯腈因对水泥浆有絮凝或增稠作用，不宜在油井水泥中使用。此外，由于水解聚丙烯腈的线型大分子主链全是碳—碳键结合，该结构在高温下稳定性较差，容易分解。因此，水解聚丙烯腈不适合作为深井注水泥的降失水剂，特别是在高温条件下。

2. 离子交换树脂

离子交换树脂是一类可以进行离子交换的体型（交联型）高聚物。目前使用的离子交换树脂大多数是以苯乙烯和二乙烯基苯的共聚物或丙烯酸及其衍生物与二乙烯基苯的共聚物为基体，在基体上引入酸性或碱性可交换基团而形成的。

当离子交换树脂与含有某种离子的溶液接触时，即发生离子交换，从而除去溶液中的某些离子。这种性质被广泛应用于硬水软化、海水淡化、制备无离子水、废水处理、医用药品如抗生素等的纯化、石油化工产品的纯化、贵重金属的提取和回收、金属离子的分离和测定以及用作有机合成的催化剂等。离子交换树脂是现代工业不可缺少的一类功能高分子材料。

根据离子交换树脂所含交换基团性质的不同，可以分为阳离子交换树脂和阴离子交换树脂两大类。根据交换基团电离程度的不同，离子交换树脂又可分为4类。

1）强酸性阳离子交换树脂

这类离子交换树脂的交换基团为磺酸基，磺酸是强酸，在水中完全电离。

$$\boxed{P}—SO_3H \longrightarrow \boxed{P}—SO_3^- + H^+ （\boxed{P}代表树脂的高分子基体）$$

强酸性离子交换树脂在碱性、中性介质中，甚至在酸性介质中，都能显示离子交换功能。它是用途最广、用量最大的一类离子交换树脂。把苯乙烯和少量对二乙烯基苯共聚，即可得到体型聚苯乙烯树脂。对二乙烯基苯作为交联剂，能使离子交换树脂变为体型结构，使树脂在酸、碱及有机溶剂中不溶解，在加热时不熔化，并具有良好的机械强度。将树脂进行磺化，在树脂中的苯环上引入磺酸基，即可得到强酸性离子交换树脂。这类树脂能交换各种金属阳离子，例如：

$$2\boxed{P}\!-\!SO_3H+Ca^{2+}\underset{\text{再生（5\%～10\%HCl）}}{\overset{\text{交换}}{\rightleftharpoons}}(\boxed{P}\!-\!SO_3)_2Ca+2H^+$$

强酸性阳离子交换树脂也可作为酸性催化剂使用。

2）弱酸性阳离子交换树脂

这类离子交换树脂的交换基团有—COOH，—O—P（OH）$_2$ 等。其中以含羧基的弱酸性阳离子交换树脂用途最广，它在水中的电离度较小。

$$\boxed{P}\!-\!COOH\rightleftharpoons\boxed{P}\!-\!COO^-+H^+$$

弱酸性阳离子交换树脂仅在接近中性和碱性介质中才能电离而显示离子交换功能，这是它的不足之处，但单位质量树脂的交换量比强酸性树脂几乎大一倍。因此，它被广泛应用于软化水和工业废水处理中。

3）强碱性阴离子交换树脂

这类离子交换树脂的交换基团为—NR$_3$OH，它属于高分子季铵碱，其碱性相当于氢氧化钠（强碱）：

$$\boxed{P}\!-\!NR_3OH\longrightarrow\boxed{P}\!-\!NR_3^++OH^-$$

阴离子交换树脂中的 OH$^-$，可以与水溶液中的其他阴离子发生交换。水溶液经过阳离子交换树脂的交换，再经阴离子交换树脂的交换，可将水中的阴、阳离子全部除去，得到无离子水。强碱性阴离子交换树脂在酸性、中性、碱性介质中都能显示离子交换功能。它的制法是将苯乙烯和对二乙烯基苯共聚物，进行氯甲基化，在苯环上引入氯甲基；带有氯甲基的聚合物再与叔胺反应，即可得到季铵盐；季铵盐用强碱处理便可得到强碱性阴离子交换树脂。这类阴离子交换树脂能交换阴离子，例如：

$$\boxed{P}\!-\!N(CH_3)_3OH+NaCl\underset{\text{再生（4\%～10\%NaOH）}}{\overset{\text{交换}}{\rightleftharpoons}}\boxed{P}\!-\!N(CH_3)_3Cl+NaOH$$

4）弱碱性阴离子交换树脂

这类离子交换树脂的交换基团有伯氨基、仲氨基、叔氨基。它们在水中的电离度很小，显弱碱性，只能在中性和酸性介质中显示离子交换功能，并且只能交换 Cl$^-$、SO$_4^{2-}$、NO$_3^-$ 等阴离子，对于弱酸的阴离子几乎没有交换能力，但其交换量比强碱性阴离子交换树脂大。

五、油脂和表面活性剂

1. 油脂

动物油、花生油、豆油、棉籽油等都是油脂。室温时，植物油脂通常呈液态，俗称为油；动物油脂通常呈固态，俗称脂肪。在化学成分上，它们都是高级脂肪酸的甘油酯，所以属于酯类。油脂普遍存在于人体和动植物体的脂肪组织及植物的种子中，它是动植物体主要储藏和供给能量的物质之一。油脂在有机体内氧化时，所放出的热量比等量的糖和等量的蛋白质放出热量的总和还多，它是人类必不可少的营养食物，在人体和动植物体中还承担着极为重要的生理功能。另外，油脂在工业上也有广泛的用途，如制作肥皂和润滑剂等。

1) 油脂的组成和结构

油脂是由直链高级脂肪酸和甘油生成的酯。甘油是三元醇，可以和三个相同的脂肪酸生成单甘油酯，也可以与不同的脂肪酸生成混甘油酯，自然界中存在的油脂大多是混甘油酯。油脂的构造式可表示为：

$$
\begin{array}{l}
CH_2—OOC—R^1 \\
| \\
CH—OOC—R^2 \quad (R^1、R^2、R^3 \text{ 可以相同或不同}) \\
| \\
CH_2—OOC—R^3
\end{array}
$$

组成油脂的脂肪酸种类很多，大多数是偶数碳原子的直链羧酸，其中有饱和脂肪酸也有不饱和脂肪酸。常见的饱和酸有硬脂酸（十八酸）、软脂酸（十六酸），不饱和酸有油酸、亚油酸等，一些常见油脂中高级脂肪酸见表1-2。

表1-2 常见油脂所含的高级脂肪酸

	名称	系统命名	构造式	熔点，℃
饱和脂肪酸	月桂酸	十二酸	$CH_3(CH_2)_{10}COOH$	44
	豆蔻酸	十四酸	$CH_3(CH_2)_{12}COOH$	52
	软脂酸	十六酸	$CH_3(CH_2)_{14}COOH$	63
	硬脂酸	十八酸	$CH_3(CH_2)_{16}COOH$	70
	花生酸	二十酸	$CH_3(CH_2)_{18}COOH$	76
不饱和脂肪酸	油酸	9—十八碳烯酸	$CH_3(CH_2)_7—CH=CH(CH_2)_7COOH$	13
	亚油酸	9,12—十八碳二烯酸	$CH_3(CH_2)_4—CH=CHCH_2CH=CH(CH_2)_7COOH$	−5
	蓖麻油酸	12—羟基—9—十八碳烯酸	$CH_3(CH_2)_5CHOHCH_2CH=(CH_2)_7COOH$	50
	亚麻油酸	9,12,15—十八碳三烯酸	$CH_3CH_2(CH=CHCH_2)_3(CH_2)_6COOH$	−11
	桐油酸	9,11,13—十八碳三烯酸	$CH_3(CH_2)_3(CH=CH)_3(CH_2)_7COOH$	49

2) 油脂的物理性质

油脂比水密度小，不溶于水，易溶于乙醚、丙酮、氯仿、四氯化碳、苯、汽油等有机溶剂。由于油脂一般是混合物，因此没有恒定的熔点。油的主要成分是高级不饱和脂肪酸的甘油酯，熔点低；脂的主要成分是高级饱和脂肪酸的甘油酯，熔点较高。油脂熔点的高低与油脂在固态时的分子排列有关，排列得越紧密熔点越高。

3) 油脂的化学性质

（1）皂化。油脂与氢氧化钠（或氢氧化钾）共热时，可以发生水解，生成甘油和高级脂肪酸盐（肥皂）。油脂的碱性水解反应常称为皂化反应，是工业上制取肥皂和甘油的重要方法。

$$
\begin{array}{l}
CH_2OCOR^1 \\
| \\
CHOCOR^2 + 3NaOH \xrightarrow{\triangle} \\
| \\
CH_2OCOR^3
\end{array}
\quad
\begin{array}{l}
CH_2OHR^1COONa \\
\\
CHOH + R^2COONa \\
\\
CH_2OHR^3COONa
\end{array}
$$

由于各种油脂中含有不同的甘油酯，因此皂化时所用碱量是不同的。工业上把1g油脂皂化时所用氢氧化钾的质量（单位为mg）称为皂化值。

（2）加成。油脂中不饱和脂肪酸的双键可以发生加成反应，如加氢、加碘等，例如：

$$
\begin{array}{l}
\text{CH}_2\text{OCO}(\text{CH}_2)_7\text{CH}\!=\!\text{CH}(\text{CH}_2)_7\text{CH}_3 \\
| \\
\text{CHOCO}(\text{CH}_2)_7\text{CH}\!=\!\text{CH}(\text{CH}_2)_7\text{CH}_3 + 3\text{H}_2 \xrightarrow{\triangle} \\
| \\
\text{CH}_2\text{OCO}(\text{CH}_2)_7\text{CH}\!=\!\text{CH}(\text{CH}_2)_7\text{CH}_3
\end{array}
\qquad
\begin{array}{l}
\text{CH}_2\text{OCO}(\text{CH}_2)_{16}\text{CH}_3 \\
| \\
\text{CHOCO}(\text{CH}_2)_{16}\text{CH}_3 \\
| \\
\text{CH}_2\text{OCO}(\text{CH}_2)_{16}\text{CH}_3
\end{array}
$$

不饱和脂肪酸甘油酯催化加氢后，可以转化为饱和程度较高的油脂。氢化后得到的油脂称为氢化油。植物油（如棉籽油、菜油等）含有较多的不饱和酸，所以呈液态，经氢化后饱和程度增大转变成固态或半固态的脂，所以油脂的氢化过程又称为油脂的硬化，氢化油又叫硬化油。硬化油具有广泛的用途，例如，经脱色、脱臭后的精制植物油加氢制得的硬化油可用来制作人造奶油和人造黄油，不宜食用的硬化油用来制皂。

不饱和脂肪酸甘油酯与碘反应，通常可用来判断油脂的不饱和程度。100g 油脂所能吸收的碘的质量（单位为 g）称为碘值。碘值越大，表示油脂的不饱和程度越大。在油脂氢化工业上，可用碘值来测定氢化程度的高低。

（3）干性。碘值在 130 以上的不饱和油脂如桐油、亚麻油等，在空气中表面慢慢地生成一层坚硬、光亮并富有弹性的薄膜，这种性质称为油的干性。具有这种性质的油称为干性油。油的干性强弱（即结膜的快慢）与油分子中所含双键的数目及双键的相对位置有关，油脂分子中含有共轭双键的数目越多，结膜速率越快。油的干性强弱是判断它们能否作为油漆涂料的主要依据。例如桐油分子中具共轭双键的桐油酸的含量高达 74%～91%，所以是最好的干性油，是性能优良的油漆原料。

油的干性可以用碘值的大小来衡量，一般干性油的碘值较大，而非干性油的碘值较小：干性油碘值大于 130，半干性油碘值为 100～130，非干性油碘值小于 100。

（4）酸败。油脂储存过久会逐渐变质，颜色变深，并产生异味、异臭，这种现象称为油的酸败。产生酸败的主要原因是油脂分子中的不饱和键被空气中的氧所氧化，以及油脂在微生物作用下发生部分水解或分解，而生成醛、酮、羧酸等的缘故。由于水汽、热和光对酸败有催化作用，所以油脂要储存在干燥、避光的密闭容器中。为了防止或减少油脂酸败，可在油脂中加入少量抗氧剂。

油脂酸败时有游离的脂肪酸产生，游离的脂肪酸含量可以用 KOH 中和的方法来测定。中和 1g 油脂所需的 KOH 的质量（单位为 mg）称为酸值。显然，酸值越小，油脂越新鲜。一般来说，酸值超过 6 的油脂不宜食用。

（5）高温下的变化。将油脂加热到 250℃以上或者在 180℃长时间加热油脂会发生分解，脂肪酸在高温下发生氧化、分解生成有苦、臭味的醛、酮，甘油在高温下则脱水生成 α，β-环氧丙醛和丙烯酸。这是油脂在高温时产生刺激性臭味的主要原因。含有多个双键的不饱和脂肪酸，在高温时还可能发生分子内环化作用，生成对人体有毒性的化合物。所以，长期食用高温油炸食品有碍健康。

2. 表面活性剂

表面张力是液体表面分子间相互作用力的结果，它使得液体表面像被一层薄膜覆盖，这层薄膜具有弹性和张力。表面张力的大小受温度、溶质种类和浓度等因素影响。根据溶质浓度对各种物质的水溶液的表面张力的影响，可以将物质分为三类。第一类物质被称为非表面活性物质，主要包括某些无机盐（如氯化钠、硫酸钠等）和多烃基有机物（如蔗糖、甘露醇等）。该类物质的加入会导致溶液的表面张力略微增加，但这种变化不足以显著改变液体的表面张力，因此，这些物质不表现出表面活性。第二类物质被称为表面活性物质，如醇、醛、酮、酯和醚等分子量较低的极性有机物，它们的加入会导致溶液的表面张力随浓度的增加而逐渐下降，这种降低表面张力的能力使得这些物质表现出表面活性。第三类物质被称为特殊表面活性物质，如含有较长碳链的羧酸盐、磺酸盐、硫酸酯盐和季铵盐等，它们在低浓度时能迅速降低表面张力，随着浓度的增加，表面张力的降低趋于平缓，该类物质在特定浓度下表现出强烈的表面活性。

凡是在极低浓度下就能显著改变液体表面张力或两相间界面张力的物质，称为表面活性剂。当表面活性剂溶解在液体（特别是水）中时，它们赋予溶液多种功能，如润湿、乳化、发泡、分散、洗涤和抗静电等。在工业领域，表面活性剂在钻井、采油和原油集输等过程中有着广泛应用，例如钻井液与驱油剂的配制、井壁的防塌、钢铁的缓蚀、稠油的降黏、乳化原油的破乳和起泡原油的消泡等。

1）表面活性剂的结构特征

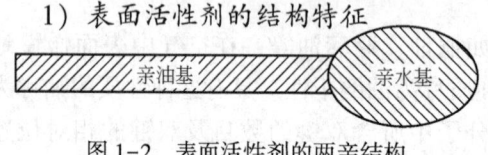

图1-2　表面活性剂的两亲结构

表面活性剂是一类具有特殊结构的化合物，其结构特征在于分子中同时含有亲水基（也称为疏油基或憎油基）和亲油基（也称为疏水基，或憎水基），如图1-2所示。这种结构使得表面活性剂能够在水和油这两种不相溶的介质之间形成桥梁，从而降低表面张力，增强润湿性，促进乳化和分散等。常见的亲水基有磺酸基（—SO_3H）、硫酸基（—OSO_3H）、磷酸基[—$OPO(OH)_2$]、羧基（—COOH）、羟基（—OH）以及各种铵盐（如伯铵盐、仲铵盐、叔铵盐、季铵盐）等；亲油基大多是碳链较长的烃基，例如C_{10}~C_{18}的烷基或烷基取代的芳烃基。

2）表面活性剂的分类、制法和用途

大多数表面活性剂是水溶性的，根据它们在水溶液中的状态和离子类型可以将其分为离子型表面活性剂和非离子型表面活性剂两大类。其中，离子型表面活性剂又可分为阴离子表面活性剂、阳离子表面活性剂和两性表面活性剂；非离子型表面活性剂在水中不能离解产生任何形式的离子，如脂肪醇聚氧乙烯醚。

（1）阴离子表面活性剂。

该类表面活性剂在水溶液中电离后，其活性部分为阴离子。它们可以进一步分为盐型阴离子表面活性剂和酯盐型表面活性剂两类。盐型阴离子表面活性剂由有机酸根（如羧酸根、烷基磺酸根）与金属离子（如钠离子、钾离子）组成；酯盐型表面活性剂中含有酯结构，同时也具有盐的结构。该类表面活性剂的亲水基一端是阴离子，是用途最广、用量最大的一类表面活性剂。其中，消耗量最大的是十二烷基苯磺酸钠（LAS）以及C_{12}~C_{18}的高级脂肪酸钠盐，前者是市售洗涤剂的主要成分，后者是肥皂的主要成分。在油田生产中常用的阴离子表面活性剂有下列几类。

① 羧酸盐。

油酸钠$CH_3(CH_2)_7CH{=}CH(CH_2)_7COONa$为水溶性活性剂，可作起泡剂、乳化剂、润湿剂和洗涤剂，但遇到钙离子（Ca^{2+}）、镁离子（Mg^{2+}）、铁离子（Fe^{3+}）等时容易形成沉淀。硬脂酸铝[$CH_3(CH_2)_{16}COO]_3Al$为油溶性活性剂，曾用作水基钻井液的消泡剂，也可作油包水乳化剂。松香酸钙（$C_{19}H_{29}COO)_2Ca$为油溶性活性剂，可由松香酸钠与石

灰或 $CaCl_2$ 配成，曾用作油包水乳化钻井液的乳化剂和增黏剂。

② 烷基磺酸钠（AS）。

该类活性剂如 RSO_3Na（R 以 $C_{14} \sim C_{18}$ 的烃基为主）在水溶液中表现出良好的稳定性，即使在碱性和硬水中也能保持活性。在钻井液中，它们被用作起泡剂和盐水钻井液的乳化剂。例如，曾用在 FCLS-CMC 饱和盐水钻井液中（加量约为 0.2%），并在减缓 pH 值下降和提高钻井液热稳定性方面取得显著效果。

③ 十二烷基苯磺酸钠。

十二烷基苯磺酸钠 $C_{12}H_{25}C_6H_4SO_3Na$ 为水溶性活性剂，在淡水中起泡性很强，也适用于硬水中的洗涤。在盐水钻井液中曾与司盘-80 配合用作乳化剂，但起泡性很小。

④ 十二烷基磺酰胺乙酸钠。

十二烷基磺酰胺乙酸钠 $C_{12}H_{25}SO_2NHCH_2COONa$ 为亲水乳化剂，也可作润湿剂，对钢铁表面有良好黏附性。

⑤ 磺化妥尔油沥青。

妥尔为 Tall 的译音，意指松木，妥尔油即松浆油，又称纸浆浮油。将妥尔油进行分馏，分离出的较低分子量的脂肪酸和树脂酸，可供油漆和油墨行业应用，分子量较大的残留物就是妥尔油沥青。将妥尔油沥青溶于煤油，再加发烟硫酸或 SO_3 进行磺化，经过分离残酸、中和、甲醇萃取，即可制得磺化妥尔油沥青（干燥、粉碎后为棕黑色粉末）。磺化妥尔油沥青主要用作钻井液润滑剂，它能有效降低滤饼摩擦系数、提升钻具的阻力、预防滤饼卡钻，还能降低钻井液的失水量、黏度和切力，改善钻井液的热稳定性，而且其来源广、成本低。

此外，十二烷基磺酸钠（$C_{12}H_{25}SO_3Na$）和十二烷基硫酸钠（$C_{12}H_{25}OSO_2ONa$）、肥皂（如 $C_{12} \sim C_{18}$ 的高级脂肪酸钠盐）等也是重要的阴离子表面活性剂，它们具有良好的乳化性和起泡性，是制作洗涤剂的优良成分。

（2）阳离子表面活性剂。

阳离子表面活性剂是一类在水溶液中电离后产生阳离子的表面活性剂，可以分为胺盐型、季铵盐型和吡啶盐型，在油田生产中多用于膨润土亲油化，保护油层渗透率和防腐蚀等。其中用量最大的一种为氯化三甲基十二烷基铵 $[C_{12}H_{25}N(CH_3)_3]^+Cl^-$，它实际上就是一种特殊的季铵盐，由高级脂肪胺与盐酸反应生成，也是价廉的阳离子表面活性剂。该类表面活性剂除具有润湿、起泡、去污等作用外，还具有消毒杀菌特性；还可牢固地吸附于带负电荷的合成纤维表面，使布料变软，是布料的柔软剂；能中和合成纤维因摩擦而产生的静电，以防止静电火花造成事故；还能降低衣物的吸尘能力，保持衣物的清洁。如双十六烷基二甲基氯化铵结构式为 $[(C_{16}H_{33})_2N(CH_3)_2]^+Cl^-$，它能交换黏土表面的阳离子，吸附于黏土颗粒表面使之亲油化（憎水化），这样处理过的亲油膨润土可分散于油中间，曾用于控制油基钻井液和油包水乳化钻井液的切力、黏度和滤失性。N—烷基吡啶盐除具有上述性能外，还能起助染剂的作用，且能牢固地吸附在无机盐和金属的表面，用于矿石浮选和金属防腐蚀剂。如氯化十二烷基吡啶结构式为 $[C_{12}H_{23}NC_5H_5]^+Cl^-$，它能交换吸附黏土和砂岩表面的阳离子使之亲油化，用于打开油层可提高渗透率。实验表明，用氯化十二烷基吡啶处理钠膨润土，可使钠膨润土的吸水量约从 700% 降到 65%。醋酸伯胺盐的结构式为 RNH_3OOCCH_3（R 为 $C_{12}H_{26} \sim C_{18}H_{37}$），该类活性剂能吸附于铁和钢的表面，具有较好的防腐蚀作用，适用于泵和管线的防腐蚀。

需要注意的是，阳离子和阴离子表面活性剂在水基钻井液中会相互作用形成不溶于水的沉淀，因此它们通常不能混合使用。然而，阳离子和阴离子表面活性剂都可以与非离子表面活性剂混合使用。阳离子表面活性剂的性能在许多方面比阴离子表面活性剂更为优良，并且用途广泛，但其价格较贵。

（3）两性表面活性剂。

两性表面活性剂的亲水基是由阴离子和阳离子以内盐的形式构成的。其中，阴离子可以为羧酸根（—COO^-）、磺酸根（—SO_3^-）和硫酸根（—OSO_3^-）；阳离子主要是季铵基，例如 N,N—二甲基—N—十二烷基铵基乙酸内盐，可以通过下述方法进行合成：

$$C_{12}H_{25}-\overset{\overset{\displaystyle CH_3}{|}}{\underset{\underset{\displaystyle CH_3}{|}}{N}}+ClCH_2COOH \xrightarrow{NaOH} C_{12}H_{25}-\overset{\overset{\displaystyle CH_3}{|}}{\underset{\underset{\displaystyle CH_3}{|}}{N^+}}-CH_2COO^- + HCl$$

两性表面活性剂因其两亲性，能够在酸性和碱性条件下都表现出良好的活性。它们具有低腐蚀性和良好的渗透性、去污性、抗静电性，因此被认为是一类高级表面活性剂。这类表面活性剂可用于制作杀菌剂、缓蚀剂、乳化剂、助染剂、抵制剂和提高原油采收率等。

（4）非离子表面活性剂。

非离子表面活性剂是一类在水中不发生电离，而以整个分子形式发挥表面活性作用的化合物。它们具有抗盐、抗钙、抗酸和抗碱性强的特性，并且不会与阴离子有机处理剂相互干扰，因此在钻井液中越来越受欢迎。尽管非离子表面活性剂的应用历史相对较晚，但它们的许多性能已经超越了离子型表面活性剂，使得其应用范围不断扩大。

非离子表面活性剂的亲水基团在水中不发生解离，而是通过多个亲水基与水形成氢键来溶解。由于氢键相对较弱，当水溶液温度升高时，水分子从活性剂分子上脱离的趋势增加。当温度达到一定值时，活性剂会从溶液中析出，使溶液变得混浊，这个温度点被称为浊点。浊点是非离子表面活性剂的一个显著特性，在实际应用中，使用温度不应超过其浊点。非离子表面活性剂可分为聚氧乙烯缩合物和多元醇两种类型，如常见的十二烷基聚氧乙烯醚（工业上称"平平加"）可用十二醇与环氧乙烷来制备：

$$C_{12}H_{25}OH+n\,CH_2\!\!\overset{\displaystyle \diagdown}{\underset{\displaystyle O}{}}\!\!CH_2 \longrightarrow C_{12}H_{25}\!\!\left(\!OCH_2CH_2\!\right)_{\!n}\!OH \qquad (n: 2\sim20)$$

非离子表面活性剂通过控制环氧乙烷的用量，可以制备出具有不同性能的化合物。聚氧乙烯型的表面活性剂具有良好的耐酸、耐碱性能，还可以与阴离子或阳离子表面活性剂复配使用。它们在工业中的应用非常广泛，主要用于制作起泡剂、乳化剂、润湿剂、降阻剂、防蜡剂、缓蚀剂，油井增产，水井增注，提高原油采收率等很多方面。

① 聚氧乙烯苯酚醚（P 型）。

聚氧乙烯苯酚醚（P-30）的分子式为 $C_6H_5O(CH_2-CH_2O)_{30}H$（30 为平均值），在气液和油水界面上的活性不高，起泡和乳化性能较差，但在黏土表面的吸附活性较强，对钻井液有强的稀释和钝化作用，它能提高钻井液的抗盐、抗钙和抗温性能，曾与水解聚丙烯腈等配合处理盐水钻井液，耐温可达 230℃ 左右，用量约为 0.03%～1%（含盐量 10%

的钻井液加0.03%P-30即能提高热稳定性)。P-20[$C_6H_5O(CH_2CH_2O)_{20}H$]的作用与P-30相似,有时效果稍强。P-8的分子式为$C_8H_5O(CH_2CH_2)_8H$,此活性剂曾用于打开油层,获得日产量提高百分之几十的效果。

② 聚氧乙烯辛基苯酚醚(OP型)。

聚氧乙烯(10)辛基苯酚醚(OP-10)的分子式为$C_8H_{17}C_6H_4O(CH_2CH_2)_{10}H$,该表面活性剂亲水[HLB(hydrophile—lyophile balance)=13.5,HLB表示亲水—亲油平衡值],曾用于防黏卡和改进钻井液结构性质,也可作乳化剂。聚氧乙烯(30)辛基苯酚醚(OP-30),分子式为$C_8H_{17}C_6H_4O(CH_2CH_2)_{30}H$,具亲水性(HLB=17.3),可用作混油钻井液乳化剂和防黏卡剂,能提高钻井液抗温性能。

③ 聚氧乙烯壬基苯酚醚(NP型)。

聚氧乙烯(30)壬基苯酚醚(NP-30)的分子式为$C_9H_{19}C_6H_4O(CH_2CH_2)_{30}H$,该表面活性剂亲水(HLB=17.1),乳化稳定作用相当强,曾用作钻井液混油的乳化剂,同时还可改进钻井液的切力和黏度,有利于提高钻速、防止黏卡和提高钻井液的热稳定性。

④ 山梨(糖)醇酐脂肪酸酯(司盘型)。

山梨(糖)醇酐单油酸酯(司盘-80)的代表结构式为:

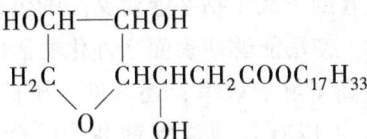

该表面活性剂亲油(HLB=4.3),用于混油钻井液,可降失水和增加滤饼润滑性,有防黏卡和防塌作用,与十二烷基苯磺酸钠一起用于盐水钻井液混油,能降失水,提高钻井液的稳定性。

3)表面活性剂的性能与结构

表面活性剂的性能与其结构密切相关,它们的溶解度随温度变化表现出独特的性质。离子型表面活性剂的溶解度从某一温度开始显著增大,此温度称为克拉夫点。克拉夫点是表面活性剂固有的特征值,是由克拉夫研究肥皂时发现的。当表面活性剂的温度高于克拉夫点时,胶束发生溶解。而非离子型表面活性剂的溶解度随温度升高而增加,当增加到某一温度时因发生浊化而降低,此温度称为浊点。

表面活性剂的两亲性(亲水性和亲油性)可以通过亲水—亲油平衡值HLB来衡量。HLB值是一个相对数值,表示表面活性剂分子中亲水基团和亲油基团之间的大小和力量平衡程度的比值。HLB值越大,说明表面活性剂越易溶于水;HLB值越小,则水溶性越弱,油溶性越强。通常,亲水亲油转折点的HLB值为10,小于10为亲油性,大于10为亲水性。在实际应用中,HLB值对于选择适当的乳化剂以形成稳定的乳状液至关重要。乳化剂的HLB值需要与被乳化物质的性质相匹配,以确保乳化体系的稳定性。

(1)润湿反转作用。

① 润湿反转作用的定义。

表面活性剂的润湿反转作用是指表面活性剂使固体表面的润湿性向相反方面转化的作用,如图1-3所示。能使固体表面产生润湿反转的表面活性剂称为润湿剂。

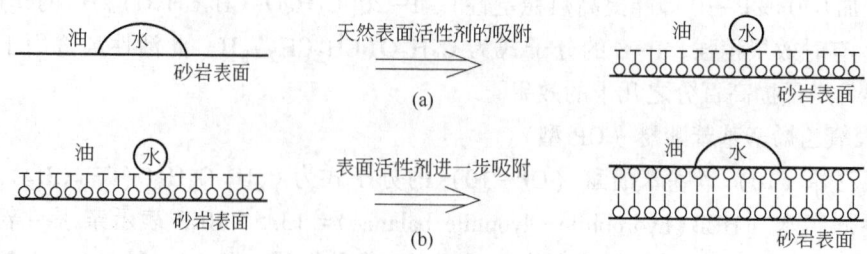

图1-3　表面活性剂的润湿反转作用

润湿剂之所以能改变固体表面的性能，并能将亲水表面变为亲油表面或将亲油表面变为亲水表面，都是由于固体表面吸附了表面活性剂分子，改变了固体表面的结构。例如水能润湿干净的玻璃表面，但如果在水中加入适当的表面活性剂，具有两亲结构的表面活性剂分子会自动浓集到玻璃表面并定向排列：极性基指向极性的玻璃表面，非极性基指向水，由于表面活性剂的吸附，使原来亲水性的极性固体玻璃表面变成了亲油性的非极性表面。

在钻井和采油领域，润湿反转现象的应用非常广泛。例如，钻井液中的表面活性剂可以使钢铁钻头表面亲油化，这有助于减少钻井液对钻头的包裹和黏附，从而降低卡钻的风险。在钻杆和滤饼发生黏卡时，使用能够使表面亲油化的活性剂，可以帮助油膜迅速在钻杆与滤饼之间形成，这不仅提高了解卡效率，还有助于维护钻井作业的顺利进行。通过精确控制表面活性剂的使用，可以有效地调整钻井液的性能，确保钻井过程的高效和安全。

② 润湿剂的分子结构。

润湿剂的分子结构对其在固体表面吸附和改变润湿性的能力至关重要。理想的润湿剂分子通常具有支链结构，这有助于它们在固体表面上形成稳定的吸附层，从而有效地改变表面的润湿性。支链结构虽然可能不利于表面活性剂形成缔合分子和胶束，但它们在吸附和润湿反转方面表现出良好的效果。例如，聚氧乙烯聚氧丙烯丙二醇醚-2070 和丁二酸二异辛基酯磺酸钠等均是符合上述结构要求的润湿剂。对于含有直链烃的羧酸盐、磺酸盐、硫酸盐型活性剂，亲油基的碳原子数通常在 8~12 个最为合适，否则将影响润湿剂的吸附而减小润湿反转效果。

润湿剂还可以通过与固体表面发生某种反应来改变固体表面的润湿性。这类润湿剂分为两类：一类是能与表面羟基反应的表面活性剂，如十二烷基二甲基氯硅烷可以使砂石表面由亲水反转为亲油；另一类是能与负电表面反应的表面活性剂，如氯化十二烷基吡啶，在水中首先解离出活性阳离子后，再与负电表面发生反应，使砂岩表面由亲水变成亲油。

值得注意的是，无论是哪种吸附类型的润湿剂，都需要亲水基与亲油基有适当比例，即有适当的 HLB 值。

（2）乳化作用与破乳作用。

① 乳化作用。

一种液体呈细小液滴状分散在另一种互不相溶的液体中所得的分散体系，称为乳状液。乳状液主要分为两类：一类是油分散在水中的，简称水包油（油/水或 O/W）型乳状液，不连续的内相是油，连续的外相是水，例如牛奶、混油钻井液等；另一类是水分散在油中的，称为油包水（水/油或 W/O）型乳状液，例如含水原油、逆乳化钻井液等。这两种乳状液如图 1-4 所示。乳化作用是指能使液体形成乳状液且有一定稳定性的作用，具有这种作用的表面活性剂称为乳化剂。

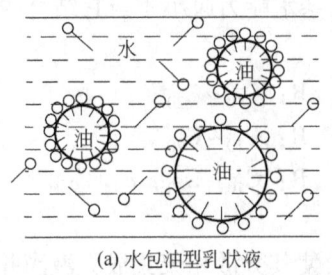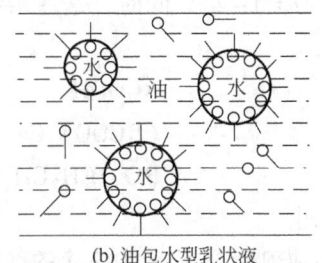

(a) 水包油型乳状液　　　　　　　(b) 油包水型乳状液

图 1-4　乳化剂在液—液界面上的吸附

表面活性剂的乳化作用是由乳化剂在液珠的液—液界面上吸附引起的，此吸附可大大降低表面张力并在液—液界面上产生具有一定强度的保护膜，从而防止乳状液中的液珠聚并变大，使乳状液有一定稳定性。加入表面活性剂的乳化剂后，表面活性分子吸附在两相界面上进行定向排列，极性基朝水，非极性基朝油。这样，一方面油—水界面张力降低，降低了液滴自动聚并的趋势；另一方面，液滴表面形成的吸附溶剂化层若有足够的机械强度，这种保护膜就能阻止液滴的聚并。对于水包油型乳状液，若用离子型乳化剂（如油酸钠）时，油滴表面因吸附而带电，形成双电层，有电动电位存在，此时电荷也起稳定作用。但对于浓乳状液，电的稳定作用比较次要，具有足够机械强度的吸附溶剂化保护膜是其稳定的主要因素。

单独使用油和水不能制得稳定的乳状液。因为液滴分散后界面积随之增大，表面能相应增大。而表面能要自发趋向减小，当液滴彼此接触时就会聚并，从而降低表面能，因此乳状液分层是自发过程。要制得比较稳定的乳状液，必须加入第三种组分——稳定剂，以降低油—水界面张力和增强对液滴的保护作用。乳状液的稳定剂特称乳化剂。有许多乳化剂都是表面活性剂，但也有一些高分子物质（如明胶、蛋白质、Na—CMC、煤碱剂、木质素磺酸钙等），它们的表面活性小，但能形成坚固的保护膜，也能稳定乳状液。乳化剂不仅起稳定作用，还能决定乳状液的类型。实验表明：亲水性乳化剂稳定油/水型乳状液，亲油性乳化剂稳定水/油型乳状液。在实际应用中，乳状液广泛应用于日常生活和工农业生产。例如，农药常以乳状液形式使用，以节省药量并提高药效。然而，水分散在原油中形成的乳状液对炼油过程是有害的，需要通过破乳作用来破坏这种结构。

② 乳化剂分子结构。

制备水包油型乳状液时，适宜选用亲水性较强的表面活性剂，其分子中的亲水基团在水中能有效降低表面张力。这些乳化剂促进油滴分散，有助于形成并维持乳状液的稳定性。常见的亲水基包括硫酸盐（如—OSO_3Na）、羧酸盐（如—COONa）、磺酸盐（如—SO_3K）以及具有较高聚合度的聚氧乙烯基（$n = 3 \sim 100$）。同时，这些亲水基的亲水能力应略大于与它结合的亲油基的亲油能力。例如：

$$ROSO_3Na \qquad R: C_{10} \sim C_{20}$$

$$RCOONa \qquad R: C_{10} \sim C_{20}$$

$$RO-(CH_2CH_2O)_{\overline{n}}H \qquad R: C_{10} \sim C_{20}, \ n: 3 \sim 100$$

制备油包水型乳状液时，适宜选用亲水性较弱的表面活性剂。这类乳化剂的分子结构使其能在油相中稳定分散水滴。这些乳化剂通过在水滴表面形成保护膜，有效维持乳状液的稳定性。常见的亲水基包括羟基（如—OH）、羧酸（如—COOH）以及具有较低聚合度的聚氧乙烯基（$n=1\sim2$）。同时，这些亲水基的亲水能力应小于与它结合的亲油基的亲油能力。例如：

$$RCOOH \qquad\qquad R: C_{10}\sim C_{20}$$

$$(RCOO)_2Ca \qquad\qquad R: C_{10}\sim C_{20}$$

$$RO\!-\!\!\left(CH_2CH_2O\right)_{\!n}\!H \quad R: C_{10}\sim C_{20}, \; n: 1\sim2$$

③ 破乳作用。

破乳作用是指破坏乳状液中液滴的稳定性，使其分散相聚集成大液滴并最终分离的过程。例如，加入表面活性较高但吸附层强度较弱的活性剂；加入反型乳化剂，如用油/水型乳化剂破坏水/油型乳状液，或者用水/油型乳化剂破坏油/水型乳状液；对于离子型乳化剂，可利用阳离子活性剂与阴离子乳化剂之间形成溶于油相的化合物来破坏。以上都是通过破坏乳化剂吸附保护膜的强度而起到破乳作用的。

破乳剂的选择应基于其在油—水界面上的强烈吸附能力，以及其形成的吸附膜的强度。理想的破乳剂应该能够在界面上形成较薄且强度较弱的膜，这样有利于液滴的聚并和破乳。目前，常用的破乳剂多为水溶性的非离子型表面活性剂，如聚氧乙烯聚氧丙烯二醇醚—2070（SP—2070）、聚氧乙烯聚氧丙烯十八醇醚（SP—169）、聚氧乙烯聚氧丙烯二醇醚（BP169）等。这些表面活性剂的分子量较高，聚氧乙烯基团较大，容易被吸附在界面上，且吸附后的分子几乎平躺在界面上，分子间的引力较小，界面膜较薄，强度也差，因此易于破乳。

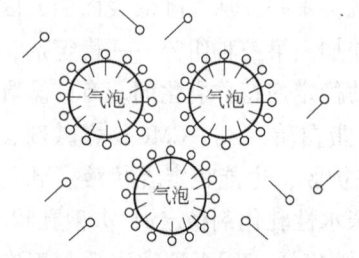

图1-5 起泡剂在气液界面上的吸附

（3）起泡与消泡。

① 起泡作用。

泡沫是气体分散于液体中的分散体系。起泡作用是指能使液体产生泡沫并有一定稳定性的作用，具有这种作用的表面活性剂称为起泡剂。泡沫是大量气泡的聚集物，总是浮在液面上。气泡作用是由起泡剂在气泡的气液界面上吸附引起的，如图1-5所示。此吸附可大大降低气—液表面张力，从而降低气泡的聚并趋势；在气液界面上产生具有一定强度的保护膜而防止气泡聚并变大，使泡沫具有一定稳定性。

搅动普通水时生成的气泡很快就消失了，但搅动加有肥皂或洗衣粉的水时，生成的气泡却能稳定相当长的时间。所以纯液体不能形成稳定的泡沫，要得到稳定的泡沫必须加入稳定剂（或起泡剂），多数起泡剂是表面活性物质。泡沫稳定的主要因素是要有适当的表面黏度。气泡间液膜受地心引力等的作用容易发生流动，使液膜变薄最终导致破裂。膜中液体黏度大则不易流走，还会使膜的机械强度增加；但膜中液体黏度太大则膜易变脆，而且膜中起泡剂分子不易自由移动，膜局部受损时，不能迅速弥补"伤口"，反而使泡易破。对于离子型表面活性剂，亲水端在水中电离，两层活性剂离子的相同电荷的排斥作用能阻碍液膜变薄和气泡聚并。

对于一定的亲水基、亲油基，有一个适宜长度的烃链，以便起泡剂具有较好的降低表面张力的能力，使得泡沫易于产生。如 R—OSONa 中要求 R 为 $C_{14} \sim C_{16}$；R—SONa 中要求 R 为 $C_{13} \sim C_{14}$；R—COONa 中要求 R 为 $C_{12} \sim C_{14}$ 等。

为了提高泡沫的稳定性，起泡剂的吸附层（保护膜）需要有足够的强度。具体地讲，如果非极性部分含有苯基，那么苯基最好位于烃链的一端；如果苯基上有亲水基，亲水基应与烃基对位，这样的结构有助于稳定泡沫。此外，非极性碳氢链应尽量避免支链，以利于吸附层的定向排列和增强横向结合力。含有两个或两个以上亲水基的表面活性剂通常不适合用作起泡剂。

② 消泡作用。

消泡剂的主要作用是通过破坏气泡液膜的稳定性来减少或消除泡沫。例如，加入表面活性较高（易于顶替起泡剂）但形成的吸附膜强度很差的活性剂，即可大大降低泡沫的稳定性。消泡剂的种类很多，其中一部分也是表面活性剂，这种表面活性剂能取代或挤走起泡剂分子、形成强度差的吸附膜，以降低泡沫的稳定性。理想的消泡剂表面活性剂应具备以下特性：能够迅速吸附在液体表面；具有很强的降低表面张力的能力；在液相表面形成松散的分子排列，以便快速铺展；应具有良好的化学稳定性，以抵抗在应用过程中可能遇到的各种化学物质的影响；在高温条件下，应保持其性能不变；具有低毒性等。

在实际应用中，带支链的醇类表面活性剂，如异辛醇、异戊醇、二异丁基丁醇等，因其结构特点，能够有效地作为消泡剂。此外，非离子型表面活性剂由于其不形成强表面膜且对气泡稳定性的影响较小，同样被用作有效的消泡剂。这些消泡剂在工业生产中被广泛使用，以控制泡沫的生成，确保工艺流程的顺畅。

（4）增溶作用。

① 增溶作用的定义。

增溶作用是指能够使难溶性固体或液体的溶解度显著增大的作用。具有增溶作用的表面活性剂称为增溶剂。增溶作用的典型例子包括烃类、高级醇和油脂等，它们在纯水中溶解度很低，但在含有一定浓度表面活性剂的水中溶解度会显著提高。例如，乙基苯在纯水中几乎不溶，但在 0.3mol/L 的十六酸钾溶液中的溶解度可达 0.29mol/L；100mL 15% 的松香酸钠溶液可溶解 11.2mL 松节油，而在纯水中松节油基本上是不溶解的。增溶作用与表面活性剂在溶液中形成胶束（micelles）的能力密切相关。在临界胶束浓度（critical micelle concentration，简写为 cmc）以下，难溶物质的溶解度与表面活性剂浓度无关；一旦表面活性剂浓度超过 cmc，难溶物质的溶解度会急剧增加。例如，用月桂酸钾增溶 2—硝基二苯胺，在月桂酸钾的浓度小于临界胶束浓度时，2—硝基二苯胺的溶解度很小，且与月桂酸钾的浓度无关；当月桂酸钾的浓度到达临界胶束浓度时，2—硝基二苯胺的溶解度迅速增大。

在离子型表面活性剂溶液中加入无机盐可以增加烃类的增溶量，使表面活性剂 cmc 降低，胶束数量增多，从而提高增溶能力；另外，由于加无机盐会使液体栅栏分子间的斥力减少，导致分子排列得更加紧密，从而减少了极性化合物可被增溶的位置，因此极性有机物被增溶的能力减小。不同种类的盐对增溶能力的影响不同，通常钠盐的影响大于钾盐。在非离子型表面活性剂溶液中，加入无机盐会降低浊点，随着盐浓度的增加，增溶量也会增加。这些现象对于理解和利用增溶作用在工业应用如洗涤剂、药物制剂和化妆品等领域，具有重要意义。

② 增溶剂的分子结构。

增溶作用随胶团体积及数量增大而增大，因此，凡是有利于胶束形成的因素都有利于增溶作用。表面活性剂的同系物中碳原子数增多，cmc 值减小，胶团数量增加，增溶作用增强；表面活性剂亲油基上最好没有支链，因为有支链时比直链的增溶作用小；有不饱和结构的表面活性剂增溶作用较差，因为这些表面活性剂的 cmc 值相对较大，胶束数较少；非离子型表面活性剂的增溶作用大于具有相同亲油基的离子型表面活性剂的增溶作用，因为非离子型表面活性剂有较小的胶束浓度。

在石油工业中，增溶作用被用于提高原油采收率，特别是在胶束驱油技术中，表面活性剂通过增溶作用帮助溶解地下原油，从而提升原油采收效率。同时，在洗涤过程中，表面活性剂的增溶特性在去除油垢方面也发挥着重要作用。这些应用展示了增溶作用在工业和日常生活中的广泛价值。

第二节　物理化学

物理化学是一门研究物质的物理性质与化学变化之间关系的科学，它结合了物理学的基本原理和化学的研究方法，以揭示化学现象背后的基本规律。物理化学的一个关键领域是化学热力学，它运用热力学原理来分析化学变化中的热效应，以及热能与功之间的转换关系。化学热力学的应用非常广泛，它可以帮助理解在特定条件下化学反应自发进行的可能性、反应的方向（正向或逆向）以及反应的极限。此外，化学热力学还能够解释外界条件（如温度、压力和浓度等）如何影响化学反应的速率和平衡。这些知识对于石油化学工业、能源转换和环境科学等领域都具有重要意义。

一、气体

物质由分子、原子或离子等微观粒子构成，这些粒子在不断运动中，并通过相互作用力（引力或斥力）相互影响。物质的聚集状态，包括气态、液态和固态，由温度、压强等外界因素决定，并且可以在不同状态之间转化。例如，水在 0℃ 和标准大气压下结冰成固态，在 100℃ 时沸腾成气态，而在 0~100℃ 之间保持液态。

在物质的三种聚集状态中，气态具有独特的性质。气体分子间的距离较大，相互作用力较弱，因此气体没有固定的形状，可以自由扩散并充满容器，且具有较高的可压缩性。在石油化工领域，气体的应用非常广泛，因此，了解气体的性质，掌握它们的内在规律十分重要。

1. 气体在低压下的基本定律

在低压条件下，纯气体的压强 p、体积 V 和温度 T 之间存在一定的关系，这些关系被称为气体的基本定律，包括玻意耳定律、盖·吕萨克定律、查理定律和阿伏伽德罗定律等。对于混合气体，除了这些性质外，还需要考虑气体的组成。

1）玻意耳定律

玻意耳定律描述了在恒定温度下，理想气体的压强 p 和体积 V 之间的关系。这一定律

由英国科学家罗伯特·玻意耳（1627—1691）在17世纪提出，其数学表达式为

$pV=K$，其中，K 是一个与气体种类和温度相关的常数。

在实际应用中，如果对同一种气体在恒定温度下改变其压强和体积，例如从 p_1、V_1 变为 p_2、V_2，那么根据玻意耳定律，则有

$$p_1V_1 = p_2V_2 \tag{1-1}$$

如果 p_2 是 p_1 的10倍，那么有 $V_1 = 1/10V_2$，表明一定量的气体，在温度不变时，压强成倍增加，则体积就成倍减小，这种性质也称为气体的压缩性。这种关系如图1-6所示。

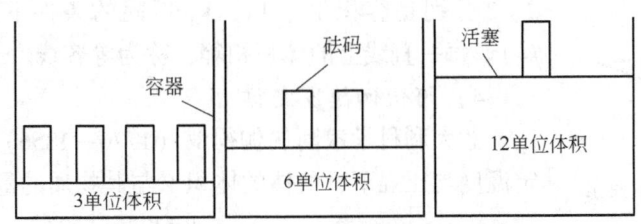

图1-6　一定温度时气体体积与压强的关系

将式(1-1)绘制成曲线，则每一曲线上任意两点的温度都相等（均等于 T），因此这种曲线常称为等温线。如果改变温度值，p 与 V 的乘积也改变，则 K 值也改变，其值的大小由实验测定。这样，在不同的温度条件下作实验时，可得到一束曲线，如图1-7所示。图中曲线1、2、3表示在不同温度 T_1、T_2、T_3 条件下所得到的曲线（等温线），其中 $T_1<T_2<T_3$。

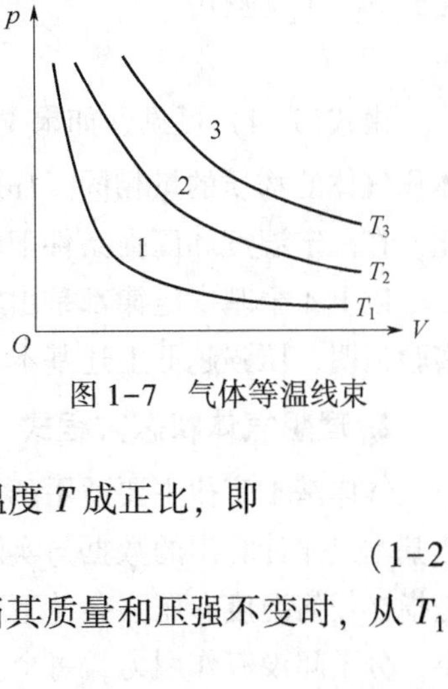

图1-7　气体等温线束

2）盖·吕萨克定律

法国科学家盖·吕萨克（1778—1850）的实验发现，对于一定质量的气体，在恒定压强下，其体积 V 与热力学温度 T 成正比，即

$$V=KT \tag{1-2}$$

式中，K 为常数，其大小由实验测定。对于同一种气体，当其质量和压强不变时，从 T_1、V_1 变化到 T_2、V_2 时，则有

$$V_2/V_1 = T_2/T_1$$

此式表明，对于一定质量的气体，当压强不变时，如果温度成倍增加，其体积也成倍增加，这种性质称为气体的膨胀性。这一关系如图1-8所示。不断改变压强大小，则得到不同的直线，如图1-8所示的直线1、2、3分别是因压强 p_1、p_2、p_3（其中 $p_1>p_2>p_3$）不同而得到的。每一直线上的压强相等，称为等压线。图中虚线部分表示，当温度低到一定程度，气体已变成液体，这时就不能用盖·吕萨克定律描述了。

3）查理定律

法国科学家查理（1746—1823）的实验发现，对于一定质量的气体，在恒定容积下，其压强 p 与热力学温度 T

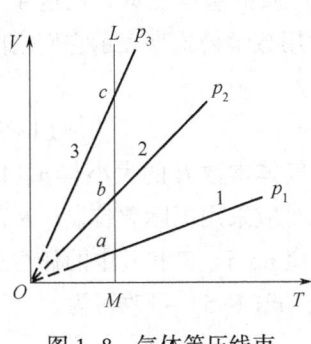

图1-8　气体等压线束

成正比，即

$$p = KT \tag{1-3}$$

式中，K 为常数，由实验测定。对于同一种气体，当其质量和体积不变时，从 T_1、p_1 变化到 T_2、p_2 时，则有：

$$p_2/p_1 = T_2/T_1$$

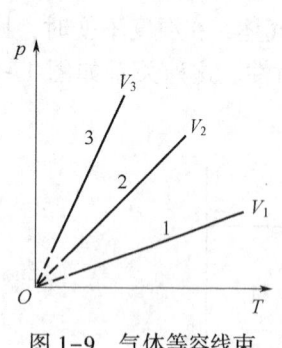

图 1-9 气体等容线束

此式表明，对于一定质量的气体，当体积不变时，如果温度成倍增加，其压强也成倍增加。这一关系如图 1-9 所示。不断改变容积大小，则得到不同的直线，如图 1-9 所示中的直线 1、2、3 分别是容积 V_1、V_2、V_3 不同的条件下得到的（$p_3 > p_2 > p_1$）。每一直线上的体积相等，称为等容线。

4）阿伏伽德罗定律

意大利科学家阿伏伽德罗（1776—1856）实验发现，在一定温度与压强下，气体的体积 V 与其物质的量 n 成正比，即

$$V = Kn$$

式中，K 为常数，由实验测定。对于同一种气体，当其温度和压强不变时，从 n_1、V_1 变化到 n_2、V_2 应有

$$V_2/V_1 = n_2/n_1 \tag{1-4}$$

由式（1-4）可见，如果 $V_1 = V_2$，则一定会有 $n_1 = n_2$，即在一定的温度和压强下，同体积气体的物质的量相同。1mol 的任何物质含有 6.02×10^{23} 个微粒（阿伏伽德罗数），因此，在一定温度和压强条件下，任何气体只要体积相同，其微粒数一定相等。

以上 4 个基本定律都是由实验得到，是经验定律，只适用于高温低压条件下的气体。实验证明，压强越低上述基本定律与实际情况越相符。

2. 理想气体状态方程式

气体基本定律主要适用于高温低压条件下的气体，如果压强很高而且温度很低，则依此基本定律计算出的数据与实际值偏差较大。为此提出了理想气体的概念。所谓理想气体是指在任何温度和压强条件下，都能完全遵守气体基本定律的气体。理想气体自身没有大小，分子间没有作用力，每个分子可自由运动而不受其他分子的影响。可见，理想气体是不存在的，是假设的一个抽象概念，是将复杂问题简单化的一种研究手段。通常，压强很低且温度很高的气体可近似看成理想气体，压强越低就越接近理想气体。

上述 4 个基本定律中，共有 p、V、T、n 这 4 个表征气体性质的基本变量。在这 4 个变量中，只要改变其中一个变量，其他变量也随之发生改变。用数学公式来表示它们之间关系，称为气体状态方程式，其形式为：

$$pV = nRT \tag{1-5}$$

式中，R 是各种气体都适用的常数，称为通用气体常数。通用气体常数 R 的大小与 p、V、T 的大小及气体的种类无关，但和 p、V、T 的单位有关，计算时应采用国际单位制，R 的数值为 $8.314 \text{J}/(\text{mol} \cdot \text{K})$。根据理想气体状态方程式，如果知道 p、V、T 和 n 中的任意三个量，就可以计算出第四个量。由于 $n = m/M$，$\rho = m/V$，因此，式（1-5）可改写为

$$pV = (m/M)RT \text{ 或 } p = (\rho/M)RT$$

式中，M 为摩尔质量，单位为 kg/mol。理想气体状态方程的适用范围确实受到气体种类和温度的影响。一般来说，对于氦气、氩气等稀有气体和沸点较高的气体（如 O_2、N_2、H_2 等），常温下压强的适用范围较宽。然而，对于沸点较低的气体（如水蒸气、SO_2、CO_2、NH_3 等），压强的适用范围较窄些。在石油化工生产中，理想气体状态方程可以用来估算在特定条件下气体的密度，通过以下公式计算：

$$\rho = pM/(RT) \text{ 或 } \rho = (M/R)(p/T)$$

对于混合气体，混合气体的平均摩尔质量 M_m 可以通过各组分的摩尔质量 M_i 和摩尔分数 y_i 来计算：

$$M_m = M_1 y_1 + M_2 y_2 + \cdots + M_n y_n \tag{1-6}$$

式中，M_1，M_2，$\cdots$，M_n 为气体混合物中各组分的分子量，kg/mol；y_1，y_2，$\cdots$，y_n 为气体混合物中各组分的摩尔分率。

[例 1-1]　在温度为 15℃、压强为 2.5atm 条件下，容积为 100L 的钢瓶中可盛装 CO_2 气体的物质的量是多少摩尔？其质量是多少克？

解：根据题意，有

$$V = 100L = 0.1m^3, \quad T = 273 + 15 = 288(K), \quad p = 2.5 \times 1.013 \times 10^5(Pa)$$

由理想气体状态方程式 $pV = nRT$ 可知：

$$n = pV/RT = 2.5 \times 1.013 \times 10^5 \times 0.1/(8.314 \times 288) = 10.58(mol)$$

又因

$$n = m/M$$

所以

$$m = n \cdot M = 10.58 \times 0.044 = 0.4655kg = 465.5(g)$$

3. 道尔顿分压定律

在石油化工生产中，往往遇到的是混合气体，它们可以以任意比混合在一起。如果压强 $p \leqslant 5atm$，一般也作为理想气体处理。假设现有 1、2 两种纯气体，分别以 $n_1 mol$、$n_2 mol$ 组成混合物，混合气体盛装在一体积为 V 的容器中，其温度为 T 时，测得压强为 p。如果混合气体中的组分 1、2 单独存在，分别占有原混合气体的体积 V，并与混合气体的原有温度相同，则可测得 1、2 两种气体的压强分别为 p_1、p_2。p_1、p_2 可分别看作混合气体中气体 1 和气体 2 的分压，即混合气体中的某一组分单独存在并与原混合气体保持相同体积和温度时所具有的压强。p 称为总压强，是 1、2 两种气体共同作用于每单位容器壁面上的力。

当混合气体为理想气体或压强很低时，大量实验证明，总压强与组分的分压强的关系：$p = p_1 + p_2$。这一关系是英国科学家约翰·道尔顿（1766—1844）在 1807 年发现的，称为道尔顿分压定律，简称分压定律。

假设在体积为 V 的容器中由 N 种气体组成的理想气体混合物，其温度为 T，各组分的物质的量分别是 n_1，n_2，$n_3 \cdots$，n_N。则有

$$n_1 + n_2 + n_3 + \cdots + n_N = \sum n_i$$

根据理想气体状态方程式，可计算混合气体的总压强，即

$$pV = nRT = (n_1 + n_2 + n_3 + \cdots + n_N)RT$$

同理

$$p_1 V = n_1 RT, p_2 V = n_2 RT, \cdots, p_N V = n_N RT$$

根据分压定律，可有

$$p = p_1 + p_2 + \cdots + p_N = \sum p_i \qquad (1-7)$$

式（1-7）称为分压定律的通式。需指出的是，分压定律是由理想气体推出的定律，对低压混合气体只能是一个近似规律，随着压强的增加，该定律偏离实际的程度越来越大。

如果各组分的分压分别除以混合气体的总压强，可得出：

$$p_i = y_i p \qquad (1-8)$$

式中，y_i 是第 i 种气体的物质的量分数，定义为该气体的物质的量 n_i 与总物质的量 n 的比值。

同样道理，可推出分体积定律，即

$$V = V_1 + V_2 + \cdots + V_N = \sum V_i \qquad (1-9)$$

式（1-9）表明，理想气体的总体积等于各组分气体的分体积之和。如果混合物中各组分的分体积分别除以混合气体的总体积，可得出：

$$V_i / V = n_i / n = y_i \qquad (1-10)$$

式（1-10）表明，混合气体中各组分的分体积与总体积的比值即体积分数等于其物质的量分数。同样，分体积定律也适用于真实的低压混合气体。

[**例 1-2**]　在容积为 50L 的储罐中，装有 140g CO 和 20g H_2 的混合气体，假设气体遵守理想气体状态方程式，当温度为 27℃，试计算：（1）混合气体中两种气体的物质的量分数；（2）混合气体的总压强；（3）两种气体的分压强。

解：（1）CO 的物质的量 $n(CO) = 140/28 = 5(mol)$；

H_2 的物质的量 $n(H_2) = 20/2 = 10(mol)$；

CO 的物质的量分数 $y(CO) = 5/(5+10) = 0.33$；

H_2 的物质的量分数 $y(H_2) = 10/(5+10) = 0.67$。

（2）由理想气体状态方程式 $n = pV/RT$ 知：

$$p = nRT/V = (5+10) \times 8.314 \times 300/(50 \times 10^{-3}) = 7.48 \times 10^5 (Pa)$$

（3）由分压定律知：

$$p(CO) = p_y(CO) = 7.48 \times 10^5 \times 0.33 = 2.47 \times 10^5 (Pa)$$

$$p(H_2) = p_y(H_2) = 7.48 \times 10^5 \times 0.67 = 5.01 \times 10^5 (Pa)$$

二、热力学定律

热力学是研究物质在各种物理和化学变化过程中能量转换和守恒的科学。在石油化工生产中，热力学定律对于理解加热、冷却、气体压缩或膨胀、液体蒸发或冷凝以及化学反应等过程中的能量交换至关重要。例如，使一定质量的某物质升高 1℃，需要吸收多少热量；使一定量的气体压强增加 1 个大气压，需做多少机械功；某化学反应能否自发进行，发生化学反应时要吸收或放出多少热量，如何计算等。上述问题中的各种物质交换，本质上是能的一种形式与另一种形式的转换，属于热力学研究内容。化学热力学主要解决化学反应中的两个问题：一是热力学第一定律，即能量守恒定律，解决了化学反应中能量转换的问题；另一个是热力学第二定律，解决了化学反应在指定条件下自动进行的方向和限度（在什么情况下反应达到平衡等）。

热力学的研究采用宏观方法，基于热力学第一、第二定律来分析物质的宏观性质。这种方法的优势在于，我们只需要了解物质变化的初态和终态及其变化机理，就可以应用热力学定律。然而，热力学并不涉及物质的微观结构和变化的具体细节，因此它无法深入解释客观规律的内在原因，也无法预测变化的具体速度。尽管如此，热力学在工程和科学研究中仍然是一个强大的工具，用于优化和设计各种工业过程。

1. 热力学第一定律

1）有关概念

（1）热力学系统。

在热力学研究中，被选定作为研究对象的物质或空间部分称为热力学系统（也称为热力学体系），简称体系，它与周围环境相互作用。这个环境被称为外界。体系与外界的分界线被称为边界，它可以是实际的物理界面，也可以是虚构的界面。根据体系与外界交换物质和能量的方式，热力学体系可以分为四种类型：开口体系（物质和能量均可交换）、闭口体系（只交换能量）、绝热体系（不交换热量，但可以交换功和质量）、孤立体系（既不交换物质也不交换能量）。

严格地说，绝对的绝热和孤立体系是不存在的，但如果体系与外界的交换非常微小，可以忽略不计，那么体系可以近似为绝热或孤立体系。选择体系的范围通常取决于研究的便利性和问题的具体情况。

（2）状态和状态函数。

状态是体系的物理性质和化学性质的综合表现。描述体系宏观状态的物理量称为体系的热力状态函数，简称状态函数（或状态参数），包括质量、温度、压强、体积、浓度、密度、黏度、折光率、内能、焓、熵等。当所有的状态函数不随时间而发生变化时，则称体系处于一定的状态。这些状态函数中只要有任意一个发生了变化，则说明体系的热力学状态发生了变化。

状态函数按其与体系质量的关系，可分为强度量和尺度量。强度量（如压强 p、温度 T 等）与质量无关，不具有可加性；尺度量（如容积 V、内能 U、焓 H、熵 S 等）与质量成比例，是可加量，可以通过除以质量转化为强度量。转化后的强度量，在其对应的尺度量名称前冠以"比"字，并用相应的小写字母表示，如比容 v，比内能 u、比焓 h 和比熵 s 等。

值得注意的是，体系的热力学状态函数仅描述当前状态，不涉及过去状态。状态函数的变化量取决于始态和终态，与变化过程无关。状态函数之间相互关联，一个状态函数的变化通常会引起其他状态函数的变化。例如，理想气体在恒定温度下，其压强增大一倍会导致气体的体积缩小一半。确定体系状态所需的状态函数数量取决于体系的类型。对于纯物质单项体系，通常需要三个状态函数（如温度 T、压强 p 和物质的量 n）。在密闭体系中，只需两个状态函数（如温度和压强）。对于多组分体系，需要温度、压强以及各组分的物质的量（n_1，n_2，$\cdots$，n_N）来描述状态。热力学本身不提供确定状态所需的确切状态函数数量，这需要根据实际情况和经验来确定。

（3）过程和途径。

在热力学中，体系状态所发生的一切变化称为过程。循环过程是一种特殊的过程，体系由某一状态出发，经过一系列变化后，又回到原来的状态，此时状态函数的变化值（如内能、焓、熵）为零。基本热力学过程有恒温、恒压、恒容、绝热和可逆五个过程。

恒温过程自始至终体系温度保持不变；恒压过程自始至终体系压强保持恒定；恒容过程自始至终体系容积保持不变；绝热过程自始至终体系与环境没有热交换；可逆过程是一种在无限接近平衡的条件下进行的过程。

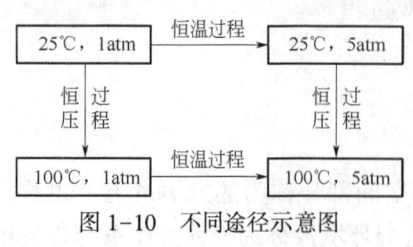
图 1-10　不同途径示意图

体系从初始状态到最终状态的路径可以有多种，这些不同的路径称为途径。例如，一体系由始态（25℃，1atm）变化到终态（100℃，10atm），可以先经过恒压过程再进行恒温过程，或者以相反的顺序，如图 1-10 所示。在这种变化中，体系状态函数的变化值不因变化途径的不同而异。这就是热力学第一定律的直接结果，即能量守恒。

（4）内能。

内能是描述体系内部能量的物理量，它包括体系内各种物质的分子移动能、分子间位能、分子转动能、电子激发能和原子核内的能量（原子能）等，不包括受外界力场作用产生的动能和势能。内能是体系状态函数，用符号 U 表示，单位通常是焦耳（J）或千焦耳（kJ）。在平衡状态下，体系的物理和化学性质（如温度、压强、体积、组成等）保持不变，但体系内部的粒子仍在不断运动，因此体系仍具有内能。

由于物质内部的结构和运动形式复杂多样，因此一个体系的内能的绝对值无法准确测量，但可以通过实验确定内能的变化量，即内能增量，用符号 ΔU 表示。若 ΔU 为正值，表示体系内能增加；若 ΔU 为负值，则表示内能减少。对于微小变化，内能的变化用 $\mathrm{d}U$ 表示。

对于理想气体，其内能仅依赖于温度，与体积和压强无关，即 $U=f(T)$。这是因为理想气体模型假设气体分子之间没有相互作用力，因此分子间位能为零。由于理想气体的压强与体积成反比，且在恒温过程中内能保持不变，所以理想气体的内能不受压强的影响。当理想气体发生状态变化，若始态和终态的温度相同，那么内能的变化 ΔU 为零。

（5）热和功。

热和功是体系状态变化时与环境交换能量的两种不同形式。

热是体系发生状态变化时，由于体系与环境存在温度差而发生的能量交换，这种交换通常用热量 Q 表示，单位是焦耳（J）或千焦耳（kJ）。热的存在依赖于体系与环境之间的温度差异，即使体系内部发生化学反应导致温度变化，如果没有与环境发生热交换，那么就不会产生热量。热的概念特指体系在状态变化过程中与环境交换的能量，它与一般意义上的"热""冷"及"热能"是有原则区别的。在热力学中，体系吸收热量时，Q 为正值；释放热量时，Q 为负值。由于热的数值与体系变化的途径有关，所以热不是状态函数，在描述其微小变化时，不能用符号"d"，而用"δ"表示以示区别。

功是体系发生状态变化时与环境之间除热以外的能量交换形式。功有多种形式，如膨胀功、电功、机械功、表面功等，用符号 W 表示，单位是焦耳（J）或千焦耳（kJ）。实验证明，变化途径不同，功的数值也不同。这表明，功与体系变化的途径也有关系。因此，功也不是状态函数。同样，在发生无限小变化时不能用符号"d"，而是用"δ"表示。

在热力学中，由于体积膨胀所做的功具有特殊意义，将其称为膨胀功或体积功，其他各种功称为非体积功。那么，如何计算膨胀功？下面以实验过程加以分析。

将一定量的气体放在横截面积为 A 的活塞圆筒容器中，如图 1-11 所示。假设活塞与筒壁之间无摩擦，活塞自身的质量忽略不计，活塞所受的外力为 $F_{外}$。当容器受热时，筒内气体会发生体积膨胀，推动活塞上移距离为 L，则气体膨胀功为 $W = F_{外} L$。

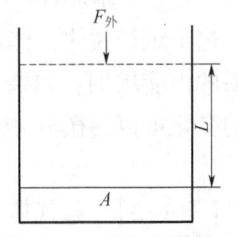

图 1-11　其他膨胀做功

由压强的定义知，$p_{外} = F_{外}/A$，故上式改写为

$$W = F_{外} AL$$

式中，AL 正是活塞移动后，气体体积的增量 ΔV，因此有

$$W = p_{外} \Delta V \tag{1-11}$$

式(1-11) 是在恒压下（$p_{外}$ = 常数）体系所做膨胀功的计算公式。如果体系向真空膨胀，$p_{外} = 0$，则 $W = 0$，表明气体向真空膨胀时不做功。

一般规定，当气体膨胀时（$\Delta V > 0$），气体对环境做正功，即 $W > 0$；当气体被压缩时（$\Delta V < 0$），环境对气体做负功，即 $W < 0$。

在热力学中，可逆过程是一个理想化的概念，指的是体系在经历一系列变化后能够完全恢复到初始状态，且过程中没有能量损耗，即没有摩擦、温差等能量耗散效应。这种过程由一系列微小的平衡状态组成，每一步都无限接近于平衡状态。

对于理想气体在恒温条件下的可逆膨胀，体系对环境所做的最大功可以通过以下公式计算：

$$W = nRT \ln(V_1/V_2) = nRT \ln(p_1/p_2) \tag{1-12}$$

式中，V_1、p_1 是体系始态的体积和压强，V_2、p_2 是体系终态的体积和压强。

式(1-12) 表明，在恒温可逆膨胀过程中，体系对环境所做的最大功与恒温可逆压缩过程中环境对体系所做的最小功在数值上相等，但符号相反。这种对称性是可逆过程的一个特征，它在理论上可用于分析和比较实际过程，尽管在实际中完全的可逆过程是不存在的。

2）热力学第一定律的计算式

热力学第一定律，也称为能量守恒定律，是热力学的基本原理之一。它表明能量不能被创造或销毁，只能从一种形式转换为另一种形式，或者从一个物体转移到另一个物体。依据热力学第一定律，有人想制造出一种机器，它既不依靠外界供给能量，本身也不减少能量，却可以不断地对外工作，即人们所称的第一类永动机。实践证明，"第一类永动机是不可能造成的"。同时也证明，一个体系在确定的状态下有一定的能量，体系发生状态变化时，其能量变化完全由始态和终态所确定，与状态变化的具体途径无关。

当一个体系从具有内能 U_1 的某一状态，经过一个过程变为具有内能 U_2 的另一状态时，体系的内能发生了变化，体系必然与环境有能量交换。这种能量交换的形式不外乎热和功。依照第一定律的内容，体系内能的增量 $\Delta U = U_2 - U_1$，必然等于体系和环境交换的总能量。体系从环境吸收的热量使体系的内能增加，而体系对环境做功会使体系的内能减少，因此，热力学第一定律的计算式为

$$\Delta U = Q - W \tag{1-13}$$

式中　ΔU——体系内能的变化，J；

　　　Q——体系从环境吸收的热量，J；

W——体系对环境做的功，J。

这个定律说明，体系内能的增量是吸收的热量与对外做功的差值。如果 $\Delta U > 0$，表示体系的内能增加；如果 $\Delta U < 0$，表示体系的内能减少。对于体系的一个微小变化过程，内能的变化可以用微分 dU 表示，热力学第一定律的微分形式为

$$dU = dQ - dW$$

[例1-3]　某气体在抵抗 2atm 的外压时，体积由 10L 膨胀到 20L，该过程吸收 300cal 的热量，求此气体的内能变化了多少？

解：已知 $Q = 300\text{cal} = 1255.2\text{J}$，$p_{外} = 2\text{atm}$，$\Delta V = 20 - 10 = 10(\text{L})$

由 $\Delta U = Q - W$，得

$$\Delta U = Q - W = Q - p_{外} \cdot \Delta V = 1255.2 - 2026 = -770.8(\text{J})$$

因为是体系对外做功，所以内能减少。

3）焓和热容

化学反应在不同的条件下进行时，其与外界交换的热量会有所不同。在石油化工生产中，常见的过程包括恒容（等容）和恒压过程。在这些过程中，如果不考虑非体积功，即体系与外界的机械功交换，那么热量的交换可以分别称为恒容热和恒压热。

（1）恒容热。

在恒容过程中，体系的体积保持不变。在这种情况下，如果在这个过程中不做非体积功（如没有与外界的机械功交换），那么体系吸收的热量将完全转化为体系的内能增量（ΔU）。体系在恒容过程中从环境吸收的热量，称为恒容热，用符号 Q_V 表示，其数值与体系内能的增量 ΔU 相等，这一关系可以通过热力学第一定律来描述，即

$$\Delta U = Q_V$$

（2）恒压热。

在热力学中，恒压热描述了在恒定压强下体系与外界交换热量的情况。在恒压过程中，体系的始态压强 p_1 和终态压强 p_2 保持与外压 $p_{外}$ 相等的过程，即 $p_1 = p_2 = p_{外}$。在这种情况下，如果不考虑非体积功，体系所做的功 W 可以表示为

$$W = p_{外} \Delta V = p_{外}(V_2 - V_1)$$

将上式代入热力学第一定律 $\Delta U = Q - W$ 得

$$U_2 - U_1 = Q_p - p_{外} V_2 + p_{外} V_1$$

式中，Q_p 为恒压热。

因为 $p_1 = p_2 = p_{外}$，则有

$$(U_2 + p_2 V_2) - (U_1 + p_1 V_1) = Q_p$$

式中，U、V、p 都是状态函数，它们的组合（$U+pV$）仍然是状态函数，令 $H = U + pV$ 并代入上式，得

$$Q_p = H_2 - H_1 = \Delta H \tag{1-14}$$

式中，H 称为体系的焓，ΔH 称为焓变。上式表明，体系在恒压变化过程且不做非体积功的条件下，它吸收的热量等于此过程中系统的焓变。

另外，由式（1-14）可知，焓是体系所蕴含的一种能量，其单位为焦（J）或千焦（kJ）。又因 U 和 V 都是容量性质，所以焓也是体系的容量性质。由于体系的内能的绝对值无法测定，因此焓的绝对值也无法测定。虽然焓没有明确的物理意义，但体系发生任何

变化过程都有焓变存在，只有在恒压下 $Q_p = \Delta H$。

[例1-4]　质量为10g的 CH_4 气体在27℃时，体积由5L可逆恒温膨胀至10L。求 W、Q、ΔU 和 ΔH（CH_4 可视为理想气体）。

解：根据题意，CH_4 可视为理想气体可逆恒温膨胀过程，则

$$W = nRT\ln(V_2/V_1) = (10/16) \times 8.314 \times 300\ln(10/5) = 1080.53(\text{J})$$

由于是理想气体的恒温过程，所以

$$\Delta U = 0, \quad \Delta H = 0$$

由热力学第一定律 $\Delta U = Q - W$ 得

$$Q = W = 1080.53(\text{J})$$

计算表明，体系吸收的热量全部变为功。

（3）热容。

热容是指在没有相变化和化学反应的条件下，一定质量的物质温度升高1℃所需的热量，通常用符号 C 表示，而平均热容是在某一温度间隔内热容的平均值，用符号 $\overline{C}$ 表示。由于温度间隔的不同，平均热容的数值也会有所变化。为了得到某一温度下的热容值，需要考虑温度变化趋近于零的情况，这时得到的热容称为真热容。真热容通常有两种表示方式：比热容（简称比热），即每克物质的真热容，用符号 c 表示，单位是 J/(g·K)；摩尔热容，即每摩尔物质的真热容，用符号 C_m 表示，单位是 J/(mol·K)。

热不是状态性质，它与途径有关，因此热容也与途径有关。下面讨论恒容和恒压过程中的热容。

① 比定容热容。

比定容热容是指一定量物质在恒定体积时，温度升高1℃所需要的热量，用符号 c_V 来表示。数学表达式为

$$c_V = \delta Q_V/\text{d}T \tag{1-15}$$

用热容来计算恒容热或内能增量时，将式（1-15）积分可得

$$Q_V = \Delta U = \int c_V \text{d}T$$

由上式可计算1mol物质在恒容下，温度从 T_1 变化到 T_2 时的恒容热及内能增量。

② 比定压热容。

比定压热容是指一定量物质在恒定压强时，温度升高1℃所需要的热量，用符号 c_p 来表示。数学表达式为

$$c_p = \delta Q_p/\text{d}T \tag{1-16}$$

用热容来计算恒容热或焓增量时，将式（1-16）积分可得：$Q_p = \Delta H = \int c_p \text{d}T$

由上式可计算1mol物质在恒容下，温度从 T_1 变化到 T_2 时的恒压热及焓变。

对于理想气体，由于其内能和焓只是温度的函数，可以使用式（1-15）和式（1-16）的积分式来计算 ΔU 和 ΔH 时，不受恒容或恒压条件的限制。这意味着，对于理想气体，我们可以在任何状态下计算其内能和焓的变化，而不需要考虑体积或压强的具体变化。

[例1-5]　200kg空气在一恒压1.9atm的容器中，温度由25℃升高到120℃，求所需的热量和焓变。已知空气在1atm下的比定压热容近似为常数，$c_p = 33.7$ J/(mol·K)。

解： 该过程的状态变化和过程特征表示如下：

200kg p_1 = 1.9atm
t_1 = 25℃

恒压 →

200kg p = p_1 = 1.9atm
t_2 = 120℃

该体系没有发生相变化和化学变化，仅仅发生了温度变化，因此在恒压下有

$$Q_p = \Delta H = \int c_p \mathrm{d}T = (200000/28.8) \times 33.7 \times (393-298) = 22.2 \times 10^6 (\mathrm{J})$$

一般来说，物质的比定压热容的数值大于比定容热容，这是因为在恒压条件下，除了内能的增加，还有一部分热量用于做膨胀功以克服外部压力。对于液体或固体物质来说，由于体积变化较小，比定压热容和比定容热容的差异不大，但体积变化对气体的影响较大。

对于理想气体，在恒压或恒容条件下，温度升高1℃时，其内能的改变是相同的。那么，比定压热容与比定容热容之差就等于温度升高1℃时气体反抗外压所做的膨胀功，即

$$c_p - c_V = p\Delta V$$

如果以 V_1 和 V_2 分别表示温度从 T 变化到 $T+1$ 时理想气体的摩尔体积，依据理想气体状态方程 $pV=RT$，可得

$$c_p - c_V = R \tag{1-17}$$

对于理想气体的比定容热容，有其近似值：单原子分子 $c_V = 3R/2$，双原子分子 $c_V = 5R/2$，多原子分子 $c_V \geq 3R$。

气体、液体和固体的热容都随温度变化，但这种变化不能用简单的公式直接表示。人们通过实验总结出了一些经验公式来描述热容与温度的关系。例如，比定压热容的经验公式可以表示为

$$c_p = a + bT + cT^2 \tag{1-18}$$

或

$$c_p = a + b + c'/T^2 \tag{1-19}$$

式中，a、b、c、c'是由实验测得的特性常数，其数值会随着物质的不同而变化。

4）热力学第一定律对理想气体的应用

应用热力学第一定律，可以计算理想气体在自由膨胀、恒容、恒压、恒温及绝热过程中热量、功，以及内能和焓的变化值等。

（1）自由膨胀。

实验证明，气体在自由膨胀过程中既没有热的变化（$Q=0$）也没有对环境做功（$W=0$）。依据热力学第一定律 $\Delta U = Q-W$ 知，$\Delta U = 0$ 或 $U_1 = U_2$。这意味着，只要温度保持不变，理想气体的内能就不会发生变化。理想气体的内能只是温度的函数，与体积无关。

（2）恒容过程。

恒容过程中，体系的始态、终态体积保持不变，$\Delta V = 0$（或 $\mathrm{d}V = 0$），因此做功为零，即 $\delta W = p\mathrm{d}V = 0$，表明体系对环境不做膨胀功，如图1-12所示。

若体系的体积保持 A 值不变，尽管压强变化，也只是得到一条平行于纵轴的直线 AA'，在此线的下面没有面积，根据积分的几何意义，说明体系对外没有做功，表明体系吸收的热量全部变成了内能的增加。其内能的变化值为：$\Delta U = Q_V = c_V \Delta T = c_V(T_2 - T_1)$

对于 $n$mol 的理想气体，其内能的变化量可以表示为

$$\Delta U = Q_V = nc_V \Delta T = nc_V(T_2 - T_1)$$

（3）恒压过程。

在恒压过程中，体系的压强始终等于环境的压强。因此，体系所做的膨胀功为

$$W = p_{\text{外}}(V_2 - V_1)$$

体系在恒压膨胀过程中，对环境做膨胀功，其 $p\text{—}V$ 关系如图 1-13 所示。气体膨胀时，压强 p 恒定，体积由 $A \to B$，图中 $ABB'A'$ 围成的面积即该过程所做的膨胀功。

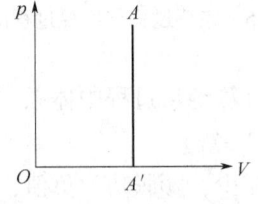
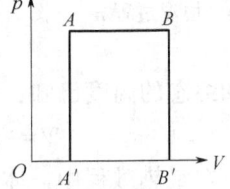

图 1-12　恒容过程 $p\text{—}V$ 图　　　　图 1-13　恒压过程 $p\text{—}V$ 图

依据理想气体状态方程式，有

$$W = p(V_2 - V_1) = pV_2 - pV_1 = nRT_2 - nRT_1 = nR(T_2 - T_1)$$

当 $n = 1$，$T_2 - T_1 = 1$ 时，$W = R$，这就是通用气体常数 R 的物理意义。

在恒压膨胀过程中，吸收的热量全部变成了体系的焓增加，有

$$\Delta H = Q_p = c_p \Delta T = c_p(T_2 - T_1)$$

对于 $n\,\text{mol}$ 的理想气体，则有

$$\Delta H = nQ_p = nc_p \Delta T = nc_p(T_2 - T_1)$$

（4）恒温过程。

在恒温过程中，体系的始态、终态温度保持不变，即 $\Delta T = 0$ 或 $\mathrm{d}T = 0$。对于理想气体，其内能和焓只是温度的函数，所以有

$$\Delta U = 0, \quad \Delta H = 0$$

根据热力学第一定律 $\Delta U = Q - W$，而恒温过程中的理想气体的 $\Delta U = 0$，则 $Q = W$。表明了体系吸收的热量全部消耗在对环境做功上，其计算公式为

$$W = nRT\ln(p_1/p_2)$$

上式计算出的是恒温可逆过程的最大功，如果不是恒温可逆过程，不可用该式计算。恒温过程的 $p\text{—}V$ 关系如图 1-14 所示。气体体积由 $A' \to B'$，压强由 $A \to B$，在恒温下所做的膨胀功是图中 $ABB'A'$ 围成的面积。

（5）绝热过程。

绝热过程是指体系在没有热量交换的情况下进行的状态变化。在绝热过程中体系与环境没有热交换，因此 $Q = 0$，依据热力学第一定律 $\Delta U = Q - W$，有 $\Delta U = -W$ 或 $\mathrm{d}U = -\delta W$，$W = -\Delta U$。

上式表明体系对环境做功，其内能降低。绝热过程的 $p\text{—}V$ 关系如图 1-15 所示。从图中可以看出，绝热膨胀时，气体压强的降低比在恒温膨胀时快。这是因为恒温膨胀时，只是体积的增加，使压强降低；而绝热膨胀时，不仅体积增加，内能也降低，从而使气体冷却温度下降，在这两方面共同作用下，促使绝热膨胀比恒温膨胀压强降低得快些。

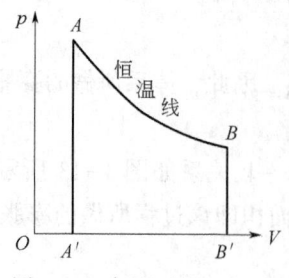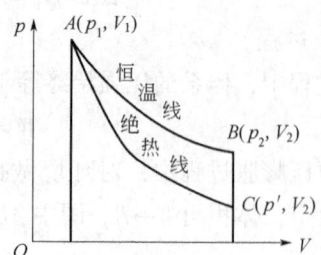

图 1-14　恒温过程 p—V 图　　　图 1-15　绝热过程与恒温过程的 p—V 图比较

如果体系始态和终态的温度已知，可用下式计算绝热过程中体系所做的膨胀功。

$$W = -\Delta U = -c_V(T_2 - T_1)$$

这个公式表明，在绝热过程中，体系的内能减少，膨胀功为负值，这是因为体系在膨胀时释放能量。

热力学第一定律应用于理想气体的计算公式见表 1-3。

表 1-3　热力学第一定律对理想气体的应用

过程	Q	W	ΔU	ΔH
自由膨胀	0	0	0	0
恒容过程	$nc_V(T_2-T_1)$	0	$nc_V(T_2-T_1)$	$nc_p(T_2-T_1)$
恒压过程	$nc_V(T_2-T_1)$	$nR(T_2-T_1)$ 或 $p(T_2-T_1)$	$nc_V(T_2-T_1)$	$nc_p(T_2-T_1)$
恒温过程	$nRT\ln(V_2/V_1)$	$nRT\ln(V_2/V_1)$ 或 $nRT\ln(p_1/p_2)$	0	0
绝热过程	0	$-nc_V(T_2-T_1)$	$nc_V(T_2-T_1)$	$nc_p(T_2-T_1)$

2. 热力学第二定律

在一定条件下，某一化学变化或物理变化能否自发进行？能进行到什么程度？这就是过程的方向和限度问题。过程的方向和限度是石油化工生产中极为关心的两个问题，它们可以告诉人们某一化学反应在给定工艺条件下可否自动进行，在什么条件下能获得更多的产品。热力学第二定律提供了考虑这类问题的原则和基本计算方法。

1）平衡状态和自发过程

在没有外部能量输入的情况下，体系能够自行进行的过程称为自发过程。自发过程最终会达到一个相对静止的状态，称为平衡状态。平衡状态是宏观的、相对的，并且是暂时的。当有外界干扰时，平衡便遭到破坏或发生移动，最终又达到新的平衡。自然现象中有许多自发过程，这些自发过程既有物质传递过程，也有能量传递过程，如水的流动、气体的扩散和热的传递等。

（1）水的流动。水的流动遵循重力的作用，自动地从高处流向低处。在这个过程中，水不需要外界提供能量，反而可以通过水力发电装置将水的势能转化为电能，对外做功。该过程的推动力来自水位差，即水在不同高度所具有的势能差。当两个水位相等时，水就达到了一种相对的平衡状态，此时水不再具有自发地从高处流向低处的能力，因为没有足够的势能差来驱动这一过程。

（2）气体的扩散。气体分子由于热运动，能够自发地从高浓度区域（高压区）向低浓度区域（低压区）移动，这个过程不需要外界对气体做功。如果加一装置使气体推动汽轮时，还可对外做功，该过程的推动力是压强差。当两个区域的压强相等时，气体处于平衡状态，此时气体不再自发地从高压区向低压区扩散，因为已经没有足够的压强差来驱动这一过程。在平衡状态下，气体的宏观流动停止，体系不再对外做功。

（3）热的传递。热能可自发地从高温物体传递给低温物体，这个过程不需要外界对体系做功，反而可以通过一个热机（如蒸汽机）转化为机械功，对外做功，该过程的推动力是温度差。当两种物体的温度相同时，热传递停止，体系达到热平衡状态。此时热能不再自发地从高温物体传递给低温物体，因为已经没有温度差来驱动热传递。

以上的自发过程都是单向进行的，直到达到平衡状态。在平衡状态下，体系不再自发地进行工作，即不再有能量的净流动。要使这些过程向相反方向进行，回到原状态，就必须有外部能量的输入。这种能量输入是无法完全回收的，因此这些过程被称为不可逆过程。凡是自发过程都是不可逆的，因为促使自发过程进行的推动力是两种状态的"差"，如温度差、压强差或水位差等。

2）热力学第二定律的表述

热力学第二定律也是人们大量实践经验的总结。第二定律有多种表述方法，其实质是相同的，都是说明能量传递和转换过程的方向性，以及非自发过程必须在一定条件下才能进行。克劳修斯将其表述为"热不能自动地从低温物体传到高温物体"。开尔文将其表述为"想从一个热源取出热，并且使热完全变为功，而不产生其他变化是不可能的。"

自发过程遵循热力学第二定律，即热量自发地从高温物体传递给低温物体，或者体系自发地从有序状态向无序状态发展。例如，当水在100℃时蒸发成1atm的水蒸气，如果外部压力为零（真空状态），这个过程是自发的，体系不需要对外界做功（即 $W_1 = 0$），并且从环境中吸收了热量（$Q_1 = 37655 \text{J/mol}$）。然而，要使水蒸气冷凝回水，仅在外部压力为零的情况下是不可能的。只有当施加一个大于1atm的外压时，体系才能被压缩，从而实现冷凝。在这个过程中，环境对体系做功（$W_2 = -3054 \text{J/mol}$），同时系统向环境放出热量（$Q_2 = -40710 \text{J/mol}$），这样系统才能恢复到原来的状态。可以看出，恢复过程会在环境遗留下变化，$Q_1 + Q_2 = -3054 \text{J/mol}$，$W_1 + W_2 = -3054 \text{J/mol}$。这说明有大约3054J的功消耗了，转变为同样数量的热。根据热力学第二定律，这是一个不可逆过程。如果热力学第二定律不成立，可以使热无偿地转变为功，即不需要对体系施加外压也不需要环境对体系做功，则环境不会遗留下任何痕迹，那么，这个过程的不可逆性同时就被否定了。

可见，自发过程存在着两个普遍性规律：

（1）一切自发过程都是不可逆的；

（2）所有不可逆过程都是相互依赖、相互制约的。

三、表面现象

表面现象是指在不同相之间存在明显分界面的现象。依据物质的聚集状态不同，一般有液—气、液—液、液—固、固—气、固—固五种类型的界面。在这些界面中，气体与液体或气体与固体之间的界面称为表面。

1. 表面能和表面张力

表面能是造成表面现象的根本原因。液体表面的分子和内部的分子的处境不同：液体内部的分子所受周围分子引力相等，其合力为零；而表面上的分子所受液体内部分子的引力大于外部气体分子的引力，所受的合力不等于零。表面层的分子受到向内的拉力，从而使液体表面有自动缩小的趋势，这是液滴呈球形的原因。液体内部的分子要移到表面层时，就必须克服指向液体内部的引力而做功。使体系表面增大所需的功称为表面能。在指定温度和压强条件下增加一个单位表面积时所消耗的功（表面能的增量），称为比表面能，用符号 σ 来表示，单位是 J/m^2。同样，当表面收缩 $1m^2$ 所释放的能量也等于比表面能的数值。由 $1J/m^2 = 1N \cdot m/m^2 = 1N/m$ 可知，比表面能也可以看作施加在表面上每单位长度的力，这个力称为表面张力，同样也用符号 σ 来表示，单位是牛顿每米（N/m）。

表面张力与物质的性质有关，不同物质的分子间作用力不同，分子间作用力越大，相应表面张力也越大。例如，水的表面张力相对较高，而油的表面张力较低。某些物质在液态时的表面张力见表1-4。

表1-4　20℃时某些物质在液态时的表面张力

液体	表面张力 σ，$10^3 N/m$	液体	表面张力 σ，$10^3 N/m$
水	72.8	四氯化碳	26.9
硝基苯	41.8	丙酮	23.7
二硫化碳	33.5	甲醇	22.6
苯	28.9	乙醇	22.3
甲苯	28.4	乙醚	16.9

物质的表面张力与其相接触的另一相物质的性质有关，见表1-5。因为与不同物质接触时，表面层的分子受力场不同，所以表面张力也不同。

表1-5　20℃时汞或水与某些物质接触时的表面张力

第一相	第二相	表面张力 σ，$10^3 N/m$	第一相	第二相	表面张力 σ，$10^3 N/m$
汞	汞蒸气	471.6	水	水蒸气	72.8
汞	乙醇	364.3	水	异戊烷	49.6
汞	苯	362.0	水	苯	32.6
汞	水	375	水	丁醇	1.76

表面张力随温度的不同而不同，见表1-6。一般情况下，温度越高，表面张力越小。这是因为温度升高时，会引起物质膨胀，导致分子间引力下降，所以表面张力减小。

表1-6　不同温度下液体的表面张力　　　　　　　　　　　单位：N/m

液体	0℃	20℃	40℃	60℃	80℃	100℃
水	76.64	72.8	69.56	66.18	62.61	58.85
乙醇	24.05	22.3	20.60	19.01	—	—
甲醇	24.5	22.6	20.9	—	—	15.7
四氯化碳	—	26.9	24.3	21.9	—	—
丙酮	26.2	23.7	21.2	18.6	16.2	—
甲苯	30.74	28.43	26.13	23.81	21.53	19.39

由以上分析可知，降低表面能可以通过两种方式实现：自动收缩表面积和降低比表面

能（σ）。液滴之所以自动呈球形，是因为在给定体积下，球形具有最小的表面积。在石油化工生产中，原料的分散度直接影响化学反应的速度和产品的质量。为了增加原料分散度，可以加入助磨剂降低颗粒的表面张力，使颗粒间不发生聚结现象。

2. 弯曲液面的一些现象

由于表面张力的存在，任何液面都有尽量紧缩而减少表面积的趋向。如果液面是有凸曲面的弯曲，则这一表面紧缩力将对该曲面的球心所在方向上产生一种附加压力。其压力 Δp 大小与液面曲率半径 r 有关，计算公式为

$$\Delta p = 2\sigma/r \qquad (1-20)$$

式中，若液面为凸曲面，其曲率半径 r 为正值；若液面为凹曲面，其曲率半径 r 为负值。

由式（1-20）可以看出：对于指定的液体来说，曲面附加压力与表面曲率半径成反比。若液面是水平的（$r=\infty$），附加压力 $\Delta p = 0$；对于凸（或凹）液面，附加压力 Δp 是正（或负）的，附加压力的方向始终指向曲面的球心。对于不同种类的液体，如果曲率半径相同，曲面下的附加压力与表面张力成正比。

如果所讨论的不是液滴，而是如肥皂泡那样的球形液膜，由于液膜内外两侧都存在表面张力，均产生指向球心的附加压力，因此泡内气体所受的压力会比泡外的压力稍大些，其差值为 $\Delta p = 4\sigma/r$。

3. 毛细管现象

1）毛细管现象的原理

表面张力不仅存在于液体与气体相接触的自由表面，也在液体与固体相接触的表面产生，这种作用称为附着力。因表面张力系数 σ 值不大，在工程上一般可以忽略不计。但在毛细管中，这种张力可以引起液面的显著上升或下降，这种现象被称为毛细管现象。因此，在设计和使用液体仪表时，必须考虑表面张力的影响，如图1-16所示。

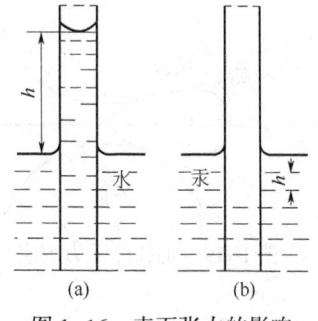

图1-16　表面张力的影响

当玻璃管插入水（或其他能够润湿管壁的液体）中时，由于水的内聚力小于水同玻璃间的附着力，水会润湿玻璃管的内外壁。在内壁，由于管径较小，水的表面张力会使水面向下弯曲形成弯月面并升高。相反，当玻璃管插入水银（或其他不润湿管壁的液体）中时，由于水银的内聚力大于水银同玻璃之间的附着力，水银不会润湿玻璃，其表面会向上弯曲形成凸液面，表面张力的作用会促使玻璃管内的液柱下降。

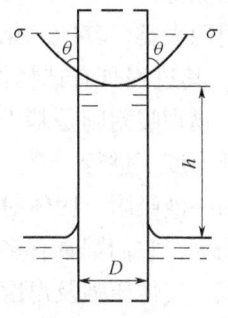

图1-17　毛细管液面升高

现以水为例推导出毛细管中液面升高的数值。如图1-17所示，表面张力拉动液柱向上，直到表面张力在垂直方向上的分力与所升高液柱的重力相等时，液柱就平衡不动了。假设 D 为管径，θ 为液面与管径的接触角，ρ 为液体密度，h 为液柱上升的高度，则管壁周围上总表面张力在垂直方向的分力为 $\pi D \sigma \cos\theta$，其方向向上。上升液柱重力为 $\rho g \pi/4 D^2 h$，其方向向下。由二者相等的关系，可推导出

$$h = 4\sigma\cos\theta/(\rho g D) \qquad (1-21)$$

可见，液体上升高度与毛细管直径成反比，并与液体的种类及毛细管的材料有关。实验表明，在 20℃时，水与玻璃的接触角 $\theta = 8° \sim 9°$，水银与玻璃接触角 $\theta = 139°$。考虑到水与水银的 σ 及 ρ 值后，即可得出 20℃时水在玻璃毛细管中上升的高度 $h = (29.8/D)\,mm$，水银在玻璃毛细管中下降的高度 $h = (10.15/D)\,mm$，式中毛细管直径 D 的单位是 mm。

2）毛细管阻力效应

毛细管阻力效应是由于液体在毛细管内流动时，因毛细管半径很小，液体在毛细管内形成曲界面，这种曲界面产生的收缩压会对流动液体产生额外的作用力，即毛细管力。图 1-18 所示为油、水两相流体在毛细管中流动，即水驱油的情况。此时毛细管力在数值上等于曲界面的收缩压。

图 1-18（a）为亲水表面，毛细管力的方向与水驱油的方向一致，毛细管力作为水驱的附加推动力，因此油易被驱出，水驱效率高；图 1-18（b）为亲油表面，毛细管力的方向与水驱的方向相反，毛细管力变成水驱的阻力，导致油不易被驱出，水驱效率低。

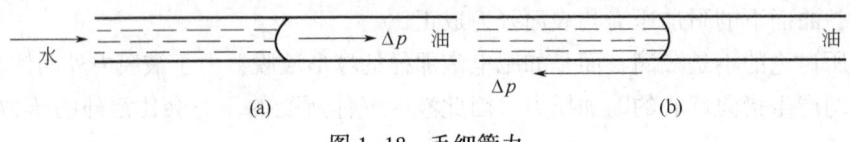

图 1-18　毛细管力

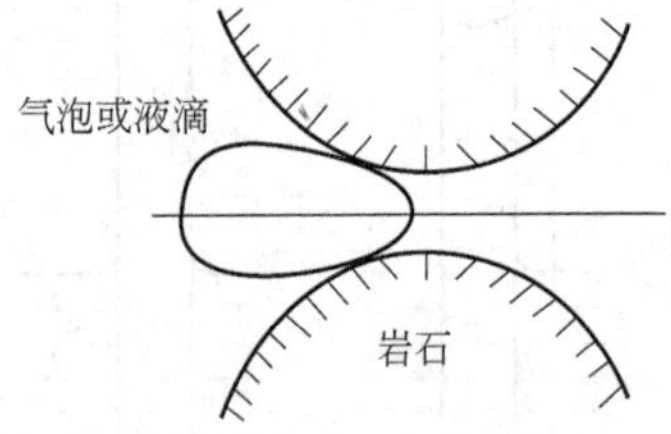

当含有液滴或气泡的分散系（如含水原油或泡沫等）通过毛孔时，如果毛孔的收缩部分半径小于液滴或气泡的半径，液滴或气泡需要变形才能通过咽喉处。这种变形导致沿流动方向的曲率不同，从而产生对流体流动的阻力，这种现象称为毛孔的阻力效应，如图 1-19 所示。液滴产生的阻力称为液阻效应，气泡产生的阻力称为气阻效应。这些效应在多相流体流动和相关工业应用中具有重要意义。

图 1-19　毛孔的阻力效应

4. 吸附现象

一种物质的原子或分子附着在另一种物质的表面上的现象，或在相界面上能从周围介质中将能够降低界面张力的物质自动地聚集到自己的表面上来，使得这种物质在相界面上的浓度大于相内部的浓度，这种现象称为吸附。具有吸附能力的物质称为吸附剂，被吸附的物质称为吸附质。吸附在石油化工生产和科研过程中有着较广泛的应用，如石油精炼、干燥、脱水、分离、回收气体或液体，物质脱色，少量有害气体的滤除等。

根据表面分子吸附力的不同，吸附方式分为化学吸附和物理吸附两大类。其中，化学吸附涉及吸附剂与吸附质（吸附相）之间电子的转移，生成化学键。其过程具有选择性，放热显著，通常表现为单分子层吸附，但吸附量随温度升高而减少。物理吸附则是基于分子间引力，过程无选择性，放热较少，多属于多层吸附，通常在较低温度下进行。

不同的相界面具有不同的吸附规律，较重要的是固—气吸附和固—液吸附。固体对气体的吸附较为常见，常用的固体吸附剂有木炭、木头、骨头和椰子壳等，它们都具有多孔结构和较大的表面积。吸附能力与吸附剂和吸附质的种类、比表面积、气体压强及温度等因素有关。

固体吸附剂的吸附量通常以单位质量的吸附剂所吸附的物质量（mol/L）来表示。当温度一定时，吸附气体的量随气体压强的增大而增加，但最终达到平衡。气体的吸附量与其平衡压强之间的关系曲线，称为等温线，如图1-20所示。当气体的压强一定时，温度越高，吸附量越小。由等温线可以看出，在其不同阶段，气体压强对吸附量的影响并不相同。在低压阶段（线段Ⅰ），吸附量与压强几乎成正比；在中等压

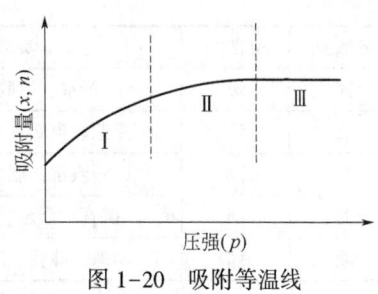

图 1-20　吸附等温线

强阶段（线段Ⅱ），吸附量增加但增速减缓；在高压阶段（线段Ⅲ），吸附量接近饱和，不再显著增加。如果吸附时间足够长，最终达到平衡状态。

解吸是吸附的逆过程，即吸附在固体表面的分子受到热运动影响，重新回到气相。当吸附和解吸速率相等时，达到吸附平衡。固体表面不仅能吸附气体，还能吸附溶液中的溶质或溶剂。无机固体吸附剂通常对非电解质溶液的吸附能力强于对电解质溶液的吸附，而对离子的吸附能力又强于对非电解质溶质的吸附。

溶液中吸附作用的等温线与气体在固体上的吸附等温线形式相似。随着吸附物性质的不同，同一吸附剂的吸附量和吸附速度也不同。例如在色谱分析中，将不同的溶质的溶液通过同一个吸附柱，则吸附最快且最多的溶质在此柱的上层被吸附，吸附较慢而量较少的物质则主要在下一层才被留住。这样依次递降分成数层，每层主要只有一种溶质，因而达到将溶液中各物质分离的目的，这就是所说的色层分离技术。

第三节　胶体化学

胶体化学在石油开采、炼制、油漆制造、印染、选矿、土壤改良和人工降雨等多个领域都发挥着重要作用。

一、分散系及溶胶的制备

1. 分散系

一种或几种物质分散在另一种物质里所形成的系统称为分散系统，简称分散系。例如，黏土分散在水中形成泥浆，水滴分散在空气中形成云雾，奶油、蛋白质和乳糖分散在水中形成牛奶，这些都是分散系的例子。在这些系统中，被分散的物质（如黏土、水滴、奶油、蛋白质、乳糖）被称为分散质，而容纳分散质的物质（如水、空气）被称为分散剂。

分散质和分散剂的聚集状态不同，分散质粒子的大小也各异，这些因素共同决定了分散系的性质。分散系可以按照分散质和分散剂的聚集状态以及分散质粒子的直径大小进行分类。按照聚集状态，分散系可以分为9类，见表1-7。按照分散质粒子的直径大小，分散系通常可以分为3类，见表1-8。

表 1-7 分散系分类一

分散质	分散剂	实例	分散质	分散剂	实例
固	液	糖水、溶胶、油漆	气	固	泡沫塑料、海绵、木炭
液	液	豆浆、牛奶、石油、白酒	固	气	烟、灰尘
气	液	汽水、肥皂泡沫	液	气	云、雾
固	固	矿石、合金、有色玻璃	气	气	煤气、空气、混合气
液	固	珍珠、硅胶、肌肉、毛发	—	—	—

表 1-8 分散系分类二

类型	分散质粒子直径, nm	分散系名称	主要特征	
分子、离子分散系	<1	真溶液	最稳定, 扩散快, 能透过滤纸及半透膜, 对光散射极弱	单相系统
胶体分散系	1~100	高分子化合物溶液	很稳定, 扩散慢, 能透过滤纸及半透膜, 对光散射极弱, 黏度大	
		溶胶	稳定, 扩散慢, 能透过滤纸, 但不能透过半透膜, 光散射强	多相系统
粗分散系	>100	乳状液、悬浊液	不稳定, 扩散慢, 不能透过滤纸和半透膜, 无光散射	

在分子、离子分散系中, 分散质粒子直径小于 1nm, 它们是一般的分子或离子, 与分散剂的亲和力极强, 均匀、无界面, 是高度分散、高度稳定的单相系统。这种分散系统即通常所说的溶液, 如蔗糖溶液、食盐溶液。

在胶体分散系中, 分散质的粒子直径范围为 1~100nm, 它包括电解质溶胶和高分子化合物溶液两种类型。电解质溶胶, 其分散质粒子是由许多一般的分子组成的聚集体, 这类难溶于分散剂的固体分散质高度分散在液体分散剂中, 所形成的胶体分散系称为溶胶, 例如氢氧化铁溶胶、硫化砷溶胶、碘化银溶胶、金溶胶等。溶胶中, 分散质和分散剂的亲和力不强、不均匀、有界面, 故溶胶是高度分散、不稳定的多相系统。由于溶胶中分散质和分散剂的亲和力不强, 故又称为憎液溶胶 (或疏液溶胶)。而高分子化合物溶液 (如淀粉溶液、纤维素溶液、蛋白质溶液等), 其分散质粒子是单个的高分子, 与分散剂的亲和力强, 故高分子化合物溶液是高度分散、稳定的单相系统。高分子化合物溶液在某些性质上与溶胶相似。由于高分子化合物溶液中高分子粒子与溶剂的亲和力强, 故又称为亲液溶胶。电解质溶胶 (憎液溶胶) 与高分子化合物溶液的性质对比见表 1-9。

表 1-9 憎液溶胶、高分子化合物溶液性质对比

憎液溶胶	高分子化合物溶液
分散质粒子直径为 1~100nm	高分子直径为 1~100nm
扩散速度慢	扩散速度慢
不能通过半透膜	不能通过半透膜
不均匀多相体系, 需加稳定剂形成胶体	适当溶剂中, 能自动溶解形成稳定的真溶液
热力学不稳定体系, 多相体系	热力学稳定体系, 单相体系

憎液溶胶	高分子化合物溶液
丁达尔效应强	丁达尔效应微弱
黏度小（与分散介质相似）	黏度大
加入微量电解质后就会聚沉	对电解质较稳定，加入大量电解质时可以盐析
已聚沉的溶胶再加溶剂后加热处理不会复原，不具有可逆性	溶剂蒸干后再加溶剂又能成为高分子化合物溶液，具有可逆性

在粗分散系中，分散质粒子直径大于 100nm，用普通显微镜甚至肉眼也能分辨出，是一个多相系统。根据分散质的聚集状态分为乳状液（液体分散质分散在液体分散剂中，如牛奶）和悬浊液（固体分散质分散在液体分散剂中，如钻井液）。由于分散质粒子较大，容易聚沉，也容易从分散剂中分离，因此粗分散系是极不稳定的多相系统。分散系之间虽然有明显的区别，但没有明显的界线。因此，以分散质粒子直径大小作为分散系分类的依据，是相对的。

2. 溶胶的制备

溶胶的制备通常要求在介质中分散的分散质具有极低的溶解度，并且为了降低表面能和增强稳定性，通常需要添加稳定剂。制备溶胶的常用方法包括分散法和凝聚法。

1）分散法

（1）研磨法。研磨法是一种机械分散法，常用的设备有球磨机、胶体磨等。球磨机分散能力较差，一般用来制备分散程度不太高的胶体，而胶体磨可将颗粒磨细到约 $1\mu m$。研磨时为防止颗粒聚结，需要添加稳定剂，如丹宁或明胶等。

（2）超声波法。超声波具有强大的粉碎力，频率超过 $10^5 Hz$ 的超声波可以将某些松软物质分散成溶胶或将液体分散成乳状液。

（3）胶溶法。胶溶法是在某些沉淀物中加入胶溶剂，或放置于某一温度下，使沉淀转化为胶体溶液。例如，国内广泛使用的 MMH 或 MMLH 正电荷溶胶，是在一定比例的氯化铝和氯化镁的混合溶液中加入稀氨水形成沉淀，经过多次洗涤后，在恒温条件下逐渐形成的溶胶。MMH 在钻井添加剂、聚沉剂、防沉剂等方面有广泛应用，我国年需求量超过 2000t 以上。

（4）电弧法。电弧法主要用于制备贵金属溶胶。以贵金属为电极，插在分散介质中，通电产生电弧，高温使金属表面原子蒸发，并在分散介质中迅速冷却，凝聚成胶体粒子。这个过程实际上是先分散后凝聚的过程。

2）凝聚法

（1）物理凝聚法。

物理凝聚法是利用一种物质在不同溶剂中溶解度相差悬殊的特性来制备溶胶的方法。例如，将松香的酒精溶液滴入水中，由于松香在水中溶解度低，溶质以胶粒状析出，形成乳状松香溶胶。

（2）化学凝聚法。

凡是能生成难溶物的反应，如分解反应、复分解反应、水解反应、氧化还原反应等，都可以通过控制反应条件（如反应物浓度、溶剂、温度、pH 值、搅拌等）来制备溶胶，这种方法称为化学凝聚法。

① 利用分解反应制备溶胶。把四羰基镍溶在苯中加热可得镍溶胶：

$$Ni(CO)_4 \xrightarrow{\quad 苯 \quad} Ni(溶胶)+4CO\uparrow$$

② 利用复分解反应制备溶胶。如用 $AgNO_3$ 稀溶液与 KI 稀溶液的反应来制备 AgI 溶胶：

$$AgNO_3(稀溶液)+KI(稀溶液) \rightleftharpoons AgI(溶胶)+KNO_3$$

③ 利用水解反应制备溶胶。如用 $FeCl_3$ 的水解反应制备 $Fe(OH)_3$ 溶胶：

$$FeCl_3(稀溶液)+3H_2O \rightleftharpoons Fe(OH)_3(溶胶)+3HCl$$

如果将碱金属硅酸盐类水解，则可制得硅酸溶胶：

$$Na_2SiO_3(稀溶液)+2H_2O \rightleftharpoons H_2SiO_3(溶胶)+2NaOH$$

④ 利用氧化还原反应制备溶胶。把氧气通入 H_2S 水溶液中，H_2S 被氧化生成硫磺溶胶：

$$2H_2S(水溶液)+O_2 \rightleftharpoons 2S(溶胶)+2H_2O$$

利用以上方法制得的溶胶常含有很多电解质或其他杂质，过量的电解质会影响溶胶的稳定性，因此，刚制备的溶胶常常需要作净化处理。最常用的净化方法就是渗析。

二、溶胶的性质

1. 光学性质——丁达尔现象

溶胶的光学性质中，丁达尔现象（或称丁达尔效应）是一个显著的特征。1869 年，英国物理学家约翰·丁达尔（John Tyndall）首次观察到，当一束光线照射到胶体上时，在侧面与光束垂直的方向上可以观察到一条明亮的光的通路，这一现象是丁达尔现象，如图 1-21 所示。

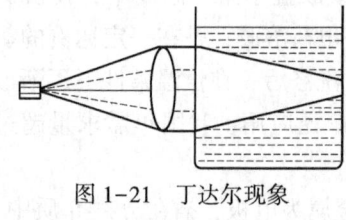

图 1-21　丁达尔现象

当光束照射到大小不同的分散质粒子上时，除了光的吸收之外，还可能产生两种情况：一种是如果分散质粒子直径大于入射光波长，光在粒子表面按一定的角度反射，粗分散系属于这种情况；另一种是如果分散质粒子直径小于入射光波长，就产生光的散射，这时，粒子本身就好像是一个光源，光波绕过粒子向各个方向散射出去，散射出的光就称为乳光。由于溶胶粒子的直径范围为 1~100nm，小于入射光波长（400~780nm），因此会发生光的散射作用而产生丁达尔现象。

相比之下，分子或离子分散系中，由于分散质粒子直径太小（小于 1nm），散射现象较弱，基本上发生光的透射作用，因此丁达尔效应是溶胶所特有的光学性质。

2. 动力学性质

溶胶的动力学性质包括布朗运动、扩散作用和沉降作用。

1）布朗运动

在超显微镜下观察溶胶，可以看到代表溶胶粒子的发光点在不断地作无规则的运动，这种现象称为布朗运动。布朗运动是由于溶胶粒子受到周围分散介质分子热运动的不均匀碰撞所引起的。由于碰撞强度和次数在不同方向上的差异，溶胶粒子会不断改变运动方向。

布朗运动是溶胶粒子热运动和分散介质撞击的综合结果。粒子越小，布朗运动越剧烈，且这种运动随温度升高而增强。布朗运动有助于溶胶粒子抵抗重力作用，防止其下沉，并促进胶粒的扩散，从而维持溶胶的动力学稳定性。

2）扩散作用

当溶胶中粒子浓度不均匀时，溶胶粒子就会由浓度高的地方向浓度低的区域移动，这种现象称为胶粒的扩散作用。与溶液中的低分子相比，胶粒的扩散速度较慢，这是因为溶胶粒子比低分子大得多。

扩散作用是有一定方向的，而布朗运动是不定向的，布朗运动对胶粒的扩散具有牵动的作用。胶粒扩散能力的大小用扩散系数 D 来表示：

$$D = RT/(6\pi r\eta N_0) \tag{1-22}$$

式中　D——扩散系数，m^2/s；

　　　R——理想气体常数，$8.314 J/(mol \cdot K)$；

　　　T——热力学温度，K；

　　　π——圆周率，3.14；

　　　r——粒子半径，m；

　　　η——分散介质黏度，$Pa \cdot s$；

　　　N_0——阿伏伽德罗常数，$6.02 \times 10^{23}/mol$。

由式(1-22)可知，在一定温度下，对于在一定介质中的胶粒，其扩散系数与粒子半径成反比，如表1-10所示。

表 1-10　粒子半径与扩散系数的关系

粒子半径 r，m	扩散系数 D，m^2/s	分散系类型
1×10^{-5}	2.15×10^{-14}	悬浮体
1×10^{-6}	2.15×10^{-13}	悬浮体
1×10^{-7}	2.15×10^{-12}	悬浮体
1×10^{-8}	2.15×10^{-11}	溶胶
1×10^{-9}	2.15×10^{-10}	溶胶
1×10^{-10}	2.15×10^{-9}	真溶液

3）沉降作用

沉降作用是指溶胶中的粒子在重力作用下逐渐下沉的现象。粒子沉降速度 (v) 的大小取决于粒子受到的重力和下沉过程中介质对其产生的摩擦阻力。当这两种力达到平衡时，粒子作匀速运动下降，此时的沉降速度为

$$v = 2r^2(\rho_1 - \rho_2)g/(9\eta) \tag{1-23}$$

式中　v——粒子沉降速度，m/s；

　　　r——粒子半径，m；

　　　ρ_1——粒子密度，g/m^3；

　　　ρ_2——介质密度，g/m^3；

　　　g——重力加速度，m/s^2；

　　　η——介质黏度，$Pa \cdot s$。

式（1-23）称为沉降公式。根据沉降公式可知，沉降速度的大小与粒子半径以及粒子与介质密度之差成正比，与介质的黏度成反比，其中粒子大小是主要影响因素。粒子越大，沉降速度越快，这可由表 1-11 看出。达到沉降平衡时，容器底部的胶粒浓度最大，颗粒最大，沿着容器高度的增加，胶粒浓度逐渐降低。这种沉降行为对于理解溶胶的稳定性和设计相关应用（如分离和净化过程）非常重要。

表 1-11　悬浮于水中的粒子下降 1cm 所需时间

粒子半径 r, m	金粒子	苯液滴
1×10^{-5}	2.5s	6.3min
1×10^{-6}	42min	10.6h
1×10^{-7}	7h	44d
1×10^{-8}	29d	12a
1×10^{-9}	3.5a	540a

3. 电学性质

1）电泳

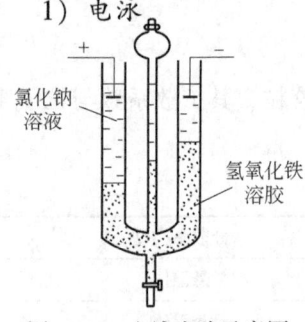

氯化钠溶液

氢氧化铁溶胶

图 1-22　电泳实验示意图

在电泳实验中，将红棕色的 $Fe(OH)_3$ 溶胶通过漏斗装入电泳仪的 U 形管中，在溶胶上方慢慢注入少量无色的 NaCl 溶液，形成明显的界面。当接通电源并插入电极后可以看到，在负极端红棕色的 $Fe(OH)_3$ 溶胶界面上升，而在正极端该界面下降，如图 1-22 所示。这表明 $Fe(OH)_3$ 溶胶粒子在电场作用下向负极发生了移动，说明 $Fe(OH)_3$ 溶胶胶粒是带正电荷的，该溶胶称为正溶胶。

类似地，如果使用黄色的 As_2S_3 溶胶进行实验，通电后发现黄色界面向正极上升，这表明 As_2S_3 溶胶胶粒带负电荷，该溶胶被称为负溶胶。

电泳是指溶胶粒子在外电场作用下定向移动的现象。通过电泳实验，不仅可以判断溶胶粒子带电的性质，还可以提供关于胶粒电荷量和在电场中的迁移速度等信息，为进一步研究溶胶的性质提供了重要依据。

2）电渗

如图 1-23 所示，U 形电渗仪的中间填满了固体多孔膜。在电渗仪的 U 形管中装入一段溶胶，在溶胶上面慢慢注入少量的电解质溶液，使两边溶液的液面一致。若在溶胶两端施加电压时，液体会透过多孔膜朝某一方向移动，通过管子右边的毛细支管处可观察到液面的明显变化。

这种在外加电场作用下，分散介质通过多孔膜（或毛细管）而定向移动的现象称为电渗。电渗的特征是分散相（溶胶粒子）不动而分散介质（液体）移动，这是因为胶体不能通过半透膜，在外加电场作用下，只能使带相反电荷的分散介

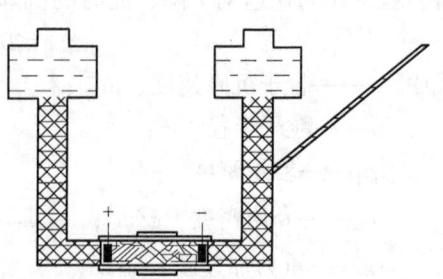

图 1-23　电渗实验示意图

质移动。通过测定分散介质的电性，电渗试验可以帮助判断溶胶粒子所带电荷的电性。

电渗的应用较为广泛，例如水的净化，工业和石油工程中泥土或钻井液的脱水，以及电沉积法涂漆操作中，通过将漆膜内的水分排到膜外以形成致密的漆膜等。

电泳和电渗与固液两相相对运动有关，它们都是在外加电场作用下产生的运动，因此称作电动现象。但二者有本质的区别，电泳是在电场作用下，液体不动固相粒子的移动；而电渗是固相粒子不动，液体在电场作用下的移动。

4. 扩散双电层理论及胶团结构

1）胶粒带电原因分析

（1）吸附。

溶胶粒子比表面大、表面能高，因此易于吸附其他物质。若吸附正离子会使胶粒带正电，吸附负离子则带负电。若胶体为离子晶体，则遵循法扬斯规则，即若介质中的某种离子能与晶体上符号相反的离子形成难溶或解离度很小的化合物，则离子晶体表面对这种离子会有强烈吸附作用。例如：$AgNO_3+KI \longrightarrow AgI（溶胶）+KNO_3$

在 $AgNO_3$ 和 KI 的反应中，过量的 KI 会导致 AgI 溶胶优先吸附 I^- 从而带负电，而过量的 $AgNO_3$ 则优先吸附 Ag^+ 带正电，即得正溶胶，这种吸附称为选择性吸附。有些物质，如玻璃、石墨、油珠等在水中不能解离，但可以从水中吸附 H^+、OH^- 或其他离子，也能使粒子表面带电。

（2）电离。

当分散相固体与分散介质接触时，若固体表面发生电离，会有一种离子溶于液相中，则使胶粒带电。例如：$H_2SiO_3 \longrightarrow 2H^+ + SiO_3^{2-}$，该过程中，$H^+$ 溶于液相，而 SiO_3^{2-} 处于胶体表面，从而使硅溶胶粒子带负电。

黏土颗粒表面有众多的 —Si—OH 化学键。在碱性溶液中，—Si—OH 呈酸式电离，O—H 键断裂，电离出 H^+，使黏土颗粒表面带负电，表示如下：

还有些微粒，如蛋白质本身就是可以电离的大分子，它含有许多酸性基团和碱性基团，在水中电离成为带电的粒子：

即蛋白质等在酸性介质中带正电荷，在碱性介质中带负电荷。

（3）晶格取代。

在离子大小和晶格组成相近的情况下，晶格中的某些离子可被其他离子所代替，导致晶格带电，这种现象称作晶格取代。如蒙脱石晶格中减少了一个正电荷，相应地就带了负电荷；铝氧八面体中的 Al^{3+} 若被 Ag^+ 所代替，相应地也带上了负电荷。

（4）摩擦生电。

在非水介质中电离理论不适用，在这种环境中，电荷来自质点和介质间的摩擦。因为分散相和分散介质对电子的亲合力不同，所以可使电子从一相流入到另一相，在由两种非导体构成的体系中，介电常数较大的物体带正电荷，介电常数较小的物体带负电荷。例如，玻璃（介电常数 $\varepsilon = 5 \sim 6$）在丙酮（介电常数 $\varepsilon = 21$）中带负电荷，而在苯（介电常数 $\varepsilon = 2$）中带正电荷。

2）双电层理论

从上述分析可知，当固体与液体接触时，可以是固体从溶液中选择性吸附某种离子，也可以是固体分子本身发生电离作用而使离子进入溶液。这样，就会使固、液两相分别带

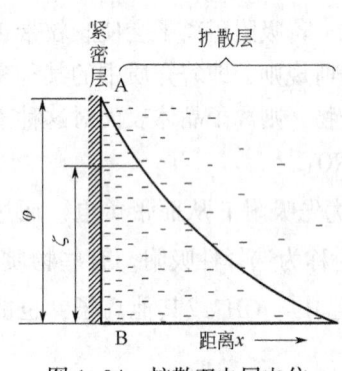

图 1-24　扩散双电层电位

有不同符号的电荷，在界面上形成双电层的结构。由于正、负离子静电吸引和热运动两种效应的共同作用，溶液中的反离子只有一部分紧密地排在固体表面附近，相距约 1~2 个离子厚度，称为紧密层；另一部分离子按一定的浓度梯度扩散到本体溶液中，称为扩散层。双电层由紧密层和扩散层构成，如图 1-24 所示。总电位为 φ，扩散层的切动面为 AB 面，扩散层电位为 ζ。

3）溶胶的胶团结构

溶胶的胶团结构由难溶物分子聚结而成的胶核和围绕其周围的吸附层组成。胶核是胶团的中心，由一定量的难溶物分子聚结而成。胶核通过静电作用选择性地吸附稳定剂中过剩的与之所含元素相同的离子，形成紧密吸附层。由于正、负电荷相吸，在紧密层外形成异电离子的包围圈，即扩散层，从而形成了带有与紧密层相同电荷的胶粒；胶粒与扩散层中的异电离子就形成了一个电中性的胶团。胶核对离子的吸附具有选择性，优先吸附与胶核元素相同的离子，这种现象称为同离子效应，它有助于胶核的稳定，防止其溶解。如果缺乏相同元素的离子，胶核通常会优先吸附水化能力较弱的负离子。因此，自然界中的许多胶粒，如泥浆和豆浆，通常带有负电荷。例如：

$$AgNO_3 + KI \longrightarrow KNO_3 + AgI（溶胶）$$

在该反应中，过量的 KI 作稳定剂时形成负溶胶，其胶团用 $[(AgI)_m \cdot nI^- \cdot (n-x)K^+]^{x-} \cdot xK^+$ 来表达；过量的 $AgNO_3$ 作稳定剂时形成正溶胶，其胶团用 $[(AgI)_m \cdot nAg^+ \cdot (n-x)NO_3^-]^{x+} \cdot xNO_3^-$ 来表达。以 KI 溶液滴加到 $AgNO_3$ 溶液中形成 AgI 溶胶为例，其胶团结构如图 1-25 所示。

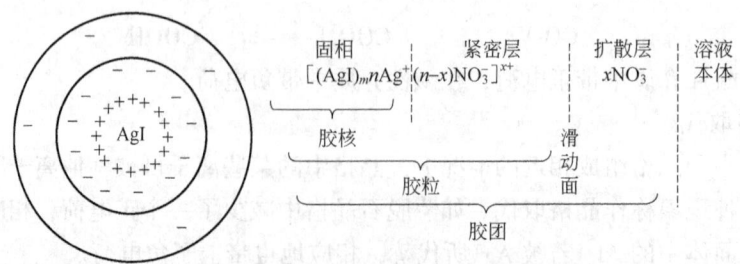

图 1-25　AgI 正溶胶胶团结构示意图

三、溶胶的稳定性与聚沉

在工农业生产和科学研究中常常遇到胶体问题。有时需要制备胶体并使其稳定，例如有机染料的制备、钻井液的配制等。但有时不希望胶体生成或需要破坏胶体，例如原油破乳等。因此，只有了解溶胶的稳定因素，才能选择适当条件使其稳定或破坏。

溶胶分为亲液溶胶和憎液溶胶两类。亲液溶胶（如高分子化合物溶液）是热力学稳定体系，而憎液溶胶属于热力学不稳定体系。虽然憎液溶胶具有集结长大以致聚沉的趋势，但在短时间内甚至在相当长时间内，憎液溶胶却能稳定存在。

1. 溶胶的稳定性

溶胶动力学稳定性是指由于溶胶粒子小，布朗运动激烈，在重力场中不易沉降，使溶胶具有动力稳定性。溶胶的稳定性主要依赖于几个关键因素，包括动力稳定性、静电排斥作用、溶剂化膜的保护作用以及高分子的保护作用。

1）动力稳定性

溶胶粒子由于尺寸较小（$10^{-9} \sim 10^{-7}$m），在溶液中进行布朗运动，这种无规则的热运动使得粒子不易沉降，从而赋予溶胶动力稳定性。从沉降公式可知：溶胶粒子越小、分散介质黏度越大；粒子与介质的密度差越小，沉降速率越低，溶胶就越稳定。

2）静电排斥作用

溶胶粒子通常带有相同符号的电荷，当它们相互靠近时，双电层中的反离子会发生重叠，产生静电斥力。这种斥力随着粒子间距离的减小而增大，有效防止了粒子的聚结，维持了溶胶的稳定性。胶粒间的排斥力的大小主要取决于胶粒的 ζ 电位，ζ 电位越大，排斥力就越强。因此，胶粒具有一定的 ζ 电位是溶胶稳定的主要原因。

3）溶剂化膜的保护作用

溶剂化膜在溶胶稳定性中扮演着保护性角色。当溶质溶解在溶剂中，尤其是水作为溶剂时，这个过程称为水化。在胶团结构中，胶粒的外围是扩散层，其中的反离子以水合离子的形式存在。这些水合离子的定向排列形成了一层溶剂化膜，这层膜不仅降低了胶粒的表面能，还减弱了胶粒之间的吸引力，从而降低了聚结的可能性。胶粒之间的碰撞和聚结，首先需要克服这层溶剂化膜。由于溶剂化膜具有一定的机械强度和弹性，当胶粒相互靠近时，膜会受到挤压而发生变形。但是，每个变形的胶团都会试图恢复其原始形状，这种弹性使得胶粒在接触后能够被弹开，从而防止聚结。因此，溶剂化膜为溶胶的稳定性提供了额外的保护。

胶粒的带电程度和溶剂化膜的厚度与 ζ 电位的大小密切相关。ζ 电位大小反映了反离子在吸附层和扩散层中的分配比例，ζ 电位越大，表明吸附层中的反离子较少，扩散层中的反离子较多，这导致胶粒带有更多的电荷，使溶剂化膜更厚，从而增强了溶胶的稳定性。因此，ζ 电位是衡量溶胶稳定性的重要指标。

4）高分子的保护作用

高分子化合物在溶胶稳定性中起到关键的保护作用。当易聚结的溶胶中加入足量的高分子化合物时，这些高分子通过范德华力和氢键吸附在胶粒表面，形成一层保护膜，将胶粒隔离开来，防止它们聚集。这种保护作用如图1-26所示，高分子链包裹胶粒，使得胶

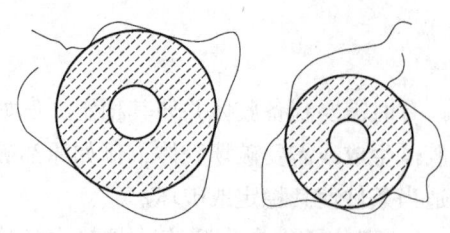

图 1-26 高分子的保护作用

粒在溶液中保持分散状态，增强了溶胶的稳定性。例如，聚合物在钻井液中的应用为现代钻井技术提供了可靠的保障。

总的来说，分散相粒子的电性、溶剂化作用、布朗运动是憎液溶胶稳定的主要因素，加入高分子化合物对溶胶的稳定性能起到保护作用。但是，凡能使上述因素遭到破坏的作用，如 pH 值的剧烈变化、电解质的加入或温度的升高，皆可以使溶胶聚沉。

2. 溶胶的聚沉

溶胶的聚沉是指溶胶中的分散相微粒相互集结，使颗粒变大，最终导致溶胶破坏并发生沉降的现象。聚沉过程可以分为两个阶段：第一阶段是"隐聚沉"，即分散程度的变化无法用肉眼观察；第二阶段是"显聚沉"，此时颗粒变化明显，可以用肉眼观察到。

聚沉的关键在于削弱或消除溶胶的稳定性，去电和去水化作用是导致聚沉的重要因素。通过中和胶粒表面的电荷，降低 ζ 电位，或使水化膜变薄，可以增加胶粒间的碰撞机会，促使小颗粒聚集成大颗粒，最终在重力作用下沉降，达到破坏的目的。

生产上常用的聚沉方法很多，如长时间旋转使之陈化、加热、浓缩，外加电解质，以及两种异性溶胶的混合都会使之发生聚沉。

1) 电解质的聚沉作用

在聚沉的许多方法中，外加电解质引起的聚沉作用最为显著。这是由于加入电解质后，与扩散层反离子电荷符号相同的电解质离子，由于同电排斥而将扩散层中的反离子挤压到吸附层中，从而中和掉胶粒表面所带电荷，使 ζ 电位降低、水化膜变薄，起到了去电和去水化作用。因此，当电解质增加到一定浓度后，扩散层中的反离子全部被压入吸附层内，胶粒处于电中性状态，ζ 电位为零，此时溶胶的稳定性最差，非常易于聚沉。

实验表明，当溶胶的 ζ 电位降低至某个临界值时，即使不完全降至零，聚沉现象也会发生，这个临界值被称为"临界 ζ 电位"。例如，豆浆中的蛋白质胶体通常带有负电荷，因此具有负的 ζ 电位。当豆浆中加入电解质，如卤水中的 Ca^{2+}、Mg^{2+}、Na^+ 等阳离子，这些阳离子能够压缩蛋白质胶体的扩散层，减少静电排斥力，导致 ζ 电位下降至接近临界值，最终使蛋白质聚沉。卤水中的 Ca^{2+}、Mg^{2+}、Na^+ 等阳离子能够压缩扩散层，使 ζ 电位下降并使蛋白质聚沉。

电解质的聚沉能力可以通过其聚沉值来衡量，即引起溶胶明显聚沉的最小电解质浓度，通常以 mmol/L 为单位。不同电解质的聚沉值不同，聚沉能力越强，其聚沉值就越小，所需电解质浓度就越低；反之，聚沉能力越小，其聚沉值就越大，所需电解质浓度就越高。比较各种电解质的聚沉能力，得出如下经验规律：

（1）胶粒带正电荷时，起聚沉作用的是电解质中的阴离子；胶粒带负电荷，起聚沉作用的是电解质中的阳离子。

（2）起聚沉作用的离子价越高，其聚沉能力越强，相应的聚沉值越小。一般来说，一价离子的聚沉值通常在 25~150，二价离子在 0.5~2，三价离子在 0.01~0.1。

（3）对于具有相同电荷数的离子，聚沉能力受离子半径的影响。阳离子的聚沉能力随离子半径的增加而增强，阴离子的聚沉能力随离子半径的增加而减弱。例如，对于 As_2S_3 负溶胶，氢氧化物离子的聚沉能力顺序为 $Cs^+>Rb^+>Na^+>Li^+$；对于 $Fe(OH)_3$ 正溶胶，钾盐阴离子的聚沉能力顺序为 $Cl^->Br^->NO_3^->I^-$。这种将同电荷符号、同价离子按聚沉能力排成的次序，称作感交离子序。

2）溶胶的相互聚沉

将两种电性不同的溶胶以适当比例混合时，由于电荷中和，ζ 电位降低，可以发生相互聚沉作用。这种聚沉现象在日常生活中很常见，例如，明矾的净水作用；不同牌号的墨水相混合可能产生沉淀；医院里利用血液能否相互凝结来判断血型等。

3）高分子化合物的聚沉作用

在溶胶中加入少量高分子化合物，可使溶胶发生聚沉。一般把高分子作用下的聚沉称作絮凝，能产生絮凝作用的高分子化合物称为絮凝剂。常用的絮凝剂有明胶、蛋白质、淀粉和聚丙烯酰胺等。高分子化合物使溶胶的聚沉由以下 3 种因素促成：

（1）搭桥效应。高分子链通过氢键和范德华力吸附在胶粒的表面上，将胶粒拉扯到一块儿使溶胶聚沉，如常用聚丙烯酰胺处理污水就是搭桥效应的一个应用实例。

（2）脱水效应。高聚物对水的亲和力往往比溶胶强，它将夺取胶粒水化膜中的水，使得胶粒由于失去水化膜而聚沉，如羧酸、丹宁等物质常用作脱水剂。

（3）电中和效应。离子型的高分子化合物吸附在胶粒上而中和了胶粒的表面电荷，使胶粒间的斥力减少并使溶胶聚沉。

需要注意的是，高分子化合物的加入量要严格控制，过量可能导致溶胶稳定性增强，失去絮凝效果，这时絮凝剂变成了分散剂或稳定剂。

四、凝胶

凝胶是一种具有固态性质的胶体体系，它可以由溶胶或悬浮液在特定条件下形成。凝胶在自然界中普遍存在，如粉皮、奶酪、皮肤、肌肉、纤维、人造橡胶、塑料、河边淤泥和土壤等。

1. 凝胶的分类

一定浓度的高分子溶液或溶胶，在适当条件下，黏度逐渐增大，最终失去流动性，整个体系将变成一种外观均匀并保持一定形态的弹性半固体，这种弹性半固体称为凝胶（糨糊是高浓度、失去了流动性的悬浮体，其体系与凝胶不一样，不能称为凝胶）。凝胶具有特定的几何外形和强度、弹性和屈服值等力学性质。在新形成的水凝胶中，分散相和分散介质都是连续的，这是凝胶的一个显著特征。

根据凝胶分散质点的性质和结构特点，凝胶可以分为弹性凝胶和非弹性凝胶（脆性凝胶）两类。弹性凝胶在干燥后体积大幅缩小，但仍保持弹性。例如，肌肉、脑髓、软骨、指甲、毛发以及植物细胞壁中的纤维素等高分子溶液形成的凝胶。而非弹性凝胶在干燥后体积变化不大，但会失去弹性，变得易碎，如由氢氧化铝、硅酸等溶胶形成的凝胶。

2. 凝胶的形成

1）凝胶形成的条件

凝胶的形成可以通过从固体干胶或液体出发的两种方式实现。由固体干胶制备凝胶相对简单，只需将干胶置于亲和性液体中，让其吸收水分并膨胀即可形成凝胶。许多大分子物质，如明胶在水中因吸收水膨胀可形成凝胶。由液体制备凝胶应满足两个基本条件：降低溶解度，使被分散的物质从溶液中以"胶体分散状态"析出；析出的质点既不沉淀，也不能自由移动，应构成骨架，在整个溶液中形成连续的网状结构。凝胶的形成与体系的浓度、温度及电解质等因素有关。

2）凝胶形成的方法

（1）改变温度。

许多物质在热水中溶解，冷却时溶解度降低，导致质点因碰撞相互连接形成凝胶。例如，明胶在热水中溶解后，冷却时会形成凝胶。

（2）加入非溶剂。

在某些水溶液中加入非溶剂，如在果胶水溶液中加入酒精，可以促使凝胶的形成。在试验中，需要注意非溶剂的用量和混合速度，以确保体系均匀。

（3）加入盐类。

在亲水性较大且粒子形状不对称的溶胶中，适量添加电解质可以促进凝胶的形成。电解质的加入可导致胶粒连接，部分形成结构，出现反常黏度（聚集体）。随着盐类浓度的增加，体系内部结构发展，最终固化成凝胶。对于大分子溶胶，需要较高浓度的盐类才能引起胶凝作用，且胶凝作用与盐的性质、介质的 pH 值等因素有关。

（4）化学反应。

利用化学反应生成不溶物，控制合适的条件可形成凝胶。要求在产生不溶物的同时，生成大量小晶粒，且晶粒形状最好不对称，有利于形成骨架。例如，鸡蛋清蛋白质在加热时发生变性，从球形分子变为纤维状分子，有利于凝胶的形成；血液凝结是血纤维蛋白质在酶作用下的胶凝过程；有机聚苯乙烯胶是通过苯乙烯与胶联剂二乙烯苯在特定条件下聚合反应制得的。

凝胶形成后，内部结构网仍然在加固，可以进一步脱水、收缩变硬。它经历着一种成熟的转变过程，使类似晶体结构的性能逐渐增长，从胶体状态的矿物变成由胶体晶化的矿物就是如此。例如，硅水凝胶（$SiO_2 \cdot nH_2O$）首先成多水蛋白石，然后转变为少水的石髓，再进一步转变为次生石英。反应式为：

$$SiO_2 \cdot nH_2O \longrightarrow SiO_2 \cdot nH_2O \longrightarrow SiO_2$$
$$\text{蛋白石} \qquad\qquad \text{石髓} \qquad\qquad \text{石英}$$

这类凝胶自身的晶化是体系的颗粒由混乱排列转向定向排列，并逐渐形成晶体结构的一种自动进行的过程，人们称这种过程为"陈化作用"。胶体矿物陈化后，发生晶化而形成的矿物，称作变胶体矿物。例如，胶体褐铁矿（$Fe_2O_3 \cdot nH_2O$）变成赤铁矿（Fe_2O_3）就经历着凝胶的陈化过程。

3. 凝胶的性质

1）触变作用

在凝胶形成过程中，颗粒间会形成并加固结构网。当在浓溶胶中加入少量电解质时，溶胶的黏度会增加，从而转变为凝胶。然而，如果对凝胶施加震动，它又可以恢复为溶胶状态。当溶胶静置时，它再次转变为凝胶。这种可逆的转变过程被称为触变作用，它体现了凝胶"有结构体系"和"无结构体系"的相互转化。

触变作用在许多工业应用中非常重要，例如在钻井液中，触变作用可以帮助维持钻井液的稳定性，使其在需要时能够流动，而在静止时保持一定的黏度。这种特性对于钻井作业的顺利进行至关重要。

2）膨润（溶胀）

当弹性凝胶和溶剂接触时，便自动吸收溶剂而膨胀，体积增大，这个过程称为膨润或溶胀。膨润分为有限膨润和无限膨润两种情况。有限膨润是指凝胶在吸收一定量的溶剂后，体积增长就停止了，如木材在水中的膨润。无限膨润则是指凝胶能够持续吸收溶剂，直至完全溶解形成溶液，例如牛皮胶在水中的膨润。这种特性对于理解凝胶在不同溶剂中的行为以及在各种应用中的性能至关重要，尤其是其在水处理、食品工业和药物递送系统中的应用。通过控制膨润的程度，可以优化凝胶的性能，以满足特定应用的需求。

3）离浆（脱水收缩）

新制备的凝胶搁置较久后，一部分液体可自动地从凝胶分离出来，而凝胶本身的体积缩小，这种现象称为离浆，又称为脱水收缩。例如，硅酸冻放在密闭容器中，搁置一段时间，冻上就有水珠出现；血块搁置后也有血清分出。离浆本质上是膨润的相反过程，其发生的原因是由于高分子之间继续交联的作用将液体从网状结构中挤出。

4）吸附

一般来说，非弹性凝胶的干胶都具有多孔性的毛细管结构，比表面能较大，有较强的吸附能力。弹性凝胶干燥时高分子链段收缩，形成紧密堆积，它们的比表面积较非弹性凝胶的干胶要小得多，一般比非弹性凝胶的干胶吸附能力差。

 复习思考题

1. 写出下列有机化合物的构造式

（1）2,4—二甲基—3—乙基庚烷； （2）1—甲基—1—丁烯； （3）丙三醇； （4）苯甲醇。

2. 试叙述热力学第一定律的内容及其数学表达式。

3. 什么是表面张力？什么是毛细管现象？

4. 表面活性剂的作用是什么？常用的表面活性剂有哪些？

5. 什么是丁达尔效应？请用丁达尔效应解释下列现象：

（1）在月球上看天空，能否看到晴朗、蓝色的天空以及美丽的朝霞和落日的余晖？

（2）如何解释晴朗的天空呈蓝色以及旭日和夕阳呈红色？

6. 凝胶有哪些主要性质？

第二章　黏土矿物

黏土矿物是黏土的主体矿物，其晶体结构和基本性质对钻井液性能具有非常重要的影响。

第一节　黏土矿物的基本构造

黏土矿物种类繁多，结构也不相同，但都有相同的基本构造单元。基本构造单元组成基本构造单元片，基本构造单元片组成基本结构层，基本结构层组成各种黏土矿物。

一、基本构造单元和基本构造单元片

黏土矿物有硅氧四面体和铝氧八面体两种基本构造单元，这两种基本构造单元组成两种基本构造单元片（又称晶片）。

1. 硅氧四面体和硅氧四面体片

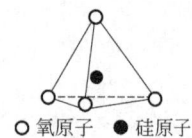

○氧原子 ●硅原子
图2-1　硅氧四面体

硅氧四面体是由 1 个硅原子等距离地配上 4 个氧原子构成，如图 2-1 所示。从图 2-1 可以看到，在硅氧四面体中，有 3 个氧原子位于同一平面上，称为底氧原子，剩下 1 个位于顶端，称为顶氧原子。

硅氧四面体片是由多个硅氧四面体共用底氧原子形成的（图 2-2）。每个硅氧四面体片均有底氧原子面和顶氧原子面。硅氧四面体片可在平面上无限延伸，形成六方网格的连续结构，如图 2-3 所示。

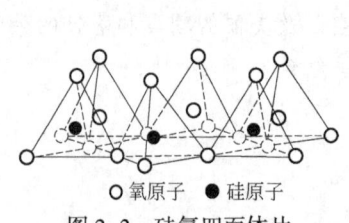

○氧原子 ●硅原子
图2-2　硅氧四面体片

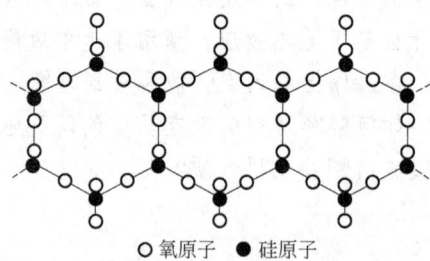

○氧原子 ●硅原子
图2-3　硅氧四面体片的六方网格结构

2. 铝氧八面体和铝氧八面体片

铝氧八面体是由 1 个铝原子与 6 个氧原子（或羟基）配位而成，如图 2-4 所示。与硅氧四面体片一样，铝氧八面体片也是以共用氧原子的形式构成的。铝氧八面体片有两个相互平行的氧原子（或羟基）面，铝氧八面体片中所有氧原子（或羟基）都分布在这两

个平面上，如图 2-5 所示。

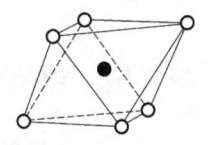

○ 氧原子(或羟基) ● 铝原子
图 2-4　铝氧八面体

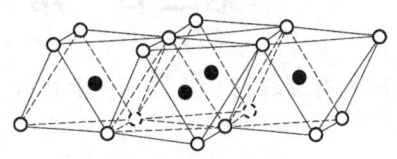

○ 氧原子(或羟基) ● 铝原子
图 2-5　铝氧八面体片

二、基本结构层

黏土矿物的基本结构层（又称单元晶层）是由硅氧四面体片与铝氧八面体片按不同比例结合而成的。常见的主要层状黏土矿物单元晶层结构包括 1∶1 型、2∶1 型和 2∶1∶1 型等几类，见表 2-1。

表 2-1　黏土矿物的晶层结构与分类

单元晶层结构	黏土矿物族	黏土矿物
1∶1	高岭石族	高岭石、地开石、珍珠陶土等
	埃洛族	埃洛石等
2∶1	蒙皂石族	蒙皂石、拜来石、囊脱石、皂石、蛭石等
	水云母族	伊利石、海绿石等
2∶1∶1	绿泥石族	各种绿泥石等
层链状结构	海泡石族	海泡石、凹凸棒石、坡缕缩石等

1. 1∶1 层型基本结构层

这种基本结构层是由 1 个硅氧四面体片与 1 个铝氧八面体片结合而成的，它是层状构造的硅铝酸盐黏土矿物最简单的晶体结构。在 1∶1 层型的基本结构层中，硅氧四面体片的顶氧原子构成铝氧八面体片的一部分，取代了铝氧八面体片的部分羟基。因此，1∶1 层型的基本结构中有 5 层原子面，即 1 层硅原子面、1 层铝原子面和 3 层氧原子（或羟基）面。

2. 2∶1 层型基本结构层

这种基本结构层是由 2 个硅氧四面体片夹着 1 个铝氧八面体片结合而成的。2 个硅氧四面体片的顶氧原子分别取代了铝氧八面体片的两个氧原子（或羟基）面上的部分羟基。因此，2∶1 层型的基本结构中有 7 层原子面，即 1 层铝原子面、2 层硅原子面和 4 层氧原子（或羟基）面。

黏土矿物分别由上述两种基本结构层堆叠而成。当两个基本结构层重复堆叠时，相邻基本结构层之间的空间称为层间域。基本结构层加上层间域称为黏土矿物的单元构造。存在于层间域中的物质称为层间物。若层间物为水，则这种水称为层间水；若层间域中有阳离子，则这些阳离子称为层间阳离子。相邻基本结构层的相对应晶面间的垂直距离称为晶层间距。

第二节　常见黏土矿物

常见黏土矿物有高岭石、蒙脱石、伊利石、绿泥石、坡缕石、海泡石等，其中前三者最为常见。

一、高岭石

高岭石的基本结构层由 1 个硅氧四面体片和 1 个铝氧八面体片结合而成，属于 1∶1 层型黏土矿物。基本结构层沿层面（即直角坐标系的 a 轴和 b 轴）无限延伸，沿层面垂直方向（即直角坐标系的 c 轴）重复堆叠而构成高岭石黏土矿物晶体，其晶层间距约为 0.72nm。如图 2-6 所示。

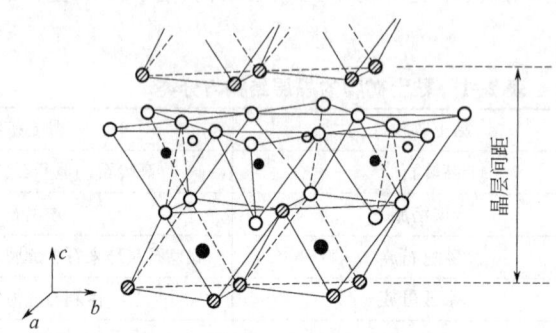

○氧原子或羟基　●铝原子　○●(实心的可见，空心的不可见)硅原子　⊘钾原子

图 2-6　高岭石的晶体结构

在高岭石的结构中，晶层的一面全部由氧原子组成，另一面全部由羟基组成。晶层之间通过氢键和分子间力紧密连接，水不易进入其中。高岭石很少发生晶格取代，所以它的晶体表面只有很少的可交换阳离子。

图 2-7　高岭石

高岭石属于非膨胀型黏土矿物，其主要是长石和其他硅酸盐矿物天然蚀变的产物，是一种含水的铝硅酸盐。高岭石为或致密或疏松的块状，纯高岭石为白色，如果含有杂质便呈米色或被染成其他颜色；高岭石集合体光泽暗淡或呈蜡状，如图 2-7 所示。高岭石具极完全解理，硬度为 2.0~3.5，相对密度为 2.60~2.63。致密块体具粗糙感，干燥时具吸水性，湿态具可塑性，但加水不膨胀。

所谓晶格取代，是指硅氧四面体中的硅原子和铝氧八面体中的铝原子被其他原子（通常为低一价的金属原子）所取代，例如硅原子被铝原子取代、铝原子被镁原子取代等。晶格取代的结果是使晶体的电价产生不平衡。为了平衡电价，需在晶体表面结合一定数量的阳离子。这些只是为了补偿电价而结合的阳离子是可以互相交换的，所以称为可交换阳离子（又称补偿阳离子）。

二、蒙脱石

蒙脱石的基本结构层是由2个硅氧四面体片和1个铝氧八面体片组成的，属于2:1层型黏土矿物。在这个基本结构层中，所有硅氧四面体的顶氧原子均指向铝氧八面体。硅氧四面体片与铝氧八面体片通过共用氧原子联结在一起。基本结构层沿 a 轴和 b 轴方向无限延伸，沿 c 轴方向重复堆叠构成蒙脱石黏土矿物晶体，如图2-8所示。

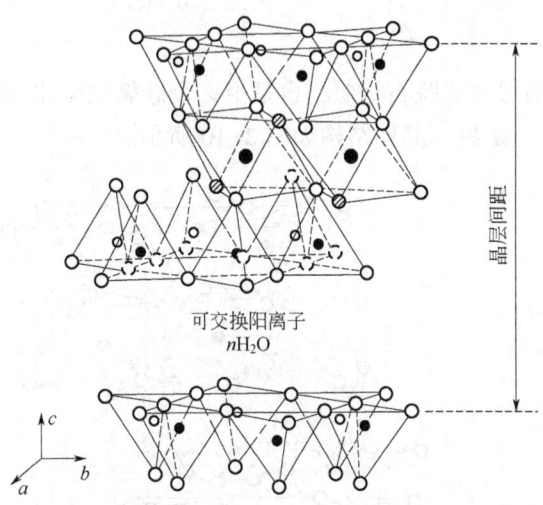

○ 氧原子或羟基　● 铝原子　○● (实心的可见，空心的不可见)硅原子　◍ 钾原子

图 2-8　蒙脱石的晶体结构

在黏土矿物中，蒙脱石属于膨胀型黏土矿物。这一方面是由于在蒙脱石结构中，晶层的两面全部由氧原子组成，晶层间的作用力为分子间力（不存在氢键），联结松散，水易于进入其中；另一方面是由于蒙脱石发生大量晶格取代，在晶体表面结合了大量的可交换阳离子，水进入晶层后，这些可交换阳离子在水中解离，形成扩散双电层，使晶层表面带负电而互相排斥，产生通常看到的黏土膨胀。

由于蒙脱石的上述特性，所以它的晶层间距是可变的，一般在0.96~4.00nm。

蒙脱石的晶格取代主要发生在铝氧八面体片中，由铁原子或镁原子取代铝氧八面体中的铝原子。硅氧四面体中的硅原子很少被取代。晶格取代后，在晶体表面可结合各种可交换阳离子。当可交换阳离子主要为钠离子时，该蒙脱石称为钠蒙脱石；当可交换阳离子主要为钙离子时，该蒙脱石称为钙蒙脱石。

蒙脱石是由颗粒极细的含水铝硅酸盐构成的层状矿物，也称胶岭石、微晶高岭石，如图2-9所示。它是由火山凝结岩等火成岩在碱性环境中蚀变而成的膨润土的主要组成部分。其颗粒细小，约0.2~1μm，具胶体分散特性，通常呈块状或土状集合体产出。在电子显微镜下可见到片状的晶体，颜色呈白灰或浅蓝、浅红色。当温度

图 2-9　蒙脱石

达到100~200℃时，蒙脱石会逐渐失水。失水后的蒙脱石还可以重新吸收水分子或其他极性分子，吸收水分后还可以膨胀并超过原体积的几倍。蒙脱石的用途多种多样，人们将它的特性运用到化学反应中以起到吸附作用和净化作用，可以用作造纸、橡胶、化妆品的填充剂，石油脱色和石油裂化催化剂的原料等，还可用以制作冶金用黏合剂及医药（主要制造蒙脱石散）和地质钻探用泥浆。例如，一级膨润土主要成分为钠蒙脱石（称为钠土），二级膨润土主要成分为钙蒙脱石（称为钙土），它们可用作钻井液的悬浮剂和增黏剂。

三、伊利石

伊利石的基本结构层与蒙脱石相似，也是由2个硅氧四面体片和1个铝氧八面体片组成，属于2：1层型黏土矿物，晶体结构如图2-10所示。

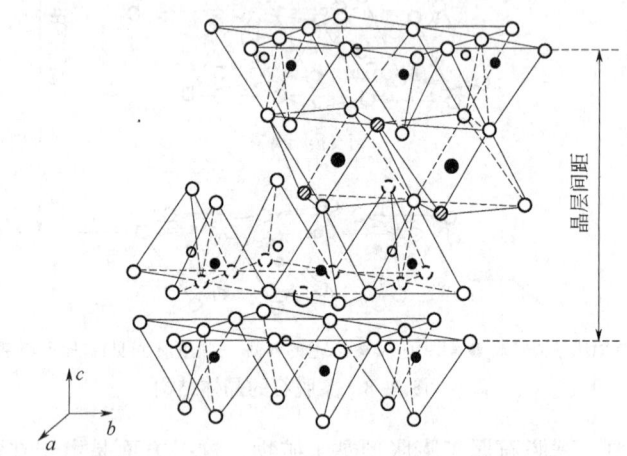

○氧原子或羟基　●铝原子　○●(实心的可见，空心的不可见)硅原子　◐钾原子

图2-10　伊利石的晶体结构

伊利石与蒙脱石在结构上的不同之处在于伊利石的晶格取代主要发生在晶层表面的硅氧四面体片中（约有1/6的硅原子被铝原子取代），而且补偿电价的可交换阳离子主要为钾离子。由于钾离子直径（0.266nm）与硅氧四面体片中的六方网格结构内切圆直径（0.288nm）相近，使其易进入六方网格结构中从而更加接近晶格取代后的铝原子，使得两者之间的静电吸力增大，在静电吸力的作用下，钾离子不易从硅氧四面体片中的六方网格结构释出，所以晶层结合紧密，水不易进入其中，因此伊利石属非膨胀型黏土矿物。伊利石晶层间距比较稳定，一般为1.0nm。

图2-11　伊利石

伊利石是一种常见的黏土矿物，常由白云母、钾长石风化而成，并产于泥质岩中，或由其他矿物蚀变形成。伊利石常是形成其他黏土矿物的中间过渡性矿物。纯的伊利石黏土呈白色，但常因杂质而染成黄色、绿色、褐色等颜色；底面解理完全，如图2-11所示。

伊利石具有富钾、高铝、低铁及光滑、明亮、细腻、耐热等优越的化学性能与物理性能。伊利石可自由释放负离子和远红外线。实验研究证明，在 100~130℃ 条件下，钾离子与氢离子的比率接近正常海水，蒙脱石失去层间水而向伊利石转化。但蒙脱石不能简单地通过离子交换转变成伊利石，这是因为蒙脱石是一种典型的以水合阳离子及水分子作为层间物的 3∶1 型黏土矿物，随着埋深的增加、温度的升高、压力的加大，蒙脱石将有一部分层间水脱出，造成某些层间塌陷，导致晶格的重新排列和碱性阳离子的吸附，首先形成蒙脱石—伊利石混层矿物，进而转变为伊利石。一般认为，蒙脱石向蒙脱石—伊利石混层矿物转化的深度范围应在 1200~3500m。

第三节　黏土矿物的基本性质

一、带电性

黏土矿物表面的带电性是指黏土矿物表面在与水接触情况下的带电符号和带电量。黏土矿物表面的带电性有两个来源：可交换阳离子的解离和表面羟基与 H^+ 或 OH^- 的反应。

1. 可交换阳离子的解离

黏土矿物表面都有一定数量的可交换阳离子。当黏土矿物与水接触时，这些可交换阳离子就从黏土矿物表面解离下来，以扩散的方式排列在黏土矿物表面周围，形成扩散双电层，使黏土矿物表面带负电。因此，黏土矿物表面可交换阳离子的数量越多，表面所带的电量就越多，解离后表面的负电性越强。

黏土矿物表面的带电量可用阳离子交换容量表示。阳离子交换容量是指 1kg 黏土矿物在 pH 值为 7 的条件下能被交换下来的阳离子总量（用一价阳离子物质的量表示），单位为 mmol/kg。不同类型的黏土矿物具有不同的阳离子交换容量。表 2-2 为主要黏土矿物的阳离子交换容量，从表中可以看到，蒙脱石的阳离子交换容量最大，高岭石的阳离子交换容量最小。

表 2-2　黏土矿物的阳离子交换容量

黏土矿物	高岭石	蒙脱石	伊利石	绿泥石	坡缕石	海泡石
阳离子交换容量 mmol/kg	30~150	800~1500	200~400	100~400	100~200	200~450

通常，晶格取代数量越大的黏土矿物，其阳离子交换容量越大。但也有例外，如伊利石晶格取代的数量在黏土矿物中是最多的，但由于其晶格取代的位置处于硅氧四面体片中，离晶层表面较近，加上可交换阳离子为钾离子，不易被其他阳离子交换，导致伊利石的阳离子交换容量小于蒙脱石。

2. 表面羟基与 H^+ 或 OH^- 的反应

黏土矿物存在两类表面羟基：一类是存在于黏土矿物晶层表面上的羟基（图 2-6）；另一类是在黏土矿物边缘断键处产生的表面羟基。其中，第二类表面羟基通过下列过程产生：

$$\diagdown\kern-0.3em\text{Al}\kern-0.2em-\kern-0.2em\text{O}\kern-0.2em-\kern-0.2em\text{Al}\kern-0.2em\diagdown \xrightarrow{\text{断键}} \text{铝氧八面体}$$

$$\diagdown\kern-0.3em\text{Al}\kern-0.2em-\kern-0.2em\text{O}\kern-0.2em-\kern-0.3em + \kern-0.3em\diagdown\kern-0.3em\text{Al}\kern-0.2em-\kern-0.2em \xrightarrow{\text{与水中的 H}^+\text{和 OH}^-\text{结合}} 2\ \diagdown\kern-0.3em\text{Al}\kern-0.2em-\kern-0.2em\text{OH}$$

形成表面羟基

$$-\text{Si}\kern-0.2em-\kern-0.2em\text{O}\kern-0.2em-\kern-0.2em\text{Si}- \xrightarrow{\text{断键}} \text{硅氧四面体}$$

$$-\text{Si}\kern-0.2em-\kern-0.2em\text{O}\kern-0.2em-\kern-0.3em + \kern-0.3em-\text{Si}\kern-0.2em-\kern-0.2em \xrightarrow{\text{与水中的 H}^+\text{和 OH}^-\text{结合}} 2\ -\text{Si}\kern-0.2em-\kern-0.2em\text{OH}$$

形成表面羟基

在酸性或碱性条件下，这些表面羟基可与 H^+ 或 OH^- 反应，使黏土矿物表面带不同符号的电性。其中，在酸性条件下，黏土矿物表面的羟基可与 H^+ 反应，使黏土矿物表面带正电：

$$\diagdown\kern-0.3em\text{Al}\kern-0.2em-\kern-0.2em\text{OH} + H^+ \longrightarrow \diagdown\kern-0.3em\text{Al}\kern-0.2em-\kern-0.2em\text{OH}_2^+$$

$$-\text{Si}\kern-0.2em-\kern-0.2em\text{OH} + H^+ \longrightarrow -\text{Si}\kern-0.2em-\kern-0.2em\text{OH}_2^+$$

在碱性条件下，黏土矿物表面的羟基可与 OH^- 反应，使黏土矿物表面带负电：

$$\diagdown\kern-0.3em\text{Al}\kern-0.2em-\kern-0.2em\text{OH} + OH^- \longrightarrow \diagdown\kern-0.3em\text{Al}\kern-0.2em-\kern-0.2em\text{O}^- + H_2O$$

$$-\text{Si}\kern-0.2em-\kern-0.2em\text{OH} + OH^- \longrightarrow -\text{Si}\kern-0.2em-\kern-0.2em\text{O}^- + H_2O$$

在一定的酸性或碱性条件下，由断键处的表面羟基所产生的带电量与黏土矿物的分散度有关。表 2-3 展示了碱性条件下高岭石的阳离子交换容量与颗粒大小的关系，可以看到，高岭石的分散度越大，其阳离子交换容量就越大。这是由于分散度越大，高岭石边缘的断键越多，由此产生的表面羟基的数量也越多，因此阳离子交换容量就越大。

表 2-3　高岭石的颗粒大小与阳离子交换容量的关系

颗粒大小，μm	0.05~0.1	0.1~0.25	0.25~0.5	0.5~1	2~4	5~10	10~20
阳离子交换容量，mmol/kg	95	54	39	38	36	26	24

上述两种来源的带电性的代数和决定了黏土矿物的最后带电性。一般情况下，黏土矿物表面带负电，其阳离子交换容量在表 2-2 所示的范围内。

二、吸附性

吸附性是指物质在黏土矿物表面浓集的性质。在研究黏土矿物表面吸附性时，将黏土矿物称为吸附剂，而浓集在其上的物质则称为吸附质。吸附质在吸附剂表面的浓集称为吸附。

黏土矿物表面的吸附可分为物理吸附和化学吸附。

1. 物理吸附

物理吸附是指吸附剂与吸附质之间通过分子间力而产生的吸附。由氢键产生的吸附也属于物理吸附。非离子型表面活性剂（如聚氧乙烯烷基醇醚和聚氧乙烯烷基苯酚醚）和非离子型聚合物（如聚乙烯醇和聚丙烯酰胺）在黏土矿物表面的吸附是既通过分子间力，也通过氢键而产生的吸附，所以都属于物理吸附。

2. 化学吸附

化学吸附是指吸附剂与吸附质之间通过化学键而产生的吸附。阳离子型表面活性剂（如十二烷基三甲基氯化铵）和阳离子型聚合物（如聚二烯丙基二甲基氯化铵）都可在水中解离，产生表面活性剂阳离子和聚合物阳离子。这些阳离子均可与带负电的黏土矿物表面形成离子键而吸附在黏土矿物表面，所以它们的吸附属于化学吸附。

三、膨胀性

膨胀性是指黏土矿物与水接触后体积增大的特性。黏土矿物的膨胀性有很大的不同。根据晶体结构，黏土矿物可分为膨胀型黏土矿物和非膨胀型黏土矿物。

蒙脱石属于膨胀型黏土矿物，它的膨胀性是由于其有大量的可交换阳离子，当它与水接触时，水可进入晶层间，使可交换阳离子解离，在晶层表面建立扩散双电层，从而产生负电性。晶层间负电性互相排斥，引起晶层间距加大，使蒙脱石表现出膨胀性。

高岭石、伊利石、绿泥石等的膨胀性差，均属于非膨胀型黏土矿物。其中，高岭石是因为其只有少量的晶格取代，而层间存在氢键；伊利石是因为其晶格取代主要发生在硅氧四面体片中，而且晶层间可交换阳离子为钾离子，共同导致晶层联结紧密；绿泥石是因为其晶层存在氢键，并以水镁石代替可交换阳离子补偿因晶格取代所产生的不平衡电价等。

四、凝聚性

凝聚性是指一定条件下的黏土矿物颗粒（准确地说应为小片）在水中发生联结的性质。这里的一定条件主要是指电解质（如氯化钠、氯化钙等）的一定浓度。由于随着电解质浓度增加，黏土矿物颗粒表面的扩散双电层被压缩，颗粒边及面上的电性减小。当电解质超过一定浓度时，就可引起黏土矿物颗粒发生联结。

联结发生后，黏土矿物的联结体若能互相联结，遍布水的空间，则产生空间结构；若该联结体不能互相联结，则发生下沉。

黏土矿物颗粒有 3 种联结方式：边边联结、边面联结、面面联结，如图 2-12 所示。

地层因素可通过黏土矿物的凝聚性影响钻井液性能，处理剂又可通过黏土矿物的凝聚性调整钻井液的性能。如地层中的 Ca^{2+} 侵入钻井液（称为钙侵）可引起黏土矿物小片边边联结、边面联结，产生空间结构，导致黏度增加。进一步钙侵，又可引起黏土矿物颗粒的面面联结，导致黏度减小。

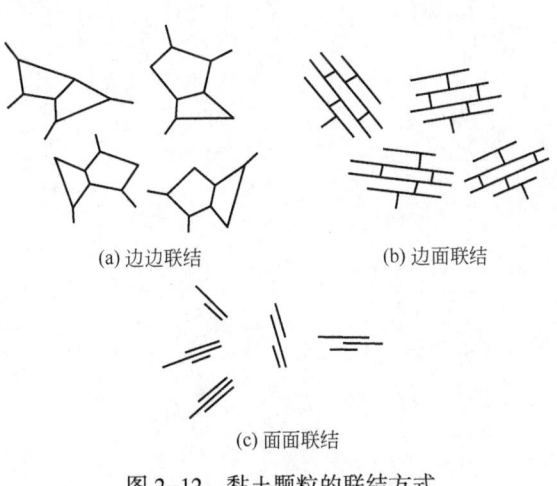

(a)边边联结　　(b)边面联结

(c)面面联结

图 2-12　黏土颗粒的联结方式

降黏剂（又称分散剂）的加入，可通过它的吸附提高黏土矿物表面的负电性并增加水化层的厚度，进而引起黏土矿物小片的重新分散，恢复钻井液的使用性能。

 **复习思考题**

1. 黏土矿物有哪些基本构造？
2. 蒙脱石有什么结构特点和基本特性？
3. 黏土矿物的基本性质有哪些？
4. 黏土矿物的基本结构层是如何构成的？
5. 高岭石的晶层间距是多少？它为什么属于非膨胀型黏土矿物？
6. 伊利石的晶层间距为什么比较稳定？

第三章　钻井液

钻井液是指钻井过程中使用的循环工作流体，它可以是液体、气体或泡沫。因此，钻井液应确切地称为钻井流体。

第一节　钻井液的功能与组成

一、钻井液的功能

钻井液在钻井过程中起着重要作用。图 3-1 展示了钻井过程中液体钻井液的循环过程。从图中可以看到，钻井液池中的钻井液在钻井液泵的作用下经过地面管线、立柱、水龙带进入钻杆，然后通过钻头水眼喷向井底，再携带着钻屑，从钻杆与地层或套管之间的环空上返至地面，在地面经振动筛等固控设备将岩屑除去后，返回钻井液池，循环使用。

钻井液有以下功能：

1. 冲洗井底

钻井液可在钻头水眼处形成高速的液流，喷向井底。高速喷出的钻井液可将由于钻井液压力与地层压力差而被压持在井底的岩屑冲起，起到冲洗井底的作用。

2. 携带岩屑

当钻井液在环空中的上返速度大于岩屑的沉降速度时，钻井液可将井中的岩屑带出，即在一定的上返速度下，钻井液有携带岩屑（简称携岩）的作用。

3. 平衡地层压力

钻井液的液柱压力必须与地层压

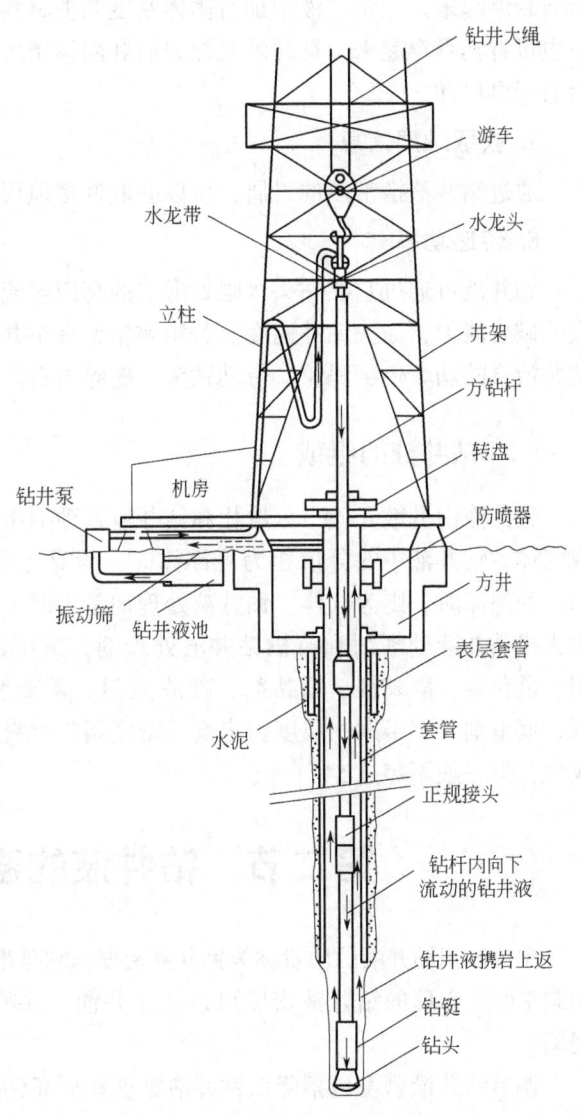

图 3-1　液体钻井液的循环过程

力相平衡才能达到防止井涌、井喷或钻井液大量漏失进地层的目的。可通过调整钻井液密度来控制钻井液的液柱压力，使其与地层压力相平衡。

4. 冷却与润滑钻头

钻井液可将钻井过程中钻具（钻头和钻柱）与地层摩擦产生的热带至地面，起冷却作用。同时，钻井液能有效降低钻具与地层的摩擦，起润滑作用。

5. 稳定井壁

在钻井液中加入处理剂，可使钻井液具有抑制页岩膨胀和分散的能力，同时产生薄而韧的滤饼，稳定井壁。此外，适当密度的钻井液在井眼内产生的液柱压力可对井壁提供有效的力学支撑，起稳定井壁的作用。

6. 悬浮岩屑和固体密度调整材料

当停止循环时，钻井液处于静止状态，其中的膨润土颗粒可互相联结，形成结构，将岩屑悬浮起来。若钻井液中加有固体密度调整材料（如重晶石），则在停止循环时，钻井液也可将其悬浮起来。钻井液悬浮岩屑和固体密度调整材料的能力，可使钻井液停止循环后易于再启动。

7. 获取地层信息

通过钻井液携带出的岩屑，可以获取许多地层信息，如油气显示、地层物性等。

8. 传递功率

钻井液可通过它在钻头水眼处形成的高压射流，将钻井液泵的功率传至井底，提高钻头的破岩能力，加快钻井速度。若用涡轮钻具钻井，钻井液还可在高速流经涡轮叶片时将钻井液泵的功率传给涡轮，带动钻头，破碎岩石。

二、钻井液的组成

钻井液由分散介质、分散相和钻井液处理剂组成。钻井液中的分散介质可以是水、油或气体。钻井液中的分散相为悬浮体时，为黏土和密度调整材料；为乳状液时，为油或水；为泡沫时，则为气体。钻井液处理剂是为调节钻井液性能而加入的，按元素组成可分为无机钻井液处理剂和有机钻井液处理剂；按用途可分为 pH 值控制剂、除钙剂、起泡剂、乳化剂、降黏剂、增黏剂、降滤失剂、絮凝剂、页岩抑制剂（又称防塌剂）、缓蚀剂、润滑剂、解卡剂、温度稳定剂、密度调整材料和堵漏材料等，其中，最后两类的用量较大，但一般不超过 5%。

第二节　钻井液的密度及其调整

单位体积钻井液的质量称为钻井液密度。它是根据平衡地层压力和地层构造应力的需要而调整的。合理的钻井液密度可以防止井涌、井喷或钻井液严重漏失，也可以控制井壁坍塌。

调整钻井液密度包括降低钻井液密度和提高钻井液密度。

降低钻井液密度的方法有以下几种：（1）用机械和化学絮凝的方法清除固相，降低钻井液的固相含量；（2）加水稀释，但有时会增加处理剂的用量和费用；（3）混油，但会使钻井液成本增加，且影响地质录井；（4）钻低压油层时可选用充气钻井液等。

可用加入高密度材料的方法提高钻井液密度。高密度的材料有两类，第一类是高密度的不溶性矿物或矿石（表3-1）的粉末，这些粉末可悬浮在黏土矿物颗粒形成的空间结构中提高钻井液密度。由于重晶石来源广、成本低，是目前使用最多的高密度材料。

表 3-1　高密度的不溶性矿物或矿石

名称	主要成分	密度，g/cm^3
石灰石	$CaCO_3$	2.7~2.9
重晶石	$BaSO_4$	4.2~4.6
菱铁矿	$FeCO_3$	3.6~4.0
钛铁矿	$TiO_2 \cdot Fe_3O_4$	4.7~5.0
磁铁矿	Fe_3O_4	4.9~5.2
黄铁矿	FeS_2	4.9~5.2

第二类高密度材料是高密度的水溶性盐（表3-2），这些盐可溶于钻井液来提高钻井液密度。

表 3-2　高密度的水溶性盐

水溶性盐	盐的密度，g/cm^3	饱和水溶液密度，g/cm^3
KCl	1.398	1.16（20℃）
NaCl	2.17	1.20（20℃）
$CaCl_2$	2.15	1.40（60℃）
$CaBr_2$	2.29	1.80（10℃）
$ZnBr_2$	4.22	2.30（40℃）

在使用水溶性盐提高钻井液密度时要加入缓蚀剂，防止盐对钻具的腐蚀，同时要注意盐从钻井液中的析出温度。

第三节　钻井液的酸碱性及其控制

通常用钻井液滤液的 pH 值来表示钻井液的酸碱性。钻井液的酸碱性与钻井液中黏土的分散程度、Ca^{2+} 浓度、Mg^{2+} 浓度和钻井液处理剂的存在状态、钻井液的流变性以及钻井液对钻具的腐蚀密切相关。在实际应用中要求大多数钻井液的 pH 值在 8~10，此时钻井液中的黏土具有适当的分散性，钻井液处理剂有足够的溶解性，对 Ca^{2+}、Mg^{2+} 在钻井液中的浓度有一定的抑制性，钻井液对钻具的腐蚀性较低，使一些有机处理剂能充分发挥其效能。

对不同类型的钻井液，所要求的 pH 值范围也有所不同。例如，一般要求分散型钻井液的 pH 值超过10，石灰处理钻井液的 pH 值多控制在11~12，石膏处理钻井液的 pH 值多控制在9.5~10.5，而许多情况下不分散聚合物钻井液的 pH 值只要求控制在7.5~8.5。除 pH 值外，在实际应用中还可用碱度表示钻井液的酸碱性。碱度是指用浓度为 0.01mol/L

的标准硫酸中和 1mL 样品至酸碱中和指示剂变色时所需的体积（单位用 mL 表示）。被测定碱度的样品，应为钻井液的滤液，以防止硫酸与钻井液中某些成分发生非中和反应而产生影响。钻井液中的碱性主要来源于 OH^-、CO_3^{2-} 和 HCO_3^-。当用标准浓度硫酸滴定样品时，这些离子随 pH 值降低而先后参与反应，当 pH 值达到 8.3 时，酚酞由红色变为无色，OH^- 和 CO_3^{2-} 基本反应完全：

$$OH^- + H^+ \!\!=\!\!=\!\! H_2O$$

$$CO_3^{2-} + H^+ \!\!=\!\!=\!\! HCO_3^-$$

当 pH 值达到 4.3 时，甲基橙由黄色转变为橙红色，HCO_3^- 也基本反应完全：

$$HCO_3^- + H^+ \!\!=\!\!=\!\! CO_2 \uparrow + H_2O$$

在酸碱中和指示剂中，由于酚酞在 pH 值 8.3 附近变色，而甲基橙则在 pH 值 4.3 附近变色，因此测定碱度用的酸碱中和指示剂可选用酚酞和甲基橙。用酚酞做酸碱中和指示剂测得的碱度称为酚酞碱度（记为 P_f），用甲基橙做酸碱中和指示剂测得的碱度称为甲基橙碱度（记为 M_f）。根据酚酞碱度与甲基橙碱度的关系，可判别钻井液的碱性来源，即当 $P_f = 0$ 时，表示钻井液的碱性来源于 HCO_3^-；当 $P_f = M_f$ 时，表示钻井液的碱性来源于 OH^-；当 $P_f = 1/2 M_f$ 时，表示钻井液的碱性来源于 CO_3^{2-}。钻井液的碱度最好保持在 1.3～1.5mL 范围，而 M_f/P_f 控制在 3 以内。

钻井液的酸碱性可用 pH 值控制剂（又称碱度控制剂）控制。由于钻井液通常使用在弱碱性范围，所以钻井液使用的 pH 值控制剂均为碱性化学剂。常用 pH 值控制剂包括以下几种：

一、氢氧化钠

氢氧化钠有很强的 pH 值控制能力，且其解离产生的 Na^+ 可使钻井液中的钙土转变为钠土，有利于提高钻井液的稳定性。但氢氧化钠也可使井壁的页岩膨胀、分散，因而不利于井壁稳定。

$$NaOH \!\!=\!\!=\!\! Na^+ + OH^-$$

二、氢氧化钾

氢氧化钾控制 pH 值的能力与氢氧化钠相同。与氢氧化钠不同的是，氢氧化钾解离产生的 K^+ 对井壁页岩有抑制膨胀、分散的作用，有利于提高井壁的稳定性。

$$KOH \!\!=\!\!=\!\! K^+ + OH^-$$

三、碳酸钠

碳酸钠是通过在水中电离和碳酸根的水解，间接产生 OH^- 来调整钻井液 pH 值的：

$$Na_2CO_3 \!\!=\!\!=\!\! 2Na^+ + CO_3^{2-}$$

$$CO_3^{2-} + H_2O \!\!=\!\!=\!\! HCO_3^- + OH^-$$

$$HCO_3^- + H_2O \!\!=\!\!=\!\! H_2CO_3 + OH^-$$

碳酸钠在控制钻井液 pH 值的同时，还可起降低钻井液中 Ca^{2+}、Mg^{2+} 浓度的作用：

$$Ca^{2+}+CO_3^{2-}\xlongequal{\quad}CaCO_3\downarrow$$

$$Mg^{2+}+CO_3^{2-}\xlongequal{\quad}MgCO_3\downarrow$$

因此，碳酸钠不仅用作钻井液的除钙剂或除镁剂，对钻井液中的钙土和井壁的页岩来说，碳酸钠与氢氧化钠具有同样的作用，产生相同的影响。

四、碳酸氢钠

碳酸氢钠是通过在水中解离和碳酸氢根的水解，间接产生 OH^- 来调整钻井液 pH 值的：

$$NaHCO_3\xlongequal{\quad}Na^++HCO_3^-$$

$$HCO_3^-+H_2O\xlongequal{\quad}H_2CO_3+OH^-$$

碳酸氢钠控制钻井液酸碱性的作用与碳酸钠类似。由于碳酸氢钠为酸式盐，它可将钻井液的 pH 值控制到更低的数值（可达 8.3），因此它比碳酸钠更有利于控制钙侵：

$$Ca^{2+}+OH^-+NaHCO_3\xlongequal{\quad}CaCO_3\downarrow+Na^++H_2O$$

第四节 钻井液的滤失性、流变性、润滑性及其控制

一、钻井液的滤失性

在一定温度和一定压差下，钻井液可滤失进地层。钻井液的滤失必然在其渗滤面上形成滤饼。

钻井液滤失性是指钻井液是否易于滤失进地层的性质。它可用钻井液滤失量来衡量。钻井液滤失量是指钻井液在一定温度、一定压差和一定时间内通过一定面积的渗滤面所得的滤液体积（单位用 mL 表示）。

通常，滤失量少的钻井液可在渗滤面上形成薄而韧、结构致密、耐冲刷和低摩阻系数的优质滤饼。

钻井液的滤失量可按不同的标准分类。若按测定过程中钻井液是否流动，可将其分为静滤失量和动滤失量；若按测试温度和压差的不同，可分为常规滤失量（即在温度为 24℃±3℃，压差为 0.69MPa，渗滤面积为 45.8cm^2，时间为 30min 下测得的滤失量）和高温高压滤失量（即在温度为 150℃±3℃，压差为 3.45MPa，渗滤面积为 45.8cm^2，时间为 30min 下测得的滤失量）。图 3-2 为钻井液常规滤失量测试仪的示意图。用该仪器可测出常规条件下钻井液的静滤失量及所形成的滤饼厚度。

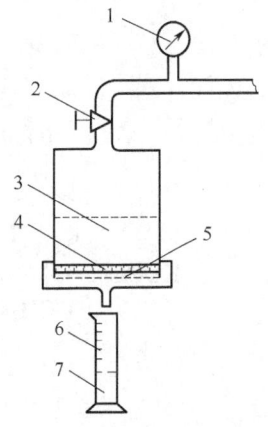

图 3-2 常规滤失量测试仪示意图
1—压力表；2—通气阀；3—钻井液；4—滤饼；
5—滤纸；6—量筒；7—钻井液滤液

二、钻井液滤失性的控制

钻井液的滤失性对于油层保护、井壁稳定和

高渗透层渗滤面上厚滤饼的形成具有重要影响。

可用钻井液降滤失剂控制钻井液的滤失量。钻井液降滤失剂是指能降低钻井液滤失量的化学剂。

1. 钻井液降滤失剂分类

钻井液降滤失剂有下列几类：

1）改性褐煤（又称改性腐殖酸）

褐煤是煤的一类，其中含 20%~80% 的腐殖酸。腐殖酸不是单一化合物，而是分子大小不同和结构组成不同的化合物的混合物。这些化合物都有一个含芳香环的骨架，该骨架中的芳香环可由亚烷基、羰基、醚基或亚氨基连接起来。芳香环周围有许多羧基、羟基，有时还有甲氧基。下面是一个说明腐殖酸分子结构的假想式：

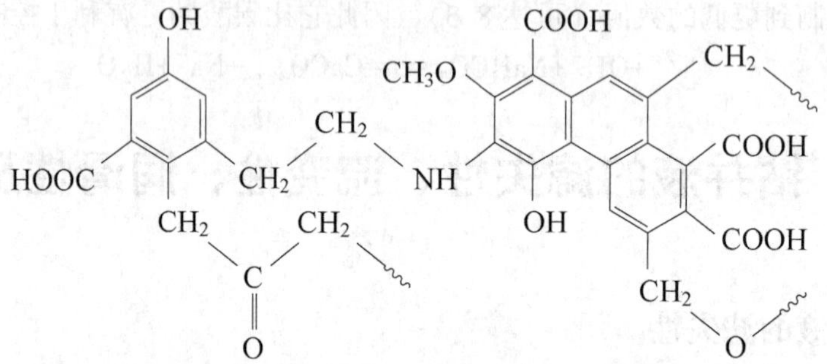

腐殖酸的分子量在 $10^2 \sim 10^5$，难溶于水，但可与碱反应，生成水溶性的腐殖酸盐，也可通过硝化、磺甲基化提高其水溶性。因此，下列改性褐煤可用作钻井液降滤失剂：

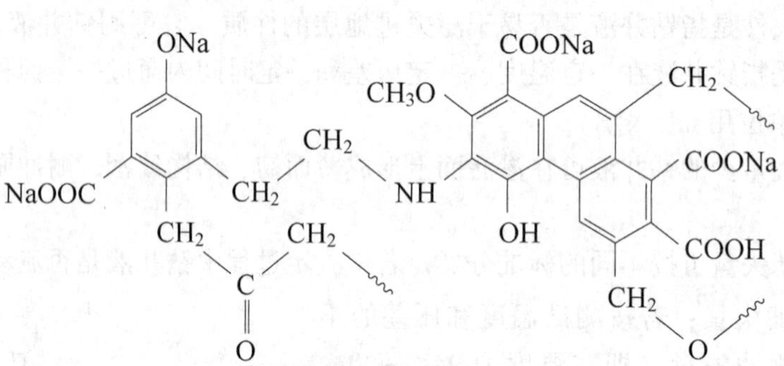

腐殖酸钠，煤碱剂，Na–Hm

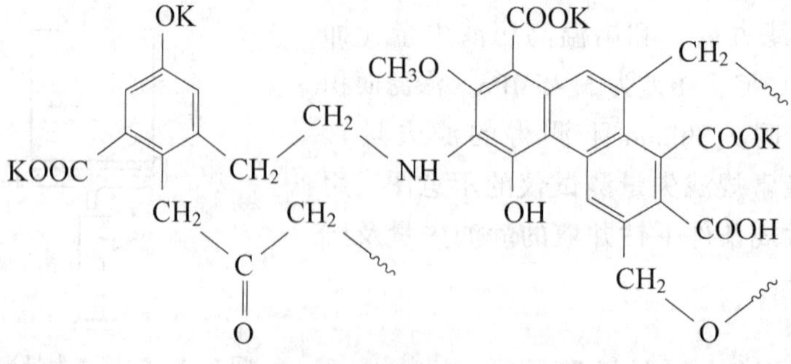

腐殖酸钾，K–Hm

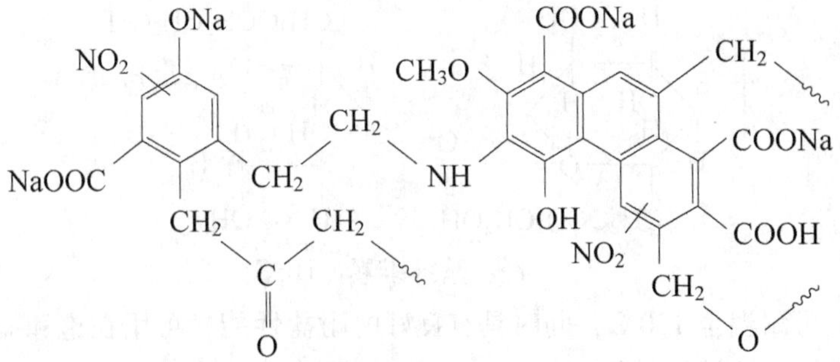

硝基腐殖酸钠，Na–NHm

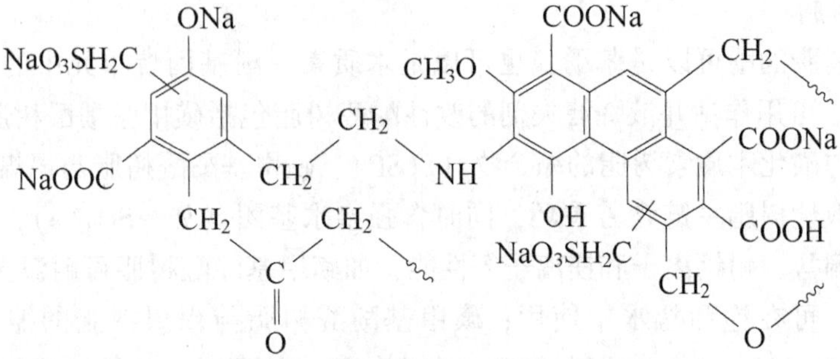

磺甲基腐殖酸钠，Na–SMHm

上述的改性褐煤（改性腐殖酸）各有特点，其中，腐殖酸钠耐温（达 180℃），但不耐盐；腐殖酸钾耐温、不耐盐，但具有抑制页岩膨胀、分散的作用；硝基腐殖酸钠和磺甲基腐殖酸钠耐温（达 200℃）、耐盐（达 30mg/L），并耐钙、镁离子（达 500mg/L）。

2）改性淀粉

淀粉是一种天然高分子，由直链淀粉和支链淀粉组成。其中，支链淀粉是一种可溶性淀粉，直链淀粉是一种不溶性淀粉。在玉米、马铃薯等的淀粉中，直链淀粉含量为 20% ~ 30%，支链淀粉含量为 70% ~ 80%。为使淀粉能用作钻井液降滤失剂，可对淀粉进行碱化、羧甲基化、羟乙基化、季铵化等化学改性，在淀粉中引入亲水性基团，改性淀粉可耐温至 120℃。由于改性淀粉的分子链具有刚性，所以其有良好的耐盐性能，可用在饱和盐水中。改性淀粉的主要缺点是生物稳定性差。

3）改性纤维素

纤维素也是一种天然高分子。由于其分子链上的羟基可在分子内和分子间形成氢键而产生结晶，所以不溶于水。可以对纤维素进行羧甲基化、羟乙基化等化学改性，在纤维素中引入亲水性基团，使其能溶于水。

下面的改性纤维素可用作钻井液降滤失剂：

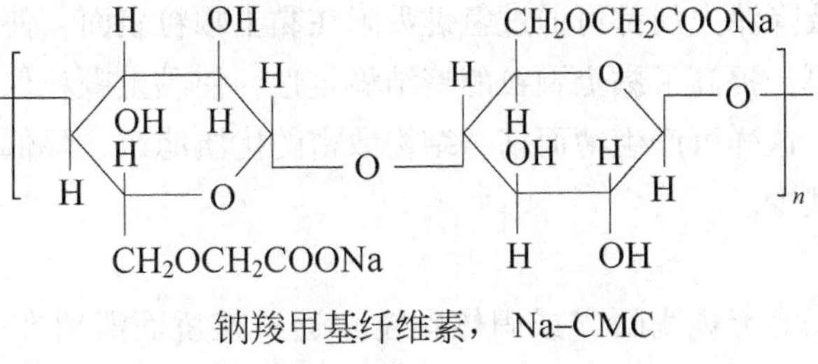

钠羧甲基纤维素，Na–CMC

羟乙基纤维素，HEC

改性纤维素可耐温至130℃，同时具有良好的耐盐性能，可用在饱和盐水中。改性纤维素的生物稳定性比改性淀粉好。

4）改性树脂

合成酚醛树脂的酚可以是苯酚，也可以是木质素中酚基丙烷单元中的酚和褐煤（腐殖酸）中的酚。可用作钻井液降滤失剂的改性酚醛树脂包括磺甲基酚醛树脂（SMP）、磺甲基酚醛树脂与磺化木质素树脂的缩合物（SLSP）、磺甲基酚醛树脂与褐煤树脂的缩合物等。由于上述改性树脂主链含芳香环，同时含强亲水基团（如—SO_3Na），所以它们具有良好的耐温、耐盐、耐钙离子和镁离子等性能，如磺甲基酚醛树脂可耐温至200℃，耐钙至2×10^3mg/L，可在饱和盐水中使用；磺甲基酚醛树脂与褐煤树脂的缩合物可耐温至180℃，耐钙至2×10^3mg/L，也可在饱和盐水中使用。使用时，改性酚醛树脂存在起泡沫问题，可用消泡剂（如戊醇、聚二甲基硅氧烷等）消泡。

5）烯类单体聚合物

烯类单体主要包括丙烯腈、丙烯酰胺、丙烯酸、（2-丙烯酰胺基-2-甲基）丙基磺酸钠和N-乙烯吡咯酮等。它们可通过共聚合成二元共聚物或三元共聚物。这些共聚物可通过水解和（或）化学改性提高其水溶性。

在这些烯类单体共聚物中，不同单体引入的不同链节可使共聚物具有不同的性能。共聚物中的丙烯腈、（2-丙烯酰胺基-2-甲基）丙基磺酸钠、N-乙烯吡咯烷酮链节，可使共聚物具有耐温、耐盐的性能；丙烯酰胺链节使共聚物具有好的吸附性能；丙烯酸钠链节使共聚物具有好的水溶性能，但会降低共聚物的耐钙能力。

2. 钻井液降滤失剂作用机理

上述5类钻井液降滤失剂主要通过下列机理起到降低钻井液滤失量的作用：

1）增黏机理

上述5类钻井液降滤失剂都是水溶性高分子，它们溶在钻井液中可提高钻井液的黏度。钻井液黏度的提高可降低钻井液的滤失量。

2）吸附机理

上述5类钻井液降滤失剂都可通过氢键吸附在黏土颗粒表面，使黏土颗粒表面的负电性增加和水化层加厚，提高了黏土颗粒的聚结稳定性，使黏土颗粒保持较小的粒度并以合理的粒度大小分布，这样可产生薄而韧、结构致密的优质滤饼，降低滤饼的渗透率，进而使钻井液的滤失量减少。

3）捕集机理

捕集是指高分子的无规线团（或固体颗粒）通过架桥而滞留在孔隙中的现象。若高分子的无规线团（或固体颗粒）的直径为d_c，孔隙的直径为d_p，则捕集产生的条件为

$$d_c = (1/3 \sim 1)d_p \tag{3-1}$$

上述 5 类钻井液降滤失剂都是高分子，它们由许多不同分子量的物质组成。这些物质在水中蜷曲成大小不同的无规线团。当这些无规线团的直径符合在滤饼孔隙中捕集的条件时，就被滞留在滤饼的孔隙中，降低滤饼的渗透率，减少钻井液的滤失量。

4）物理堵塞机理

对于 d_c 大于 d_p 的高分子无规线团（或固体颗粒），虽然它们不能进入滤饼的孔隙，但可通过封堵滤饼孔隙的入口而起到减少钻井液滤失量的作用。这种降低钻井液滤失量的机理与捕集机理不同，称为物理堵塞机理。

三、钻井液的流变性

钻井液的流变性是指钻井液流动和变形的性质，这些性质主要通过剪切应力和剪切速率之间的关系进行表征。钻井液的流变性与钻井液对井底的冲洗能力、对钻屑的携带和悬浮能力、对功率的传递能力以及井壁稳定等直接相关。下面介绍几个基本概念。

1. 流态

流体的流态可分为层流和紊流两种类型。其中，层流是指流体质点呈层状流动，流动的每一层（流动层）的流速不等，但都与流动方向平行。紊流是指流体质点完全呈不规则流动，在整个流体体积内充满小漩涡，质点的宏观速度基本相同。

对于钻井液，由于其中的分散相存在结构，所以它从静止到层流之间还存在一种塞流流态。塞流是指流体的流动像塞状物一样移动，各质点流速相等。各种流态之间都存在过渡流态，称为过渡流。因此，钻井液应有图 3-3 所示的各种流态。

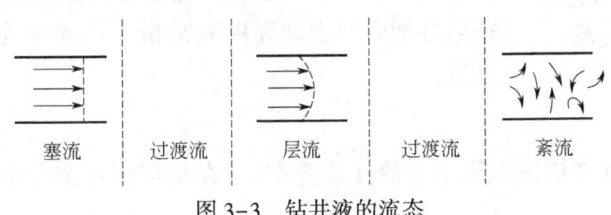

图 3-3　钻井液的流态

2. 剪切应力

当流体的流态为层流时，相邻流动层的流速是不等的，因此它们之间存在内摩擦力，或称剪切力。若将剪切力除以相邻流动层的接触面积，即为剪切应力，它可用下面的定义式表达：

$$\tau = F/A \tag{3-2}$$

式中　τ——剪切应力，Pa 或 N/m^2；

F——剪切力，N；

A——相邻流动层的接触面积，m^2。

3. 剪切速率

当流体的流态为层流时，相邻流动层之间的速度差除以它们之间的垂直距离称为剪切速率，可用下面的定义式表达：

$$\gamma = \mathrm{d}v/\mathrm{d}z \tag{3-3}$$

式中　γ——剪切速率，s^{-1}；

　　　$\mathrm{d}v$——相邻流动层之间的速度差，m/s；

　　　$\mathrm{d}z$——相邻流动层之间的垂直距离，m。

在钻井液循环过程的不同位置有不同的剪切速率：沉砂池为 $10 \sim 20 s^{-1}$；环形空间为 $15 \sim 1.5 \times 10^2 s^{-1}$；钻杆内为 $10^2 \sim 10^3 s^{-1}$；钻头水眼为 $10^4 \sim 10^5 s^{-1}$。

4. 牛顿黏度与表观黏度

牛顿内摩擦定律为

$$\tau = \mu\gamma \tag{3-4}$$

或

$$\mu = \tau/\gamma \tag{3-5}$$

式中　μ——牛顿黏度，$Pa \cdot s$。

符合牛顿内摩擦定律的流体称为牛顿流体。图 3-4 所示为牛顿流体的剪切应力 τ 与剪切速率 γ 之间的关系，可以看到，牛顿流体的剪切应力与剪切速率之间的关系线为一过原点的直线，即剪切应力与剪切速率成正比。牛顿黏度在不同剪切速率下是常数。

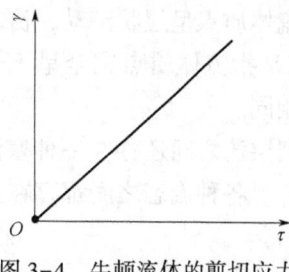

图 3-4　牛顿流体的剪切应力
与剪切速率的关系

不符合牛顿内摩擦定律的流体称为非牛顿流体。非牛顿流体的黏度随剪切速率而变化。钻井液属非牛顿流体。若非牛顿流体的黏度仍按式(3-5) 定义，则由该定义式得到的非牛顿流体的黏度称为表观黏度，即对非牛顿流体，有

$$\mu_{Av} = \tau/\gamma \tag{3-6}$$

式中　μ_{Av}——表观黏度，$Pa \cdot s$。

由于钻井液的表观黏度随剪切速率变化，所以在评价钻井液性能时，表观黏度通常指剪切速率为 $1022 s^{-1}$ 时的表观黏度。

5. 触变性

一些非牛顿流体在机械作用下变稀（或变稠），在机械作用消除后则变稠（或变稀）的性质称为触变性。

钻井液具有触变性。钻井液的触变性是用旋转黏度计测定的。测定时，先将钻井液放在旋转黏度计中在 $600 r/min$（相当于剪切速率为 $1022 s^{-1}$）下搅拌 $10s$，然后分别测定钻井液静置 $10s$ 和 $10min$ 时在 $3r/min$（相当于剪切速率为 $5.11 s^{-1}$）下的剪切应力。这两个剪切应力之差可用于表征钻井液的触变性。

四、钻井液的流变模式

钻井液的流变性是以钻井液的剪切应力与剪切速率之间的关系进行表征的。剪切应力与剪切速率之间的关系曲线称为流变曲线，表示流变曲线的数学式称为流变模式，流变模式中的常数称为流变参数。

下列的流变模式可适用于钻井液：

1. Bingham 模式

图 3-5 所示的流变曲线（直线）可用下面的 Bingham 模式表示：

$$\tau = \tau_d + \mu_{PV}\gamma \tag{3-7}$$

式中 τ_d——直线在 τ 轴的截距；

μ_{PV}——直线斜率的倒数；

τ——剪切应力。

符合 Bingham 模式的流体称为 Bingham 流体（又称塑性流体）。Bingham 流体的特点是流体所受的剪切应力必须超过一定数值时才开始流动。这一能够使流体流动的最低剪切应力（即直线在 τ 轴的截距 τ_d）称为屈服值。Bingham 流体流变曲线（直线）斜率的倒数称为塑性黏度（μ_{PV}），它反映 Bingham 流体在流动状态下内摩擦的大小。

将式（3-7）代入式（3-6），可得

$$\mu_{AV} = \mu_{PV} + \frac{\tau_d}{\gamma} \tag{3-8}$$

从式（3-8）可以看到，Bingham 流体的表观黏度是由塑性黏度和 τ_d/γ 两部分组成的。由于 τ_d/γ 取决于 Bingham 流体中结构的强弱，所以被称为结构黏度。

用膨润土配制的钻井液的流变性一般符合 Bingham 模式。

图 3-6 展示了该类钻井液的流变曲线。

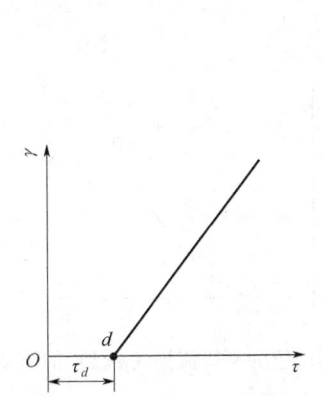

图 3-5 Bingham 流体的流变曲线

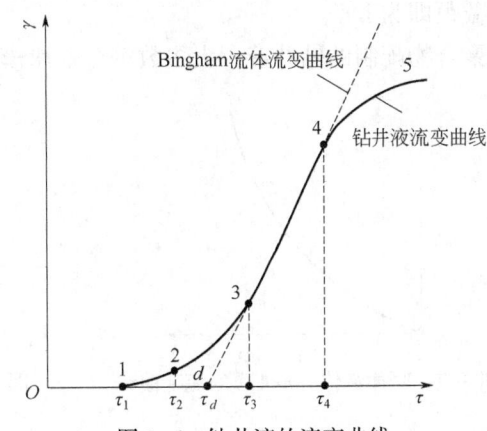

图 3-6 钻井液的流变曲线

从图 3-6 可以看到，这类钻井液的流变曲线（$O \to 1 \to 2 \to 3 \to 4 \to 5$）可将流动过程分成 5 个阶段：

（1）静止阶段（$O \to 1$）：当所受的剪切应力小于 τ_1 时，钻井液不发生流动。

（2）塞流阶段（$1 \to 2$）：当所受的剪切应力大于 τ_1 时，只有接近管壁的钻井液结构破坏，产生塞流流动。

（3）塞流—层流过渡阶段（$2 \to 3$）：当所受的剪切应力继续增大（$\tau_2 \to \tau_3$）时，钻井液内部结构逐渐破坏，流动由塞流向层流过渡。

（4）层流阶段（$3 \to 4$）：当所受的剪切应力大于 τ_3 后，钻井液内部的结构破坏与结构恢复处于平衡状态，钻井液呈层流流动。

（5）紊流阶段（$4 \to 5$）：当所受的剪切应力大于 τ_4 时，钻井液开始进入紊流状态，此后已不能再用 Bingham 模式对钻井液的流变性进行描述。

图 3-6 表明，钻井液的流变性只有在层流阶段（$3 \to 4$）才符合 Bingham 流体的流变模式。

图 3-6 中的 τ_1 为从静止到流动的最小剪切应力，称为静切力（用 τ_g 表示），它反映钻井液在静止状态下结构的强弱。相应地，将钻井液流变曲线的直线段（3→4）的延长线与 τ 轴的交点 d 的剪切应力称为动切力（用 τ_d 表示），它反映钻井液在流动状态下结构的强弱。

2. 幂律模式

图 3-7 所示的流变曲线可用下面的幂律模式表示：

$$x = Ky \quad (n<1) \tag{3-9}$$

式中　K——稠度系数；

　　　n——流性指数。

符合幂律模式的流体称为幂律流体。流性指数小于 1 的幂律流体称为假塑性流体。幂律流体的特点是流体一接触到剪切应力就开始流动，所以流变曲线为一过坐标原点的曲线。

幂律模式中的流性指数与流体的结构强弱有关，结构越强，流性指数越小。稠度系数则与流体的内摩擦有关，流体相邻流动层间的内摩擦力越大，稠度系数越大。

将式(3-9)两边取对数，可得

$$\lg\tau = \lg K + n\lg\gamma \tag{3-10}$$

从式(3-10)可以看到，将 $\lg\tau$ 对 $\lg\gamma$ 作图，可得直线。直线的斜率即为流性指数，直线的截距即为 $\lg K$。

用聚合物配制的钻井液，大多数符合幂律模式。

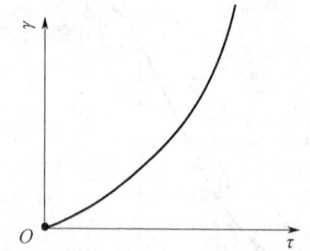
图 3-7　幂律流体（$n<1$）的流变曲线

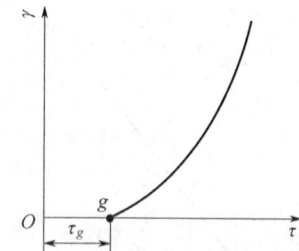
图 3-8　有屈服值的幂律流体（$n<1$）的流变曲线

图 3-8 为有屈服值的幂律流体（$n<1$）的流变曲线。该流变曲线可用下面的修正幂律模式表示：

$$\tau = \tau_g + K\gamma^n \tag{3-11}$$

式中　τ_g——屈服值（又称静切力），N；

　　　τ——剪切应力，N；

　　　K——稠度系数（幂律系数），Pa·s；

　　　n——流性指数（幂律指数）；

　　　γ——剪切速率，s^{-1}。

3. Casson 模式

图 3-9 所示的流变曲线可用 Casson 模式表示：

$$\tau^{1/2} = \tau_c + \mu_\infty^{1/2}\gamma^{1/2} \tag{3-12}$$

若用 $\gamma^{1/2}$ 除式(3-12)的两边，可得

$$\mu_{AV}^{1/2} = \mu_\infty^{1/2} + \tau_c^{1/2}\gamma^{-1/2} \tag{3-13}$$

式中　τ_c——Casson 屈服值，N；

　　　μ_∞——极限剪切黏度；

　　　μ_{AV}——表观黏度，mPa·s。

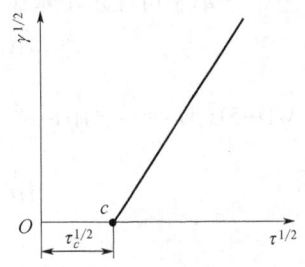

图 3-9　Casson 流体的流变曲线

符合 Casson 模式的流体称为 Casson 流体。Casson 模式中的 Casson 屈服值反映流体结构的强弱，极限剪切黏度则反映流体在高剪切速率下内摩擦的大小。Casson 屈服值和极限剪切黏度可用图解法求得。

Casson 模式比 Bingham 模式和幂律模式适用的剪切速率范围更宽。

五、钻井液流变性的调整

钻井液流变性的调整主要是调整钻井液的黏度（指表观黏度）和切力（指静切力和动切力）。

在钻井过程中，钻井液黏度和切力过大或过小都会产生不利的影响。钻井液黏度和切力过大会使钻井液流动阻力过大、能耗过高，严重影响钻速，此外还会引起钻头泥包、卡钻、钻屑在地面不易除去和钻井液脱气困难等问题。钻井液黏度和切力过小，则会影响钻井液携岩和井壁稳定。

可用调整钻井液中固相含量的方法调整钻井液的黏度和切力。虽然这通常是优先考虑使用的方法，但其使用有一定的限度，因为固相含量的变化还会影响钻井液的其他性能。

在调整固相含量的基础上，还可以使用流变性调整剂调整钻井液的黏度和切力。

流变性调整剂有降黏剂和增黏剂两类。

1. 降黏剂

降黏剂是指能降低钻井液黏度和切力的流变性调整剂。

按化学组成，降黏剂还可进一步分为：

1）改性单宁

单宁主要用五倍子单宁（WD），它由 5 个双五倍子酸与葡萄糖酯化而成，结构式如图 3-10 所示。

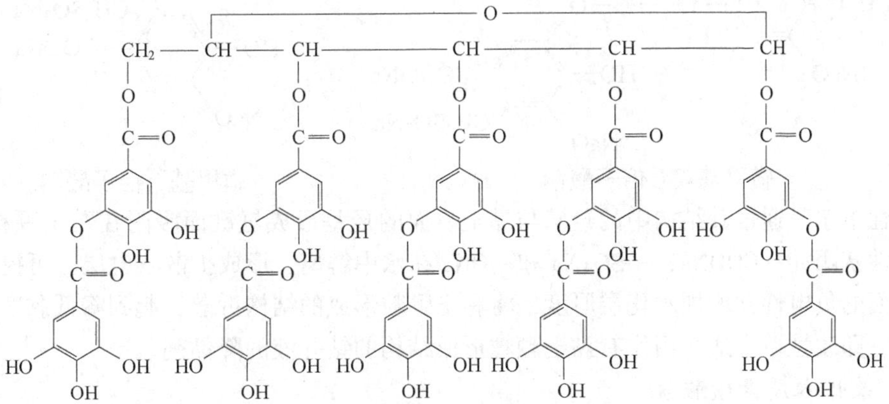

图 3-10　五倍子单宁（WD）的结构式

五倍子单宁可在水中水解生成双五倍子酸和葡萄糖：

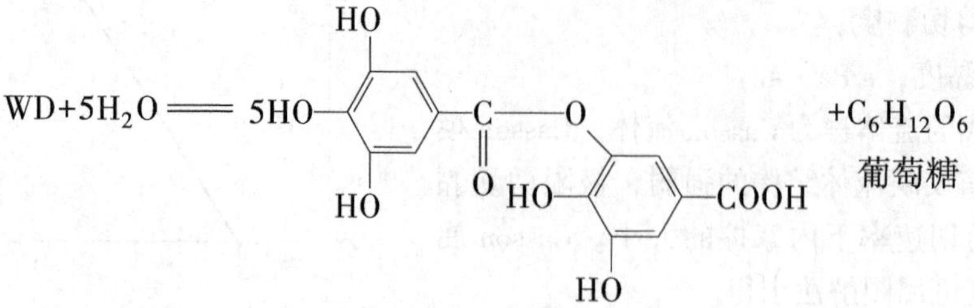

$$WD+5H_2O \Longrightarrow 5 \text{(没食子酸结构)} + C_6H_{12}O_6$$
葡萄糖

双五倍子酸，SWS

双五倍子酸进一步水解生成五倍子酸：

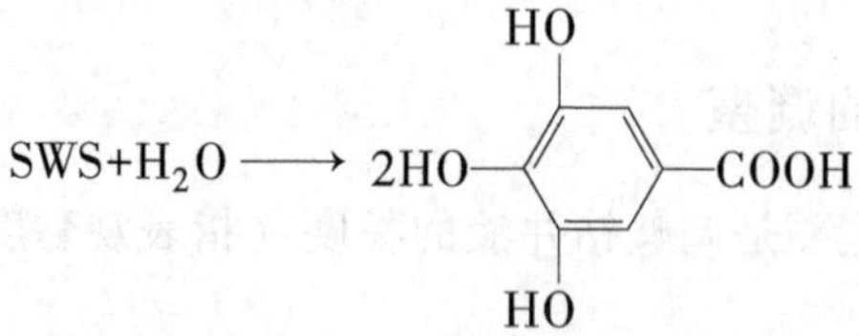

$$SWS+H_2O \longrightarrow 2 \text{(五倍子酸结构)}$$

五倍子酸

用作降黏剂的改性单方主要有 3 种：（1）单宁碱液，它由单宁与氢氧化钠配成，其主要成分为：

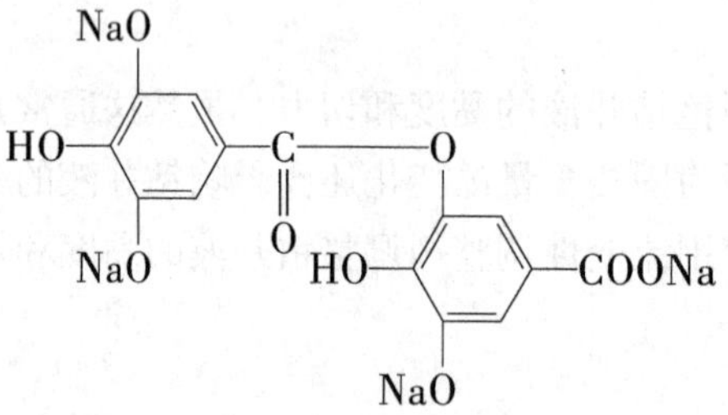

双五倍子酸钠 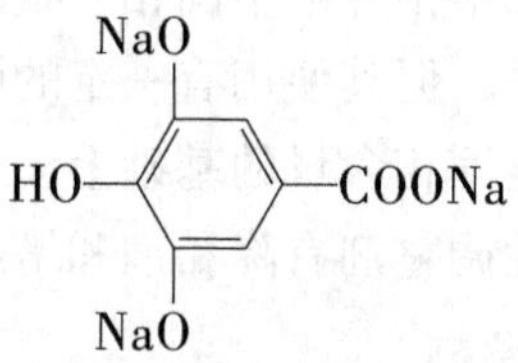   五倍子酸钠

它们可合称为单宁酸钠（NaT）；（2）栲胶碱液，虽然它来自栲胶（由红柳树根或橡树树皮等浸出液制得），但主要成分仍是单宁酸钠；（3）磺甲基单宁（SMT），它由单宁与甲醛和亚硫酸氢钠在碱性条件下反应制得，主要成分为：

磺甲基双五倍子酸钠 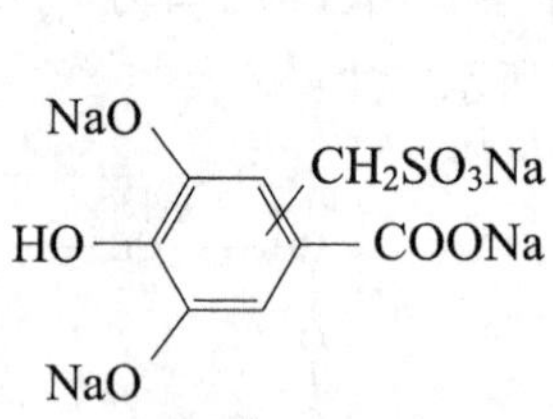   磺甲基五倍子酸钠

改性单宁是通过其结构中的羟基与黏土表面的羟基形成氢键而吸附在黏土颗粒表面，其他极性基团如—COONa，—SO₃Na 和—ONa 在水中解离，形成扩散双电层，可提高黏土颗粒表面的负电性并增加水化层厚度，将黏土颗粒形成的结构拆散，起到降低黏度和切力的作用，即改性单宁适合用作有黏土颗粒形成结构的钻井液的降黏剂。

2）改性木质素磺酸盐

木质素磺酸盐是亚硫酸盐造纸法中产生的副产物。可利用三价金属离子 M^{3+}（如

Fe^{3+}、Cr^{3+}）在水中生成多核羟桥络离子将木质素磺酸盐改性。铁铬木质素磺酸盐也是通过氢键吸附在黏土表面，提高黏土颗粒表面的负电性并增加水化层厚度，将黏土颗粒形成的结构拆散，起到降低黏度和切力的作用。由于铁铬木质素磺酸盐比改性单宁有更多的极性基团，其中包括耐盐、耐温的磺酸盐基团，所以它具有更好的降低黏度和切力的作用，而且耐盐、耐温。使用时，铁铬木质素磺酸盐也存在起泡沫问题，需用消泡剂消泡。考虑到铁铬木质素磺酸盐中的铬对环境污染，人们研制了一系列的无铬木质素磺酸盐，如铁、锆、钛等的木质素磺酸盐。

　　3）烯类单体低聚物

　　低聚物是指分子量较小（$1 \times 10^3 \sim 6 \times 10^3$）的聚合物。下列烯类单体低聚物可用作降黏剂：

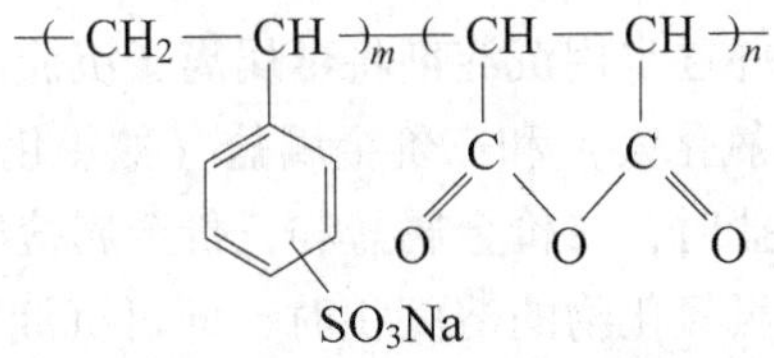

苯乙烯磺酸钠与顺丁烯二酸酐共聚物，SSMA

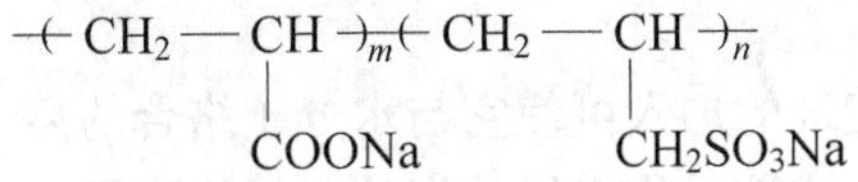

丙烯酸钠与丙烯磺酸钠共聚物

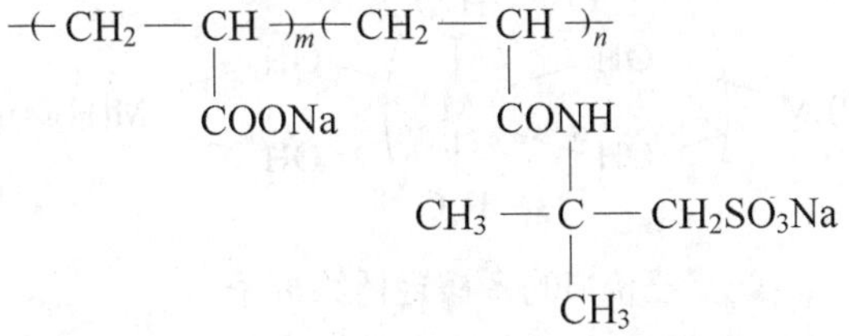

丙烯酸钠与(2-丙烯酰胺基-2-甲基)丙基磺酸钠共聚物

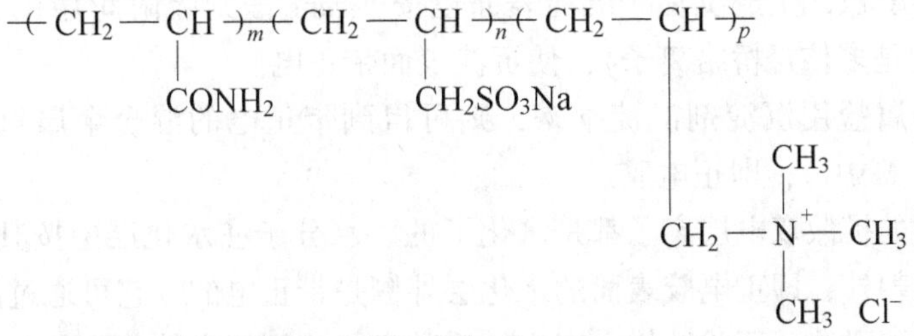

丙烯酰胺、丙烯磺酸钠与烯丙基三甲基氯化铵共聚物

　　烯类单体低聚物通过氢键吸附在黏土颗粒的羟基表面。若低聚物中含有阳离子链节，它还可以通过阳离子链节吸附在黏土颗粒的负电表面。其余未吸附链节的极性基团则通过增加黏土颗粒表面的负电性和水化层厚度，拆散黏土颗粒联结所产生的结构，起降低黏度和切力的作用。此外，对由聚合物（高聚物）配得的钻井液，低聚物还可通过竞争吸附使吸附在黏土表面的聚合物解吸下来，破坏黏土与聚合物组成的结构，起到降低黏度和切力的作用。因此，对于由聚合物配得的钻井液，烯类单体低聚物是特别适用的降黏剂，能取得改性单宁和改性木质素磺酸盐所起不到的降低黏度与切力的效果。

2. 增黏剂

增黏剂是指能提高钻井液黏度和切力的流变性调整剂。有 2 类重要的增黏剂：

1）改性纤维素

适合做钻井液增黏剂的改性纤维素主要是钠羧甲基纤维素和羟乙基纤维素。聚合度和取代度越高的改性纤维素越适合做增黏剂。

改性纤维素主要通过下列机理起提高黏度和切力的作用：

（1）通过分子中极性基团的水化和分子间的互相纠缠，对钻井液中的水起稠化作用；

（2）通过在黏土颗粒表面吸附，增加黏土颗粒体积，提高其流动时所产生的阻力；

（3）通过桥接吸附，在黏土颗粒间形成结构，产生相应的结构黏度。

2）正电胶

正电胶是混合金属盐溶液并逐步用沉淀剂将金属离子沉淀出来所配得的增黏剂。可用的金属盐包括二价金属盐（如氯化镁）和三价金属盐（如氯化铝）。可用的沉淀剂一般为氨水。当使用沉淀剂沉淀金属盐时，二价金属盐和三价金属盐经历不同的变化。对于二价金属盐，当沉淀剂加至该金属氢氧化物的溶度积时，即可沉淀下来。生成的沉淀将按 Fajans 法则，优先吸附二价金属离子和其他高价金属离子，并与其阴离子组成扩散双电层，生成表面带正电的沉淀。

对于三价金属盐，沉淀剂的加入可使它与水分子络合的离子通过水解、羟桥作用和进一步的水解、羟桥作用，生成该三价金属的多核羟桥络离子：

$$\left[(H_2O)_4M \begin{array}{c} OH \\ OH \end{array} \underset{\underset{H_2O}{\overset{H_2O}{|}}}{M} \left(\begin{array}{c} OH \\ OH \end{array} M(H_2O)_4 \right)_n \right]^{(n+4)+}$$

三价M的多核羟桥络离子

继续加入沉淀剂，多核羟桥络离子中的核数和络离子的价数均增加，直至达到三价金属氢氧化物的溶度积，生成沉淀。沉淀表面也按 Fajans 法则吸附尚存在于溶液中的高价金属离子（特别是多核羟桥络离子），使沉淀表面带正电。

若将混合金属盐用沉淀剂沉淀下来，则可得到带正电的混合金属氢氧化物（mixed metal hydroxide，MMH），即正电胶。

正电胶周围的扩散双电层离子都是水化了的。水分子在水化层中按其极性定向排列，其带正电的一端朝外，即正电胶表面的水化层外侧是带正电的，它可通过静电作用与带负电的黏土颗粒表面联结，形成结构，产生结构黏度，起到提高钻井液黏度和切力的作用。

正电胶提高钻井液黏度和切力的作用具有以下特点：

（1）与黏土颗粒只形成结构，但不产生电性中和，因此不会引起黏土颗粒聚沉；

（2）在剪切应力作用下，结构易于破坏，使钻井液的剪切稀释特性更加突出。

正电胶特别适合用作水基钻井液的增黏剂。

六、钻井液的润滑性

在钻井过程中，钻井液的存在使钻柱与井壁之间的干摩擦变为钻柱与井壁（覆盖了滤饼）之间的湿摩擦，从而使由摩擦产生的阻力（摩阻）降低。钻井液的这种降低摩阻的性能，称为钻井液的润滑性。

钻井液的润滑性可用摩阻系数衡量。摩阻系数是指在一定条件下，相对运动物体（固体）所产生的摩擦力与垂直摩擦面作用力的比值。这里提到的一定条件主要指相对运动物体的运动速度以及它们之间是否存在液体。钻井液的摩阻系数是在摩阻系数测试仪中用测试滤失量时所得的滤饼，在模拟钻柱与井壁之间的湿摩擦条件下测得的。摩阻系数越小，钻井液的润滑性越好。

钻井液的润滑性对减小钻柱磨损和提高钻井速度都具有重要影响。

七、钻井液润滑性的改善

可在钻井液中加入润滑剂来改善钻井液的润滑性。能改善钻井液润滑性的物质称为钻井液润滑剂。

有两类钻井液润滑剂：

1. 液体润滑剂

液体润滑剂主要是油，包括植物油（如豆油、棉籽油、蓖麻油）、动物油（如猪油）和矿物油（如煤油、柴油和机械润滑油）。

由于油的黏度高于水，所以它在钻柱与井壁摩擦中不易从摩擦面上被挤出，因此可以改善钻井液的润滑性。

为了使油在摩擦面上形成均匀的油膜，可在钻井液中加入表面活性剂。表面活性剂可在摩擦面上形成吸附层。由于钻柱表面具有亲水性（因有氧化膜），井壁表面也具有亲水性，所以按极性相近规则吸附的表面活性剂可使这些表面反转为亲油表面，从而使油能在钻柱和井壁表面形成均匀的油膜，强化油的润滑作用。

由于水溶性表面活性剂可用作水包油乳状液的乳化剂，因此可先将作为钻井液润滑剂的油、强化油润滑作用的表面活性剂和水一起配成水包油乳状液，再加入钻井液中使用。

在钻井液中只加入表面活性剂也有改善钻井液润滑性的作用，但其效果远比不上油与表面活性剂同时使用的效果。

2. 固体润滑剂

固体润滑剂主要有两种：

1）固体小球

常用的固体小球是塑料小球和玻璃小球。

塑料小球包括聚酰胺（尼龙）小球和聚苯乙烯与二乙烯苯共聚物小球，它们具有耐温、抗压和化学惰性等优点，适用于作各类钻井液的润滑剂。

玻璃小球可用不同成分的玻璃（钠玻璃、钙玻璃）制成，具有耐温、化学惰性等优点，成本比塑料小球低，但抗压强度比塑料小球差，且易下沉。

固体润滑剂都是通过将钻柱与井壁之间的滑动摩擦变为滚动摩擦来起降低摩阻作用的。

2）石墨

石墨是碳的片状结晶体，熔点高、硬度低、化学惰性。若将其分散在钻井液中，当它通过滤失在井壁上形成滤饼时，就可将钻柱与井壁之间的摩擦变成低硬度石墨晶体片间和钻柱与低硬度石墨晶体片间相对移动的摩擦，起到降低摩阻的作用。

石墨适用于作各类钻井液的润滑剂。

第五节　钻井液中的固相及其含量的控制

一、钻井液中的固相

钻井液中的固相可按不同的标准进行分类：

（1）若按来源分类，固相可分为配浆黏土、岩屑、密度调整材料和处理剂中的固相物质等。

（2）若按密度分类，固相可分为高密度（$\geqslant 2.7 \mathrm{g/cm^3}$）固相和低密度（$< 2.7 \mathrm{g/cm^3}$）固相。前者如重晶石（密度在 $4.2 \sim 4.6 \mathrm{g/cm^3}$），后者如膨润土和钻屑（密度在 $2.4 \sim 2.7 \mathrm{g/cm^3}$）。

（3）若按表面的化学活性分类，固相可分为表面活性固相和表面惰性固相。前者如膨润土，它的表面易与水和一些处理剂发生作用；后者如重晶石，它的表面不易与水和处理剂发生作用。

（4）若按在钻井液中是否有用分类，固相可分为有用固相和无用固相。黏土和密度调整材料为有用固相，岩屑为无用固相。

（5）若按颗粒直径分类，固相又可分为胶体粒子（直径 $< 2 \mu m$）、泥（$2 \sim 74 \mu m$）、砂（$> 74 \mu m$）等。

二、钻井液中固相含量的控制方法

钻井液中的固相含量是指单位体积钻井液中固相物质的质量，单位为 $\mathrm{kg/m^3}$ 或 $\mathrm{g/cm^3}$。

固相含量对钻井液性能具有重要影响，如黏土含量过高，可使钻井液的黏度和切力增加；岩屑含量过高，会使滤饼的渗透率增加，滤失量增大，滤饼增厚，易发生卡钻事故。因此，钻井液中的固相含量必须严格控制。

控制钻井液中的固相含量有下列方法：

1. 沉降法

沉降法是指钻井液循环至地面时，通过一个面积较大的池子，使较大的固相颗粒沉降下来的方法。在上部地层钻井时，常用此法控制固相含量。

2. 稀释法

稀释法是指向钻井液加入分散介质（如水、油），使钻井液固相含量降低的方法。由于分散介质的加入还会影响钻井液的其他性能，所以很少使用此法。

3. 机械设备法

机械设备法是指通过机械设备（如振动筛、除砂器、离心机等）将较大的固体颗粒分离出去的方法。

4. 化学控制法

化学控制法是指加入絮凝剂使钻井液中的固相颗粒聚集变大从而有利于用沉降法或机械设备法除去固相的方法。此方法可除去直径在 $5\mu m$ 以下的固相颗粒，而单纯的沉降法和机械设备法则只能除去直径在 $5\mu m$ 以上的固相颗粒。

三、钻井液絮凝剂

钻井液絮凝剂是指能使钻井液中的固相颗粒聚集变大的化学剂，其主要是水溶性的聚合物，如：

$$\begin{array}{c} -\!\!\!-\!\!\!\left[CH_2 - CH \right]_n\!\!\!-\!\!\!- \\ | \\ CONH_2 \end{array}$$

聚丙烯酰胺，PAM

$$-\!\!\!\left[CH_2 - CH \right]_m\!\!\!\left[CH_2 - CH \right]_n\!\!\!- $$
$$\begin{array}{cc} | & | \\ CONH_2 & COONa \end{array}$$

部分水解聚丙烯酰胺，HPAM

$$-\!\!\!\left[CH_2 - CH \right]_m\!\!\!\left[CH_2 - CH \right]_n\!\!\!\left[CH_2 - CH \right]_p\!\!\!- $$
$$\begin{array}{ccc} | & | & | \\ CONH_2 & CONHCH_2OH & CONH \\ & & | \\ & & CH_2 - N^+ - CH_3 \\ & & | \\ & & CH_3Cl^- \end{array}$$

丙烯酰胺、羟甲基丙烯酰胺与丙烯酰胺基亚甲基三甲基氯化铵共聚物，CPAM

在这些絮凝剂中，非离子型聚合物（如 PAM）和阴离子型聚合物（如 HPAM）通过桥接—蜷曲的机理起絮凝作用，即聚合物分子可同时吸附在两个或两个以上的颗粒表面，将它们桥接起来，再通过分子链的蜷曲，使这些颗粒发生絮凝。阳离子型聚合物（如CPAM）除了通过上述絮凝机理起作用外，还可通过电性中和机理起作用，从而具有更好的絮凝效果。

虽然上述的絮凝剂都有絮凝作用，但它们有各自的特点，如 PAM 是一种非选择性絮凝剂，它可絮凝劣质土（如岩屑，它的表面在水中带有较少的负电荷）和优质土（如膨润土，它的表面在水中带有较多的负电荷），属完全絮凝剂；HPAM 是一种选择性絮凝剂，由于它含有带负电（—COO⁻）的链节，所以它只能通过氢键吸附在带负电较少的劣质土上，使劣质土絮凝下来，留下优质土；对于带阳离子、非离子链节的 CPAM，由于它的酰胺基和羟甲基可通过氢键吸附在黏土的羟基表面，而其阳离子基团可通过静电作用吸附在黏土的负电表面，所以它的絮凝作用比 PAM 和 HPAM 更强、更快。

HPAM 是最常用的钻井液絮凝剂，影响其絮凝作用的主要因素如下：

1. 分子量

分子量越高，絮凝效果越好，因为分子链越长越能将较远的固体颗粒絮凝在一起。HPAM 的分子量超过 1×10^6 时才有絮凝作用。作为钻井液絮凝剂使用的 HPAM，要求其分子量超过 3×10^6。

2. 水解度

HPAM 有一个絮凝作用最佳的水解度（30%）。若水解度太低，则会影响 HPAM 分子链的伸展，减小絮凝作用；若水解度太高，则影响 HPAM 在黏土负电表面的吸附，也会减小絮凝作用。

3. 浓度

HPAM 也有一个絮凝最佳的使用浓度。浓度太低，絮凝不完全；浓度太高，HPAM 与黏土颗粒可形成网络结构而不利于絮凝。

4. pH 值

pH 值通过影响 HPAM 和黏土的存在状态来影响 HPAM 的絮凝效果，pH 值在 $7 \sim 8$ 时 HPAM 的絮凝效果最佳。

pH 值越低，HPAM 中的—COO^- 与 H^+ 结合为—COOH 的数量越多，分子链由于链段静电斥力减小而更蜷曲，絮凝作用减小；pH 值越高，黏土越趋于分散，越不利于絮凝。

第六节　井壁稳定性及其控制

一、井壁稳定性

井壁稳定性是指井壁保持其原始状态的能力。若井壁能保持其原始状态，称为井壁稳定；若井壁不能保持其原始状态，则称为井壁不稳定。为了保持井壁的稳定性，必须了解影响井壁不稳定的因素。

1. 地质因素

高压地层的压力释放、高构造应力地层的应力释放、松散地层的坍塌及盐岩地层的塑性变形等，都会导致井壁不稳定。

2. 工程因素

起下钻过程中钻头对井壁的碰撞、环空钻井液流量过大引起对井壁的过度冲刷和起下钻速度过快引起的压力波动等，均可导致井壁不稳定。

3. 物理化学因素

页岩与水接触后可引起井壁不稳定。页岩层是黏土含量高的地层。若页岩层主要含膨胀型的黏土，与水接触后可引起页岩的膨胀和分散；若页岩层主要含非膨胀型的黏土（如伊利石、高岭石），则与水接触后可引起黏土的剥落，导致地层不稳定。

二、井壁稳定性的控制方法

由于引起井壁不稳定的因素不同，所以井壁稳定性的控制方法也不相同。若由地质因素引起井壁不稳定，则可采用适当提高钻井液密度或化学固壁（如用水玻璃与井壁矿物中可交换的钙、镁离子反应生成硅酸钙、硅酸镁固结井壁）的方法解决。若由工程因素引起井壁不稳定，则可用改进钻井工艺的方法加以预防。

若因物理化学因素引起井壁不稳定，则主要通过改进钻井液性能，如调整钻井液密度和加入页岩抑制剂等方法解决。其中，调整钻井液密度的方法在前文已经介绍过，这里只介绍加入页岩抑制剂的方法。

三、页岩抑制剂

能抑制页岩膨胀和（或）分散（包括剥落）的化学剂称为页岩抑制剂。页岩抑制剂有下列 5 种：

1. 盐

这里的盐主要指无机盐（如氯化钠、氯化铵、氯化钾、氯化钙等）和有机盐（如甲酸钠、甲酸钾、乙酸钠、乙酸钾等）。这些盐都是水溶性盐。当超过一定浓度时，任何水溶性盐都具有稳定页岩的作用。

盐是通过压缩页岩表面扩散双电层的厚度，减小 ζ 电位起稳定页岩作用的。虽然任何水溶性盐都有稳定页岩的作用，但其稳定页岩的效果不同。在水溶性盐中，稳定页岩效果最好的是钾盐和铵盐，这是因为它们的阳离子直径（表 3-3）与黏土硅氧四面体底面由氧原子形成的六角氧环直径（0.288nm）相近，可进入黏土的晶层而不易释出，使被其中和了表面负电性的黏土片能联结在一起，从而有效抑制页岩的膨胀。

表 3-3　一些阳离子的离子直径

离子	离子直径，nm	离子	离子直径，nm
Li^+	0.120	Cs^+	0.340
Na^+	0.196	NH_4^+	0.286
K^+	0.266	Ca^{2+}	0.212
Rb^+	0.300	Mg^{2+}	0.156

2. 阳离子型表面活性剂

阳离子型表面活性剂主要通过起活性作用部分的阳离子在页岩表面吸附，中和页岩表面的负电性并使页岩表面反转为亲油表面，从而起稳定页岩的作用。

3. 阳离子型聚合物

阳离子型聚合物主要通过中和页岩表面的负电性以及在黏土片间桥接吸附起到稳定页岩的作用。

4. 非离子型聚合物

一定浓度的醚型聚合物，在地面温度下是水溶的，但当温度升高至一定数值（即钻井液循环至一定地层深度）时，由于氢键削弱会使醚型聚合物饱和析出。这些析出的醚型聚合物可黏附在页岩表面，封堵页岩的孔隙，减小页岩与水的接触面积，从而起稳定页岩的作用。

5. 改性沥青

沥青是由少量烃化合物（分子中只含碳、氢元素）和大量非烃化合物（分子中除含碳、氢元素外还含氧、硫、氮等元素）组成的，分天然沥青、石油沥青和焦油沥青。其中，天然沥青是石油在天然条件下形成的沥青；石油沥青是石油经炼制加工得到的沥青；焦油沥青是由煤、木材等经干馏而得到的沥青。

改性沥青也是通过它黏附在页岩表面，封堵页岩的孔隙，形成憎水油膜，减小页岩与水接触面积，从而起稳定页岩作用的。

有两种重要的沥青改性产物：

（1）氧化沥青，它是由常压蒸馏或减压蒸馏所得的渣油或裂化渣油在高温（200~220℃）下用空气氧化所得的产物，主要用在油基钻井液中。

（2）磺化沥青，它是由沥青用磺化剂（如浓硫酸、发烟硫酸或三氧化硫）磺化而成的，主要成分是沥青磺酸盐，可分散在水基钻井液中使用。

第七节　钻井事故的预防与处理

一、卡钻与解卡

卡钻是钻井过程中遇到的一种复杂情况，是指钻具在井眼内被卡住而不能正常运转的现象。与钻井液性能有关的卡钻主要是黏附卡钻（或称压差卡钻）。

黏附卡钻是钻柱被钻井液滤饼黏附后，由钻井液压力与地层压力之差所造成的结果，如图3-11所示。

卡钻的解除称为解卡。

解除图3-11所示的黏附卡钻所需的提力可用下式估算：

$$提力＝黏附面积×黏附压差×摩阻系数$$

即

$$F = r\theta L(\rho_{m}gh - p)f \qquad (3-14)$$

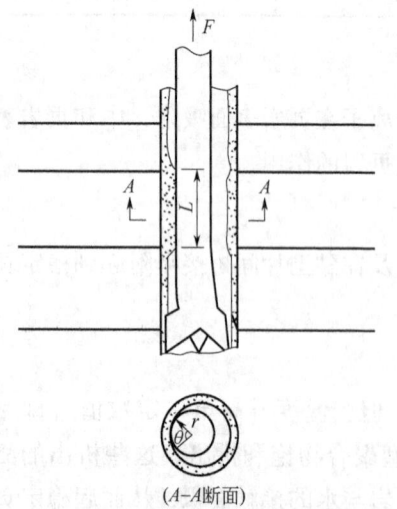

图3-11　黏附卡钻示意图

式中　F——提力，N；

r——卡钻处钻柱半径，mm；

θ——滤饼黏附钻杆的包角，（°）；

L——黏附长度，m；

ρ_{m}——钻井液密度，kg/m³；

g——重力加速度，m/s²；

h——卡钻部位井深，m；

p——地层压力，MPa；

f——滤饼与钻杆的摩阻系数，N/m。

从式（3-14）可以看出，为了减小解除黏附卡钻所需的提力，只能通过降低钻井液密度和降低滤饼与钻杆的摩阻系数两种方法，以后一种方法为主。在使用后一种方法时需使用解卡剂。解卡剂是指能降低滤饼与钻杆摩阻系数从而达到解卡目的的化学剂。解卡剂可用前面介绍过的钻井液作液体润滑剂。通常用沥青稠化的柴油作钻井液液体润滑剂。为使该稠化柴油能乳化在水中，可使用复配的乳化剂，包括水溶性表面活性剂（如聚氧乙烯烷基醇醚）和油溶性表面活性剂（如油酸钙）。

由于柴油和沥青所含的荧光物质会影响录井和测井的资料解释，所以解卡剂也可只用表面活性剂。例如，烷基磺酸钠或烷基苯磺酸钠添加低分子醇（如乙醇、丙醇）和盐（如氯化钠）调整亲水亲油平衡性质后也可用作解卡剂，但其解卡效果不如有稠化柴油存在的解卡剂。

二、漏失与堵漏

1. 漏失

在钻井过程中，井眼内的钻井液大量流入地层的现象称为钻井液的漏失。根据漏失地层的特点，可将钻井液的漏失分为 3 类：

1）渗透性漏失

由高渗透的砂岩地层或砾岩地层引起的钻井液漏失称为渗透性漏失，见图 3-12(a)。这类漏失的特点是漏失速度不快（在 $0.5 \sim 10 m^3/h$），表现为钻井液池的液面缓慢下降。

2）裂缝性漏失

由裂缝性地层引起的钻井液漏失称为裂缝性漏失，见图 3-12(b)。引起钻井液漏失的裂缝包括石灰岩和砂岩地层中天然存在的裂缝（天然裂缝）以及由钻井液压力将石灰岩和砂岩地层压开所形成的裂缝（人工裂缝）。这类漏失的特点是漏失速度较快（在 $10 \sim 100 m^3/h$），表现为钻井液池的液面迅速下降。

3）溶洞性漏失

由溶洞性地层引起的钻井液漏失称为溶洞性漏失，见图 3-12(c)。这类漏失一般只出现在石灰岩地层，特点是漏失速度很快（大于 $100 m^3/h$），表现为钻井液有进无出。

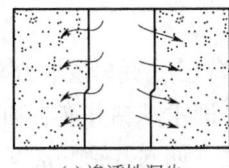 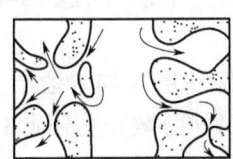 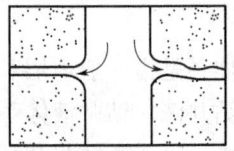

(a)渗透性漏失　　　　　　(b)裂缝性漏失　　　　　　(c)溶洞性漏失

图 3-12　钻井液漏失的类型

2. 堵漏

对漏失地层的封堵称为地层的堵漏。地层堵漏使用的材料称为堵漏材料。不同的漏失地层需使用不同的堵漏材料。

1）渗透性地层的堵漏

渗透性地层的堵漏可用下列堵漏材料：

（1）硅酸凝胶。这种堵漏材料是先将水玻璃加到盐酸中配成硅酸溶胶，再将硅酸溶胶注入漏失地层，经过一定时间后即形成硅酸凝胶，将漏失地层堵住。

（2）铬冻胶。这种堵漏材料是将 HPAM 溶于水中，再加入重铬酸钠和亚硫酸钠配成的。将配得的堵漏材料注入漏失地层后，堵漏材料中的亚硫酸钠将重铬酸钠中的 Cr^{6+} 还原为 Cr^{3+}，然后组成铬的多核羟桥络离子，将水中的 HPAM 交联成铬冻胶，将漏失地层堵住。

（3）酚醛树脂。这种堵漏材料是由苯酚与甲醛预缩聚配成的。若在预缩聚时保持甲醛过量，则这种堵漏材料注入地层后可继续缩聚形成不溶、不熔的酚醛树脂，将漏失地层堵住。

此外，脲醛树脂也可用于封堵渗透性漏失地层。

对于特高渗透性地层，也可用下文中针对裂缝性地层或溶洞性地层所使用的堵漏材料进行堵漏。

2）裂缝性地层或溶洞性地层的堵漏

裂缝性地层或溶洞性地层的堵漏可用下列堵漏材料：

（1）纤维性材料。可用植物纤维（如短棉绒）或矿物纤维（如石棉纤维）封堵裂缝性地层或溶洞性地层。这些纤维性材料可悬浮在携带介质（如水、稠化水或钠土的悬浮体）中注入漏失地层，它们可在裂缝的窄部或溶洞的进口堆叠成滤饼，将漏失地层堵住。

（2）颗粒性材料。将植物性材料（如核桃壳、花生壳、玉米芯等）和矿物性材料（如黏土、硅藻土、珍珠岩、石灰岩等）粉碎至一定粒度后可用做堵漏材料。当将这些堵漏材料注入漏失地层时，若其颗粒直径大于裂缝窄部宽度的 1/3 或溶洞进口直径的 1/3，就可通过颗粒的桥接产生滞留，形成滤饼，将漏失地层堵住。

在颗粒性材料中，水泥是一种特殊的矿物性材料，它在漏失地层形成滤饼后，即可通过一系列的水化反应（详见下文）固结起来，对漏失地层形成高强度的堵塞。水泥也可与其他矿物性堵漏材料混合使用，充当无机胶结剂，提高其他矿物性堵漏材料对漏失地层的封堵强度。

第八节　钻井液体系简介

钻井液体系是指一般地层和特殊地层（如岩盐层、石膏层、页岩层、高温层等）钻井用的各类钻井液。钻井液体系通常按分散介质分成 3 类，即水基钻井液、油基钻井液和气体钻井流体。这 3 类钻井液还可按其他标准再进一步分类，如水基钻井液又可按其对页岩的抑制性细分为抑制性钻井液和非抑制性钻井液，其中，抑制性钻井液又可按处理剂的不同进一步分为钙处理钻井液、钾盐钻井液、盐水钻井液、硅酸盐钻井液、聚合物钻井液、正电胶钻井液等。

一、水基钻井液

水基钻井液是以水作分散介质的钻井液，由水、膨润土和处理剂配成。水基钻井液可进一步分为非抑制性钻井液与抑制性钻井液，或水包油型钻井液与（水基）泡沫钻井液。

1. 非抑制性钻井液

非抑制性钻井液是以降黏剂为主要处理剂配成的水基钻井液。由于降黏剂是通过拆散黏土颗粒间结构而起降低黏度和切力作用的，所以降黏剂又被称为分散剂。因此非抑制性钻井液又称为分散型钻井液。这种钻井液具有密度高（超过 2g/cm³）、滤饼致密且坚韧、滤失量低、耐高温（超过 200℃）的特点。

由于这种钻井液中黏土亚微米颗粒（直径小于 1μm 的颗粒）的含量高（超过固相质量的 70%），因此对钻井速度具有不利的影响。为保证这种钻井液的性能，要求将钻井液中膨润土的含量控制在 10% 以内，并且该含量随密度增加和温度升高而相应减少，同时要求钻井液中的盐含量小于 1%、pH 值必须超过 10，以使降黏剂的作用得以发挥。

这种钻井液适用于在一般地层打深井（深度超过 4500m）和高温井（温度在 200℃ 以上），但不适用于打开油层、岩盐层、石膏层和页岩层。

2. 抑制性钻井液

抑制性钻井液是以页岩抑制剂为主要处理剂配成的水基钻井液。由于页岩抑制剂可使黏土颗粒保持在较粗的状态，因此这种钻井液又被称为粗分散钻井液。抑制性钻井液是为了克服非抑制性钻井液的缺点（亚微米黏土颗粒含量高和耐盐能力差）而发展起来的。

这种钻井液可按页岩抑制剂的不同进行再分类：

1）钙处理钻井液

钙处理钻井液是以钙处理剂为主要处理剂的水基钻井液。常用的钙处理剂包括石灰、石膏和氯化钙等，它们可分别配制石灰处理钻井液（又称石灰钻井液）、石膏处理钻井液（又称石膏钻井液）和氯化钙处理钻井液（又称氯化钙钻井液）。

钙处理钻井液具有抗钙侵、稳定页岩和控制钻井液中黏土分散性等特点。为了保证钙处理钻井液的性能，要求石灰处理钻井液的 pH 值在 11.5 以上，Ca^{2+} 质量浓度在 0.12~0.20g/L，过量的石灰（用来补充与钻屑离子交换所消耗的 Ca^{2+}）质量浓度在 3~6g/L；要求石膏处理钻井液的 pH 值在 9.5~10.5，Ca^{2+} 质量浓度在 0.6~1.5g/L，过量的石膏（也是用来补充与钻屑离子交换所消耗的 Ca^{2+}）质量浓度在 6~12g/L；要求氯化钙处理钻井液的 pH 值在 10~11，Ca^{2+} 质量浓度在 3~4g/L。

钙处理钻井液需加入少量降黏剂，使钻井液颗粒处于适度的分散状态，以维持钻井液稳定的使用性能。

钙处理钻井液特别适用于石膏层的钻井。

2）钾盐钻井液

钾盐钻井液是以聚合物钾盐或聚合物铵盐和氯化钾为主要处理剂配成的水基钻井液。

钾盐钻井液具有抑制页岩膨胀、分散，控制地层造浆，防止地层坍塌和减少钻井液中黏土亚微米颗粒含量的特点。为了保证钾盐钻井液的性能，要求钻井液的 pH 值控制在 8~9，钻井液滤液中 K^+ 的质量浓度大于 18g/L。

钾盐钻井液主要用于页岩层的钻井。

3）盐水钻井液

盐水钻井液是以盐（氯化钠）为主要处理剂配成的水基钻井液。盐的质量浓度范围从 10g/L（其中 Cl^- 的质量浓度约为 6g/L）直到饱和（其中 Cl^- 的质量浓度约为 180g/L）。其中，盐含量达到饱和的盐水钻井液称为饱和盐水钻井液。

盐水钻井液具有耐盐，耐钙、镁离子，对页岩层稳定能力强，滤液对油气层伤害小等特点。为了保证盐水钻井液的性能，在配制钻井液时，最好使用耐盐黏土（如海泡石）

和耐盐及耐钙、镁离子的处理剂。为了防止盐水对钻具的腐蚀，应加入缓蚀剂。对饱和盐水钻井液，配制时还应加入盐结晶抑制剂，以防止盐结晶析出。

盐水钻井液适用于海上钻井或近海滩及其他缺乏淡水地区的钻井。饱和盐水钻井液主要用于岩盐层、页岩层和岩盐与石膏混合层的钻井。

4）硅酸盐钻井液

硅酸盐钻井液是以硅酸盐为主要处理剂配成的水基钻井液。

由于硅酸盐中的硅酸根可与井壁表面和地层水中的钙、镁离子反应，产生硅酸钙、硅酸镁沉淀并沉积在井壁表面形成保护层，因此硅酸盐钻井液具有抗钙侵和控制页岩膨胀、分散的能力。使用时要求钻井液的 pH 值在 11~12，因 pH 值低于 11 时，硅酸根可转变为硅酸而使处理剂失效。

硅酸盐钻井液特别适用于石膏层和石膏与页岩混合层的钻井。

5）聚合物钻井液

聚合物钻井液是以聚合物为主要处理剂配成的水基钻井液。

由于聚合物的桥接作用，使钻井液中的黏土颗粒保持在较粗的状态，同时由于聚合物的吸附，使钻屑的表面受到吸附层的保护而不会分散成更细的颗粒，因此，用聚合物钻井液钻井可以有更高的钻井速度。

聚合物钻井液又被称为不分散钻井液。

根据所使用的聚合物，聚合物钻井液又可进一步分为 4 类：

（1）阴离子型聚合物钻井液。这是以阴离子型聚合物为主要处理剂配成的水基钻井液。该类钻井液具有携岩能力强、黏土亚微米颗粒少、水眼黏度（指钻头水眼处高剪切速率下的黏度）低、稳定井壁和保护油气层等特点。为保证其性能，要求该类钻井液的固相含量不超过 10%（最好小于 4%）；固相中的岩屑与膨润土的质量比控制在 2∶1~3∶1；钻井液的动切力与塑性黏度之比控制在 0.48Pa/（mPa·s）附近。该类钻井液适用于井深小于 3500m，井温低于 150℃地层的钻井。

（2）阳离子型聚合物钻井液。这是以阳离子型聚合物为主要处理剂配成的水基钻井液。由于阳离子型聚合物具有桥接作用以及中和页岩表面负电性的作用，所以它有很强的稳定页岩的能力。此外，在配制时还可加入阳离子型表面活性剂，它可扩散至阳离子型聚合物无法扩散进去的黏土晶层间，起到稳定页岩的作用。阳离子型聚合物钻井液特别适用于页岩层的钻井。

（3）两性离子聚合物钻井液。这是以两性离子聚合物为主要处理剂配成的水基钻井液。由于两性离子聚合物中的阳离子基团可起到阳离子型聚合物稳定页岩的作用，而阴离子基团可通过水化作用提高钻井液的稳定性，且该类聚合物与其他处理剂的配伍性好，使这种钻井液成为一种性能优异的钻井液。

（4）非离子型聚合物钻井液。这是一种以醚型聚合物为主要处理剂的水基钻井液。该类钻井液具有无毒、无污染、润滑性能好、防止钻头泥包和卡钻的能力强、稳定井壁、保护油气层等特点，特别适用于海上钻井和页岩层的钻井。

6）正电胶钻井液

正电胶钻井液是以正电胶为主要处理剂的水基钻井液。

正电胶钻井液具有携岩能力强、稳定井壁性能好、对油气层有保护作用等特点，适用于水平井钻井和打开油气层。

3. 水包油型钻井液

若在水基钻井液中加入油和水包油型乳化剂，就可配成水包油型钻井液。配制水包油型钻井液的油可用矿物油或合成油。前者主要为柴油或机械油（简称机油），其中影响测井的荧光物质（如芳烃物质）可用硫酸精制法除去；后者主要为不含荧光物质的有机化合物，如：

$$CH_3 + CH_2 \frac{}{n} CH_3 \qquad\qquad CH_3 + CH_2 \frac{}{m} CH = CH + CH_2 \frac{}{n} CH_3$$

直链烷烃   直链烯烃

$$+ CH_2CH \frac{}{n}$$
$$|$$
$$(CH_2 \frac{}{m} CH_3$$

聚 α-烯烃   脂肪酸与醇的反应物

在使用时要求上述合成油的性质与矿物油相近，即 25℃时密度在 $0.76 \sim 0.86 g/cm^3$，黏度在 $2 \sim 6 mPa \cdot s$。

配制水包油型钻井液的乳化剂都是水溶性表面活性剂，如：

$$RSO_3Na \qquad\qquad ROSO_3Na \qquad\qquad RO + CH_2CH_2O \frac{}{n} H$$

烷基磺酸钠   烷基醇硫酸酯钠盐   聚氧乙烯烷基醇醚

山梨糖醇酐羧酸酯聚氧乙烯醚

水包油型钻井液具有润滑性能好、滤失量低、保护油气层等特点，适用于易卡钻或易产生钻头泥包地层的钻井。

4. 泡沫钻井液

若在水基钻井液中加入起泡剂并通入气体，就可配成泡沫钻井液。由于泡沫钻井液以水做分散介质，所以属于水基钻井液。

配制泡沫钻井液的气体可用氮气和二氧化碳气体；起泡剂可用水溶性表面活性剂，如烷基磺酸钠、烷基苯磺酸钠、烷基硫酸酯钠盐、聚氧乙烯烷基醇醚、聚氧乙烯烷基醇醚硫酸酯钠盐等。泡沫钻井液中的膨润土含量由井深和地层压力决定。

泡沫钻井液具有摩阻低、携岩能力强、保护低压油气层等特点。为了保证这些性能，要求泡沫钻井液在环空中的上返速度大于 $0.5 m/s$。

泡沫钻井液主要用于低压易漏地层的钻井。

二、油基钻井液

油基钻井液是以油作分散介质的钻井液，由油、有机土和处理剂组成。油基钻井液中还包含水，并可按水的含量将油基钻井液分成两类。

1. 纯油相钻井液

水含量小于 10% 的油基钻井液称为纯油相钻井液。

配制纯油相钻井液的油可用矿物油（如柴油、机油等）和合成油（如直链烷烃、直链烯烃、聚 α-烯烃等）。

配制纯油相钻井液的有机土是用下列季铵盐型表面活性剂处理膨润土制得的：

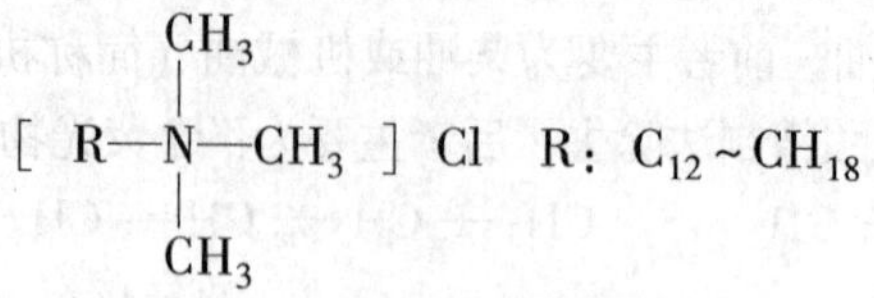

$$\left[R-N^{+}(CH_3)_3 \right] Cl \quad R: C_{12} \sim CH_{18}$$

烷基三甲基氯化铵

$$\left[R-N^{+}(CH_3)_2-CH_2-C_6H_5 \right] Cl \quad R: C_{12} \sim CH_{18}$$

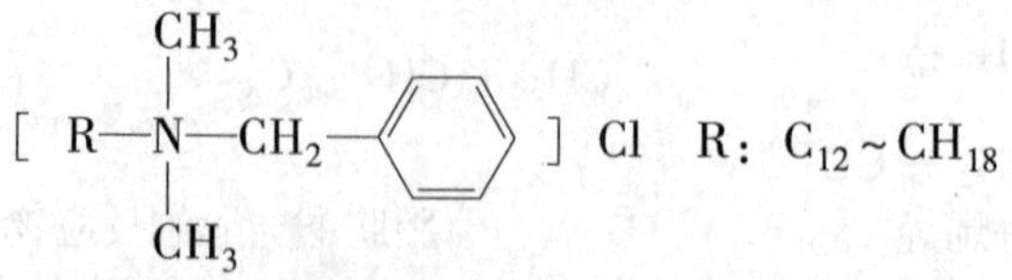

烷基苄基二甲基氯化铵

季铵盐型表面活性剂在膨润土颗粒表面吸附，可将表面转变为亲油表面，从而使其易在油中分散。

配制纯油相钻井液使用的处理剂主要为降滤失剂（如氧化沥青）和乳化剂（如硬脂酸钙）。

纯油相钻井液具有耐温、防塌、防卡、防腐蚀、润滑性能好和保护油气层等特点，但缺点是成本高、污染环境和不安全。纯油相钻井液适用于页岩层、岩盐层和石膏层的钻井，并特别适用于高温地层钻井和打开油气层。

2. 油包水型钻井液

若在纯油相钻井液中加入水（含量大于 10%）和油包水型乳化剂，就可配成油包水型钻井液。

配制油包水型钻井液的乳化剂主要是油溶性表面活性剂，如：

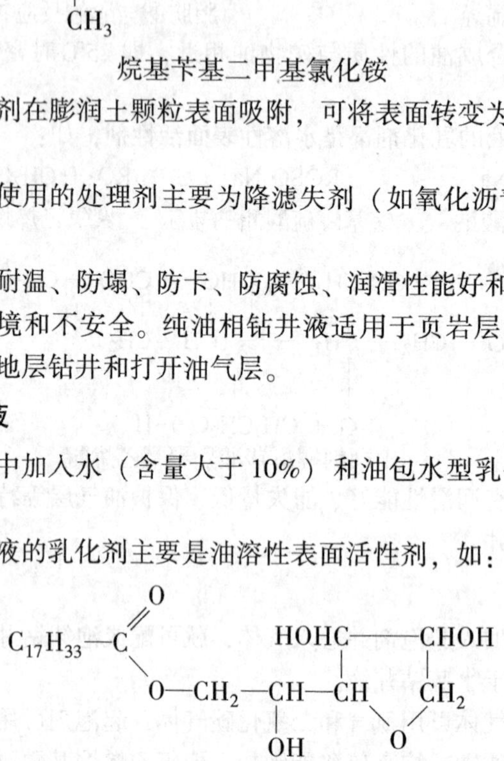

山梨糖醇酐单油酸酯，Span 80

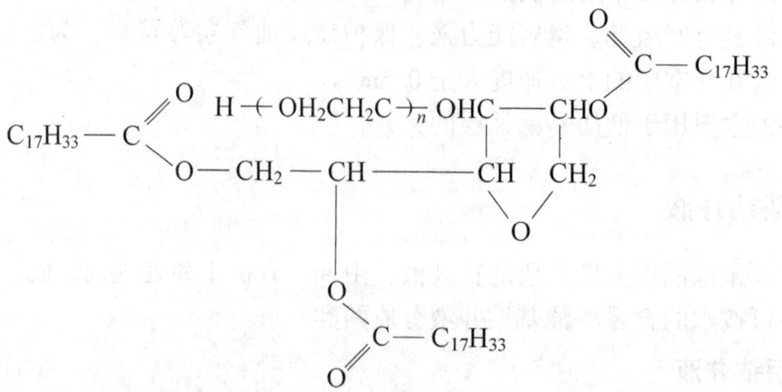

山梨糖醇酐三油酸酯聚氧乙烯醚，Span 85

烷基苯磺酸钙

油包水型钻井液具有与纯油相钻井液相同的特点和使用范围，但其的成本相对较低。

三、气体钻井流体

起钻井液作用的气体（如空气、天然气）称为气体钻井流体。

为保证岩屑的携带，气体钻井流体的环空上返速度必须大于 15m/s。

气体钻井流体具有提高钻速和保护油气层等优点，但存在干摩擦和易着火或爆炸等缺点，当地层出水后也易造成卡钻、井塌等事故。

气体钻井流体适用于漏失层、低压油气层及严重缺水地区的钻井。

复习思考题

1. 钻井液在油田化学中的作用是什么？
2. 水基钻井液和油基钻井液有何区别？
3. 钻井液中的添加剂主要有哪些类型？
4. 钻井液的密度如何影响钻井过程？
5. 如何防止钻井液中的固相颗粒沉降？
6. 钻井液对油田环境保护有哪些影响？
7. 钻井液中的滤失液是如何影响地层渗透性的？
8. 钻井液的 pH 值对钻井作业有何影响？

第四章 水泥浆

固井液是固井作用中使用的工作液，通常为水泥浆体系（简称水泥浆）。固井作业是由套管向井壁与套管的环空注入水泥浆并让其上返至一定高度，随后变成水泥石将井壁与套管固结起来的过程。本章主要学习水泥浆的功能、组成、性能及其化学处理。

第一节 水泥浆的功能与组成

水泥浆在钻井作业中扮演着至关重要的角色，研究钻井水泥浆的功能与组成具有极其重要的意义，通过不断研究和改进水泥浆的配方和性能，可以推动钻井技术的进步，提高钻井作业的效率和质量，为石油、天然气等资源的开发提供有力的技术支持。

一、水泥浆的功能

水泥浆的功能是固井。固井可达到下列目的：

1. 固定和保护套管

在钻井过程中，套管被下入井中，而水泥浆则用于固定这些套管，确保其在井中的稳定。此外，水泥浆在套管外形成水泥石，能有效减少地层对套管的挤压，从而起到保护套管的作用。

2. 保护高压油气层

当钻井遇到高压油气层时，易发生井喷事故。此时，水泥浆的注入能够形成一道屏障，保护高压油气层，防止油气泄漏，确保钻井作业的安全进行。

3. 封隔严重漏失层和其他复杂层

在钻井过程中，可能会遇到严重漏失层或其他复杂地层（如易坍塌地层）。在这些情况下，水泥浆的注入可以封隔这些地层，防止其影响后续的钻井作业。

4. 增强井壁稳定性

水泥浆能够填充井眼空隙，形成一层牢固的水泥环，有效防止井眼坍塌，增强井壁的稳定性，确保钻井作业的顺利进行。

5. 防止地下水和油气渗透

固井后形成的水泥环能够密封井眼和套管，防止地下水和油气渗透到地表，保护环境安全，同时也能防止地下地层中的油气和地下水互相干扰，确保油井的正常产能。

二、水泥浆的组成

水泥浆由水、水泥、外加剂和外掺料组成。

1. 水

配制水泥浆的水可以是淡水或盐水（包括海水）。

2. 水泥

配制水泥浆用的水泥是由石灰石、黏土在 1450～1650℃下煅烧、冷却、磨细而成的，它主要含下列硅酸盐和铝酸盐：

（1）硅酸三钙（$3CaO \cdot SiO_2$）：硅酸三钙在水泥中含量最高，而且水化速率、强度增加速率和最后强度都较高。

（2）硅酸二钙（$2CaO \cdot SiO_2$）：在水泥中，硅酸二钙的含量小于硅酸三钙，它的水化速率和强度增加速率虽低，但最后强度较高。

（3）铝酸三钙（$3CaO \cdot Al_2O_3$）：铝酸三钙在水泥中含量较少，虽然它的水化速率高，但强度增加速率低，最后强度也较低。

（4）铁铝酸四钙（$4CaO \cdot Al_2O_3 \cdot Fe_2O_3$）：在水泥中，铁铝酸四钙的含量比铝酸三钙略高，但其水化速率、强度增加速率及最后强度均与铝酸三钙相近，如图 4-1 所示。

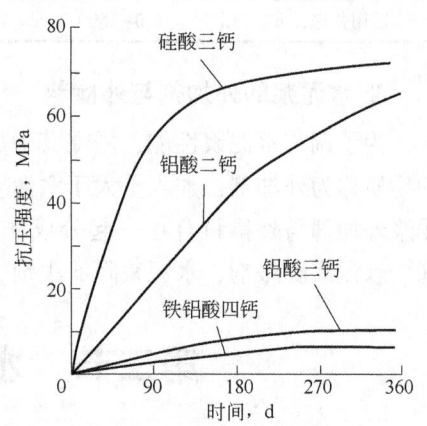

图 4-1　水化后水泥中各组成的抗压强度随时间的变化

从图 4-1 可以看出，水泥水化后的早期强度主要决定于硅酸三钙，晚期强度主要决定于硅酸三钙和硅酸二钙，而铝酸三钙和铁铝酸四钙对早期强度和晚期强度的影响都较小。水泥中的石膏、碱金属硫酸盐、氧化镁和氧化钙等，对水泥的水化速率和水泥固化后的性能也都有一定影响。

固井用的水泥称为油井水泥。按 API（American Petroleum Institute）标准，可将油井水泥分为 A、B、C、D、E、F、G、H、J 九个级别，其中一些级别的矿物组成见表 4-1。

表 4-1　API 油井水泥的矿物组成

矿物	w(矿物)，%						
	A	B	C	D	E	G	H
硅酸三钙	53	47	58	26	26	50	50
硅酸二钙	24	32	16	54	54	30	30
铝酸三钙	8	5	8	2	2	5	5
铁铝酸四钙	8	12	8	12	12	12	12

API 标准油井水泥适用的井深见表 4-2。

表 4-2　API 油井水泥适用的井深

级别	A	B	C	D	E	F	G	H	J
适用井深，m	0～1830	0～1830	1830～3050	3050～4270	3050～4270	3050～4880	0～2440	0～2440	3600～4880

按我国石油行业（SY）标准，油井水泥根据适用的地层温度可分成 45℃、75℃、

95℃和120℃四个级别。表4-3对比了前三个级别的油井水泥与普通硅酸盐水泥的组成。

表4-3　SY油井水泥的矿物组成

矿物	w(矿物)，%			
	45℃油井水泥	75℃油井水泥	95℃油井水泥	普通硅酸盐水泥
硅酸三钙	49~57	49~57	21~41	38~60
硅酸二钙	18~23	18~23	35~58	15~38
铝酸三钙	0.7~9	0.7~9	0~1.1	7~15
铁铝酸四钙	1.8~16	1.8~16	1.5~17	10~18

SY标准油井水泥适用的井深见表4-4。

表4-4　SY油井水泥适用的井深

级别	45℃油井水泥	75℃油井水泥	95℃油井水泥	120℃油井水泥
适用井深，m	0~1500	1500~2500	2500~3500	3500~5000

3. 水泥浆的外加剂与外掺料

为了调节水泥浆性能，需在其中加入一些特殊物质，加入量小于或等于水泥质量5%的物质称为外加剂；加入量大于水泥质量5%的物质，则称为外掺料。根据用途，可将水泥浆外加剂与外掺料合在一起分成7类，即水泥浆促凝剂、水泥浆缓凝剂、水泥浆减阻剂、水泥浆膨胀剂、水泥浆降滤失剂、水泥浆密度调整外掺料和水泥浆防漏外掺料。

第二节　水泥浆密度及其调整

固井时，为使水泥浆能将井壁与套管间的钻井液替换得彻底，应要求水泥浆的密度大于钻井液密度，但又不能压漏地层。配制水泥浆时，水与水泥的质量比称为水灰比。水泥浆通常的水灰比在0.3~0.5，所配得水泥浆的密度则在1.8~1.9g/cm³。水泥浆的密度需根据地层实际情况调整至不同的范围。若水泥浆的密度不在所要求的范围内，可用水泥浆密度外掺料进行调整。水泥浆密度外掺料可进一步分为降低水泥浆密度的外掺料和提高水泥浆密度的外掺料。

一、降低水泥浆密度的外掺料

在低压油气层或易漏地层固井时，需在水泥浆中加入能降低水泥浆密度的外掺料。能降低水泥浆密度的外掺料有下列几种：

1. 黏土

黏土的固相密度（2.4~2.7g/cm³）低于水泥（3.1~3.2g/cm³）。若以部分黏土替代水泥配制水泥浆，就可降低水泥浆的密度，这是用密度较低的固体降低水泥浆密度的机理之一。此外，黏土还有其他密度较低固体所没有的优势，能降低水泥浆密度的稠化，即黏土（特别是钠膨润土）对水有优异的稠化作用，因此可大幅度增加水泥浆中的水含量，从而有效降低水泥浆密度。

黏土在水泥浆中的加入量一般为水泥质量的 2%~32%，可用于配制密度在 1.32~
1.79g/cm³ 的水泥浆。若配制水泥浆的水为淡水或低浓度盐水，则水泥浆密度降低外掺料
可选用膨润土；若配制水泥浆的水为高浓度盐水，则降低水泥浆的密度外掺料应使用坡缕
石或海泡石。

2. 粉煤灰

粉煤灰是粉煤燃烧产生的空心颗粒，主要组成为二氧化硅（表 4-5），粉煤灰固相密
度（为 2.1g/cm³）比水泥的固相密度低。

表 4-5　一种粉煤灰组成的分析结果

组成	SiO_2	Al_2O_3	Fe_2O_3	CaO	MgO	烧失量
质量分数,%	55~65	25~35	3~5	1~3	<4	<2

若用粉煤灰部分替代水泥配制水泥浆，就可降低水泥浆的密度。用粉煤灰可以配制密
度在 1.60~1.79g/cm³ 的水泥浆。

3. 膨胀珍珠岩

膨胀珍珠岩是通过珍珠岩高压熔融，然后迅速减压、冷却所产生的多孔性固体。固体
中的孔隙是由珍珠岩中的结晶水在高温减压时气化形成。膨胀珍珠岩的固相密度（约为
2.4g/cm³）低于水泥的固相密度，若以部分膨胀珍珠岩替代水泥配制水泥浆，就可降低
水泥浆的密度。用膨胀珍珠岩可配制密度在 1.1~1.2g/cm³ 的水泥浆。

4. 空心玻璃微珠

空心玻璃微珠是将熔融的玻璃通过特殊喷头喷出产生的，其粒径为 20~200μm，壁厚
为 0.2~0.4μm，表观密度为 0.4~0.6g/cm³。若用空心玻璃微珠部分替代水泥配制水泥
浆，就可降低水泥浆的密度。用空心玻璃微珠可以配制密度为 1.0~1.2g/cm³ 的水泥浆。
此外，也可用空心陶瓷微珠（表观密度约为 0.7g/cm³）和空心脲醛树脂微珠（表观密度
约为 0.5g/cm³）配制低密度水泥浆。

二、提高水泥浆密度的外掺料

在高压油气层固井时，需在水泥浆中加入提高水泥浆密度的外掺料。能提高水泥浆密
度的外掺料有两类：

1. 高密度固体粉末

高密度固体包括重晶石、菱铁矿、钛铁矿、磁铁矿、黄铁矿等。若将这些高密度固体
磨成一定粒度的粉末并加入水泥浆中，就可提高水泥浆的密度。用高密度固体粉末可配制
密度为 2.1~2.4g/cm³ 的水泥浆。

2. 水溶性盐

水溶性盐可以通过提高水相密度来提高水泥浆密度。水溶性盐主要选用氯化钠，可将
水泥浆密度提高到 2.1g/cm³。

此外，也可通过加入水泥浆减阻剂（详见后文），在保证水泥浆流变性的前提下，大
幅度降低水泥浆的水灰比，从而提高水泥浆的密度。

第三节　水泥浆稠化及稠化时间的调整

一、水泥浆的稠化

1. 水与水泥混合后的行为

水与水泥混合后的行为主要表现为水泥浆逐渐变稠，水泥浆的这种逐渐变稠的现象称为水泥浆稠化。水泥浆稠化的程度用稠度来表示。水泥浆的稠度是用稠化仪通过测定一定转速的叶片在水泥浆中所受的阻力得到的，单位为 Bc。水泥浆稠化速率用稠化时间来表示。稠化时间是指水与水泥混合后稠度达到100Bc所需的时间。为使水泥浆顺利注入井壁与套管之间的环空，应要求稠化时间等于注水泥浆施工时间（即从配水泥浆到水泥浆上返至预定高度的时间）加上 1h。水泥浆稠化时间由水泥浆稠度随时间变化的曲线决定。图4-2展示了一种典型水泥浆的稠度随时间变化的曲线。

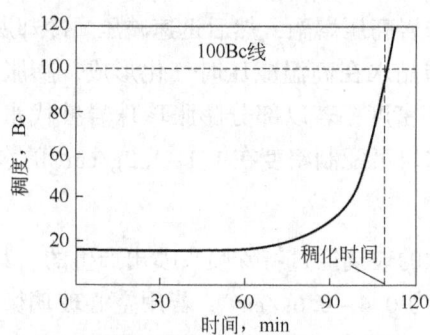

图4-2　水泥浆的稠度随时间变化的曲线

2. 水泥中各组成的水化反应

水泥浆稠化是由水泥水化引起的。在水中，水泥中各组成可发生下列水化反应：

$$3CaO \cdot SiO_2 + 2H_2O \longrightarrow 2CaO \cdot SiO_2 \cdot H_2O + Ca(OH)_2$$
　　　硅酸三钙

$$2CaO \cdot SiO_2 + H_2O \longrightarrow 2CaO \cdot SiO_2 \cdot H_2O$$
　　　硅酸二钙

$$3CaO \cdot Al_2O_3 + 6H_2O \longrightarrow 3CaO \cdot Al_2O_3 \cdot 6H_2O$$
　　　铝酸三钙

$$4CaO \cdot Al_2O_3 \cdot Fe_2O_3 + 7H_2O \longrightarrow 3CaO \cdot Al_2O_3 \cdot 6H_2O + CaO \cdot Fe_2O_3 \cdot H_2O$$
　　　铁铝酸四钙

水化产生的 $Ca(OH)_2$ 还可分别与 $CaO \cdot Al_2O_8$ 和 $CaO \cdot Al_2O_3 \cdot Fe_2O_3$ 发生水化反应：

$$3CaO \cdot SiO_2 + Ca(OH)_2 + (n-1)H_2O \longrightarrow 4CaO \cdot Al_2O_3 \cdot nH_2O$$
$$4CaO \cdot Al_2O_3 \cdot Fe_2O_3 + 4Ca(OH)_2 + 2(n-2)H_2O \longrightarrow 8CaO \cdot Al_2O_3 \cdot Fe_2O_3 \cdot 2H_2O$$

3. 水泥水化过程的阶段

根据水泥水化时的放热速率变化曲线（图4-3），可以将水泥水化划分为5个阶段：

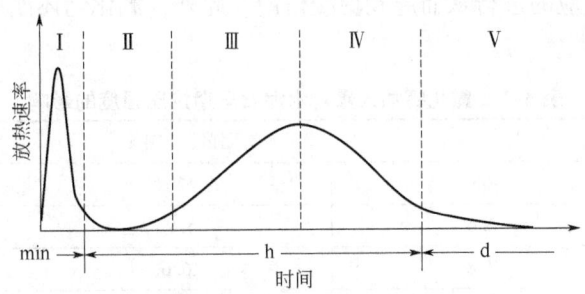

图 4-3 水泥水化时的放热速率随时间变化的曲线
Ⅰ—预诱导阶段；Ⅱ—诱导阶段；Ⅲ—固化阶段；Ⅳ—硬化阶段；Ⅴ—中止阶段

（1）预诱导阶段：在水与水泥混合后几分钟内，水泥干粉被水润湿并开始水化反应，放出大量的热（包括润湿热和反应热）。水化反应生成的水化物在水泥颗粒表面附近形成过饱和溶液并在表面析出，阻止了水泥颗粒进一步水化，使水化速率迅速下降而进入诱导阶段。

（2）诱导阶段：在此阶段水泥的水化速率很低。但由于水泥表面析出的水化物逐渐溶解（因它对水泥浆的水相并未达到饱和），所以此阶段后期的水化速率有所增加。

（3）固化阶段：在此阶段，水泥水化速率增加，产生大量的水化物，这些水化物首先溶于水中，随后饱和析出，在水泥颗粒间形成网络结构，使水泥浆固化。

（4）硬化阶段：在此阶段，水泥颗粒间的网络结构变得越来越密，水泥石的强度越来越大，因此渗透率越来越低，影响未水化的水泥颗粒与水的接触，使得水化速率越来越低。

（5）中止阶段：在此阶段，渗入水泥石的水越来越少，直至不能渗入，从而使水泥的水化停止，完成了水泥水化的全过程。

二、水泥浆稠化时间的调整

为满足施工要求，需调整水泥浆的稠化时间。能调整水泥浆稠化时间的物质称为调凝剂。

1. 水泥浆促凝剂

能缩短水泥浆稠化时间的调凝剂称为水泥浆促凝剂。氯化钙是典型的水泥浆促凝剂，它的加入量对水泥浆稠化时间的影响见表 4-6。

表 4-6 氯化钙加入量对水泥浆稠化时间的影响

$w(CaCl_2)$, %	稠化时间, min		
	32℃	40℃	45℃
0	240	180	152
2	77	71	61
4	75	62	59

从表 4-6 可以看到，氯化钙的加入可明显缩短水泥浆的稠化时间。氯化钙主要通过压缩析出水化物表面的扩散双电层，使其在水泥颗粒间形成有高渗透性的网络结构，有利

于水的渗入和水化反应的进行从而起到促凝作用。此外，氯化钙还能提高水泥石早期的抗压强度，见表4-7。

表4-7　氯化钙加入量对水泥石早期抗压强度的影响

$w(CaCl_2)$，%	抗压强度，MPa		
	6h	12h	24h
0	2.6	5.9	12.5
2	7.8	16.6	27.6
4	9.2	17.9	31.2

其他水溶性盐（如氯化物、碳酸盐、磷酸盐、硫酸盐、铝酸盐、低分子有机酸盐等）均具有与氯化钙类似的促凝作用。

2. 水泥浆缓凝剂

能延长水泥浆稠化时间的调凝剂称为水泥浆缓凝剂。水泥浆缓凝剂包括硼酸及其盐类，如硼酸、四硼酸钠和五硼酸钠等；膦酸及其盐类，如次氮基三亚甲基膦酸（ATMP）及其盐、次乙基羟基二膦酸（HEDP）及其盐和乙二胺四亚甲基膦酸（EDTMP）及其盐等；羟基羧酸及其盐类，如乳酸及其盐类、水杨酸及其盐、五倍子酸及其盐、苹果酸及其盐、酒石酸及其盐和柠檬酸及其盐等；木质素磺酸盐及其改性产物，如木质素磺酸钠、木质素磺酸钙和铁铬木质素磺酸盐等；水溶性聚合物，如钠羧甲基纤维素、羟乙基纤维素、钠羧甲基羟乙基纤维素等。

第四节　水泥浆的流变性、滤失性及其调整

一、水泥浆流变性及其调整

1. 水泥浆流变性

水泥浆具有与钻井液类似的流变性，这是由于水泥在水中与黏土在水中具有类似的带电性和凝聚性。水泥浆流变性与注入时水泥浆的流动阻力有关，也与水泥浆对钻井液的顶替效率和固井质量有关。水泥与黏土在水中的性质之所以类似，主要是因为水泥是以黏土为主要原料，且水泥颗粒也可以在水中产生羟基表面等。因此，描述钻井液流变性的几种流变模式也可用来描述水泥浆的流变性。

2. 水泥浆流变性的调整

由于水泥浆中固相含量很高，流动阻力很大，因此水泥浆流变性的调整主要是降低水泥浆的流动阻力。可用水泥浆减阻剂来降低水泥浆的流动阻力其作用机理与钻井液降黏剂相同，都是通过吸附提高水泥颗粒表面的负电性并增加水化层厚度，从而使水泥颗粒形成的结构拆散而起到减阻作用。水泥浆的减阻剂包括：

（1）羟基羧酸及其盐：如乳酸、五倍子酸、柠檬酸、水杨酸、苹果酸和酒石酸及这些酸的盐等。这类减阻剂具有热稳定性高、抗盐性强、缓凝作用好等特点。

（2）木质素磺酸盐及其改性产物：如木质素磺酸钠、木质素磺酸钙和铁铬木质素磺

酸盐等。这类减阻剂与羟基羧酸及其盐的特点类似，但使用时需加消泡剂消泡。

（3）烯类单体低聚物：如聚乙烯磺酸钠、聚苯乙烯磺酸钠、乙烯磺酸钠与丙烯酰胺共聚物、苯乙烯磺酸钠与顺丁烯二酸钠共聚物等。上述低聚物的分子量一般为 $(2\sim6)\times10^3$。该类减阻剂具有热稳定性高、不起泡、不缓凝和减阻效果好等特点。

（4）磺化树脂的低缩聚物：如磺化烷基萘甲醛树脂，这种磺化树脂的分子量为 $(2\sim4)\times10^3$。该类减阻剂具有烯类单体低聚物的特点，但具有一定的缓凝作用。

二、水泥浆滤失性及其控制

1. 水泥浆滤失性

与钻井液相似，水泥浆也存在滤失现象，且水泥浆的滤失速率比钻井液高得多。一般未加化学剂处理的水泥浆的常规滤失量大于 1500mL。水泥浆的滤失会导致水泥浆的流动性变差，而进入地层的滤液会伤害地层。不同的固井目的对水泥浆滤失量有不同的要求：一般固井要求常规滤失量小于 250mL；深井固井要求常规滤失量小于 50mL；油气层固井要求常规滤失量小于 20mL。此外，地层渗透性不同，对水泥浆滤失性的要求也不相同。渗透性越好的地层，要求水泥浆的滤失量越低。水泥浆的滤失理论及其影响因素与钻井液的相同。

2. 水泥浆滤失量的控制

为将水泥浆滤失量控制在要求的范围内，可加入水泥浆降滤失剂，有以下 3 类：

（1）固体颗粒：可将膨润土、石灰石、沥青和热塑性树脂等固体粉碎成不同粒度的颗粒，用作水泥浆降滤失剂。固体颗粒主要通过捕集机理和物理堵塞机理起降滤失作用。

（2）乳胶：乳胶是由乳液聚合所产生的分散体系。乳液聚合是制造聚合物的方法之一，该方法是在搅拌下借助乳化剂的作用将不溶于水的单体（或单体的低聚物）乳化在水中从而进行聚合反应，可制得各种均聚物（如聚氯乙烯、聚丁二烯）和共聚物（如丁二烯与苯乙烯共聚物）。乳胶中液珠的直径为 $0.05\sim0.50\mu m$。稳定乳胶是通过黏稠液珠在地层孔隙结构中所产生叠加的贾敏效应起降滤失作用的；不稳定乳胶则是通过液珠在地层孔隙表面成膜而降低地层的渗透率起降滤失作用的。

（3）水溶性聚合物：如聚乙烯醇、聚 N-乙烯吡咯烷酮、钠羧甲基纤维素、羟乙基纤维素、钠羧甲基羟乙基纤维素、钠羧甲基羟丙基纤维素等。水溶性聚合物主要通过增黏机理、吸附机理、捕集机理和物理堵塞机理起降滤失作用。水溶性聚合物使水泥浆降滤失的机理与水溶性聚合物使钻井液降滤失的机理相同。

第五节　气窜及其控制

气窜是固井过程中常遇到的问题，是指高压气层中的气体沿着水泥石与井壁、水泥石与套管间的缝隙进入低压层或上窜至地面的现象。

水泥石与井壁、水泥石与套管间之所以形成缝隙，是因为水泥浆在固化阶段和硬化阶段出现体积收缩现象而引起的。水泥中各组成水化后的体积（水泥中各组成体积加水体积）收缩率见表 4-8。

表 4-8　水泥中各组成水化后的体积收缩率

水泥中的组成	水化后体系体积收缩率, %
$3CaO \cdot SiO_2$	5.3
$2CaO \cdot SiO_2$	2.0
$3CaO \cdot Al_2O_3$	23.8
$4CaO \cdot Al_2O_3 \cdot Fe_2O_3$	10.0

显然，水泥浆在固化阶段和硬化阶段的体积收缩是水泥中各组成水化后发生体积收缩的综合结果。为了减小水泥浆在固化阶段和硬化阶段的体积收缩，可使用水泥浆膨胀剂（或称防气窜剂）。下面是几种常用的水泥浆膨胀剂：

一、半水石膏

将半水石膏加入水泥浆后，它首先水化生成二水石膏，然后与铝酸三钙水化物反应生成钙矾石：

$$CaSO_4 \cdot 1/2H_2O + 3/2H_2O \longrightarrow CaSO_4 \cdot 2H_2O$$
半水石膏

$$3CaO \cdot Al_2O_3 + 6H_2O \longrightarrow 3CaO \cdot Al_2O_3 \cdot 6H_2O$$
铝酸三钙

$$3(CaSO_4 \cdot 2H_2O) + 3CaO \cdot Al_2O_3 \cdot 6H_2O + 20H_2O \longrightarrow 3CaO \cdot Al_2O_3 \cdot 3CaSO_4 \cdot 32H_2O$$
钙矾石

反应生成的钙矾石分子中含有大量的结晶水，体积膨胀，抑制了水泥浆的体积收缩。

二、铝粉

将铝粉加入水泥浆后，它可与氢氧化钙反应产生氢气：

$$2Al + Ca(OH)_2 + 2H_2O \longrightarrow Ca(AlO_2)_2 + 3H_2 \uparrow$$

反应产生的氢气分散在水泥浆中，使水泥浆的体积膨胀，抑制了水泥浆的体积收缩。由铝粉引起的水泥浆的体积膨胀率见表 4-9。

表 4-9　由铝粉引起的水泥浆体积膨胀率

$w(Al)$, %	水泥浆体积膨胀率, %	
	0.10MPa	27.7MPa
0.05	11.8	0.71
0.10	17.9	0.91
0.25	24.0	1.64
0.50	56.5	2.64
1.00	57.2	5.17

三、氧化镁

将氧化镁加入水泥浆后，它可与水反应生成氢氧化镁：

$$MgO+H_2O \longrightarrow Mg(OH)_2$$

由于氧化镁的固相密度为 $3.58g/cm^3$，氢氧化镁的固相密度为 $2.36g/cm^3$，所以氧化镁水化后体积增大，可以抑制水泥浆的体积收缩。图 4-4 展示了由氧化镁引起的水泥浆体积膨胀率随时间和温度的变化趋势，可以发现，由氧化镁引起的水泥体积膨胀率随温度升高而增大，因此，氧化镁适用于高温固井。

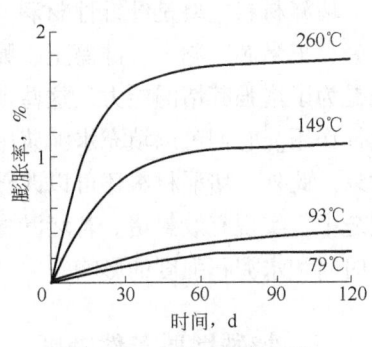

图 4-4 由氧化镁引起的
水泥浆体积膨胀率

为了减小水泥石的渗透性，防止气体渗漏，还可在水泥浆中加入水溶性聚合物、水溶性表面活性剂和胶乳等。水溶性聚合物通过提高水相黏度或物理堵塞来减小水泥石的渗透性；水溶性表面活性剂通过气体渗入水泥石孔隙后产生泡沫的叠加贾敏效应可以减小水泥石的渗透性；胶乳则通过黏稠的聚合物油珠在水泥石的孔隙中产生的叠加贾敏效应和（或）通过成膜作用来减小水泥石的渗透性。

第六节　水泥浆漏失及其处理

水泥浆的漏失是油田工程中一个常见的挑战，漏失一般应控制在钻井阶段，即在钻井液循环过程中就必须将漏失地层堵好。但由于水泥浆的密度比相应钻井液的密度大，因此在注水泥浆过程中有时仍会发生水泥浆漏失。对水泥浆漏失，可采取以下方法处理：

一、尽量减小水泥浆的密度或减小水泥浆的流动压降

减小水泥浆的密度有助于降低其对地层孔隙或裂缝的渗透压力。当水泥浆的密度降低时，它在地层中产生的静压力也相应减小，这降低了水泥浆进入地层孔隙或裂缝的可能性，从而降低了漏失的风险。减小水泥浆密度的方法包括使用轻质材料作为水泥浆的添加剂，或者优化水泥浆的配方以减小其整体密度。

此外，减小水泥浆的流动压降也是防止漏失的重要措施。流动压降是指在水泥浆流动过程中由于摩擦和阻力而产生的压力损失。通过减小流动压降，可以确保在注水泥浆时井下压力保持在较低水平，从而避免对地层产生过大的压力。可以通过优化水泥浆的流动性能来实现减小流动压降，例如调整水泥浆的黏度、使用减阻剂等。通过减小水泥浆的密度和流动压降，我们可以确保在注水泥浆过程中井下压力始终低于相应钻井液循环时的最大井下压力。这种压力控制方法不仅有助于减少水泥浆的漏失，还可以确保水泥浆能够均匀地分布在井眼中，提高固井质量。

二、在注水泥浆前注入加有堵漏材料 N—的隔离液，并在水泥浆中也加入堵漏材料

隔离液的使用是为了在水泥浆与地层之间形成一个临时的隔离层。这个隔离层可以有效地阻止水泥浆直接接触到地层的孔隙和裂缝，从而降低了水泥浆漏失的可能性。通过在隔离液中加入堵漏材料 N—，可以进一步增强隔离液的堵漏效果。堵漏材料 N—通常具有

优良的吸附性和填充性，能够迅速填充地层的微小孔隙和裂缝，形成一道坚实的屏障。

堵漏材料主要是纤维性材料（如短棉绒、石棉纤维）或颗粒性材料（如核桃壳、花生壳、玉米芯、黏土、硅藻土、膨胀珍珠岩、石灰岩等的颗粒）。水泥浆中加入堵漏材料也是为了增强其堵漏能力。这些堵漏材料能够与水泥浆混合均匀，并在水泥浆凝固过程中发挥作用。它们可以填充水泥浆中的空隙，增加水泥石的密实度，从而提高水泥浆的封堵效果。此外，堵漏材料还可以改善水泥浆的流动性能，使其更容易进入地层的微小孔隙和裂缝中，实现有效封堵。若堵漏材料为表面活性材料（如黏土），则要注意其对水泥浆稠化时间和水泥石强度的影响。

三、特殊地质条件处理

对于溶洞及浅部破碎带等特殊地质条件，可以采用隔离法处理水泥浆漏失，即下套管隔离处理。

第七节　水泥浆体系简介

水泥浆体系是指一般地层和特殊地层固井用的各类水泥浆。图 4-5 列出了水泥浆体系中的各类水泥浆，下面对图中所列的各类水泥浆做简要说明。

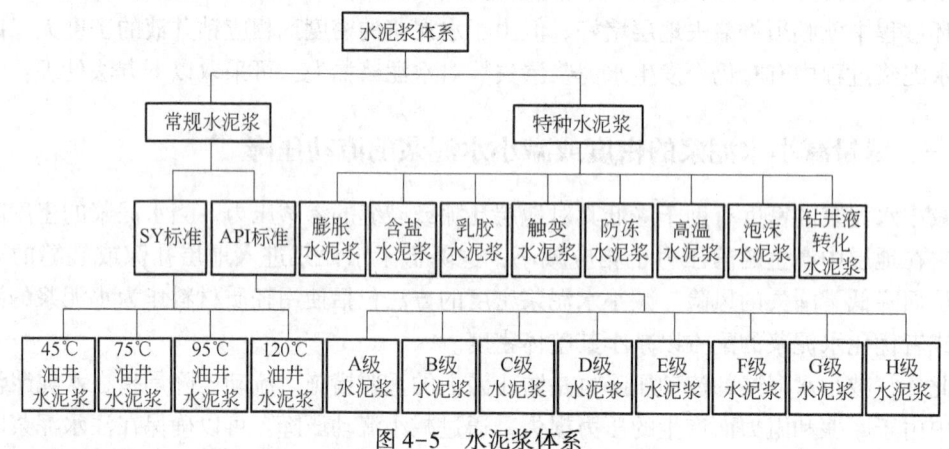

图 4-5　水泥浆体系

一、常规水泥浆

由水泥（包括 API 标准中的 8 种油井水泥和 SY 标准中的 4 种水泥）、淡水及一般水泥浆外加剂与外掺料配成，适用于一般地层的水泥浆称为常规水泥浆。这类水泥浆的配制和施工都较简单。

二、特种水泥浆

适用于特殊地层的水泥浆称为特种水泥浆。本节介绍一些重要的特种水泥浆。

1. 膨胀水泥浆

膨胀水泥浆是以水泥浆膨胀剂为主要外加剂的水泥浆。该类水泥浆在固化时，能产生轻度的体积膨胀，克服常规水泥浆固化时体积收缩的缺点，改善水泥石与井壁和水泥石与套管间的连接，防止气窜发生。常用水泥浆膨胀剂为半水石膏、铝粉、氧化镁等，加有这些水泥浆膨胀剂的水泥浆分别称为半水石膏水泥浆、铝粉水泥浆、氧化镁水泥浆等。

2. 含盐水泥浆

含盐水泥浆是以无机盐为外加剂的水泥浆，常用的无机盐为氯化钠和氯化钾。该类水泥浆适用于岩盐层和页岩层的固井。

3. 乳胶水泥浆

乳胶水泥浆是以乳胶为主要外加剂的水泥浆。水泥浆中的乳胶可提高水泥石与井壁、水泥石与套管间的胶结强度，降低水泥浆的滤失量和水泥石的渗滤性，因而有良好的防气窜性能。

4. 触变水泥浆

触变水泥浆是以触变性材料做外掺料的水泥浆。半水石膏是最常用的触变性材料。若在水泥浆中加入占水泥质量 8%～12% 的半水石膏，就可配得触变性水泥浆。由于半水石膏水化物可与铝酸三钙水化物反应生成钙矾石，这种针状结晶钙矾石可沉积在水泥颗粒间形成凝胶结构，但这种凝胶结构极易被切力所破坏而恢复水泥浆的流动状态，若消除切力它又逐渐建立起凝胶结构，因此半水石膏的加入可使水泥浆具有触变性。触变水泥浆主要用于易漏地层的固井，当触变水泥浆进入漏失层时，水泥浆前缘流速逐渐减慢而逐渐形成凝胶结构，使流动阻力逐渐增加，直至水泥浆不再进入漏失层。水泥浆固化后，漏失层即被有效地堵住。

由于钙矾石生成时体积膨胀，可以补偿水泥浆固化时体积的收缩，因此用半水石膏配得的触变水泥浆还可用于易发生气窜地层的固井。

5. 防冻水泥浆

防冻水泥浆是以防冻剂和促凝剂为主要外加剂的水泥浆。加入防冻剂的目的是使水泥浆在低温（低于-3℃）下仍有良好的流动性；加入促凝剂的目的是使水泥浆在低温下仍有满足施工要求的稠化时间和产生足够强度的水泥石。最常用的防冻剂是无机盐（如氯化钠、氯化钾）和低分子醇（如乙醇、乙二醇），最常用的低温促凝剂为铝酸钙和石膏。

6. 高温水泥浆

高温水泥浆是以活性二氧化硅为外掺料，能用于高温（高于110℃）地层固井的水泥浆。常规水泥浆之所以不适用于高温，是因为高温下水泥水化物中的 $2CaO \cdot SiO_2 \cdot H_2O$ 会由 β 晶相转变为 α 晶相，体积收缩，破坏水泥石的完整性，导致水泥石抗压强度下降和渗透率增大。高温水泥浆中活性二氧化硅外掺料的加入量为水泥质量的 35%，可降低水泥浆中氧化钙对二氧化硅物质的量的比值，抑制 $2CaO \cdot SiO_2 \cdot H_2O$ 由 β 晶相向 α 晶相的转变，并生成一系列耐温、低渗透、高强度的水化物，如在 110℃ 生成 $5CaO \cdot 6SiO_2 \cdot 5H_2O$（雪硅钙石），在 150℃ 生成 $6CaO \cdot 6SiO_2 \cdot H_2O$（硬硅钙石）等。

硅灰为活性二氧化硅的主要来源。硅灰是在硅合金炼制中得到的副产物，它的主要组成为二氧化硅（表4-10）。硅灰比表面积高（15～20m²/g，为水泥比表面积的50～60倍），是理想的活性二氧化硅材料。以硅灰为外掺料的水泥浆称为硅灰水泥浆，可用于高温地层固井。

表4-10　硅灰的组成

组成	w（组成），%	组成	w（组成），%
SiO_2	85～98	Al	0.1～1.0
C	0.5～2.5	Fe	0.1～2.5
K	0.2～3.5	Ti	0.001～0.03
Na	0.1～1.5	P	0.005～0.1
Mg	0.1～2.5	S	0.002～0.5
Ca	0.1～0.5		

7. 泡沫水泥浆

泡沫水泥浆是由水、水泥、气体、起泡剂和稳泡剂配成的。其中，可用的气体为氮气或空气；可用的起泡剂为水溶性表面活性剂（如烷基苯磺酸盐、烷基硫酸酯钠盐、聚氧乙烯烷基苯酚醚等）；可用的稳泡剂为水溶性聚合物（如钠羧甲基纤维素、羟乙基纤维素等）。泡沫水泥浆的优点是密度低、强度高，适用于高渗透层、裂缝层、溶洞层的固井。

8. 钻井液转化水泥浆（MTC）

可在钻井液中加入高炉矿渣（简称矿渣）、能提高pH值的活化剂和其他外加剂（如减阻剂和缓凝剂）等可配成水泥浆，这种水泥浆称为钻井液转化水泥浆。配制时使用的矿渣是炼钢过程产生的废渣，主要组成为CaO、SiO_2和Al_2O_3。一种有代表性的矿渣的组成见表4-11其组成与水泥相近，不同的是其必须在pH值超过12的条件下使用，因为在此碱性条件下，矿渣的主要组成首先溶解、水化，然后析出形成网络结构，使体系固化。

表4-11　一种有代表性矿渣的组成

组成	CaO	SiO_2	Al_2O_3	MgO	Fe_2O_3
w（组成），%	37.62	34.39	11.43	10.95	3.72

钻井液转化水泥浆是利用矿渣在碱性条件下固化的特性配成的。若在钻井液中首先加入矿渣，使其在钻井过程中能在井壁表面形成含矿渣的滤饼，然后在固井时，加入能提高体系pH值的活化剂（如氢氧化钠、氢氧化钾、碳酸钠等）和其他外加剂，就可将钻井液转化为水泥浆用于固井。滤饼中的矿渣也可在活化剂的作用下固化，提高固井质量。这种钻井液转化水泥浆在固井中的使用可减少水泥浆外加剂的用量，并可减少废弃钻井液对环境的污染。

复习思考题

1. 水泥浆的功能和组成是什么？

2. 怎么调整水泥浆的密度？

3. 水泥浆稠化是什么？怎么调整？

4. 水泥浆的流变性是什么？怎么控制？
5. 水泥浆的滤失性是什么？怎么控制？
6. 什么是气窜？
7. 水泥浆漏失怎么处理？
8. 特种水泥有哪些？

第五章 油层的化学改造

油层的化学改造是油田开发过程中的重要技术手段，旨在提高原油采收率，解决采收率低的问题。这一技术主要针对油层中存在的各种问题，如地层非均质性、油层亲水亲油性不统一、地层吸水膨胀、地层孔隙堵塞等，以及油井和水井中出现的砂、蜡、水、稠、低等问题。

第一节 概述

原油的采收率低，用注水方法（水驱）开采时原油采收率一般只能达到 30% ~ 40%，大部分原油仍留在地下采不出来。原油采收率低的原因是油层的不均质性，使驱油剂沿高渗透层突入油井而波及不到渗透率较小的油层。这里涉及一个波及系数的概念。波及系数是指驱油剂波及的油层容积与整个油层含油容积的比值。但是，驱油剂波及的油层，由于油层表面的润湿性和毛细管的阻力效应（贾敏效应），油也不可能全采出来，因而又有一个洗油效率的概念。洗油效率是指驱油剂波及的油层所采出的油量与这部分油层储量的比值。根据波及系数和洗油效率的概念，可以得出：

$$原油采收率 = 波及系数 \times 洗油效率$$

因此，提高原油采收率有两个途径，即提高波及系数或提高洗油效率。

提高波及系数的主要方法是改变驱油剂和（或）油的流度。流度是流体通过孔隙介质能力的一种量度，它的定义式为

$$\lambda = K/\mu \tag{5-1}$$

式中　λ——流体的流度，D/P（达西/泊）；

　　　K——孔隙介质对流体的有效渗透率，D；

　　　μ——流体的黏度，P（泊）或 Pa·s。

驱油剂的流度远大于油的流度，因此驱油时，驱油剂易于沿高渗透层突入油井。为了提高驱油剂的波及系数，必须减小驱油剂的流度和（或）增加油的流度。

提高洗油效率的主要方法是改变岩石表面的润湿性和减小毛细管阻力效应的不利影响。

至今已发展形成了 4 种提高原油采收率的方法。

一、化学驱油法（化学驱）

化学驱油法主要包括聚合物驱油法（聚合物驱）、表面活性剂驱油法（表面活性剂驱）、碱驱油法（碱驱）和它们的组合驱油法（复合驱）。

二、混相驱油法（混相驱）

混相驱油法主要包括烃类混相驱油法（烃类混相驱）和非烃类混相驱油法（非烃类混相驱）。

三、热力采油法（热采）

热力采油法主要包括热水驱油法（热水驱）、蒸汽驱油法（蒸汽驱）和油层就地燃烧法（火烧油层）。

四、微生物采油法（微生物驱）

微生物采油法主要包括激活油藏本源微生物的采油法和注入适合微生物的采油法。

由于化学驱油法和混相驱油法与化学密切相关，所以本章只介绍这两种驱油法。

第二节 聚合物驱

一、聚合物驱的概念

聚合物驱是以聚合物溶液作驱油剂的驱油法，也被称为聚合物溶液驱、聚合物强化水驱、稠化水驱和增黏水驱，通过向地层中注入含有特定水溶性高分子聚合物的溶液，实现原油采收率的显著提升。

在聚合物驱的过程中，聚合物溶液发挥着至关重要的作用。这些聚合物能够显著提高驱替液的黏度，降低驱替液与被驱替液之间的流度比，从而有效扩大波及体积。这意味着更多的原油可以被驱替出来，进而提高采收率。此外，聚合物还具备黏弹性，能够在流动过程中对油膜或油滴产生拉伸作用，增强携带力，进一步提高微观洗油效率。

二、聚合物驱用的聚合物

聚合物驱主要利用两类聚合物：（1）部分水解聚丙烯酰胺（HPAM）；（2）生物聚合物黄胞胶（XC）。黄胞胶虽然耐温已达 93℃，但考虑到生物稳定性，驱油用的聚合物主要是部分水解聚丙烯酰胺。为了提高部分水解聚丙烯酰胺对驱油剂流度的控制能力，其分子量可超过 2.5×10^7，水解度高达 35%。为了适应高温（大于 90℃）、高盐（大于 3×10^4mg/L）油藏的聚合物驱，研究了以丙烯酰胺为主要链节，但带环状结构、带强亲水基团和带可缔合烃链等链节的共聚物。

三、聚合物对水的稠化能力

图 5-1 展示了聚合物溶液黏度随聚合物质量浓度变化的关系。可以看到，HPAM 与 XC 对水有优异的稠化能力。

聚合物对水的稠化能力是由下列原因产生的：

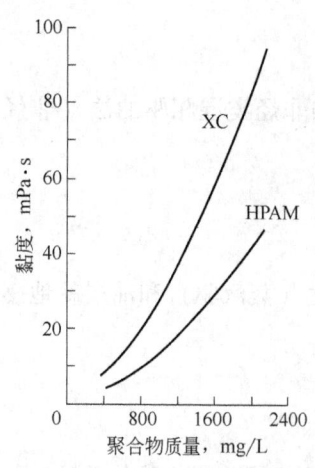

图 5-1　HPAM 和 XC 对水的稠化
[黏度在 23℃，6r/min，
$w(NaCl)$ 为 1% 的条件下测得]

（1）当聚合物超过一定浓度时，聚合物分子会互相纠缠形成结构，产生结构黏度；

（2）聚合物链中的亲水基团在水中溶剂化（水化）；

（3）若为离子型聚合物，则可在水中解离，形成扩散双电层，产生许多带电符号相同的链段（由若干链节组成，是链中能独立运动的最小单位），使聚合物分子在水中形成松散的无规线团，因而具有好的增黏能力。

四、聚合物溶液的黏弹性

聚合物溶液的黏弹性是聚合物在流动过程中所表现出来的一种特殊性质，它结合了液体的黏流特性和固体材料的弹性性质。这种黏弹性使得聚合物溶液在受到外力作用时，既能够像液体一样流动，又能够像固体一样表现出一定的弹性。聚合物溶液的弹性可在它通过岩心的孔喉结构受到拉伸时表现出来，如图 5-2 所示。

聚合物溶液的弹性是由拉伸作用下聚合物分子采取较伸直的构象，而在拉伸作用消失后聚合物分子采取较蜷曲的构象所引起的。

可用黏弹仪（如 Haake RS150 型黏弹仪）测定聚合物溶液的黏弹性。测定时，用小振幅振荡方式向聚合物溶液施加正弦变化的剪切，测得相应的应力与应变随时间的变化，由此算得储能模量（G'）和损耗模量（G''）。前者与聚合物溶液的弹性相关，后者与聚合物溶液的黏性相关。对比储能模量与损耗模量的大小，就可判别聚合物溶液在该条件下的黏性与弹性究竟哪个占主要地位。

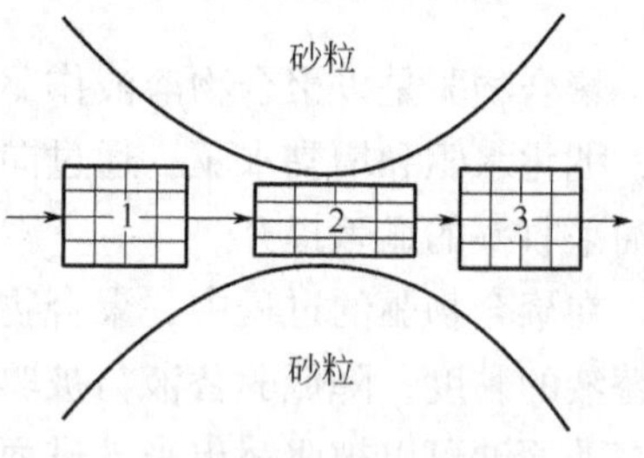

图 5-2　聚合物溶液通过孔喉
结构时表现出的弹性
1—用此网格表示聚合物分子受拉伸前的状态；
2—用此网格表示聚合物分子受拉伸时的状态；
3—用此网格表示聚合物分子受拉伸后的状态

五、聚合物在孔隙介质中的滞留

聚合物可通过吸附和捕集两种形式在孔隙介质中滞留。

1. 吸附

吸附是聚合物分子通过色散力、氢键等作用力而浓集在岩石孔隙结构表面的现象。

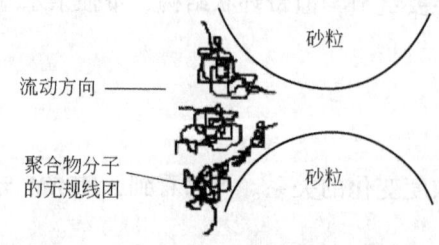

图 5-3　聚合物分子在孔隙中的捕集

2. 捕集

捕集是直径小于孔隙直径的聚合物分子的无规线团通过"架桥"而留在孔隙中的现象，如图 5-3 所示。

由于聚合物分子在孔隙结构中滞留，增加了流体在孔隙结构中的流动阻力，所以岩石对水的有效渗透率减小。

六、聚合物的盐敏效应

聚合物的盐敏效应是指盐对聚合物溶液黏度产生特殊影响的效应，如图5-4所示。由图5-4可以看到，盐的含量对HPAM溶液的黏度具有明显影响。

HPAM的盐敏效应是由于HPAM周围由羧基与钠离子所形成的扩散双电层受到盐的压缩作用所引起的。加入盐前，HPAM的扩散双电层使链段带负电而互相排斥，HPAM分子形成松散的无规线团，因而对水有好的稠化能力；加入盐后，盐对扩散双电层的压缩作用使链段的负电性减小，HPAM分子形成紧密的无规线团，因而对水的稠化能力大大减小。

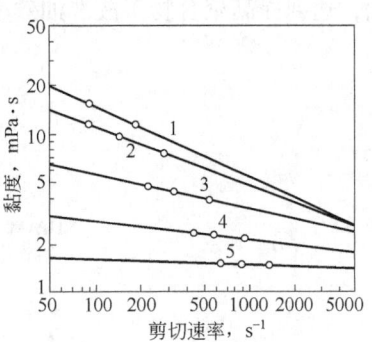

图5-4 HPAM的盐敏效应

$w(NaCl)$：1—0；2—0.01%；3—0.1%；4—0.5%；5—10%

七、聚合物驱提高原油采收率机理

聚合物驱通过两种机理起到提高原油采收率的作用。

1. 减小水油流度比机理

聚合物驱是通过减小水油流度比，起提高原油采收率的作用。根据流体流度的概念，可以得到水油流度比的定义式

$$M = \frac{\lambda_w}{\lambda_o} = \frac{K_w/\mu_w}{K_o/\mu_o} = \frac{K_w \mu_o}{K}$$ (5-2)

式中 M——水油流度比；

λ_w、λ_o——水、油的流度；

K_w、K_o——水、油的有效渗透率；

μ_w、μ_o——水、油的黏度。

从式(5-2)可知，聚合物驱通过对水的稠化增加水的黏度，通过在孔隙介质中的滞留减小孔隙介质对水的渗透率，实现减小水油流度比、增加波及系数，从而提高原油采收率。

从平板模型的驱油试验结果（图5-5）可以看到，聚合物驱比水驱有更大的波及系数，因此具有更高的原油采收率。

2. 聚合物溶液黏弹性驱油机理

图5-6展示了聚合物溶液黏弹性驱油机理。可以看到，当聚合物溶液经过孔喉结构受拉伸作用时，溶液中的聚合物分子采取较伸直的构象，但当它离开孔喉结构时拉伸消失，溶液中聚合物分子则采取较蜷曲的构象，从而使溶液向流动方向的法线方向膨胀，显示出弹性，驱出水驱不能驱出的砂粒间的剩余

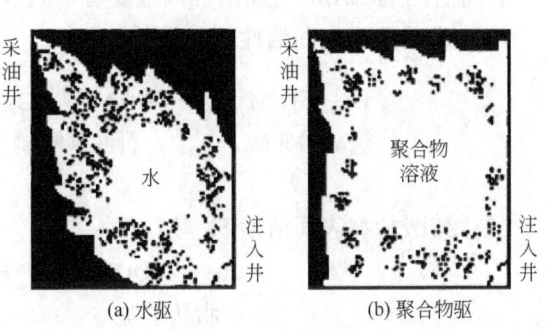

(a) 水驱   (b) 聚合物驱

图5-5 水驱与聚合物驱的波及系数

油，达到提高聚合物溶液洗油效率的目的。

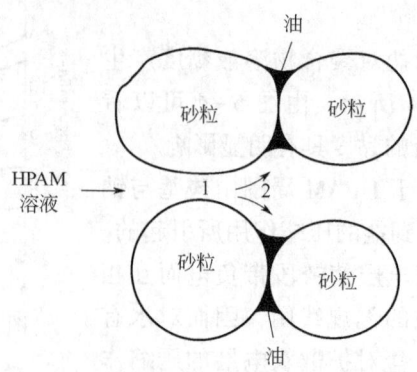

图 5-6　聚合物溶液弹性起驱油作用

1—聚合物溶液受拉伸作用位置；2—聚合物溶液弹性起作用位置，该弹性可将砂粒间的油驱出

目前，聚合物驱的矿场试验所用的聚合物主要为 HPAM，使用的质量浓度在 800～2000mg/L 范围，注入量一般为 0.30～0.60 倍的孔隙体积。聚合物驱已有许多成功的矿场试验案例取得了很好的强化采油效果。

第三节　表面活性剂驱

一、表面活性剂驱的概念

表面活性剂驱是以表面活性剂体系作为驱油剂的驱油法。

驱油用的表面活性剂体系有稀表面活性剂体系和浓表面活性剂体系。其中，前者包括活性水和胶束溶液；后者包括水外相微乳、油外相微乳和中相微乳（总称为微乳）。因此，表面活性剂驱又可分为活性水驱、胶束溶液驱和微乳驱。

由于泡沫驱、乳状液驱是用表面活性剂稳定驱油用的泡沫和乳状液，所以也纳入表面活性剂驱范畴。

二、表面活性剂驱用的表面活性剂

表面活性剂驱用的表面活性剂主要有下列 4 类：

（1）磺酸盐型表面活性剂，如：

$$R—SO_3M \qquad R—Ar—SO_3M$$

烷基磺酸盐　　　　　石油磺酸盐

$$R—\bigcirc—SO_3M$$

烷基苯磺酸盐

（2）羧酸盐型表面活性剂，如：

$$R——COOM \qquad R—Ar—COOM$$

脂肪酸盐　　　　　石油羧酸盐

（3）聚醚型表面活性剂，如：

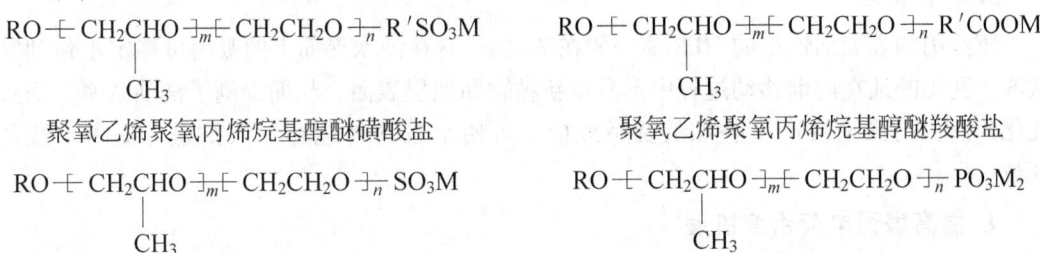

平平加型表面活性剂 　　　　　　　　　OP型表面活性剂

Tween型表面活性剂

（4）非离子—阴离子型两性表面活性剂，如：

$$RO \text{---} CH_2CHO \text{---}_m CH_2CH_2O \text{---}_n R'SO_3M$$
$$\qquad\qquad\quad CH_3$$

聚氧乙烯聚氧丙烯烷基醇醚磺酸盐

$$RO \text{---} CH_2CHO \text{---}_m CH_2CH_2O \text{---}_n R'COOM$$
$$\qquad\qquad\quad CH_3$$

聚氧乙烯聚氧丙烯烷基醇醚羧酸盐

$$RO \text{---} CH_2CHO \text{---}_m CH_2CH_2O \text{---}_n SO_3M$$
$$\qquad\qquad\quad CH_3$$

聚氧乙烯聚氧丙烯烷基醇醚硫酸酯盐

$$RO \text{---} CH_2CHO \text{---}_m CH_2CH_2O \text{---}_n PO_3M_2$$
$$\qquad\qquad\quad CH_3$$

聚氧乙烯聚氧丙烯烷基醇醚磷酸酯盐

上述分子式中，R 为烷基；Ar 为芳香基；M 为 Na^+、K^+、NH_4^+ 等。由于地层表面黏土粒子通常带负电，为了减少表面活性剂的损耗，驱油用的表面活性剂一般不用阳离子型表面活性剂或非离子—阳离子型表面活性剂。

三、活性水驱

以活性水作为驱油剂的驱油法叫活性水驱，是最简单的表面活性剂驱。活性水属稀表面活性剂体系，其表面活性剂浓度小于临界胶束浓度。活性水驱是通过下列机理来提高原油采收率的。

1. 低界面张力机理

表面活性剂在油水界面吸附，可以降低油水界面张力。由黏附功公式可以看到，油水界面张力的降低，意味着黏附功的减小，即油易从地层表面被洗下来，从而提高了洗油能力。

$$W = \sigma(1 + \cos\theta) \tag{5-3}$$

式中　　W——黏附功，J/m^2；

　　　　σ——油水界面张力，N/m；

　　　　θ——油对地层表面的润湿角，（°）。

2. 润湿反转机理

驱油用表面活性剂的亲水性大于亲油性，它们在地层表面吸附，可使亲油的地层表面由天然表面活性物质通过吸附形成反转为亲水表面，使油对地层表面的润湿角增加（图5-7）。从式（5-3）可以看到，油对地层表面润湿角的增加，可减小黏附功，即可提高洗油效率。

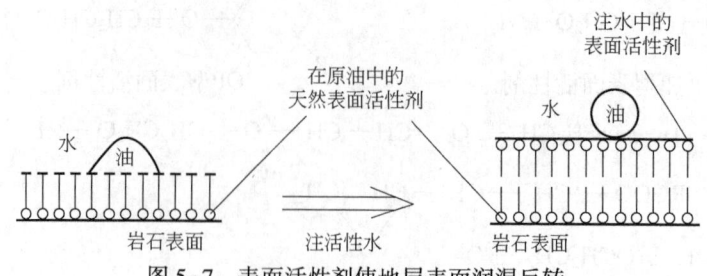

图 5-7　表面活性剂使地层表面润湿反转

3. 乳化机理

驱油用的表面活性剂的 HLB 值一般在 7~18，它在油水界面上的吸附可稳定水包油乳状液。乳化的油在向前移动过程中不易重新黏附回地层表面，从而提高了洗油效率。而且乳化的油在高渗透层产生叠加的贾敏效应，可使水较均匀地在地层推进，提高了波及系数。

4. 提高表面电荷密度机理

当驱油表面活性剂为阴离子型（或非离子型—阴离子型）表面活性剂时，它们在油珠和岩石表面上吸附，可提高表面的电荷密度，增加油珠与岩石表面之间的静电斥力，使油珠易被驱动介质带走，提高了洗油效率。

5. 聚并形成油带机理

若从地层表面洗下来的油越来越多，则它们在向前移动时可发生相互碰撞。当碰撞的能量能克服它们之间的静电斥力时，就可聚并形成油带，如图 5-8 所示，油带在向前移动时又不断地将分散的油聚并进来，使油带不断扩大，最后从油井采出。需要注意的是，由于活性水中表面活性剂浓度低，加上它在地层表面吸附会引起损耗，所以要使活性水起到影响地层的作用，就必须用大段塞。

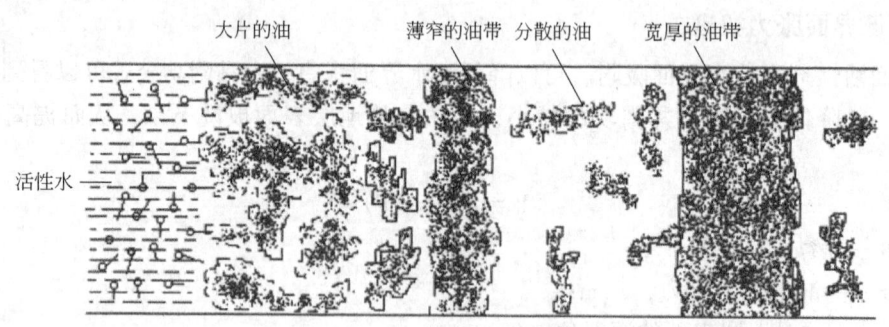

图 5-8　活性水驱作用下油带的形成

四、胶束溶液驱

以胶束溶液作为驱油剂的驱油法称为胶束溶液驱，它是介于活性水驱和微乳驱之间的一种表面活性剂驱。胶束溶液也属于稀表面活性剂体系，其中表面活性剂浓度大于临界胶束浓度，但其质量分数不超过 2%。为了降低胶束溶液与油之间的界面张力，在胶束溶液中，除了表面活性剂外，还需要加入异丙醇（或正丁醇）和氯化钠。与活性水相比，胶束溶液有两个特点：①表面活性剂浓度超过临界胶束浓度，因此溶液中有胶束存在；②胶束溶液中除表面活性剂外，还加入了醇和盐等助剂。

胶束溶液驱不仅具有活性水驱的全部作用机理，还增加了由于胶束存在而产生的增溶机理。胶束可以增溶油，因而提高了胶束溶液的洗油效率。此外，醇和盐等助剂的加入调整了油相和水相的极性，使表面活性剂的亲油性和亲水性得到充分平衡，从而最大限度地吸附在油水界面上，产生超低（低于 10^{-2} mN/m）的界面张力，强化了胶束溶液驱油的低界面张力机理。

五、微乳驱

微乳驱是以微乳作为驱油剂的驱油法。微乳属于浓表面活性剂体系，包括两种基本类型（水外相微乳和油外相微乳）和一种过渡类型（中相微乳）。其中，水外相微乳用水溶性表面活性剂配制，它是溶有油的表面活性剂胶束分散在水中所形成的分散体系。油外相微乳用油溶性表面活性剂配得，它是溶有水的表面活性剂胶束分散在油中所形成的分散体系。

由于表面活性剂的亲水性与亲油性不仅取决于其结构中的亲水部分和亲油部分，还取决于其使用温度、油的性质（如烃的碳数）、水中的电解质（种类和浓度）和体系中的助表面活性剂（种类和浓度）等因素。因此微乳的基本类型可在上述因素的影响下发生相互转化。例如，加入盐（如氯化钠）后，用石油磺酸盐配成的水外相微乳可转变为油外相微乳；反之，除去盐体系可发生相反的转化。在微乳基本类型转变过程中，一般需要经过中相微乳这一过渡类型，如图 5-9 所示。

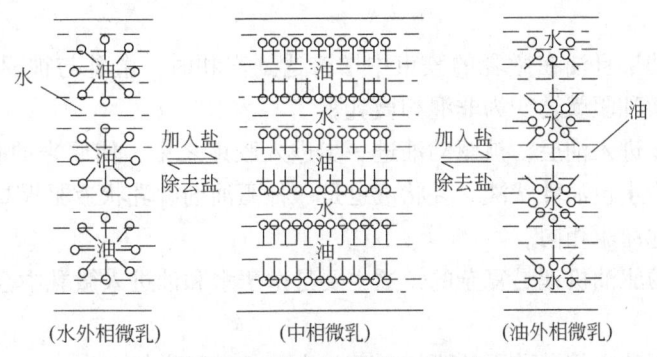

图 5-9　微乳类型的相互转化

微乳与乳状液有区别：微乳体系中的油和水是增溶在表面活性剂胶束之中的，所以是稳定分散体系；乳状液中由于油与水间存在界面，所以是不稳定体系。微乳虽与乳状液不同，但在一定条件下可以发生相互转化（图 5-10）。

配制微乳需用三个主要成分（油、水和表面活性剂）和两个辅助成分（助表面活性剂和电解质）。

其中，配制微乳的油可用原油或它的馏分（如汽油、煤油、柴油）；水可用淡水或盐水；配制微乳的表面活性剂可用阴离子型、非离子型和非离子—阴离子型表面活性剂，但最好使用石油磺酸盐（钠盐或铵盐）。

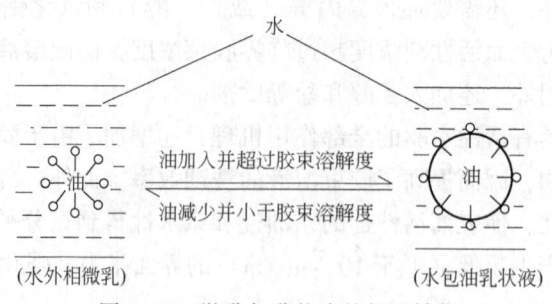

图 5-10　微乳与乳状液的相互转化

配制微乳的助表面活性剂最好用醇，也可用酚。助表面活性剂除可调整水和油的极性（水溶性醇可减小水的极性，油溶性醇可增加油的极性）外，还参与形成胶束，增加胶束的空间，提高胶束对油或水的增溶能力。电解质可用无机的酸、碱、盐，但最好用盐（如氯化钠、氯化钾、氯化铵等）。电解质是通过减小表面活性剂和助表面活性剂极性部分的溶剂化程度，使胶束在更低的表面活性剂浓度下就可形成，同时使微乳与油或水产生超低界面张力。

微乳可用于驱油，以微乳作驱油剂的驱油法称为微乳驱。

微乳驱可通过不同的机理来提高原油采收率。

以水外相微乳为例，分析微乳驱的机理。当微乳与油层接触时，由于它是水外相，可与水混溶（均相），而其胶束可增溶油，所以其也可与油混溶（均相）。因此，水外相微乳与油层刚接触时的驱动属于混相微乳驱。这种驱动有两个特点：（1）微乳与水和油没有界面，即界面张力为零，毛细管阻力不存在，因此微乳驱的波及系数大于水驱、活性水驱和胶束溶液驱；（2）微乳与油完全混溶，所以微乳驱的洗油效率远高于水驱、活性水驱和胶束溶液驱。

当微乳进入油层且油在微乳的胶束中增溶达到饱和时，微乳与被驱动油之间产生界面。此时，混相微乳驱就转变为非混相微乳驱。

当微乳进一步进入油层，被驱动油进一步进入胶束之中，使原来的胶束转化为油珠，水外相微乳转化为水包油乳状液。乳状液也是一种驱油剂。乳状液驱提高原油采收率的机理与下文提到的泡沫驱相同。

可见，微乳的驱油机理是复杂的，这主要是由于水和油进入微乳中会使其发生相应的相态变化。

油外相微乳驱和中相微乳驱的驱油机理与水外相微乳类似。

六、泡沫驱

泡沫驱是以泡沫作为驱油剂的驱油法。

泡沫是由水、气、起泡剂组成的。为了产生泡沫，可交替向油层注入起泡剂溶液和气体，也可将两者分别从油管、套管同时注入地层。

配制泡沫的水可用淡水或盐水；气体可用氮气、二氧化碳气、天然气、炼厂气或烟道气；起泡剂主要是表面活性剂，如烷基磺酸盐、烷基苯磺酸盐、聚氧乙烯烷基醇醚-15、聚氧乙烯烷基苯酚醚-10、聚氧乙烯烷基醇醚硫酸酯盐、聚氧乙烯烷基醇醚羧酸盐等。在起泡剂中还可加入适量的聚合物（如部分水解聚丙烯酰胺、钠羧甲基纤维素等）来提高水的黏度，从而提高泡沫的稳定性。

泡沫特征值是描写泡沫性质的一个重要物理量。泡沫特征值是指泡沫中气体体积对泡沫总体积的比值，通常在 0.52~0.99。泡沫特征值小于 0.52 的泡沫称为气体乳状液；泡沫特征值超过 0.74 时，泡沫中的气泡就会变成为多面体；泡沫特征值大于 0.99 的泡沫易于反相变为雾。

室内试验证明，使用不同泡沫特征值的泡沫驱油会有不同的采收率，如图 5-11 所示。

泡沫驱通过下列机理提高原油采收率：

1. 贾敏效应叠加机理

对于泡沫，贾敏效应是指气泡对通过喉孔的液流所产生的阻力效应。当泡沫中气泡通过直径比它小的喉孔时，就会发生这种效应。贾敏效应可以叠加，所以当泡沫通过不均质地层时，将首先进入高渗透层。由于贾敏效应的叠加，泡沫的流动阻力逐渐提高。因此，随着注入压力的增加，泡沫可以继续依次进入那些渗透性较小、流动阻力较大而原先不能进入的中、低渗透层，从而提高波及系数。

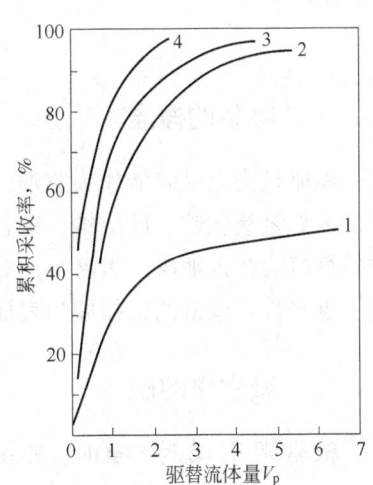

图 5-11　泡沫驱油效果

泡沫特征值：1—0（水驱）；
2—0.72；3—0.85；4—0.91

2. 增黏机理

泡沫黏度随泡沫特征值的变化关系如图 5-12 所示。可以看到，泡沫的黏度大于水。这是由于水的黏度只来源于相对移动液层间的内摩擦，而泡沫的黏度除来源于相对移动的分散介质液层间的内摩擦外，还来源于分散相之间的相互碰撞。当泡沫特征值超过一定数值（0.74）时，泡沫黏度急剧增加，这是由于该阶段分散相已开始互相挤压，引起气泡变形。分散相之间的碰撞是产生泡沫流动阻力的重要因素。

泡沫黏度可用下面的经验式计算：

当泡沫特征值小于 0.74 时：

$$\mu_i = \mu_o(1.0 + 4.5\varphi) \tag{5-4}$$

式中　μ_i——泡沫黏度；

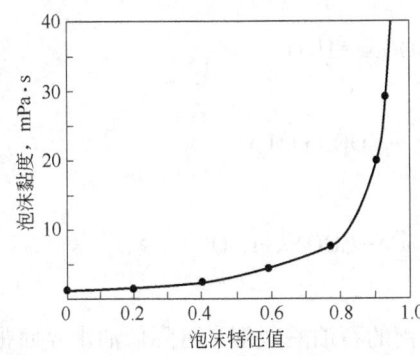

图 5-12　泡沫黏度与泡沫特征值的关系

μ_o——分散介质黏度；

φ——泡沫特征值。

当泡沫特征值大于 0.74 时：

$$\mu_i = \mu_o/(1 - \varphi^{1/3}) \tag{5-5}$$

由式（5-5）可以算出，当泡沫特征值为 0.90 时，泡沫黏度约为分散介质（水）黏度的 29 倍。

由于泡沫的黏度大于水，所以其波及系数大于水，因而泡沫驱的采收率比水驱高。

3. 稀表面活性剂体系驱油机理

泡沫的分散介质为表面活性剂溶液，根据表面活性剂的浓度，泡沫应具有稀表面活性剂体系（如活性水、胶束溶液）的性质，因而具有与稀表面活性剂体系相同的驱油机理。

第四节 碱驱

一、碱驱的概念

碱驱是指以碱溶液作为驱油剂的驱油法，也叫碱溶液驱或碱强化水驱。通过向注入水中加入如氢氧化钠、硅酸钠、碳酸钠、碳酸氢钠等碱类物质，使注入水呈碱性，然后将这种碱性溶液注入地层。碱液与油藏中的原油接触后，原油中的长链酸性组分能够转变成钠盐，这些带长碳链的钠盐即为表面活性剂。

二、碱驱用的碱

碱驱常用碱为 $NaOH$、KOH、$NH_3 \cdot H_2O$，除此之外还包括 Na_2CO_3、Na_2SiO_3、Na_4SiO_4 和 Na_3PO_4 等一些盐，因为这些盐的溶液都具有碱性，均可在水中反应产生 OH^-：

$$CO_3^{2-} + H_2O \Longrightarrow HCO_3^- + OH^-$$

$$HCO_3^- + H_2O \Longrightarrow H_2CO_3 + OH^-$$

$$SiO_3^{2-} + H_2O \Longrightarrow HSiO_3^- + OH^-$$

$$HSiO_3^- + H_2O \Longrightarrow H_2SiO_3 + OH^-$$

由于 CO^- 和 HCO_3 可以相互转化，可以将碳酸钠与碳酸氢钠复配产生具有缓冲作用的碱性溶液，对体系的 pH 值起到缓冲作用，因此它们是一对缓冲物质。同理，Na_3PO_4 与 Na_2HPO_4 也是一对有缓冲作用的碱体系。

三、石油酸与碱的反应

原油中的石油酸如脂肪酸、环烷酸、胶质酸和沥青质酸等可与碱（如氢氧化钠）反应，生成相应的石油酸盐：

$$R—COOH + NaOH \longrightarrow R—COONa + H_2O$$
脂肪酸

$$\boxed{胶质}—COOH + NaOH \longrightarrow \boxed{胶质}—COONa + H_2O$$
胶质酸

$$\boxed{沥青质}—COOH + NaOH \longrightarrow \boxed{沥青质}—COONa + H_2O$$
沥青质酸

在所产生的石油酸盐中，亲水性与亲油性比较平衡的石油酸盐都是可降低油水界面张力的表面活性剂。在碱溶液中，还需加入适当数量的盐（如 NaCl），使碱与石油酸反应产生的表面活性剂有所需的亲水亲油平衡值。碱驱提高原油采收率的机理较为复杂，至今已提出如下 5 种机理可以解释碱驱提高原油采收率的原因：

1. 低界面张力机理

该机理认为在低的碱含量和最佳的盐含量下，碱与石油酸反应生成的表面活性剂，可使油水界面张力降至 $1×10^{-2}$mN/m 以下，使碱驱产生与表面活性剂驱同样的效果。低界面张力机理是下面讲到的其他机理的前提。

2. 乳化—携带机理

在碱含量和盐含量都低的情况下，由碱与石油酸反应生成的表面活性剂可使地层中的剩余油乳化，并被碱水携带着通过地层。

3. 乳化—捕集机理

在碱含量和盐含量都低的情况下，低界面张力使油乳化在碱水相，但油珠直径较大，因此当它向前移动时被捕集，增加了水的流动阻力（即降低了水的流度），从而改善了流度比，增加了波及系数，提高了原油采收率。

4. 由油湿反转为水湿机理

在碱含量高和盐含量低的情况下，碱可通过改变吸附在岩石表面的油溶性表面活性物质在水中的溶解度使其解吸，使岩石表面恢复原来的亲水性，从油湿反转为水湿，进而提高了洗油效率，也即提高了原油采收率。

5. 由水湿反转为油湿机理

在碱含量和盐含量都高的情况下，碱与石油酸反应生成的表面活性剂主要分配到油相并吸附到岩石表面上来，使岩石表面从水湿转变为油湿。这样，非连续的剩余油可在岩石表面上形成连续的油相，即为原油提供流动通道。与此同时，碱驱生成的表面活性剂的亲油性和低界面张力可导致形成油包水乳状液。而乳状液中的水珠会堵塞流通孔道，使注入压力提高。高注入压力迫使油从乳化水珠与岩石表面之间的连续油相排泄出去，留下高含水率乳状液，从而达到提高原油采收率的目的。

碱驱的条件是原油中有能够产生表面活性剂的石油酸，因此碱驱油层的原油应有足够高的酸值（1g 原油被中和到 pH 值产生突跃时所需的氢氧化钾的质量，单位为 mg/g）。当原油的酸值小于 0.2mg/g 时，油层不适宜进行碱驱。碱驱的充分条件是原油中的石油酸与碱的反应产物为表面活性剂。由于地层水中的 Mg^{2+}、Ca^{2+} 可与碱反应，增加碱耗，因此在注入碱溶液之前需注入一段塞淡水。注入碱溶液之后注入的聚合物溶液是作为流度控制段塞使用的，它可使碱溶液平衡地通过地层。

第五节　复合驱

一、复合驱的概念

复合驱是指两种或两种以上驱油成分组合起来的驱动。这里讲的驱油成分是指化学驱中的主剂（聚合物、碱、表面活性剂），它们可按不同的方式组合成各种复合驱，如碱+

聚合物的驱动称为稠化碱驱或碱强化聚合物驱；表面活性剂+聚合物的驱动称为稠化表面活性剂驱或表面活性剂强化聚合物驱；碱+表面活性剂的驱动称为碱强化表面活性剂驱或表面活性剂强化碱驱；碱（A）+表面活性剂（S）+聚合物（P）的驱动称为 ASP 三元复合驱。可用准三组分相图表示化学驱中各种驱动的组合，如图 5-13 所示。

在图 5-13 中，三个顶点成分的驱动属于单一驱动；三条边上任一点组合成分的驱动属于二元复合驱；图内任一点组合成分的驱动属于三元复合驱。

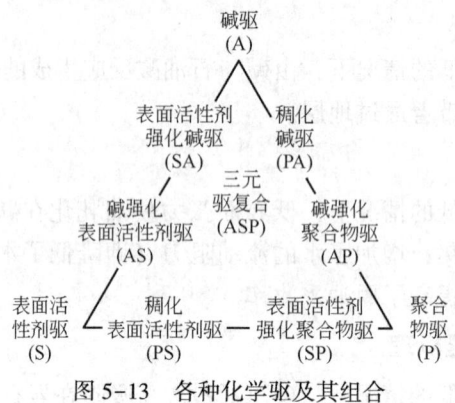

图 5-13　各种化学驱及其组合

二、一些驱动的驱油效果对比

1. 复合驱与单一驱动

复合驱通常比单一驱动具有更高的采收率。图 5-14 展示了碱+聚合物的驱动与单纯碱驱、单纯聚合物驱、先碱驱后聚合物驱和先聚合物驱后碱驱的剩余油采收率对比。可以看到，碱+聚合物驱的剩余油采收率分别是单纯碱驱和单纯聚合物驱的 5 倍和 3 倍。

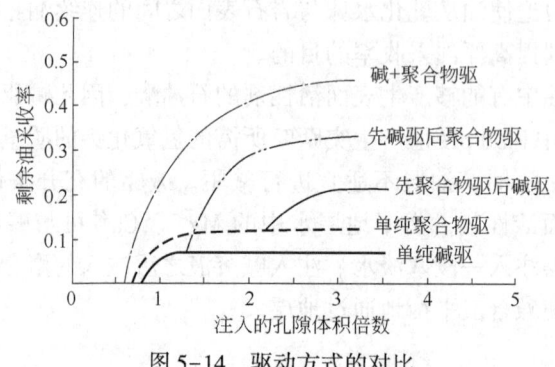

图 5-14　驱动方式的对比

原油黏度为 180mPa·s，聚合物为聚丙烯酰胺，碱为原硅酸钠

2. 二元复合驱与三元复合驱

表 5-1 展示了使用碱+表面活性剂（AS）、碱+聚合物（AP）和碱+表面活性剂+聚合物（ASP）进行驱油试验的结果。试验所用原油黏度为 67.0mPa·s，密度为 0.92g/cm³，酸值为 0.45mg/g。可以看到，碱+表面活性剂+聚合物比碱+表面活性剂或碱+聚合物具有

更好的驱油效果。

表 5-1　复合驱效果对比

水驱后的复合驱	AS	AP	ASP
原始含油饱和度 S_{oi} , %	81.9	86.1	76.9
水驱剩余油饱和度 S_{or} , %	50.6	50.9	49.7
复合驱剩余油饱和度, %	39.2	39.1	22.5
在 S_{or} 条件下油相渗透率 K_o , $10^{-3} \mu m^2$	754	1124	690
在 $1-S_{oi}$ 条件下水相渗透率 K_w , $10^{-3} \mu m^2$	29.0	57.7	26.3
水驱采收率, %	38.2	40.9	35.4
复合驱采收率, %	22.5	23.2	54.7

注：AS： $w(Na_2CO_3) = 1\%$, $w(R—O \{ CH_2CH_2O \}_{\overline{n}} SO_3Na) = 0.1\%$;

AP： $w(Na_2CO_3) = 1\%$, $w(HPAM) = 0.1\%$;

ASP： $w(Na_2CO_3) = 1\%$, $w(R—O \{ CH_2CH_2O \}_{\overline{n}} SO_3Na) = 0.1\%$, $w(HPAM) = 0.1\%$ 。

三、复合驱中驱油成分之间的协同效应

复合驱比单一驱动，三元复合驱比二元复合驱均具有更好的驱油效果，这主要是由于复合驱中的聚合物、表面活性剂和碱之间具有协同效应，它们在协同效应中起各自的作用。

1. 聚合物的作用

（1）聚合物可以改善表面活性剂和（或）碱溶液对油的流度比。

（2）聚合物对驱油介质的稠化可减小表面活性剂和碱的扩散速率，从而减小它们的药耗。

（3）聚合物可与钙、镁离子反应，保护表面活性剂，使其不易形成低表面活性的钙、镁盐。

（4）聚合物提高了碱和表面活性剂形成的水包油乳状液的稳定性，使波及系数（按乳化—捕集机理）和（或）洗油能力（按乳化—携带机理）有较大的提高。

2. 表面活性剂的作用

（1）表面活性剂可以降低聚合物溶液与油的界面张力，使其具有洗油能力。

（2）表面活性剂可使油乳化，提高驱油介质的黏度。乳化的油越多，乳状液的黏度越高。

（3）若表面活性剂与聚合物形成络合结构，则表面活性剂可提高聚合物的增黏能力。

（4）表面活性剂可补充碱与石油酸反应生成表面活性剂的不足。

3. 碱的作用

（1）碱与石油酸反应产生的表面活性剂，可将油乳化，提高了驱油介质黏度，进而强化聚合物控制流度的能力。

（2）碱与石油酸反应产生的表面活性剂与合成的表面活性剂有协同效应（表 5-2）。

表 5-2　碱与表面活性剂的协同效应

溶液	w(化学剂)，%	$\sigma_{①}$，mN/m
聚合物	0.1	18.2
氢氧化钠	0.8	2.1
石油磺酸盐	0.1	5.5
氢氧化钠	0.8	0.02
石油磺酸盐	0.1	

注：①原油的密度为 0.900g/cm³；与水之间的界面张力为 18.2mN/m。

（3）碱可与钙、镁离子反应或与黏土进行离子交换，起牺牲剂作用，保护聚合物与表面活性剂。

（4）碱可提高砂岩表面的负电性，减少砂岩表面对聚合物和表面活性剂的吸附量（表 5-3）。

表 5-3　$R—O\!\!-\!\!CH_2CH_2O\!\!-\!\!_nSO_3Na$ 在 Berea 岩心上的吸附（71℃）

吸附类型	100g Berea 岩心的吸附量，mmol		
	pH = 7.0	pH = 12.7 (Na_2O·SiO_2)	pH = 12.7 (NaOH)
静吸附	0.064	0.005	0.015
动吸附	0.026	0.006	0.017

由于各成分的相互作用，因此复合体系的驱油效率高，化学剂消耗少，成本相对低。

四、三元复合驱

目前，三元复合驱矿场试验所用的聚合物为部分水解聚丙烯酰胺，所用的表面活性剂为磺酸盐型表面活性剂，所用的碱为氢氧化钠（或碳酸钠）。采油矿场实验表明，三元复合驱强化采油的作用很明显。

第六节　混相驱

一、混相驱的概念与混相注入剂

混相是指相间界面消失。混相驱是指以混相注入剂作为驱油剂的驱油法。其中，混相注入剂是指在一定条件下注入地层后，能与地层原油混相的物质。常用的有两类混相注入剂：

1. 烃类混相注入剂

烃类混相注入剂可按其中 $C_2 \sim C_6$ 的含量分成液化石油气（LPG，$C_2 \sim C_6$ 含量大于 50%）、富气（$C_2 \sim C_6$ 含量在 30%~50%）和贫气（$C_2 \sim C_6$ 含量小于 30%）。在贫气中，把 C_1 含量大于 98%的气体称作干气。

$C_2 \sim C_6$ 的烃气叫富化剂，有利于混相的发生。通常讲的气体富化、加富是指气体中

$C_2 \sim C_6$ 的含量增加。

2. 非烃类混相注入剂

非烃类混相注入剂是指 CO_2、N_2 等混相注入剂。

烟道气是一种工业废气，可作为混合的非烃类混相注入剂。表 5-4 展示了一种烟道气的组成。

表 5-4　一种烟道气的组成

组成	含量，%
CO_2	16.5
N_2	64.6
O_2	5.6
H_2O	13.3

在烟道气中，CO_2 的含量一般在 5%~20%，主要由火力发电站燃烧煤得到。

按混相注入剂的性质，混相驱可分为烃类混相驱和非烃类混相驱。其中，前者又可分为液化石油气驱（LPG 驱）、富气驱和高压干气驱；后者又可分为 CO_2 驱、N_2 驱等。

由于 LPG 驱和 CO_2 驱是最有代表性的混相驱，所以本节仅介绍这两种混相驱。

二、LPG 驱

可用 C_1-C_4-C_{10} 三组分相图（图 5-15）说明 LPG 驱。三组分中，C_1 代表 CO_2，C_4 代表富化剂 $C_2 \sim C_6$，C_{10} 代表 C_{7+}（即油）。由于 LPG 中富化剂（C_4）的含量大于 50%，所以在图 5-15 的 LPG 区域内，LPG 与油（C_{10}）一接触就混相。这种混相称为一次接触混相。一次接触混相的整个过程中无非混相阶段，因而是效率最高的混相。

LPG 后面的驱动气体，可用干气、氮气、烟道气等。这些气体超过一定压力时，即可与 LPG 混相。

在 70℃和 17.2MPa 的条件下，若以 C_1 作为驱动气体，以 75% C_1 作为 LPG，驱动以 C_{10} 代表的油，则 LPG 驱的全过程如图 5-16 中的箭头所示。由图 5-16 可以看到，LPG 驱可用于驱动不含富化剂的原油。

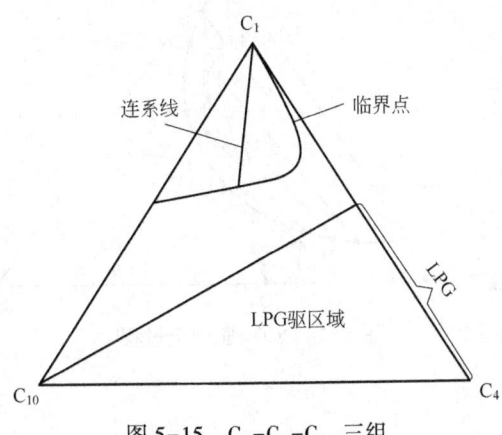

图 5-15　C_1-C_4-C_{10} 三组分相图（70℃，17.2MPa）

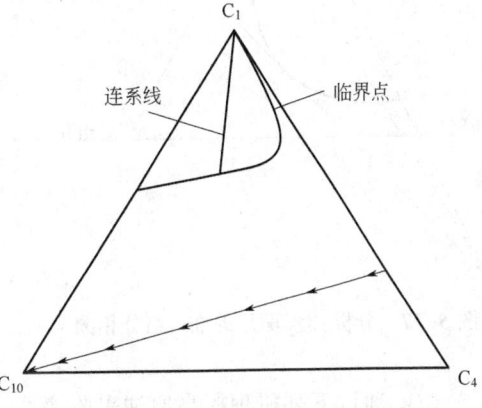

图 5-16　LPG 驱的全过程（70℃，17.2MPa）

LPG 通过下列机理提高原油采收率：

1. 低界面张力机理

LPG 与油是一次接触混相，混相即不存在界面，即界面张力为零，因此 LPG 有很高的洗油效率。

2. 降黏机理

LPG 黏度低，其与油混合后可使油降黏，提高油的流度，改善驱油介质与油的流度比，从而有利于提高波及系数。

三、CO_2 驱

CO_2 驱的混相过程可用准三组分相图分析，如图 5-17 所示。所谓准三组分，是指体系并非由单纯的三组分组成。在分析 CO_2 驱时，可将 CO_2 作为一个组分，将地层油看成是由两个组分（即轻组分和重组分）组成的。由于 CO_2 与重组分部分互溶，所以在准三组分相图中有一个两相区。两相区中的体系（如图 5-17 中的 I），按连线分成两相（1，1'）。相 1 富含 CO_2，但也含轻组分和重组分；相 1' 富含重组分，但也含轻组分和 CO_2。若所有连线有一共点 G，则过 G 点作两相区边界线的切线，切点 k 即为临界点。

图 5-18 展示了 CO_2 产生混相的全过程。图中点 O 指示地层油组成。当 CO_2 刚与地层油接触时，按连线规则和杠杆规则，由 CO_2 与地层油的数量比，得点 I。由于点 I 在两相区中，它将按连线分成两相（1，1'）。相 1 继续向前与地层油接触，按连线规则和杠杆规则，由相 1 与地层油的数量比产生点 II，按连线再分成两相（2，2'），其中，相 2 继续向前与地层油接触，依次产生 III、IV 等组成。当体系为组成 V 时，由于组成 V 处在均相区（混相区），表示已进入混相驱动。可见，CO_2 驱是通过多次与地层油接触才实现混相的。这种混相属于多次接触混相，明显区别于 LPG 的一次接触混相。

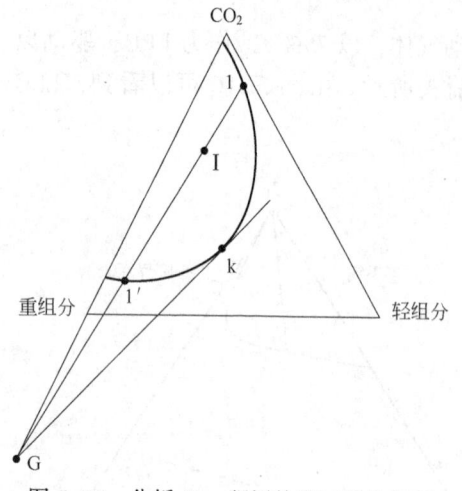

图 5-17　分析 CO_2 驱用的准三组分相图　　　图 5-18　CO_2 驱的全过程

CO_2 通过下列机理提高原油采收率：

1. 低界面张力机理

CO_2 驱油过程是 CO_2 不断富化的过程。CO_2 富化是通过 CO_2 对原油中的 $C_2 \sim C_6$ 组分的抽提实现的。CO_2 越富，其与原油之间的界面张力就越低，洗油效率就越高。

2. 降黏机理

CO_2 可溶于油，使油降黏，进而提高油的流度，有利于提高驱油剂的波及系数。

3. 原油膨胀机理

CO_2 溶于原油后，可使原油的体积膨胀。膨胀后的原油可将易被驱动介质驱出。CO_2 使原油膨胀的程度可用膨胀系数来表示。膨胀系数是指一定温度和 CO_2 饱和压力下原油的体积与同温度和 0.1MPa 下原油的体积之比。原油中 CO_2 物质的量分数越高，原油的密度越大，分子量越小，原油的膨胀系数越大。

4. 提高地层渗透率机理

CO_2 溶于水生成碳酸。碳酸可与地层中的石灰岩和白云岩反应生成水溶性的重碳酸盐，进而提高地层渗透率，扩大驱油介质的波及体积，有利于提高原油采收率。

5. 溶气驱机理

从注入井到采油井的驱油过程是降压过程。随着压力下降，CO_2 从原油中析出，产生油层内部的气体驱动，使原油采收率提高。

此外，部分 CO_2 成为束缚气，也有利于原油采收率的提高。

复习思考题

1. 为什么要进行油层化学改造？
2. 目前提高原油采收率的方法有哪些？
3. 什么是聚合物驱油？聚合物驱油的原理是什么？
4. 表面活性剂驱油是什么？经常用到哪些表面活性剂？
5. 什么是贾敏效应？
6. 什么是碱驱？碱驱提高原油采收率的机理有哪些？
7. 什么是复合驱？
8. 什么是混相驱？

第六章　油水井的化学改造

大多数油田的油井都需要注水开发，所以油田一般都有油井和注水井两类井，通称为油水井。在油井和注水井中，也存在各种问题影响着油田的开发。其中，油井存在砂、蜡、水、稠、低五大问题；注水井的问题相对简单些，但也存在出砂、吸水剖面不均匀或水注不进去等问题。在解决油水井问题的方法中，化学方法是一种重要的方法。

第一节　注水井调剖

一、注水井调剖的概念及原理

1. 定义

注水井调剖是指在油田开发过程中，通过对注水井进行调剖处理，改善油层中的吸水状况，以提高油层的采收率。简单来说，就是通过调整注水井的注入方式和注入量，使油层中的原油能够更好地被提取出来。

2. 原理

注水井调剖的原理主要是利用地层中的物质性质差异，通过改变注水井的注入方式和注入量，使油层中的原油能够更好地被提取出来。具体来说，主要包括以下3个方面：

（1）利用地层中的物质性质（如渗透率、孔隙度等）差异，调整注水井的注入方式和注入量，使油层中的原油能够更好地被提取出来。

（2）通过调整注水井的注入方式和注入量，改善油层中的吸水状况，提高油层的采收率。

（3）通过调整注水井的注入方式和注入量，减少油层中的水淹现象，提高油层的采收率。

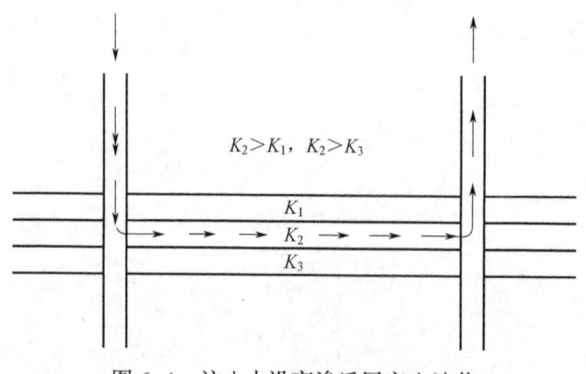

$K_2 > K_1, K_2 > K_3$

K_1

K_2

K_3

图 6-1　注入水沿高渗透层突入油井

二、注水井调剖的重要性

注水井调剖的重要性在于它能提高原油采收率。由于渗透率的差异，注入水首先沿着高渗透层突入油井，从而减小注入水的波及系数，降低了水驱采收率，如图6-1所示。因此，为了提高水驱采收率，必须封堵高渗透层，如图6-2所示。由于区块整体

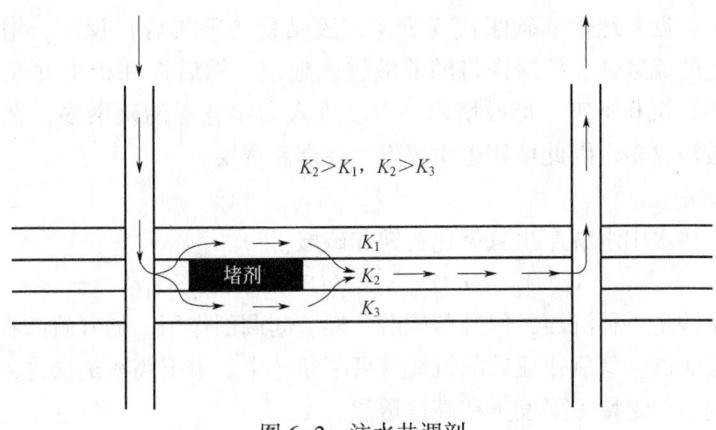

$K_2 > K_1,\ K_2 > K_3$

图 6-2 注水井调剖

处于一个压力系统，所以要使注水井调剖达到提高采收率的目的，就必须在区块整体上进行。

三、注水井调剖剂

注水井调剖剂（简称调剖剂）是指由注水井注入地层，能调整地层吸水剖面的物质。

1. 调剖剂的分类

依据不同标准可以对调剖剂进行分类：

通常按注入工艺，将调剖剂分为单液法调剖剂（如铬冻胶）和双液法调剖剂（如水玻璃—氯化钙）。其中，前者调剖时只需向地层注入一种工作液；而后者在调剖时需向地层注入两种工作液，如图 6-3 所示。

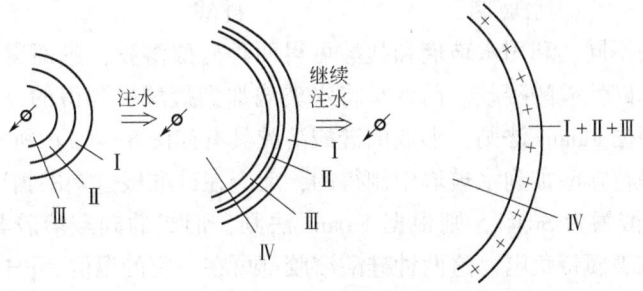

图 6-3 双液法调剖

Ⅰ—第一工作液；Ⅱ—隔离液；Ⅲ—第二工作液；Ⅳ—注入水；⚲—注入井；+—Ⅰ与Ⅲ相遇产生的封堵物质

若按调剖剂封堵的距离，可分为近井地带调剖剂（如硅酸凝胶）和远井地带调剖剂（如胶态分散体冻胶）。

若按使用的条件，可分为高渗透层调剖剂（如黏土/水泥固化体系）、低渗透层调剖剂（如硫酸亚铁）和高温高矿化度地层调剖剂（如各种无机调剖剂）。

2. 重要的单液法调剖剂

1）硫酸

硫酸可以利用地层中的钙、镁源产生调剖物质。若将浓硫酸或含浓硫酸的化工废液注入井中，硫酸先与近井地带的碳酸盐（岩体或胶结物的碳酸盐）反应，增加注水井的吸水能力，而产生的硫酸钙、硫酸镁将随酸液进入地层，然后饱和析出并在适当位置（如孔隙结构的喉部）沉积下来，形成堵塞。由于进入高渗透层的硫酸多，在高渗透层产生的硫酸钙、硫酸镁也多，因此堵塞也主要发生在高渗透层。

2）硫酸亚铁

硫酸亚铁可在水中水解产生氢氧化亚铁和硫酸：

$$FeSO_4 + 2H_2O \longrightarrow Fe(OH)_2\downarrow + H_2SO_4$$

其中，氢氧化亚铁是一种沉淀，但其与硫酸一样可起调剖作用。随着硫酸在地层的不断消耗，只要有硫酸亚铁，氢氧化亚铁的沉淀就可不断产生。由于高渗透层进入的硫酸亚铁溶液多，所以调剖剂的封堵主要发生在高渗透层。

三氯化铁可以起到与硫酸亚铁类似的作用。

3）硅酸凝胶

硅酸凝胶是由水玻璃与活化剂反应生成的。其中，水玻璃又名硅酸钠，分子式为 $Na_2O \cdot mSiO_2$，其中，m 为模数，即水玻璃中 SiO_2 物质的量与 Na_2O 物质的量之比，一般在 1~4。水玻璃的性质与模数密切相关。模数越小，水玻璃的碱性越强，越易溶解。活化剂是指可使水玻璃变成溶胶进而变成凝胶的物质。活化剂分为两类：一类是无机活化剂，如盐酸、硝酸、硫酸、氨基磺酸、碳酸铵、碳酸氢铵、氯化铵、硫酸铵、磷酸二氢钠等；另一类是有机活化剂，如甲酸、乙酸、乙酸铵、甲酸乙酯、乙酸乙酯、氯乙酸、三氯乙酸、草酸、柠檬酸、苯酚、邻苯二酚、间苯二酚、对苯二酚、间苯三酚、甲醛、尿素等。

利用水玻璃制备硅酸凝胶时，通常用盐酸作活化剂。

$$Na_2O \cdot mSiO_2 + 2HCl \longrightarrow H_2O \cdot mSiO_2 + 2NaCl$$

　　　　水玻璃　　　　　　　　硅酸

由于制备方法不同，利用水玻璃和盐酸可得两种硅酸溶胶，进而得到两种硅酸凝胶，即酸性硅酸凝胶和碱性硅酸凝胶。前者是将水玻璃加到盐酸中制得的，反应是在 H^+ 过剩的情况下发生，根据 Fajans 法则，形成的硅酸溶胶具有如图 6-4（a）所示的结构，胶粒表面带正电；后者是将盐酸加到水玻璃中制得的，反应在硅酸根过剩的情况下发生，若水玻璃的模数为 1、硅酸根为 SiO_3^{2-}，则根据 Fajans 法则，形成的硅酸溶胶具有如图 6-4（b）所示的结构，胶粒表面带负电。这两种硅酸溶胶都可在一定的温度、pH 值和硅酸含量下，一定时间内胶凝成硅酸凝胶。例如将 $w(Na_2O \cdot 3.43SiO_2)$ 为 4% 的水玻璃加到 $w(HCl)$ 为 10% 的盐酸中，可配成 pH 值为 1.5 的硅酸溶胶，该溶胶在 70℃ 下，经过 8h，就可变

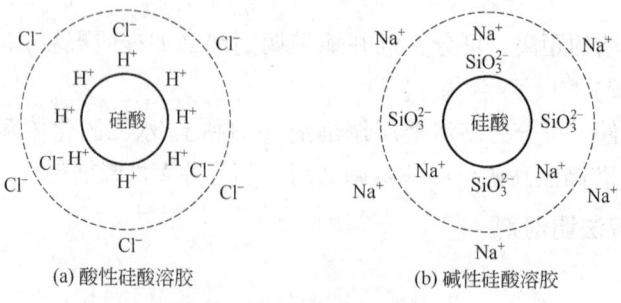

(a) 酸性硅酸溶胶　　　　　　　　(b) 碱性硅酸溶胶

图 6-4　硅酸溶胶

成硅酸凝胶，用于封堵高渗透层。

4）氢氧化铝凝胶

氢氧化铝凝胶是将三氯化铝与尿素配成溶液注入地层后生成的凝胶。尿素在地层温度下分解使溶液由酸性变成碱性，生成的氢氧化铝溶胶接着转变为氢氧化铝凝胶。

5）锆冻胶

锆冻胶是用由 Zr^+ 组成的多核羟桥络离子交联溶液中带—COO^- 的聚合物（如 HPAM）生成的。其中，Zr^+ 可来自 $ZrOCl_2$ 或 $ZrCl_4$。

Zr^+ 可通过下列步骤生成锆的多核羟桥络离子：

（1）络合。

$$Zr^{4+}+8H_2O \longrightarrow [(H_2O)_8Zr]^{4+}$$

（2）水解。

$$[(H_2O)_8Zr]^{4+} \longrightarrow [(H_2O)_7Zr(OH)]^{3+}+H^+$$

（3）羟桥作用。

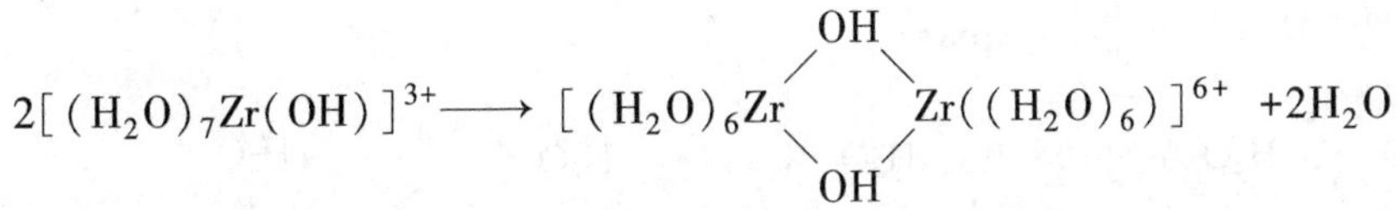

$$2[(H_2O)_7Zr(OH)]^{3+} \longrightarrow [(H_2O)_6Zr \overset{OH}{\underset{OH}{<>}} Zr((H_2O)_6)]^{6+}+2H_2O$$

（4）进一步水解和羟桥作用。

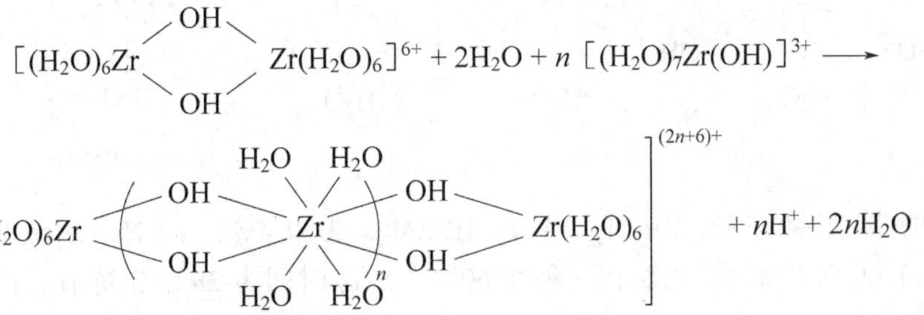

$$[(H_2O)_6Zr \overset{OH}{\underset{OH}{<>}} Zr(H_2O)_6]^{6+} + 2H_2O + n[(H_2O)_7Zr(OH)]^{3+} \longrightarrow$$

$$\left[(H_2O)_6Zr \overset{OH}{\underset{OH}{<>}} \overset{H_2O \quad H_2O}{\underset{H_2O \quad H_2O}{Zr}} \overset{OH}{\underset{OH}{<>}}_n Zr(H_2O)_6\right]^{(2n+6)+} + nH^+ + 2nH_2O$$

（锆的多核羟桥络离子）

锆的多核羟桥络离子交联带—COO^- 的聚合物（如 HPAM）所产生的交联体称为锆冻胶，其结构如下：

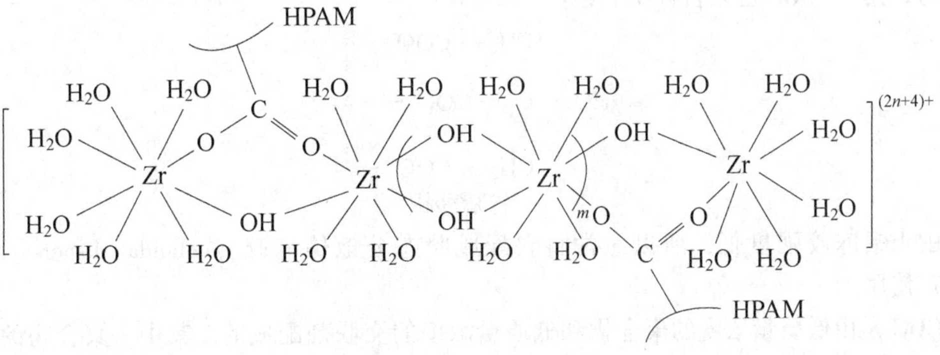

例如将 w（HPAM）为 0.75% 的溶液与 w（$ZrOCl_2$）为 1.0% 和 w（HCl）为 5.5% 的溶液按体积比 100 : 4 : 3 混合，可配得一种在 60℃ 下成冻时间为 7h 的锆冻胶，用于封堵高渗透层。

6) 铬冻胶

铬冻胶是用由 Cr^{3+} 组成的多核羟桥络离子交联溶液中带—COO^- 的聚合物（如 HPAM）生成的。其中，Cr^{3+} 可来自 $KCr(SO_4)_2$、$CrCl_3$、$Cr(NO_3)_3$、$Cr(CH_3COO)_3$，也可由 Cr^+（如 $K_2Cr_2O_7$，$Na_2Cr_2O_7$）用还原剂（如 $Na_2S_2O_3$，Na_2SO_3 或 $NaHSO_3$）还原得到。

与 Zr^+ 类似，Cr^+ 也是通过络合、水解、羟桥作用和进一步水解和羟桥作用生成铬的多核羟桥络离子的：

$$\left[(H_2O)_4Cr \left(\begin{array}{c} OH \\ OH \end{array} \right) Cr \left(\begin{array}{c} H_2O \\ \\ H_2O \end{array} \right) \left(\begin{array}{c} OH \\ OH \end{array} \right)_n Cr(H_2O)_4 \right]^{(n+4)+}$$

铬的多核羟桥络离子交联带—COO^- 的聚合物（如 HPAM）所产生的交联体称为铬冻胶，具有如下结构：

此交联体叫铬冻胶。例如，当 $w(HPAM)$ 为 0.4%、$w(Na_2Cr_2O_7)$ 为 0.09%、$w(Na_2SO_3)$ 为 0.16%时，可配得一种在 60℃ 下成冻时间为 2h 的铬冻胶，用于封堵高渗透层。

7) 铝冻胶

铝冻胶是用由 Al^{3+} 组成的多核羟桥络离子交联溶液中带—COO^- 的聚合物（如 HPAM）生成的。其中，Al^{3+} 可来自柠檬酸铝：

柠檬酸铝

由于铝冻胶强度低，所以通常将它配成胶态分散体冻胶（colloidal dispersion gel，CDG）使用。

CDG 是由低质量浓度的聚合物和低质量浓度的交联剂配成的。其中，聚合物的质量浓度在 100~1200mg/L，聚合物与交联剂的质量浓度之比在 20∶1~100∶1。由于质量浓度低，聚合物与交联剂不足以形成连续的网络，只能缓慢形成冻胶束（gel bundle）。冻胶束是少量聚合物分子在分子内和（或）分子间由交联剂交联而成的，因此 CDG 是冻胶束的分散体。冻胶束形成以后，CDG 的流动阻力增加。若流动压差能克服其流动阻力，则 CDG 仍能流动；若流动压差不能克服其流动阻力，则 CDG 停止流动，起到封堵作用。CDG 具有低质量浓度、低成本、可大剂量使用的优点，适用于远井地带调剖，而且远井地带流动压差小，有利于 CDG 封堵作用的发挥。

锆冻胶、铬冻胶也可配成 CDG 使用。

8）酚醛树脂冻胶

酚醛树脂冻胶是用酚醛树脂交联溶液中带—$CONH_2$ 的聚合物（如 HPAM）生成的。其中，酚醛树脂是由甲醛与苯酚在氢氧化钠催化下缩聚生成的：

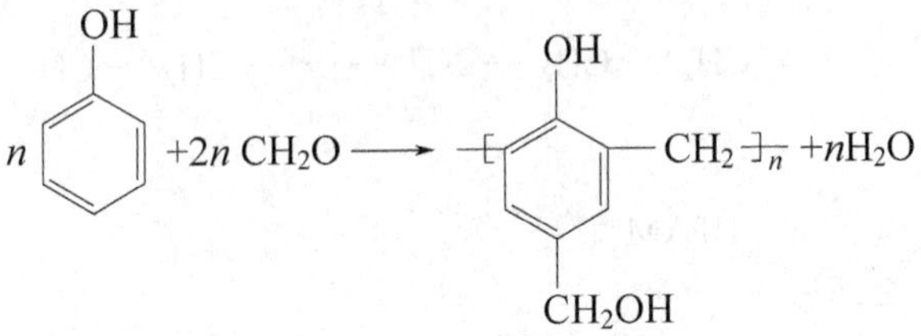

酚醛树脂

酚醛树脂中的—CH_2OH 通过与聚合物中的—$CONH_2$ 进行脱水反应起交联作用：

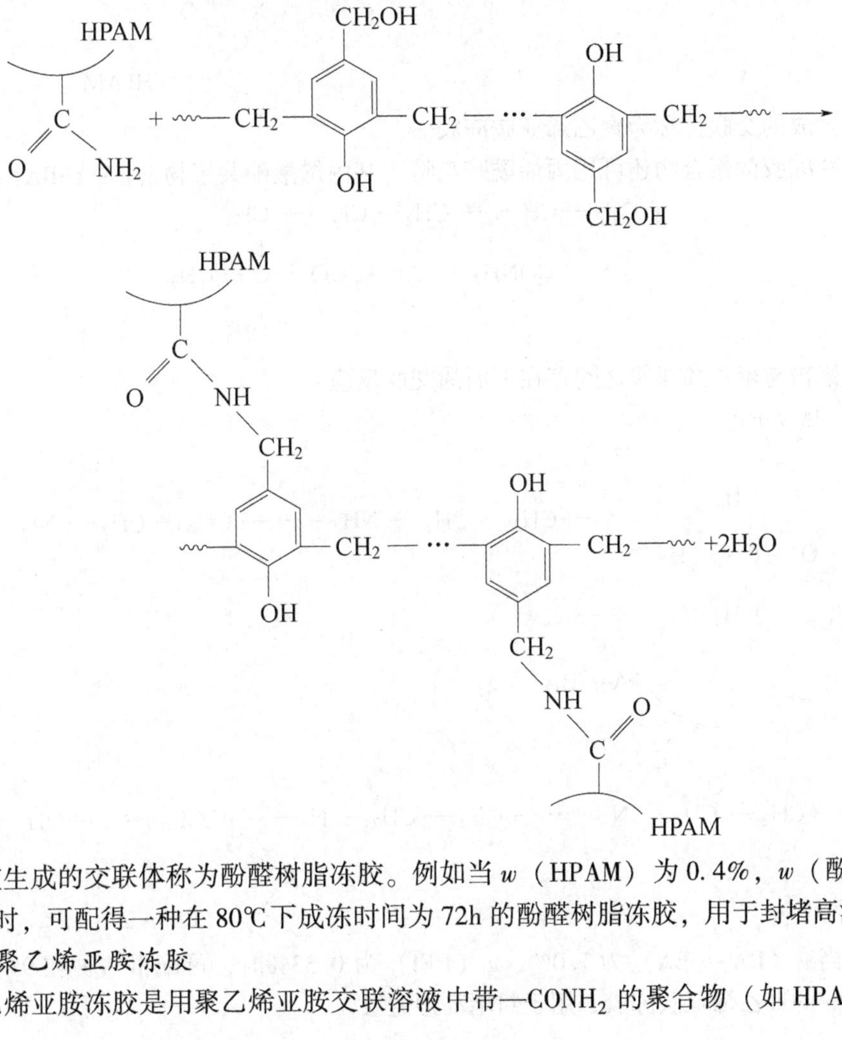

交联反应生成的交联体称为酚醛树脂冻胶。例如当 w（HPAM）为 0.4%，w（酚醛树脂）为 0.8% 时，可配得一种在 80℃下成冻时间为 72h 的酚醛树脂冻胶，用于封堵高渗透层。

9）聚乙烯亚胺冻胶

聚乙烯亚胺冻胶是用聚乙烯亚胺交联溶液中带—$CONH_2$ 的聚合物（如 HPAM）生成

的。其中，聚乙烯亚胺是由乙烯亚胺聚合生成的：

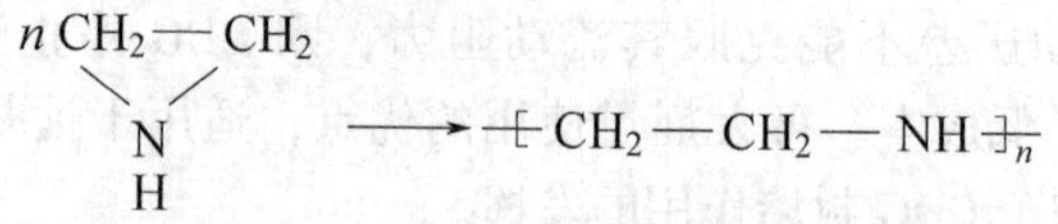

$$n \; CH_2 \!-\! CH_2 \quad \longrightarrow \quad -\!\!\!-\!(CH_2 \!-\! CH_2 \!-\! NH)_n\!\!\!-\!\!\!-$$

乙烯亚胺　　　　　　　　聚乙烯亚胺，PEI

聚乙烯亚胺中的亚胺基（—NH—）通过与聚合物中的—$CONH_2$ 反应脱出 NH_3 而起交联作用：

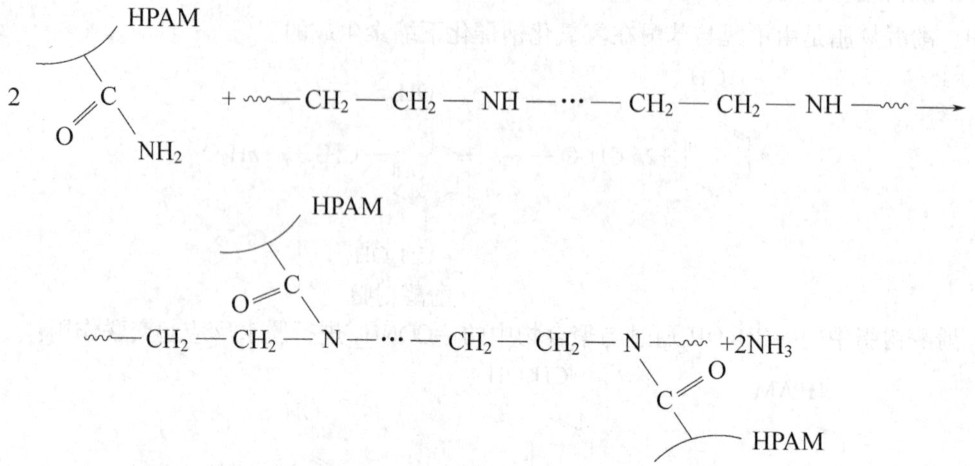

交联反应生成的交联体称为聚乙烯亚胺冻胶。

配这种冻胶的聚合物还可用丙烯酰胺与特丁基丙烯酸酯共聚物（PA-t-BA）：

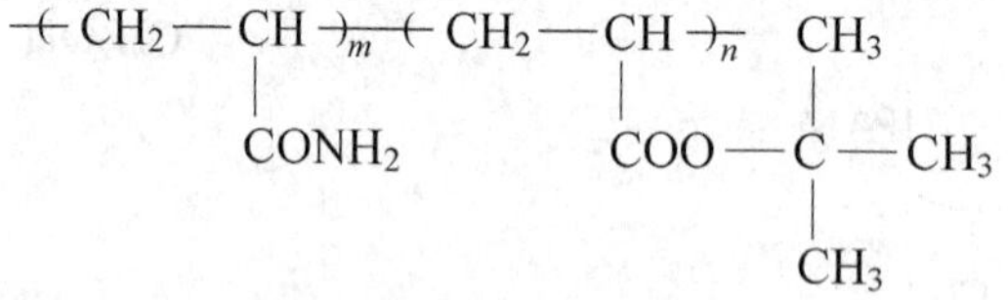

该共聚物与聚乙烯亚胺之间存在下面的交联反应：

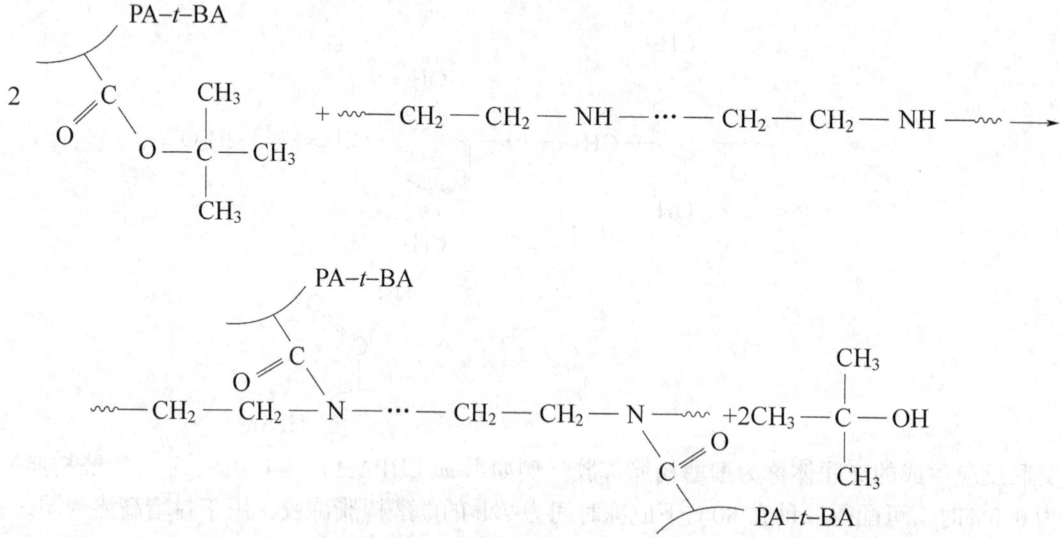

例如当 w（PA-t-BA）为 7.0%、w（PEI）为 0.33% 时，可配得一种在 95℃ 下成冻时间为 12h 的聚乙烯亚胺冻胶，用于封堵高渗透层。

10) 水膨体

水膨体是一类适当交联、遇水膨胀而不溶解的聚合物。例如在丙烯酰胺聚合过程中加入少量交联剂 N,N'-亚甲基双丙烯酰胺，聚合后将产物干燥、磨细，就可得到聚丙烯酰胺水膨体。这种水膨体在水中的膨胀速率和膨胀倍数都高，如图 6-5 所示。

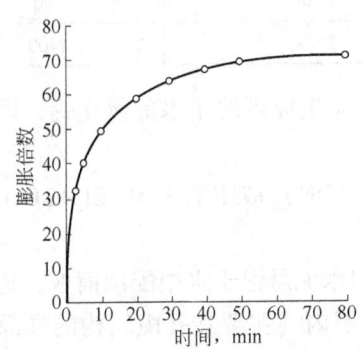

图 6-5 聚丙烯酰胺水膨体在水中的膨胀倍数随时间的变化（30℃）

所有适当交联的水溶性聚合物都可制得水膨体。

为了将水膨体放置在远井地带，可采用两种方法：（1）选择适当的携带介质如煤油、乙醇和电解质溶液（如氯化钠溶液、氯化铵溶液）等，这些携带介质能抑制水膨体膨胀；（2）利用流化床法（wurster 法）等方法在水膨体外表面覆膜（如覆羟丙基甲基纤维素膜），将这种覆膜的水膨体用水携带进入地层，它将在覆膜溶解至可与水相接触时才开始膨胀。

11) 冻胶微球

冻胶微球是粒度达到纳米级的冻胶分散体，可用微乳聚合的方法制得。例如，可将由丙烯酰胺和其他含烯基的单体、N,N'-亚甲基双丙烯酰胺和过硫酸铵配得的水溶液，用高浓度的混合表面活性剂（如 Span80+Tween60）制得油外相微乳，将水溶液增溶在微乳的胶束之中，单体共聚后即可制得冻胶微球。在使用时，用反相剂（如 OP-10 等）将油外相的冻胶微球反相分散于水中，注入地层。在地层中，冻胶微球有一定的膨胀倍数，它可在高渗透的通道中通过运移、捕集、变形、再运移、再捕集、再变形的机理，由近及远地起调剖作用。

12) 石灰乳

石灰乳是将氧化钙分散在水中配成的。由于氧化钙可与水反应生成氢氧化钙：

$$CaO+H_2O \longrightarrow Ca(OH)_2$$

而氢氧化钙在水中的溶解度很小（在 60℃ 下，100g 水中溶解 0.116g 氢氧化钙），所以石灰乳是氢氧化钙在水中的悬浮体。

在石灰乳中，$w(CaO)$ 一般在 5%~10%。石灰乳属于单液法调剂剂，具有下列特点：

（1）氢氧化钙的粒径较大（约为 62μm），特别适用于封堵裂缝性的高渗透层。由于氢氧化钙颗粒不能进入中、低渗透层，因此对中、低渗透层有保护作用。

（2）氢氧化钙的溶解度随温度升高而减小（表 6-1），所以可用于封堵高温地层。

表 6-1　氢氧化钙在不同温度下的溶解度

温度,℃	溶解度, g/kg	温度,℃	溶解度, g/kg
30	1.53	70	1.06
40	1.41	80	0.94
50	1.28	90	0.85
60	1.16	100	0.77

（3）氢氧化钙可与盐酸反应生成可溶于水的氯化钙，因此，在不需要封堵时，可用盐酸去除石灰乳：

$$Ca(OH)_2 + 2HCl \longrightarrow CaCl_2 + 2H_2O$$

13）黏土/水泥分散体

黏土/水泥分散体由黏土与水泥悬浮于水中配制而成，适用于封堵特高渗透地层。黏土与水泥进入地层后，可在地层内（主要在孔隙结构的喉部）形成滤饼。在滤饼中，水泥的水化反应使滤饼固结，对特高渗透层形成有效封堵。

在黏土/水泥分散体中，w（黏土）和 w（水泥）均在 6%～20%。

类似于石灰乳中的氢氧化钙，黏土和水泥也不能进入中、低渗透层，所以对中、低渗透层也具有保护作用。

如果需要，黏土/水泥分散体产生的封堵可用常规土酸除去，即用 $w(HCl)$ 为 12%、$w(HF)$ 为 3% 的酸除去。

除黏土/水泥分散体外，还可用碳酸钙/水泥分散体和粉煤灰/水泥分散体封堵特高渗透层。

3. 重要的双液法调剖剂

1）沉淀型双液法调剖剂

沉淀型双液法调剖剂是指两种工作液相遇后可产生沉淀封堵高渗透层的调剖剂。下面是一些具体例子：

[例 6-1]　第一工作液是 $w(Na_2CO_3)$ 为 5%～20% 的溶液，第二工作液是 $w(FeCl_3)$ 为 5%～30% 的溶液，两者相遇后的反应为：

$$3Na_2CO_3 + 2FeCl_3 \longrightarrow Fe_2(CO_3)_3 \downarrow + 6NaCl$$
$$Fe_2(CO_3)_3 + 3H_2O \longrightarrow 2Fe(OH)_3 \downarrow + 3CO_2 \uparrow$$

[例 6-2]　第一工作液是 $w(Na_2O \cdot mSiO_2)$ 为 1%～25% 的溶液，第二工作液是 $w(FeSO_4)$ 为 5%～13% 的溶液，两者相遇后的反应为：

$$Na_2O \cdot mSiO_2 + FeSO_4 \longrightarrow FeO \cdot mSiO_2 \downarrow + Na_2SO_4$$

[例 6-3]　第一工作液是 $w(Na_2O \cdot mSiO_2)$ 为 1%～25% 的溶液，第二工作液是 $w(CaCl_2)$ 为 1%～20% 的溶液，两者相遇后的反应为：

$$Na_2O \cdot mSiO_2 + CaCl_2 \longrightarrow CaO \cdot mSiO_2 \downarrow + 2NaCl$$

[例 6-4]　第一工作液是 $w(Na_2O \cdot mSiO_2)$ 为 1%～25% 的溶液，第二工作液是 $w(MgCl_2)$ 为 1%～15% 的溶液，两者相遇后的反应为：

$$Na_2O \cdot mSiO_2 + MgCl_2 \longrightarrow MgO \cdot mSiO_2 \downarrow + 2NaCl$$

[例 6-5]　第一工作液是 $w(Na_2O \cdot mSiO_2)$ 为 10% 的溶液，第二工作液是 $w(HCl)$

为 6%的溶液，两者第二工作液的盐酸先与地层的碳酸钙、碳酸镁反应产生氯化钙、氯化镁，然后与第一工作液的硅酸钠反应产生硅酸钙、硅酸镁沉淀，封堵高渗透层。

2）凝胶型双液法调剖剂

凝胶型双液法调剖剂是指两种工作液相遇后可产生凝胶封堵高渗透层的调剖剂。例如，向地层交替注入水玻璃和硫酸铵，中间以隔离液（如水）隔开，当两种工作液在地层相遇时可发生下面的反应，产生凝胶，封堵高渗透层：

$$Na_2O \cdot mSiO_2 + (NH_4)_2SO_4 + 2H_2O \longrightarrow \underset{可由溶胶变凝胶}{H_2O \cdot mSiO_2} + Na_2SO_4 + 2NH_4OH$$

3）冻胶型双液法调剖剂

冻胶型双液法调剖剂是指两种工作液相遇后可产生冻胶封堵高渗透层的调剖剂。两种工作液中通常包括一种聚合物溶液和一种交联剂溶液。

下面是一些冻胶型双液法调剖剂的例子：

[例 6-6] 第一工作液是 HPAM 溶液或 XC 溶液，第二工作液是柠檬酸铝溶液，这两种工作液相遇后生成铝冻胶。

[例 6-7] 第一工作液是 HPAM 溶液或 XC 溶液，第二工作液是丙酸铬溶液，这两种工作液相遇后生成铬冻胶。

[例 6-8] 第一工作液是溶有 Na_2SO_3 的 HPAM 溶液或 XC 溶液，第二工作液是溶有 $Na_2Cr_2O_7$ 的 HPAM 溶液或 XC 溶液，这两种工作液相遇后，Na_2SO_3 可将 $Na_2Cr_2O_7$ 中的 Cr^{6+} 还原为 Cr^{3+}，Cr^{3+} 进一步生成多核羟桥络离子将聚合物交联，生成铬冻胶。

[例 6-9] 第一工作液是 HPAM 溶液，第二工作液是 $ZrOCl_2$ 溶液，这两种工作液相遇后生成锆冻胶。

[例 6-10] 第一工作液是 HPAM 溶液，第二工作液是聚季铵盐溶液，这两种工作液相遇后生成聚季铵盐冻胶。

4）泡沫型双液法调剖剂

若将起泡剂溶液与气体交替注入地层，就可在地层（主要是高渗透层）中形成泡沫，产生调剖剂。其中，可用的起泡剂包括非离子型表面活性剂（如聚氧乙烯烷基苯酚醚）和阴离子型表面活性剂（如烷基芳基磺酸盐）；可用的气体包括氮气和二氧化碳气。

5）絮凝体型双液法调剖剂

若将黏土悬浮体与 HPAM 溶液分成几个段塞，中间以隔离液隔开，交替注入地层，它们在地层中相遇会生成絮凝体，这种絮凝体能有效封堵特高渗透层。

四、调剖剂的选择

1. 高渗透层

可选择锆冻胶、铬冻胶、酚醛树脂冻胶、水膨体、石灰乳、黏土/水泥分散体、沉淀型双液法调剖剂、泡沫型双液法调剖剂和絮凝体型双液法调剖剂等。

2. 低渗透层

可选择硫酸、硫酸亚铁、冻胶微球、冻胶型双液法调剖剂、沉淀型双液法调剖剂等。

3. 高温高矿化度地层

主要使用无机调剖剂如硫酸、硫酸亚铁、石灰乳、黏土/水泥分散体、沉淀型双液法调剖剂等。

4. 近井地带

可选择硅酸凝胶、锆冻胶、铬冻胶、水膨体、石灰乳、黏土/水泥分散体等。

5. 远井地带

可选择胶态分散体冻胶、冻胶微球、冻胶型双液法调剖剂、沉淀型双液法调剖剂等。

五、注水井调剖的矿场试验例子

[例6-11] 埕东油田西区南块试验区

该试验区目的层温度为70℃，地层水矿化度为 5.14×10^3 mg/L，所用调剖剂配方见表6-2。通过12口注水井向该试验区注入11267m³调剖剂，调剖效果见图6-6。

表6-2　埕东油田西区南块试验区用的调剖剂

调剖剂		配方
冻胶型调剖剂	单液法	0.40%HPAM+0.10%Na₂Cr₂O₇+0.20%Na₂SO₃
	双液法	0.40%HPAM+0.20%Na₂Cr₂O（第一工作液） 0.40%HPAM+0.40%Na₂SO₃（第二工作液）
沉淀型调剖剂		20%Na₂O·mSiO₂-15%CaCl₂

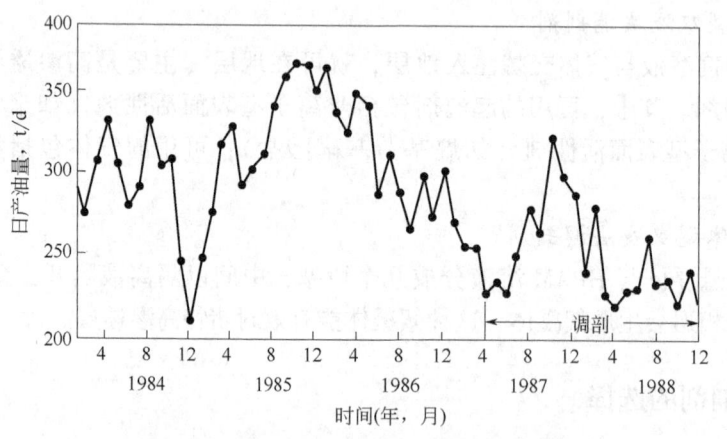

图6-6　埕东油田西区南块试验区调剖效果

[例6-12] 濮城油田南区试验区

该试验区目的层温度为86℃，地层水矿化度为 2.40×10^4 mg/L，所用的调剖剂见表6-3。通过10口注水井向该试验区注入19300m³调剖剂，取得的效果见图6-7。

表 6-3　濮城油田南区试验区使用的调剖剂

堵水剂	配方
絮凝体系	15%~20%钙土+600~1000mg/L聚丙烯酰胺 3%~5%钠土+600~1000mg/L聚丙烯酰胺
固化体系	8%钙土+8%水泥 12%钙土+12%水泥

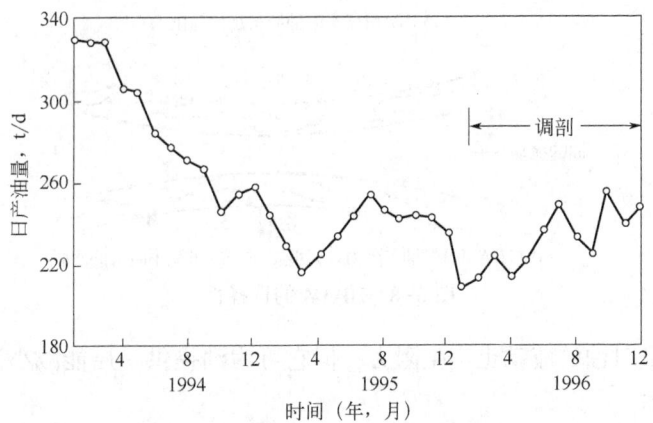

图 6-7　濮城油田南区试验区调剖效果

第二节　油井堵水

油井出水是油田开发过程中不可避免的问题。油井出水有许多危害，如消耗地层能量，降低抽油井泵效，加剧管线、设备的腐蚀和结垢，增加脱水站的负荷，若不回注，将加重对环境的污染。为减少油井出水，可从两个方面做工作：（1）从注水井封堵高渗透层，减少注入水沿高渗透层突入油井，该方法在前文已有叙述；（2）封堵油井的出水层，即本节要讲的油井堵水。

油井堵水法分为选择性堵水法和非选择性堵水法。

一、选择性堵水法及其堵剂

选择性堵水法适用于封堵不易用封隔器将其与油层分隔开的水层。选择性堵水法使用的堵剂为选择性堵剂。这些堵剂都是利用油与水的差别或油层与水层的差别来达到选择性堵水的目的。选择性堵剂可分为 3 类，即水基堵剂、油基堵剂和醇基堵剂，它们分别是以水、油和醇作溶剂或分散介质配成的堵剂。下面介绍一些选择性堵剂及其堵水原理。

1. HPAM（水基）

HPAM 对油和水具有明显的选择性，可降低岩石对油的渗透率最高不超过 10%，而降低岩石对水的渗透率可超过 90%。HPAM 的分子量为 $3.0 \times 10^6 \sim 1.2 \times 10^7$，水解度为 10%~35% 的 HPAM 均可用于油井堵水。在油井中 HPAM 堵水的选择性表现在：

（1）优先进入含水饱和度高的地层。

（2）进入地层的 HPAM 通过氢键吸附在由于水冲刷而暴露的地层表面。

（3）HPAM 分子中未吸附部分可在水中伸展，减小地层对水的渗透性，如图 6-8(a)所示。

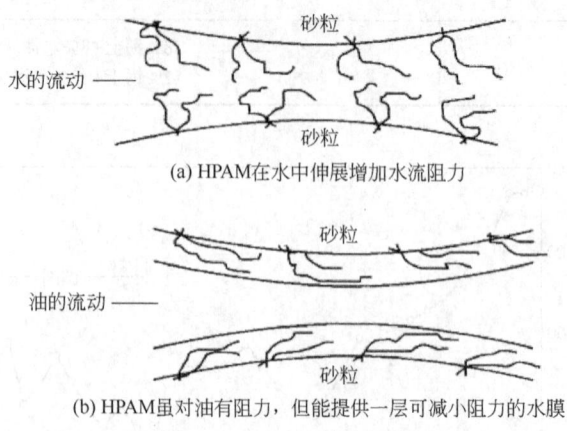

(a) HPAM 在水中伸展增加水流阻力

(b) HPAM 虽对油有阻力，但能提供一层可减小阻力的水膜

图 6-8　HPAM 的选择性

（4）HPAM 虽对油的流动也产生阻力，但它可为油提供一层能减小流动阻力的水膜，如图 6-8(b)所示。

为提高 HPAM 在地层的吸附量，从而提高 HPAM 对水的封堵能力，可将 HPAM 溶于盐水中注入地层，这是因为盐可以提高 HPAM 在岩石表面的吸附量；或用交联剂（如硫酸铝或柠檬酸铝）溶液预处理地层，减小岩石表面的负电性，甚至可将岩石表面转变为正电性，提高 HPAM 在岩石表面的吸附量；还可先注入低水解度的 HPAM，利用 HPA 中—$CONH_2$ 的非离子性质提高 HPAM 在岩石表面的吸附量，再注入碱，提高 HPAM 未吸附部分的水解度，以提高这部分 HPAM 的控水能力。HPAN（部分水解聚丙烯腈）具有与 HPAM 大体相同的选择性堵水特性。

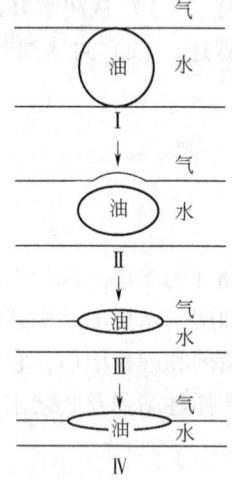

图 6-9　三相泡沫中分散介质膜的破坏过程

Ⅰ—泡沫分散介质中的油珠；Ⅱ—油珠上浮形成凸起膜；Ⅲ—凸起膜排液、断裂，使油与气直接接触；Ⅳ—油珠扩展，引起水膜断裂

2. 泡沫（水基）

以水作分散介质的泡沫可优先进入出水层，并在出水层稳定存在，通过叠加的贾敏效应封堵来水。在油层中，油可以乳化在泡沫的分散介质中形成三相泡沫。分散介质中的一些油珠，可经历图 6-9 所示的过程，引起泡沫的破坏，所以进入薄层的泡沫不堵塞油层。因此，泡沫也是一种选择性堵剂。

泡沫的起泡剂主要为磺酸盐型表面活性剂。为了提高泡沫稳定性，可在起泡剂中加入稠化剂如钠羧甲基纤维素、聚乙烯醇、聚乙烯吡咯烷酮等。制备泡沫用的气体可以是氮气或二氧化碳气，它们可由液态转变而来。其中，氮气也可通过反应生成。例如，向地层注入 NH_4NO_2 或能产生此物质的其他物质（如

$NH_4Cl+NaNO_2$），初始阶段控制系统 pH 值为碱性（如 $NaOH+CH_3COOCH_3$），当体系进入地层后将系统变为酸性，即可产生氮气，在起泡剂溶液中产生泡沫：

$$NH_4NO_2 \stackrel{}{=\!=\!=} N_2\uparrow +2H_2O$$

3. 阴阳非三元共聚物（水基）

若通过丙烯酰胺（AM）与（3－丙烯酰胺基－3－甲基）丁基三甲基氯化铵（AMBTAC）共聚、水解，就可得到一种分子中同时含有阴离子、阳离子和非离子链节的三元共聚物：

部分水解AM/AMBTAC共聚物

将这种堵剂的水溶液注入地层，其阳离子链节将牢固吸附在带负电的岩石表面，而阴离子、非离子链节则伸展到水中增加水流阻力，起到选择性堵水作用。表 6-4 说明这种共聚物的封堵能力比 HPAM 更好。

表 6-4　部分水解 AM/AMBTAC 共聚物与 HPAM 封堵能力比较

聚合物	阻力系数[①]	残余阻力系数[②]
部分水解 AM/AMBTAC 共聚物	7.229	3.739
HPAM	5.023	2.031

①指在相同流速下，岩心注聚合物溶液与注盐水的注入压力比值；②指聚合物处理前后，在相同流速下，岩心注盐水的注入压力比值。

4. 松香酸钠（水基）

松香酸钠是由松香（其中松香酸的质量分数为 0.80~0.90）与碳酸钠（或氢氧化钠）反应生成的。由于松香酸钠可与钙、镁离子反应，分别生成不溶于水的松香酸钙、松香酸镁沉淀，所以松香酸钠适用于钙、镁离子质量浓度高（例如高于 1000mg/L）的油井堵水。由于油层的油不会含钙、镁离子，所以松香酸钠不会堵塞油层。除松香酸钠外，还可用环烷酸钠、脂肪酸钠（如硬脂酸钠、油酸钠等）选择性地封堵油层水中钙、镁离子质量浓度高的油层。

5. 山嵛酸钾（水基）

当将水溶性的山嵛酸钾溶液注入地层，遇到地层水中的钠离子即发生如下反应，产生不溶于水的山嵛酸钠沉淀，封堵出水层：

$$CH_3 \!\!\overline{(CH_2)}_{20}\!COOK+Na^+ \longrightarrow CH_3 \!\!\overline{(CH_2)}_{20}\!COONa\downarrow +K^+$$

$$\text{山嵛酸钾} \qquad\qquad\qquad \text{山嵛酸钠}$$

6. 烷基苯酚乙醛树脂（水基）

烷基苯酚乙醛树脂是在地层中合成生成的。例如，将烷基苯酚、乙醛和催化剂（如石油磺酸）注入地层，在约为 100℃ 条件下反应生成一种支链型的树脂：

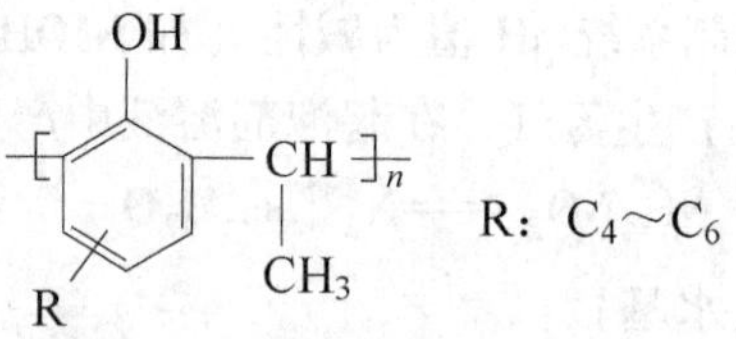

$$\text{烷基苯酚乙醛树脂}$$

R：$C_4 \sim C_6$

烷基苯酚乙醛树脂

烷基苯酚乙醛树脂溶于油，不溶于水，所以是一种选择性堵剂。

7. 烃基卤代甲硅烷（油基）

烃基卤代甲硅烷可用通式 R_nSiX_{4-n} 表示，式中的 R 表示烃基，X 表示卤素（即氟、氯、溴或碘），n 表示 1~3 的整数。烃基卤代甲硅烷可与水反应，生成相应的硅醇。硅醇中的多元醇很易缩聚，生成聚硅醇沉淀，可封堵出水层。如二甲基二氯甲硅烷与水反应即可产生堵水沉淀：

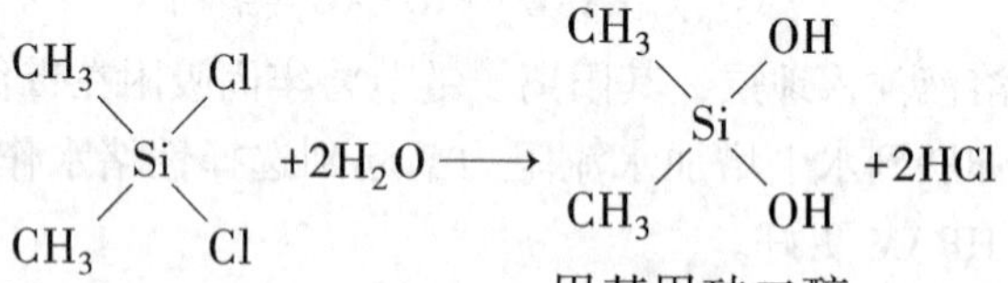

$$\underset{\text{甲基甲硅二醇}}{} $$

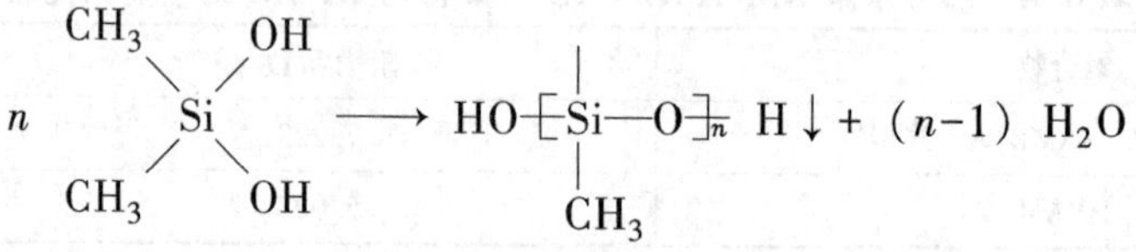

甲基甲硅二醇

聚二甲基甲硅醇

由于烃基卤代甲硅烷是油溶性的，所以它必须配成油溶液使用。

8. 聚氨基甲酸酯（油基）

聚氨基甲酸酯（简称聚氨酯）是由多羟基化合物与多异氰酸酯聚合而成。若在聚合时保持异氰酸基（—NCO）的数量超过羟基（—OH），即可制得有选择性堵水作用的聚氨基甲酸酯。这种聚氨基甲酸酯遇水可发生一系列反应，即异氰酸基与水作用，生成氨基和二氧化碳：

$$—NCO+H_2O \longrightarrow —NH_2+CO_2\uparrow$$

这一反应所产生的氨基可继续与异氰酸基作用，生成脲键：

$$—NH_2+—NCO \longrightarrow —NH—CO—NH—$$

脲键

脲键上的活泼氢可以与其他未反应的异氰酸基反应，使原来可流动的线型的聚氨基甲酸酯最后变成不能流动的体型的聚氨基甲酸酯，将出水层堵住。若聚氨基甲酸酯遇油，由于不发生上述反应，所以不产生堵塞。可见，聚氨基甲酸酯是一种选择性很好、封堵能力很强的堵剂。在聚氨基甲酸酯堵剂中，还可加入 3 种其他成分：

（1）稀释剂：用于稀释聚氨基甲酸酯，提高其流动性。可用的稀释剂有二甲苯、二氯乙烷、四氯化碳或石油馏分等。

（2）封闭剂：它可在一定时间内，将聚氨基甲酸酯中的异氰酸基全部反应（封闭）掉，使堵剂不会再变成体型的结构。这样，进入油层的堵剂，即使留在油层也不会有不好的影响。$C_1 \sim C_8$ 的低分子醇（如乙醇、异丙醇等）可用作封闭剂。

（3）催化剂：它可改变封闭反应速率。可用的催化剂有二甲基乙醇胺、三乙胺、三丙胺等。

9. 松香二聚物醇溶液（醇基）

松香可在硫酸作用下聚合，生成平均分子量至少为 450、软化点至少为 100℃的松香二聚物。由于松香二聚物溶于低分子醇（如甲醇、乙醇、正丙醇、异丙醇等）而不溶于水，所以当松香二聚物的醇溶液与水相遇时，水即溶于醇中，降低了醇对松香二聚物的溶解度，使松香二聚物饱和析出。由于松香二聚物软化点较高，所以它以固体的状态析出，对水层有较高的封堵能力。松香二聚物醇溶液中，松香二聚物的质量分数最好为 0.40 ~ 0.60。质量分数太大，则黏度太高；质量分数太小，则堵水效果不好。实际使用时，单位厚度（1m）的地层用约 $1m^3$ 的松香二聚物醇溶液。

10. 油基水泥（油基）

油基水泥是指油中的水泥悬浮体。当水泥悬浮体遇到出水层时，由于水泥表面亲水，水泥表面的油会被水置换使水泥固化，从而封堵住出水层。配制油基水泥所用的水泥为适用于相应井深的油井水泥，所用的油为汽油、煤油、柴油或低黏度原油。此外还要加表面活性剂（如羧酸盐型表面活性剂、磺酸盐型表面活性剂），以改变悬浮体的流动度。例如在 $1m^3$ 油中加入 300 ~ 800kg 油井水泥和 0.1 ~ 1.0kg 表面活性剂，配得密度为 1.05 ~ 1.65g/cm^3 的油基水泥，可用于油井堵水。

11. 活性稠油（油基）

溶有油包水型乳化剂（如 Span80）的稠油，遇水后会产生高黏度的油包水乳状液，可用于油井堵水。由于稠油中含有相当数量的油包水型乳化剂（如环烷酸、胶质、沥青质等），所以可将稠油直接用于选择性堵水。也可将氧化沥青溶于油中配成活性稠油，这种沥青既是油包水型乳化剂，也是油的稠化剂。

12. 水包稠油（水基）

水包稠油是用水包油型乳化剂将稠油乳化在水中配成的。因乳状液是水外相，黏度低，所以易进入水层。在水层，由于乳化剂在地层表面吸附，破坏乳状液，使油珠聚并为高黏度的稠油，产生很大的流动阻力，从而减少水层出水。水包稠油的乳化剂最好用阳离子型表面活性剂，因为它易吸附在带负电的砂岩表面，进而引起乳状液的破坏。

13. 偶合稠油（油基）

偶合稠油是将低聚合度的苯酚甲醛树脂、苯酚糠醛树脂或它们的混合物作为偶合剂溶于稠油中配成的。由于这些树脂可与地层表面反应，产生化学吸附，可以加强地层表面与稠油的结合，使其不易排出，从而可延长有效期。

14. 酸渣

在硫酸精制石油馏分时产生的酸渣可用于选择性堵水。这种酸渣遇水可析出不溶物质，且硫酸与地层水中的 Ca^{2+}、Mg^{2+} 可产生相应的沉淀，从而封堵出水层。

上述介绍的选择性堵剂中，由于水基堵剂优先进入出水层（油基堵剂无此优点），而且水基堵剂比醇基堵剂便宜，因此水基堵剂是应优先考虑的。

二、非选择性堵水法

非选择性堵水法适用于封堵单一水层或高含水层，这是因为该方法所用的堵剂对水和油都没有选择性，因此既可堵水也可堵油。重要的非选择性堵剂有下列五类：

1. 树脂型堵剂

树脂型堵剂是一类由低分子物质通过缩聚反应生成不溶高分子物质的堵剂。酚醛树脂、脲醛树脂、环氧树脂等属于这一类堵剂。其中，最常见的树脂型堵剂是酚醛树脂。当用酚醛树脂堵水时，可将热固性酚醛树脂与固化剂（指加速固化的催化剂，如草酸）混合后挤入水层。在水层温度以及固化剂的作用下，热固性酚醛树脂可在一定时间内交联成不溶的酚醛树脂，将水层堵住。

2. 冻胶型堵剂

冻胶型堵剂是一类由聚合物水溶液用交联剂交联所制成的堵剂。铝冻胶、铬冻胶、锆冻胶、钛冻胶、醛冻胶等属于这一类堵剂。当用冻胶型堵剂封堵时，可将聚合物溶液和交联剂溶液混合后注入水层，该方法适用于封堵近井地带，也可将两者分成几个段塞，中间以隔离液隔开，交替注入水层，让它们进入水层一定距离后才混合，该方法适用于封堵远井地带。

3. 凝胶型堵剂

凝胶型堵剂是由溶胶胶凝产生的堵剂。最常用的凝胶型堵剂是硅酸凝胶。在使用硅酸凝胶封堵时，可将硅酸钠溶液和活化剂溶液混合后注入地层；也可将它们分成几个段塞，中间以隔离液隔开，交替注入水层，让它们进入水层一定距离后才混合。硅酸钠与活化剂混合后，首先生成硅酸溶胶，随后转变为硅酸凝胶。

4. 沉淀型堵剂

沉淀型堵剂由两种能反应生成沉淀的物质组成，如 $Na_2O \cdot mSiO_2$—$CaCl_2$、$Na_2O \cdot mSiO_2$—$FeSO_4$、$Na_2O \cdot mSiO_2$—$FeCl_3$ 等。将分别含这两种物质的溶液分成几个段塞，中间以隔离液隔开，交替注入地层，则它们进入地层一定距离后就可相遇，反应生成沉淀，堵塞地层。由于 $Na_2O \cdot mSiO_2$—$CaCl_2$ 反应生成的 $CaO \cdot mSiO_2$ 沉淀有很强的封堵能力，所以该类堵剂是最常用的沉淀型堵剂。当用 $Na_2O \cdot mSiO_2$—$CaCl_2$ 作为油井堵水的非选择性堵剂时，$w(Na_2O \cdot mSiO_2)$ 在 $0.20 \sim 0.40$ 范围，$w(CaCl_2)$ 为 $0.15 \sim 0.42$。

5. 分散体型堵剂

分散体型堵剂主要为固体分散体，可用于封堵特高渗透层。例如，可用前文讨论的黏土—水泥、碳酸钙—水泥和粉煤灰—水泥等固体分散体来封堵特高渗透层。

第三节　油水井防砂

我国疏松砂岩油藏分布范围较广、储量大，产量占有重要的地位。在一般开采条件下（除稠油采用排砂冷采新技术外），油井出砂的危害极大。为了防止油井出砂，一方面要针对油层及油井条件，正确选择固井、完井方式，制定合理的开采措施，控制生产压差，限制渗流速度，加强出砂层油井的管理，尽量避免强烈抽汲的诱流措施；另一方面，要根据油层和开采工艺要求，采用相应的防砂工艺技术，确保油井的正常生产。

一、防砂必要性

油气井出砂是石油开采遇到的重要问题之一。如果砂害得不到治理，油气井出砂会越来越严重，致使出砂的油气井不能有效开发。出砂的危害主要表现在以下四个方面：(1) 使地面和井下设备严重磨蚀，甚至造成砂卡；(2) 使冲砂检泵、地面清罐等维修工作量剧增；(3) 砂埋油层或井筒砂堵会造成油井停产；(4) 出砂严重时还会引起井壁甚至油层坍塌而损坏套管甚造成油井报废。这些危害既提高了原油的生产成本，又加大了油田的开采难度。因此，对疏松砂岩油藏采取合理有效的防砂措施具有重要意义。

二、出砂机理

地层出砂没有明显的深度界限，一般来说，地层应力超过地层强度就有可能出砂。地层强度取决于地层胶结物的胶结力、圈闭内流体的黏着力、地层颗粒物之间的摩擦力以及地层颗粒本身的重力。地层应力包括地层结构应力、上覆压力、流体流动时对地层颗粒施加的推拽力，以及地层孔隙压力和生产压差形成的作用力。由此可见，地层出砂是由多种因素共同决定的，主要可以分为先天原因和开发原因。

1. 先天性原因

先天性原因是指砂岩地层的地质条件，即砂岩油气藏的胶结强度，而这取决于砂岩地层含有胶结矿物数量的多少、类型和分布规律以及地质年代的影响。一般来说，胶结矿物数量多、类型好、分布均匀，地质年代早，砂岩油气藏的胶结强度就越大，反之就越小。

2. 开发原因

人为的不合理开发因素也可能造成油气井出砂。这些因素有的可以避免，有的不可能避免。比如，由不恰当的开采速度以及采油速度的突然变化，落后的开采技术，低质量和频繁的修井作业，设计不良的酸化作业和不科学的生产管理等造成的油气井出砂，这些都应当尽可能避免的。随着油气田开发期延续，油气层压力自然下降，储层砂岩体承载砂粒的负荷逐渐增加，致使砂粒间的应力平衡和胶结遭到破坏，造成地层出砂，这种出砂是不可避免的。

三、防砂方法

1. 化学桥接防砂法

化学桥接防砂法是指由化学桥接剂将松散的砂粒在它们的接触点处桥接起来，以达到防砂目的的方法，如图 6-10 所示。桥接剂是指能将松散砂粒在接触点处桥接起来的化学剂。若将桥接剂配成水溶液，注入出砂层段，关井一定时间，使桥接剂在砂粒间吸附达到平衡，即可达到防砂的目的。

可用的桥接剂分为两类：

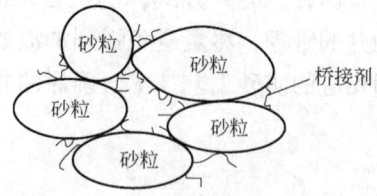

图 6-10 桥接剂在砂粒间产生桥接

1）无机阳离子型聚合物

铝离子和锆离子可分别形成多核羟桥络离子：

$$\left[(H_2O)_4Al \begin{array}{c} OH \\ OH \end{array} \begin{array}{c} H_2O \\ Al \\ H_2O \end{array}_n \begin{array}{c} OH \\ OH \end{array} Al(H_2O)_4\right]^{n+4}$$

$$\left[(H_2O)_6Zr \begin{array}{c} OH \\ OH \end{array} \begin{array}{c} H_2O \\ Zr \\ H_2O \end{array} \begin{array}{c} H_2O \\ OH \\ OH \\ H_2O \end{array} Zr(H_2O)_6\right]^{2n+6}$$

由铝离子或锆离子组成的多核羟桥络离子与相应的阴离子一起分别称为羟基铝、羟基锆，它们是典型的无机阳离子型聚合物，可用作桥接剂。

2）有机阳离子型聚合物

支链上有季铵盐结构的有机阳离子型聚合物都是重要的桥接剂，如：

丙烯酰胺与(2-丙烯酰胺基-2-甲基)丙基二甲基氯化铵

丙烯酰胺与(2-丙烯酰胺基-2-甲基)丙基亚甲基五甲基双氯化铵

2. 化学胶结防砂法

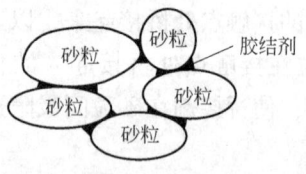

图 6-11 胶结剂在砂粒间产生胶结

化学胶结防砂法是用胶结剂将松散的砂粒在它们的接触点处胶结起来，达到防砂的目的，如图 6-11 所示。

1）胶结防砂步骤

（1）地层的预处理。基于不同目的使用不同的预处理剂：若要顶替出砂层中的原油，可用盐水进行预处理；若要除去砂粒表面的油，可用油溶剂进行预处理（油溶剂包括液化石油气、汽油、煤）；若要除去影响胶结剂固化的碳酸盐，可用盐酸进行预处理；若要为砂粒准备一个便于胶结剂润湿的表面，可用醇或醇醚进行预处理（如正己醇、乙二醇丁醚）。

（2）胶结剂的注入。将胶结剂注到松散砂层，使之与砂接触。为使胶结剂能够均匀注入，在注胶结剂前可先注一段塞可减小高渗透层的渗透率、使砂层各处的渗透率拉平的转向剂（如异丙醇、柴油和乙基纤维素的混合物），以实现胶结剂在砂层均匀分布。

（3）增孔液的注入。增孔液是将多余胶结剂推至地层深处的液体具有不溶解胶结剂、不影响胶结剂固化的特性。

（4）胶结剂的固化。若固化剂在胶结剂注入时已加入，则这一步骤是关井候凝。若注入胶结剂前未加入固化剂，则该步骤是先注入固化剂再关井候凝。不同胶结剂需使用不同固化剂。

2）胶结剂

胶结剂是指能将松散砂粒在其接触点处胶结起来的化学剂。可用的胶结剂分为无机胶结剂和有机胶结剂两类。

（1）无机胶结剂。

无机胶结剂主要为硅酸和硅酸钙。可依次向砂层注入硅酸钠溶液、增孔油和盐酸，即可在砂粒的接触点处产生硅酸，将砂粒胶结起来。若依次向砂层注入硅酸钠溶液、增孔油和氯化钙，则可在砂粒的接触点处产生硅酸钙，也可将砂粒胶结起来。

（2）有机胶结剂。

有机胶结剂主要包括冻胶型胶结剂、树脂型胶结剂和聚氨基甲酸酯型胶结剂。

① 冻胶型胶结剂：各种冻胶都可用作松散砂层的胶结剂。铬冻胶在地层温度下有一定的成冻时间，当用铬冻胶胶结松散砂层时，可先将交联剂（如乙酸铬）加入聚丙烯酰胺溶液中，然后注入松散砂层，再用增孔油（如煤油、柴油）增孔，关井一定时间待冻胶成冻后，即可将松散砂粒胶结住。锆冻胶在地层温度下会立即成冻，当用其胶结松散砂层时，可先将聚丙烯酰胺溶液注入松散砂层，然后注增孔油，再注交联剂（如氧氯化锆）溶液，使存留在砂粒接触点处的聚丙烯酰胺交联成冻胶，将松散的砂粒胶结起来。

② 树脂型胶结剂：重要的树脂型胶结剂包括酚醛树脂、脲醛树脂、环氧树脂和呋喃树脂。以酚醛树脂最为常见。酚醛树脂有两种使用形式：a. 在地面预缩聚好的热固性酚醛树脂，这种树脂用 $w(HCl)$ 为 0.10 的盐酸作固化剂，盐酸在注树脂并增孔后再注入地层；b. 在地层下合成的酚醛树脂，这种树脂用氯化亚锡作固化剂，这是因为氯化亚锡可水解慢慢生成盐酸，使酚醛树脂慢慢固化，所以氯化亚锡可与苯酚、甲醛一起注入地层后再增孔。在地下合成的酚醛树脂中，苯酚、甲醛和氯化亚锡的质量比为 $1:2:0.24$。由于这一种形式的酚醛树脂需在地下进行缩聚，因此只适用于温度不低于 60℃ 的砂层。脲醛树脂和环氧树脂主要使用预缩聚好的树脂，前者类似酚醛树脂，固化剂（如盐酸、草酸等）在注树脂并增孔后注入地层；后者的交联剂（如乙二胺、邻苯二甲酸酐等）则在注入树脂前加到树脂之中。呋喃树脂是一种含呋喃环（ ）的树脂。糠醇树脂属呋喃树脂，它由糠醇（ —CH₂OH）缩聚而成，是热固性树脂。使用糠醇树脂时将它注

入地层，经增孔后再注入固化剂（如盐酸）使其固化。糠醇树脂耐温、耐酸、耐碱、耐盐、耐有机溶剂，是一种较好的胶结剂。上述的树脂型胶结剂可用偶合剂加强其与砂粒表面的结合。

③ 聚氨基甲酸酯型胶结剂：用聚氨基甲酸酯型作胶结剂时，先用水冲洗砂层，用油增孔，然后注入聚氨基甲酸酯油溶液。由于砂粒接触点处的水可引发聚氨基甲酸酯一系列反应使它固化，从而将松散的砂粒胶结起来。

3. 人工井壁防砂法

人工井壁防砂法用于已出砂的砂层，目的是在砂层的亏空处做一个由固结的颗粒物质所组成的有足够渗透率的防砂屏障，即人工井壁。可用下列方法形成人工井壁：

1）填砂胶结法

填砂胶结法是先向出砂层的亏空处填砂，然后用胶结剂，按前文讲到的胶结步骤将充填的砂粒胶结起来，形成人工井壁。

2）树脂涂砂法

树脂涂砂法是将预先涂敷有树脂（胶结剂）的砂粒充填在砂层的亏空处，然后在热和（或）固化剂作用下，使树脂交联成体型结构，将砂粒胶结起来，形成人工井壁。前文讲到的树脂型胶结剂均可用于涂敷在砂粒表面，但最常用的是酚醛树脂和环氧树脂。

3）水泥砂浆法

水泥砂浆法是将水、水泥和石英砂按 $0.5:1:4$ 的质量比混合配成水泥砂浆，并填充在砂层的亏空处，固化后即为人工井壁。

4）水泥熟料法

水泥熟料是由石灰石和黏土按一定比例烧结而成的。将块状的水泥熟料粉碎到一定粒度（如 $0.3\sim1\text{mm}$），即可用于充填亏空砂层。水泥熟料在水的作用下固结，形成人工井壁。

4. 滤砂管防砂法

滤砂管防砂法是先向亏空砂层填砂，然后将如图 6-12 所示的滤砂管下至出砂层段，即可达到防砂目的。

滤砂管是由石英砂胶结而成的，只要改变石英砂的粒度组合，就可得到具不同渗透率、能过滤不同大小砂粒的滤砂管。在制作滤砂管时可用环氧树脂和水泥来胶结石英砂。当使用环氧树脂胶结石英砂时，可先将环氧树脂、乙二胺（交联剂）和邻苯二甲酸二丁酯（增韧剂）按 $100:8:10$ 的质量比配好，然后每 20kg 石英砂用 1kg 配好的环氧树脂胶结成型，制成滤砂管。若使用水泥胶结石英砂，则可将水、水泥和石英砂按质量比 $1:2.4:12$ 配好，然后成型制成滤砂管。

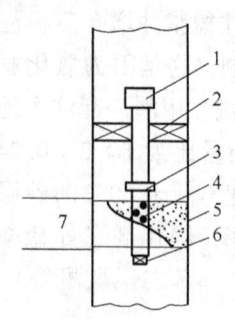

图 6-12　滤砂管防砂示意图

1—丢手接头；2—封隔器；

3—反扣安全接头；4—中心管；

5—滤砂管；6—丝堵；7—出砂层段

5. 绕丝筛管砾石充填防砂法

该方法先用砂充填亏空砂层，然后将绕丝筛管（绕有不锈钢丝，丝间缝宽为 $0.2\sim0.3\text{mm}$ 的割缝油管或钻孔油管）下至出砂层段，再用携砂液将砾石（粒度中值为砂层砂粒的 5~6 倍的石英砂）充填出砂层段与绕丝筛管之间的空间。该方法能有效防止地层出砂。砾石充填需用到携砂液，对携砂液特性的要求可参考下文讲到的水基压裂液。

第四节 油井的防蜡与清蜡

油井结蜡是油田开发过程中存在已久的问题，当原油从地下抽到地面时，随着油从井筒上升，系统压力下降使得溶解气体逸出和膨胀，导致原油温度逐渐降低，蜡就从原油中按分子量的大小顺序结晶析出，并继而沉积在油管内壁上，致使井筒变窄、油井产量降低，严重时还会堵塞油管造成油井停产。

清防蜡技术是根据原油物性及油井开采状况的复杂性，并结合不同区块、不同油井、开采阶段及油井结蜡状况，为了清蜡、阻止蜡沉积而采取的一种有效的工艺。

一、油井结蜡的原因及危害

1. 油井结蜡的原因

油井结蜡有两个过程：蜡从油中析出；蜡聚集、黏附在油管壁上。原来溶解在石油中的蜡，在开采过程中随着石油对蜡的溶解能力下降逐渐凝析出来。一定量的石油，当其组分、温度、压力不变时，其溶解力也一定，能够溶解一定量的石蜡。当石油组分、温度、压力发生变化使其溶解力下降时，将有一部分蜡从油中析出。下面讨论影响油井结蜡的因素。

1）石油的组分

在同一温度条件下，轻质油对蜡的溶解力大于重质油，原油中所含轻质馏分越多，蜡的结晶温度越低，也即蜡越不易析出，保持溶解状态的蜡量就越多。任何一种石油对蜡的溶解量都是随着温度的下降而减少。因此，在高温时溶解的蜡，在温度下降时有一部分要凝析出来。在同一含蜡量下，重油的蜡结晶温度高于轻质油，可见含轻质组分少的石油，其中溶解的蜡更容易凝析出来。

2）压力和溶解气

在压力高于饱和压力的条件下，压力降低时原油不会脱气，蜡的初始结晶温度随压力的降低而降低。在压力低于饱和压力的条件下，由于压力降低时油中的气体不断分离出来，导致油对蜡的溶解能力下降，使蜡的初始结晶温度升高；压力越低，分离的气体越多，结晶温度升高得越高，这是由于初期分离出的是轻组分气体（甲烷、乙烷等），后期分离出的是丁烷等重组分气体，后者对油溶解蜡的能力影响较大，因而使结晶温度明显增高。此外，溶解气从油中分离出时还会膨胀吸热，促使油流温度降低，有利于蜡晶体析出。

3）原油中的胶质和沥青质

试验结果表明，石油中胶质含量的增加可使结晶温度降低。这是因为胶质为表面活性物质，可吸附于使蜡结晶表面上来阻止结晶的发展。沥青是胶质的进一步聚合物，它不溶于油，而是以极小的微粒分散在油中，对蜡结晶体起分散作用。显微镜下观察发现，由于胶质、沥青的存在，蜡晶体在油中分散得比较均匀，不易聚集结蜡。但当沉积在管壁的蜡中含有胶质、沥青质时，将形成不易被油流冲走的硬蜡。

4）原油中的机械杂质

油中的细小砂粒和机械杂质将成为石蜡析出结晶的核心，使蜡晶体易于聚结长大，加速了结蜡的过程。油中含水量增高时，由于水的热容量大于油，可减缓液流温度的降低，此外，含水量增加容易在油管壁形成连续水膜，使石蜡不易沉积在管壁上。因此，随着油井含水量增加，结蜡程度有所减轻。相反，油井含水量低时结蜡就比较严重，这是因为水中盐类析出并沉积于管壁，有利于蜡晶体的聚集。

5）液流速度、管子表面粗糙程度和表面性质

油井生产实际表明，高产井结蜡程度比低产井低，这是因为高产井的压力高、初始结晶温度低，同时液流速度大，井筒中热损失小，油流温度较高蜡使不易析出，即使油蜡晶体析出也被高速油流带走不易沉积在管壁上。管壁粗糙时，蜡晶体容易黏附在上面形成结蜡，反之不容易结蜡。管壁表面亲水性越强，越不容易结蜡，反之，容易结蜡。

2. 油井结蜡现象和结蜡规律

国内各油田的油井均有不同程度的结蜡现象，总结分析，大致有如下规律：

（1）原油中含蜡量越高，油井结蜡越严重。某油田原油含蜡量为 1.5%～5.0% 的区域，油井需 2～3 天清一次蜡；含蜡量在 5%～8.6% 的区域，油井需一天清蜡两次；含蜡量在 8.6% 以上的区域，油井需一天清蜡 2～3 次。

（2）油井开采后期较开采初期结蜡严重。

（3）高产井及井口出油温度高的井结蜡不严重或不结蜡，反之，结蜡严重。

（4）油井见水后，低含水阶段结蜡严重，含水量升高到一定程度后结蜡减轻。

（5）表面粗糙的油管容易结蜡；清蜡不彻底的容易结蜡。

（6）出砂井容易结蜡。

（7）自喷井和机械抽油井的结蜡位置有所不同。自喷井油管在某一深度（如 800m）以下不结蜡，即油管下部不易结蜡，这是因为下部油流温度高、压力高、溶解气多，石油对蜡的溶解能力强。随着深度变浅，由于油流温度、压力下降，导致油对蜡的溶解能力下降，从某一深度（如 700 多米）开始结蜡，且越往上结蜡越严重。接近井口时结蜡减少，这是由于该处流体流速大，一部分蜡被流体带走所致。井口油嘴处容易结蜡。机械抽油井最容易结蜡的地方是深井泵的阀罩和进口处以及泵筒以下的尾管处。

由于石油的组成复杂，以及油井生产过程中，温度、压力的变化和溶解气的逸出等都比较复杂，因此，对油井结蜡过程和结蜡规律的认识还需要不断深入和提高。

3. 油井结蜡产生的危害

原油含蜡量高会导致油层渗透率降低。油气开采过程中，蜡从油中分离淀析出来，不断的蜡沉积便导致产油层堵塞、油井产量下降，甚至造成停产，给生产带来麻烦。油井结蜡是影响油井高产稳产的突出问题之一，寻求更合理的方法以解决油气生产中遇到的问题，便成为油田开发中急需解决的课题，油井的防蜡和清蜡是油井管理的重要内容。

二、防蜡法与清蜡法

1. 防蜡法

在任何阶段控制结蜡过程都可达到防蜡的目的。下面介绍两种防止油井结蜡的方法：

1）防蜡剂法

（1）稠环芳烃型防蜡剂。

稠环芳烃主要来自煤焦油。稠环芳烃及其衍生物如萘、蒽、菲、萘酚、萘二酚、氯萘、二氯萘、甲基菲、氯菲、菲酚等，都可作为防蜡剂。稠环芳烃型防蜡剂主要通过参加组成晶核，从而使晶核扭曲，不利于蜡晶的继续长大而起防蜡作用。稠环芳烃可溶于溶剂再加到原油中使用，也可加入高密度材料，然后成型，做成棒状或粒状，投入井中使用。为了控制防蜡剂在油中的溶解速率，可将稠环芳烃及其衍生物适当复配。例如，萘在油中溶解速率较高，而 α-萘酚溶解速率较低，将二者复配使用，则可在较长时间内持续防蜡作用。

（2）表面活性剂型防蜡剂。

表面活性剂防蜡剂包括油溶性表面活性剂和水溶性表面活性剂两类。

油溶性表面活性剂是通过改变蜡晶表面的性质而起防蜡作用的。油溶性表面活性剂在蜡晶表面吸附，使其变成极性表面，从而不利于蜡晶长大。油溶性表面活性剂主要为石油磺酸盐和胺型表面活性剂，如：

$$R-Ar-SO_3M$$
$$(M: Ca、Na、K或NH_4^+)$$

$$R-N \begin{cases} (CH_2CH_2O)_{\overline{n_1}}H \\ (CH_2CH_2O)_{\overline{n_2}}H \end{cases}$$
$$(R: C_{16}\sim C_{22}, n_1+n_2: 2\sim 4)$$

水溶性表面活性剂是通过改变结蜡表面（如油管、抽油杆和设备表面）的性质而起防蜡作用的。由于溶于水的表面活性剂可吸附在结蜡表面，使其变成极性表面并有一层水膜，不利于蜡在其上沉积。水溶性表面活性剂很多，如：

$$RSO_3Na \qquad （烷基磺酸钠，R: C_{12}\sim C_{18}）$$

$$\left[R-\overset{\displaystyle CH_3}{\underset{\displaystyle CH_3}{N}}-CH_3 \right] Cl \qquad （烷基三甲基氯化铵，R: C_{12}\sim C_{18}）$$

$$[RO(CH_2CH_2O)_{\overline{n}}H] \qquad （聚氧乙烯烷基醇醚，R: C_{12}\sim C_{18}, n: 5\sim 100）$$

$$R \bigcirc -O(CH_2CH_2O)_{\overline{n}}H \qquad （聚氧乙烯烷基苯酚醚，R: C_8\sim C_{14}, n: 5\sim 100）$$

（3）聚合物型防蜡剂。

聚合物型防蜡剂的非极性链节或极性链节中的非极性部分可与蜡共同结晶，而极性链节可使蜡晶的晶型产生扭曲，不利于蜡晶继续长大形成网状结构，因而具有优异的防蜡作用。聚合物型防蜡剂可溶于溶剂中再加到原油中使用，也可成型后下到井底使用。重要的聚合物型防蜡剂有

$$-\!\!\left[CH_2CH\right]_n\!\!- \quad \text{(聚羧酸乙烯酯, R: } C_{15}\sim C_{35}\text{)}$$
$$|$$
$$RCOO$$

$$-\!\!\left[CH_2CH\right]_n\!\!- \quad \text{(聚丙烯酸酯, R: } C_{14}\sim C_{40}\text{)}$$
$$|$$
$$COOR$$

$$-\!\!\left[CH_2CH_2\right]_m\!\!\left[CH_2CH\right]_n\!\!- \quad \text{(乙烯与羧酸乙烯酯共聚物, R: } C_1\sim C_{25}\text{)}$$
$$|$$
$$RCOO$$

$$-\!\!\left[CH_2CH_2\right]_m\!\!\left[CH_2CH\right]_n\!\!- \quad \text{(乙烯与丙烯酸酯共聚物, R: } C_1\sim C_{26}\text{)}$$
$$|$$
$$COOR$$

$$-\!\!\left[CH_2CH_2\right]_m\!\!\left[CH_2\!-\!CH\right]_n\!\!- \quad \text{(乙烯与顺丁烯二酸酯共聚物, R: } C_1\sim C_{26}\text{)}$$
$$| \qquad |$$
$$ROOC \quad COOR$$

上面讲到的三种类型防蜡剂都是外加的。实际上，原油中含有的一定数量的胶质、沥青质本身就是防蜡剂。所以外加的防蜡剂都应该看作是在胶质、沥青质配合下起防蜡作用的。

2）改变油管表面性质的防蜡法

在油管内壁衬上或搪上一层厚度为 0.4~1.5mm 的玻璃，就可得到玻璃油管。由于玻璃的表面是极性表面，且光滑、具有保温性能，所以可防止蜡在其上沉积。玻璃油管特别适用于含水率超过 5% 的结蜡井，而且油井产量越高，效果越好。对于不含水井和低产井，玻璃油管的防蜡效果不理想。

在油管内涂上防蜡涂料，就可得到涂料油管。其中，防蜡涂料主要为聚氨基甲酸酯，还包括糠醇树脂、漆酚糠醛树脂、环氧咪唑树脂等。涂料油管的防蜡机理与玻璃油管相同。

2. 清蜡法

对已结蜡的油井，除了使用机械（如用刮蜡片）或加热（如热油循环）的方法清蜡外，也可用清蜡剂将蜡清除。清蜡剂有两种类型：

1）油基清蜡剂

油基清蜡剂是一类蜡溶解度很大的溶剂，如苯、甲苯、二甲苯、汽油、煤油、柴油等。二硫化碳、四氯化碳、三氯甲烷等虽有优异的清蜡性能，但由于它们使原油的后加工过程产生严重腐蚀并使催化剂中毒，所以已被禁止使用。为了进一步提高油基清蜡剂的清蜡效果，各种清蜡剂可复配使用。此外，还可加入互溶剂（如醇、醇醚），以提高清蜡剂对蜡中的极性物质（如沥青质）的溶解。油基清蜡剂的主要缺点是有毒、可燃，使用起来很不安全。表 6-5 展示了一种典型的复配油基清蜡剂的配方，其中 ϕ 为体积分数。

表 6-5 一种复配的油基清蜡剂

成分	ϕ, %
煤油	45~85

成分	ϕ, %
苯	5~45
乙二醇丁醚	0.5~6
异丙醇	1~15

2) 水基清蜡剂

水基清蜡剂是以水为分散介质, 表面活性剂、互溶剂和碱性物质作为分散相溶解在水中制成的清蜡剂。其中, 表面活性剂的作用是润湿反转, 使结蜡表面反转为亲水表面, 有利于蜡从表面脱落且不利于再沉积。可用的表面活性剂包括水溶性的磺酸盐型、季铵盐型、聚醚型、吐温型、平平加型和 OP 型表面活性剂等。互溶剂的作用是增加油（包括蜡）与水的相互溶解度。可用的互溶剂为醇和醇醚, 如甲醇、乙醇、异丙醇、异丁醇、乙二醇丁醚、二乙二醇乙醚等。碱性物质可与蜡中的沥青质等极性物质反应, 生成易分散于水的产物, 因而可用水基清蜡剂将蜡从表面清除。可用的碱性物质包括氢氧化钠、氢氧化钾等强碱和硅酸钠、原硅酸钠、磷酸钠、焦磷酸钠、六偏磷酸钠等碱性溶液。下面是水基清蜡剂的示例。示例中的数字均为各相应组成的质量分数。

[例 6-13] 由表面活性剂与碱配制的水基清蜡剂

$$R—O\text{\textleftbrace}CH_2CH_2O\text{\textrightbrace}_nH \qquad 10\%$$
$$R: C_{12}\sim C_{18}, \ n: 8\sim20$$
$$Na_2O \cdot mSiO_2 \qquad 2\%$$
$$H_2O \qquad 88\%$$

[例 6-14] 由表面活性剂与互溶剂配制的水基清蜡剂

$$R—\!\!\bigcirc\!\!—O\text{\textleftbrace}CH_2CH_2O\text{\textrightbrace}_nH \qquad 20\%$$
$$R: C_6\sim C_{18}, \ n: 30\sim40$$
$$CH_3OH \qquad 20\%$$
$$H_2O \qquad 60\%$$

[例 6-15] 由复配表面活性剂、互溶剂与碱配制的水基清蜡剂

$$R—N\begin{cases}(CH_2CH_2O\text{\textrightarrow}_{n_1}H \\ (CH_2CH_2O\text{\textrightarrow}_{n_2}H\end{cases} \qquad 15\%\sim65\%$$
$$R: C_{12}\sim C_{18}, \ n_1+n_2: 6\sim12$$

$$R—O\text{\textleftbrace}CH_2CH_2O\text{\textrightbrace}_n SO_3Na \qquad 15\%\sim50\%$$
$$R: C_{12}\sim C_{18}, \ n: 1\sim10$$

$$R—\!\!\bigcirc\!\!—O\text{\textleftbrace}CH_2CH_2O\text{\textrightbrace}_n H \qquad 15\%\sim50\%$$
$$R: C_8\sim C_{18}, \ n: 4\sim20$$

$$C_4H_9—O—CH_2CH_2OH \qquad 5\%\sim30\%$$

配成水基清蜡剂后，用碱将水溶液调至碱性。

[例 6-16]　由表面活性剂与复配互溶剂（醇+醇醚）配制的水基清蜡剂

$$CH_2—CH_2—\underset{\underset{CH_3}{|}}{CH}—\overset{}{\text{〔苯环〕}}—O\!+\!CH_2CH_2O\!+_4\!H \qquad 10\%$$

$$C_4H_9—O\!+\!CH_2CH_2O\!+_2\!H \qquad 25\%$$

$$CH_3OH \qquad 25\%$$

$$H_2O \qquad 40\%$$

[例 6-17]　由表面活性剂与复配互溶剂（两种醇醚）配制的水基清蜡剂

$$C_9H_{19}—\overset{}{\text{〔苯环〕}}—O\!+\!CH_2CH_2O\!+_{2\sim10}\!H \qquad 6.63\%$$

$$C_4H_9—O—CH_2CH_2OH \qquad 3.26\%$$

$$C_2H_5—O\!+\!CH_2CH_2O\!+_2\!H \qquad 6.63\%$$

$$H_2O \qquad 83.48\%$$

此外，也可用油基清蜡剂与水基清蜡剂结合形成水包油型清蜡剂。其中，油相用不含硫和氯的蜡溶剂如苯、甲苯、二甲苯或石油中芳烃含量高的馏分，水相用水溶性表面活性剂作乳化剂。

第五节　油水井的酸化

油水井酸化处理可用于除去近井地带的堵塞物（如氧化铁、硫化亚铁、黏土），恢复地层的渗透率，还可用于溶解地层的岩石，扩大孔隙结构的喉部，提高地层的渗透率。油水井酸处理是利于油水井增产、增注的有效措施，其中，酸化工作液是由酸化用酸与酸化用添加剂组成。

一、油水井酸化用酸

酸化用酸包括盐酸、氢氟酸、磷酸、硫酸、碳酸、甲酸、乙酸、丙酸、氨基磺酸和土酸（盐酸与氢氟酸混合酸）等。

1. 盐酸

盐酸可溶解堵塞水井的氧化铁、硫化亚铁等腐蚀产物，恢复地层的渗透性：

$$Fe_2O_3+6HCl =\!=\!= 2FeCl_3+3H_2O$$

$$FeS+2HCl =\!=\!= FeCl_2+H_2S\uparrow$$

盐酸也可溶解灰岩（石灰岩、白云岩），改善地层的渗透性：

$$CaCO_3+2HCl =\!=\!= CaCl_2+CO_2\uparrow+H_2O$$
石灰岩

$$CaCO_3\cdot MgCO_3+4HCl =\!=\!= CaCl_2+MgCl_2+2CO_2\uparrow+H_2O$$
白云岩

酸化地层用的盐酸可分稀盐酸和浓盐酸。其中，稀盐酸是指质量分数为 3%～15% 的盐酸，在酸化地层时最为常用。浓盐酸是指质量分数为 15%～37% 的盐酸，主要用来减小地层水对酸的稀释作用，使酸能酸化深远地层，同时由于浓盐酸酸化可产生大量二氧化碳，并提高乏酸（酸化后的酸）的黏度，使乏酸及其中悬浮的岩屑易排出地层。

为使盐酸能酸化深远的地层，可用潜在盐酸。

有下列几种可用的潜在盐酸：

1）四氯化碳

四氯化碳可在 120～370℃ 范围内水解产生盐酸：

$$CCl_4 + 2H_2O \longrightarrow 4HCl + CO_2 \uparrow$$

2）四氯乙烷

四氯乙烷可在 120～260℃ 范围内水解产生盐酸：

$$CHCl_2—CHCl_2 + 2H_2O \longrightarrow 4HCl + OHC—CHO$$

3）氯化铵+甲醛

氯化铵+甲醛可在 80～120℃ 范围内反应产生盐酸：

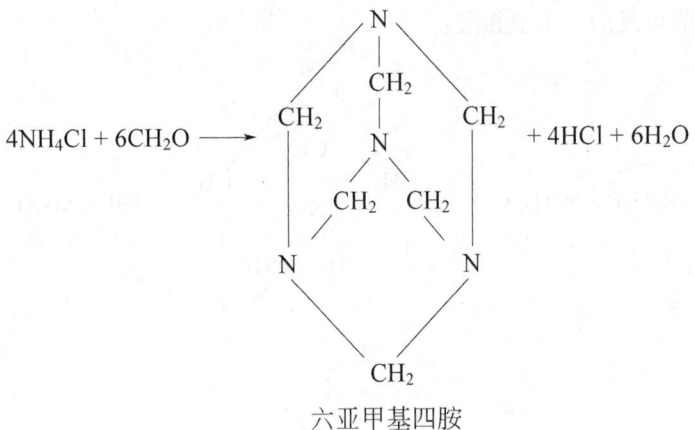

六亚甲基四胺

2. 氢氟酸

氢氟酸可除去地层渗滤面的黏土（高岭石、蒙脱石等）堵塞，恢复地层的渗透性：

$$Al_4[Si_4O_{10}](OH)_4 + 48HF \longrightarrow 4H_2SiF_6 + 4H_3AlF_6 + 18H_2O$$

　　　　　　高岭石

$$Al_4[Si_8O_{10}](OH)_4 + 72HF \longrightarrow 8H_2SiF_6 + 4H_3AlF_6 + 24H_2O$$

　　　　　　蒙脱石

氢氟酸也可溶解砂岩，改善地层的渗透性：

$$SiO_2 + 6HF \longrightarrow H_2SiF_6 + 2H_2O$$

　　　　　石英

$$Na_2O \cdot Al_2O_3 \cdot 6SiO_2 + 50HF \longrightarrow 2NaF + 6H_2SiF_6 + 2H_3AlF_6 + 16H_2O$$

　　　　　钠长石

并不是任何情况下都能使用氢氟酸。例如，氢氟酸不能用于处理石灰岩和白云岩，这是因为氢氟酸可与它们反应产生堵塞地层的沉淀：

$$CaCO_3+2HF \longrightarrow CaF_2\downarrow +CO_2\uparrow +H_2O$$

$$CaCO_3 \cdot MgCO_3+4HF \longrightarrow CaF_2\downarrow +MgF_2\downarrow +2CO_2\uparrow +2H_2O$$

即使砂岩地层也会含一定数量的碳酸盐，所以用氢氟酸酸化地层前，必须用盐酸预处理，除去碳酸盐，以减少上述沉淀反应的不利影响。为使氢氟酸能酸化深远地层，可用潜在氢氟酸，如氟硼酸和四氟乙烷。而氟化铵与甲醛可反应产生氢氟酸，因此也是潜在氢氟酸。

1）氟硼酸

氟硼酸可水解产生氢氟酸：

$$\underset{\text{氟硼酸}}{HBF_4}+3H_2O \longrightarrow 4HF+H_3BO_3$$

2）四氟乙烷

四氟乙烷可水解产生氢氟酸：

$$CHF_2—CHF_2+2H_2O \longrightarrow 4HF+OHC—CHO$$

3）氟化铵+甲醛

氟化铵+甲醛可反应产生氢氟酸：

$$4NH_4F + 6CH_2O \longrightarrow$$

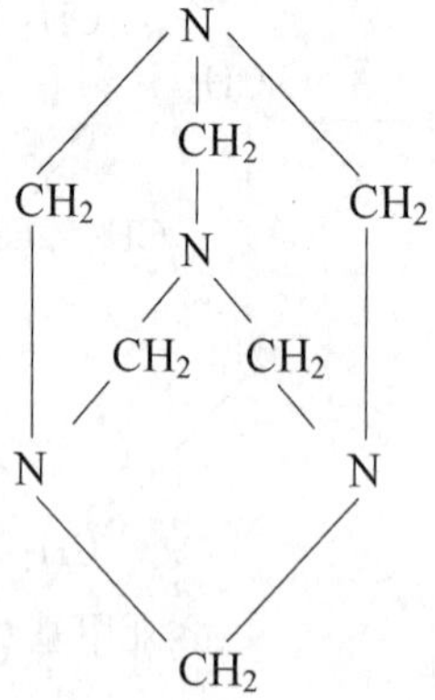

$$+ 4HF + 6H_2O$$

4）氟化铵+膦酸

氟化铵+膦酸可反应产生氢氟酸：

$$6NH_4F+\underset{\text{次氯基三亚甲基膦酸}}{H_2O_3PH_2C—N(CH_2PO_3H_2)_2} \longrightarrow 6HF+\underset{\text{次氯基三亚甲基膦酸铵}}{(NH_4)_2O_3PH_2C—N{<}^{CH_2PO_3(NH)_2}_{CH_2PO_3(NH_4)_2}}$$

氢氟酸通常与盐酸复配成土酸使用。在土酸中，盐酸的质量分数在6%~15%，氢氟酸的质量分数在3%~15%。

为使土酸能酸化深远地层，可使用潜在土酸。典型的潜在土酸为1,2-二氯-1,2-二氟乙烷，它可水解生成土酸：

$$CHClF—CHClF+2H_2O \longrightarrow \underbrace{2HCl+2HF}_{\text{土酸}}+OHC—CHO$$

也可用氯化铵+氟化铵+甲醛生成土酸：

$$2NH_4Cl + 2NH_4F + 6CH_2O \longrightarrow$$

$$
\begin{array}{c}
N \\
| \\
CH_2 \\
| \\
CH_2 \qquad N \qquad CH_2 \\
| \qquad\quad CH_2 \quad CH_2 \\
N \qquad\qquad\qquad N \\
\qquad\quad CH_2
\end{array}
+ \underbrace{2HCl + 2HF}_{\text{土酸}} + 6H_2O
$$

在使用土酸酸化地层前，也必须用盐酸预处理地层。

3. 磷酸

磷酸可解除硫化亚铁、氧化铁等腐蚀产物的堵塞：

$$FeS+2H_3PO_4 \longrightarrow Fe(H_2PO_4)_2+H_2S\uparrow$$

$$Fe_2O_3+6H_3PO_4 \longrightarrow 2Fe(H_2PO_4)_3+3H_2O$$

磷酸也可溶解石灰岩：

$$CaCO_3+2H_3PO_4 \longrightarrow Ca(H_2PO_4)_2+CO_2\uparrow+H_2O$$

$$CaCO_3 \cdot MgCO_3+4H_3PO_4 \longrightarrow Ca(H_2PO_4)_2+Mg(H_2PO_4)_2+2CO_2\uparrow+2H_2O$$

通常用质量分数为 0.15 的磷酸酸化地层。酸化时磷酸的质量分数减小，但相应的 pH 值变化不大（表 6-6），这是因为 H_3PO_4 与 H_2PO_4 构成了缓冲体系：

$$H_3PO_4 \Longleftrightarrow H^++H_2PO_4^-$$

因此，在与地层的反应速率方面磷酸比盐酸低得多，可用于酸化深远地层。

表 6-6 磷酸酸化地层时溶液的 pH 值

$w(H_3PO_4)$	pH 值
0.15	1.00
0.10	1.06
0.05	1.20
0.01	1.57
0.005	1.72

4. 硫酸

硫酸是注水井酸化的一种特殊用酸，它可通过溶解渗滤面和近井地带的堵塞物或碳酸盐，恢复或提高地层的渗透性：

$$FeS+H_2SO_4 \longrightarrow FeSO_4+H_2S\uparrow$$

$$Fe_2O_3+3H_2SO_4 \longrightarrow Fe_2(SO_4)_3+3H_2O$$

$$CaCO_3+H_2SO_4 \longrightarrow CaSO_4+CO_2\uparrow+H_2O$$

$$CaCO_3 \cdot MgCO_3 + 2H_2SO_4 \longrightarrow CaSO_4 + MgSO_4 + 2CO_2 \uparrow + 2H_2O$$

上述反应产物进入地层后主要集中在高渗透层，它们通过下列水解反应或饱和析出（如硫酸钙、硫酸镁）产生堵塞，起到调剖作用：

$$FeSO_4 + 2H_2O \longrightarrow Fe(OH)_2 \downarrow + H_2SO_4$$
$$Fe_2(SO_4)_3 + 6H_2O \longrightarrow 2Fe(OH)_3 \downarrow + 3H_2SO_4$$

此外，硫酸在近井地带产生的稀释热，可提高地层温度，有利于将近井地带起堵塞作用的油推至远井地带，提高近井地带的渗透性和远井地带的调剖效果。

5. 碳酸

碳酸由二氧化碳溶于水中产生：

$$CO_2 + H_2O \longrightarrow H_2CO_3$$

由于碳酸与碳酸盐反应会生成水溶的酸式碳酸盐，因此可用碳酸酸化碳酸盐岩地层：

$$CaCO_3 + H_2CO_3 \longrightarrow Ca(HCO_3)_2$$
$$CaCO_3 \cdot MgCO_3 + 2H_2CO_3 \longrightarrow Ca(HCO_3)_2 + Mg(HCO_3)_2$$

此外，进入地层的碳酸还可通过化学平衡析出二氧化碳并溶于油中，使油的黏度减小，从而使油易于排至地面或推至地层深处，提高酸化效果。若碳酸酸化地层后必须排液时，则需注意防垢，因为减压后酸式碳酸盐会重新析出碳酸盐，在管线和设备表面结垢：

$$Ca(HCO_3)_2 \longrightarrow CaCO_3 \downarrow + CO_2 \uparrow + H_2O$$
$$Mg(HCO_3)_2 \longrightarrow MgCO_3 \downarrow + CO_2 \uparrow + H_2O$$

6. 低分子羧酸

低分子羧酸为甲酸、乙酸、丙酸或它们的混合物，其化学通式为 R—COOH，可用于溶解灰岩。由于与石灰岩的反应产物羧酸钙、羧酸镁的水溶性低，所以酸化用的低分子羧酸的质量分数不应过高。例如甲酸的质量分数不应超过 0.11，乙酸的质量分数不应超过 0.18，丙酸的质量分数不应超过 0.28。在酸化过程中，低分子羧酸溶液的 pH 值变化不大（表 6-7），这是由于低分子羧酸与羧酸盐可以构成缓冲体系：

$$R—COOH \rightleftharpoons H^+ + R—COO^-$$

表 6-7　低分子羧酸酸化时溶液的 pH 值

羧酸	w（羧酸），%	pH 值
甲酸	10	1.71
	8	1.76
	6	1.82
	4	1.91
	2	2.06
乙酸	18	1.61
	14	1.69
	10	1.77
	6	1.88
	2	2.12

羧酸	w（羧酸），%	pH 值
丙酸	28	1.15
	20	2.22
	15	2.28
	10	2.37
	5	2.52

因此，在与石灰岩地层的反应速率方面低分子羧酸远低于盐酸，但它们可用于酸化高温地层。为使低分子羧酸能够酸化更深远的地层，可用它们的潜在酸，如酯、酸酐等。

7. 氨基磺酸

氨基磺酸是一种固体酸，以粉末的形式产出。氨基磺酸可溶解堵塞物和石灰岩，因此可用于酸化地层。但氨基磺酸不能用于温度超过 90℃ 的地层，否则会失去酸化能力。

$$FeS + 2NH_2SO_3H \longrightarrow \overset{NH_2SO_3}{\underset{NH_2SO_3}{\diagdown}}Fe + H_2S\uparrow$$

$$Fe_2O_3 + 6NH_2SO_3H \longrightarrow 2\ \overset{NH_2SO_3}{\underset{NH_2SO_3}{\diagdown}}\!\!\overset{NH_2SO_3}{\diagup}Fe + 3H_2O$$

$$CaCO_3 + 2NH_2SO_3H \longrightarrow \overset{NH_2SO_3}{\underset{NH_2SO_3}{\diagdown}}Ca + CO_2\uparrow + H_2O$$

$$CaCO_3\cdot MgCO_3 + 4NH_2SO_3H \longrightarrow \overset{NH_2SO_3}{\underset{NH_2SO_3}{\diagdown}}Ca + \overset{NH_2SO_3}{\underset{NH_2SO_3}{\diagdown}}Mg + 2CO_2\uparrow + H_2O$$

$$NH_2SO_3H + H_2O \longrightarrow NH_4HSO_4$$

二、酸处理用的添加剂

在酸处理过程中要用到许多添加剂，包括缓速剂、缓蚀剂、铁稳定剂、防乳化剂、黏土稳定剂、助排剂、防淤渣剂、润湿反转剂和转向剂等。

1. 缓速剂

缓速剂是指加在酸中能延缓酸与地层反应速率的化学剂，可分为表面活性剂缓速剂和聚合物缓速剂两类：

1）表面活性剂缓速剂

这类缓速剂是通过吸附机理起作用的。表面活性剂在地层表面吸附后就可降低酸与地层的反应速率，达到缓速的目的。适用的表面活性剂有两类，即阳离子型表面活性剂（如脂肪胺盐酸盐、季铵盐、吡啶盐）和两性表面活性剂（如磺酸盐化、羧酸盐化、磷酸酯盐化或硫酸酯盐化的聚氧乙烯烷基苯酚醚）。使用表面活性剂作缓速剂时，其质量分数一般为 0.001~0.04。

　　表面活性剂还可用作乳化剂，将酸乳化在油中，产生油包酸乳状液而起缓速作用。配制油包酸乳状液的油可用甲苯、二甲苯、煤油、柴油、轻质原油或二甲苯与原油的混合物。可用的乳化剂如十二烷基磺酸及其烷基胺盐。配制时，乳化剂的用量为油质量的 1%~10%，油与酸的体积比可控制在 7:93 至 45:55 的范围。

　　2) 聚合物缓速剂

　　该类缓速剂是通过稠化机理起缓速作用的。聚合物在酸中溶解，当超过一定浓度，溶解的聚合物就可在酸中形成结构，使酸稠化，减小氢离子向地层表面的扩散速率，从而控制酸与地层表面的反应速率。可用于稠化酸的聚合物有

$$\begin{array}{c} +CH_2-CH+_m\,CH_2-CH+_n \\ \quad | \qquad\qquad\quad | \\ \quad CONH_2 \qquad\qquad N \\ \qquad\qquad\qquad H_2C \quad C=O \\ \qquad\qquad\qquad H_2C-CH_2 \end{array}$$

丙烯酰胺与N-乙烯吡咯烷酮共聚物

$$\begin{array}{c} +CH_2-CH+_m+CH_2-CH-CH-CH_2+_n \\ \quad | \qquad\qquad\qquad | \quad | \\ CONH_2 \qquad\qquad\quad CH_2\;CH_2 \\ \qquad\qquad\qquad\qquad\; \overset{+}{N} \quad Cl^- \\ \qquad\qquad\qquad\quad CH_3\;CH_3 \end{array}$$

丙烯酰胺与二烯丙基二甲基氯化铵共聚物

$$\begin{array}{c} +CH_2-CH+_m+CH_3-CH+_n \\ \quad | \qquad\qquad\quad | \\ CONH_2 \qquad\qquad CONH \\ \qquad\qquad\qquad CH_3-C-CH_2SO_3Na \\ \qquad\qquad\qquad\qquad\quad | \\ \qquad\qquad\qquad\qquad\; CH_3 \end{array}$$

丙烯酰胺与(2-丙烯酰胺基-2-甲基)丙基磺酸钠共聚物

$$\begin{array}{c} +CH_2-CH+_m+CH_2-CH-CH-CH_2+_n+CH_2-CH+_p \\ \quad | \qquad\qquad\quad | \quad | \qquad\qquad\qquad | \\ CONH_2 \qquad\quad CH_2\;CH_2 \qquad\qquad CONH \\ \qquad\qquad\qquad \overset{+}{N}\;Cl^- \qquad\quad CH_3-C-CH_2SO_3Na \\ \qquad\qquad CH_3\;CH_3 \qquad\qquad\qquad\; CH_3 \end{array}$$

丙烯酰胺、二烯丙基二甲基氯化铵与(2-丙烯酰胺基-2-甲基)丙基磺酸钠共聚物

2. 缓蚀剂

　　缓蚀剂是指少量加入就能大大减少金属腐蚀的化学剂。酸缓蚀剂一般复配使用，即酸化地层的酸液中需用酸性介质缓蚀剂。按作用机理，酸性介质缓蚀剂可分成两类：

　　1) 吸附膜型缓蚀剂

　　该类缓蚀剂含有氮、氧或硫元素，这些元素最外层均有未成键的电子对，这些电子对可进入金属结构的空轨道形成配位体，从而在金属表面产生缓蚀剂分子的吸附层，控制金属的腐蚀。下面是一些重要的吸附膜型缓蚀剂：

$$R \longrightarrow NH_2$$

烷基胺

$$[R \longrightarrow \underset{\underset{CH_3}{|}}{\overset{\overset{CH_3}{|}}{N}} \longrightarrow CH_2]\ Cl$$

烷基三甲基氯化铵

六亚甲基四胺

$$OHC \overset{}{\longleftarrow} CH_2 \overset{}{\underset{3}{\rightarrow}} CHO$$

戊二醛

二邻甲苯基硫脲，若丁

1,6-二(溴化 α-癸基吡啶)己烷

苯甲酮、甲醛与环己胺反应产物

α-甲胺基烷基苯亚甲基磺酸

2）"中间相"型缓蚀剂

该类缓蚀剂是通过形成"中间相"起缓蚀作用的。"中间相"型缓蚀剂有辛炔醇、甲基丁炔醇、甲基戊炔醇和苄基丁炔醇等。例如辛炔醇是通过下面反应起缓蚀作用的：

$$CH_3 \overset{}{\leftarrow} CH_2 \overset{}{\underset{4}{\rightarrow}} \overset{\overset{OH}{|}}{CH} \longrightarrow C \equiv CH \xrightarrow[H^+]{Fe} CH_3 \overset{}{\leftarrow} CH_2 \overset{}{\underset{4}{\rightarrow}} \overset{\overset{OH}{|}}{CH} \longrightarrow CH \equiv CH_2$$

辛炔醇   烯醇

$$CH_3 \overset{}{\leftarrow} CH_2 \overset{}{\underset{4}{\rightarrow}} \overset{\overset{OH}{|}}{CH} \longrightarrow CH \equiv CH_2 \xrightarrow{-H_2O} CH_3 \overset{}{\leftarrow} CH_2 \overset{}{\underset{3}{\rightarrow}} CH \equiv CH \longrightarrow CH \equiv CH_2$$

共轭烯烃

$$nCH_3 \overset{}{\leftarrow} CH_2 \overset{}{\underset{3}{\rightarrow}} CH \equiv CH \longrightarrow CH \equiv CH_2 \longrightarrow \overset{}{\leftarrow} CH_2 \longrightarrow \underset{\underset{\underset{\underset{\underset{CH_3}{|}}{(CH_2)_3}}{\overset{|}{CH}}}{\overset{\overset{|}{CH}}{CH}}{CH} \overset{}{\underset{n}{\rightarrow}}$$

有缓蚀作用的"中间相"

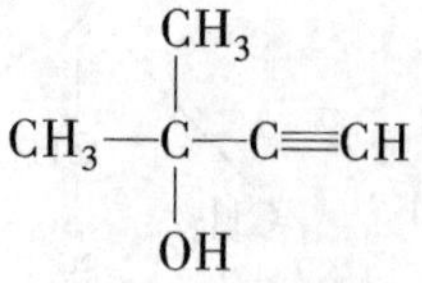

$$CH_3-\underset{\underset{OH}{|}}{\overset{\overset{CH_3}{|}}{C}}-C\equiv CH$$

甲基丁炔醇

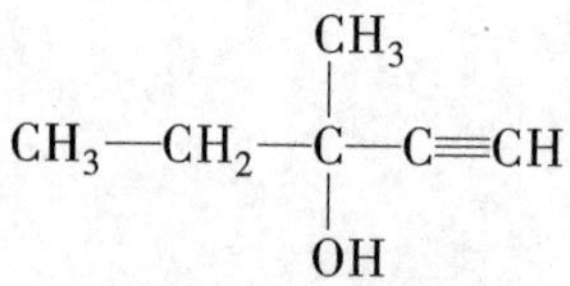

$$CH_3-CH_2-\underset{\underset{OH}{|}}{\overset{\overset{CH_3}{|}}{C}}-C\equiv CH$$

甲基戊炔醇

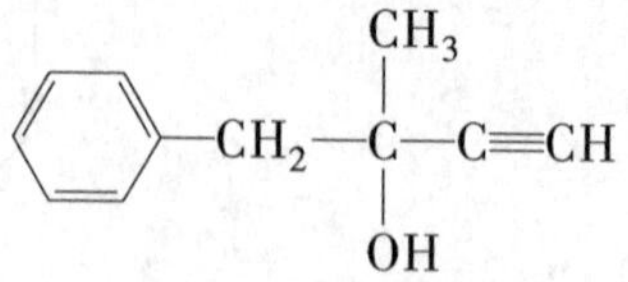

$$\text{⟨苯环⟩}-CH_2-\underset{\underset{OH}{|}}{\overset{\overset{CH_3}{|}}{C}}-C\equiv CH$$

苯基丁炔醇

3. 铁稳定剂

钢铁腐蚀产物（如氧化铁、硫化亚铁）和含铁矿物（如菱铁矿、赤铁矿）在酸中溶解，都可在乏酸中产生 Fe^{2+} 和 Fe^{3+}。乏酸的 pH 值一般为 $4\sim6$，而 Fe^{2+} 和 Fe^{3+} 在质量分数 0.60×10^{-2} 以上时，分别在 pH 值大于 7.7 和 pH 值大于 2.2 时水解。

$$Fe^{2+}+2H_2O \longrightarrow Fe(OH)_2\downarrow+2H^+$$
$$Fe^{3+}+3H_2O \longrightarrow Fe(OH)_3\downarrow+3H^+$$

但重新生成的沉淀（或称二次沉淀）将堵塞地层。因此，乏酸中存在 Fe^{3+} 的稳定问题，即需要加入铁稳定剂。铁稳定剂是指能将 Fe^{3+} 稳定在乏酸中的化学剂。铁稳定剂有络合剂或螯合剂、还原剂和有机酸等。

1）络合剂或螯合剂

该类铁稳定剂可与 Fe^{3+} 络合或螯合，使其在乏酸中不发生水解。例如，Fe^{3+} 可分别与乙酸（络合剂）和乙二胺四乙酸二钠盐（螯合剂）产生如下的稳定结构从而起到铁稳定作用：

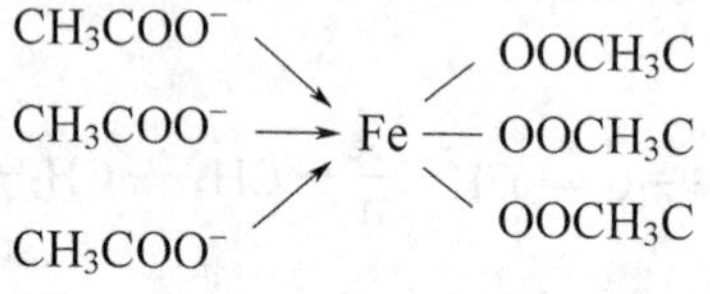

Fe^{3+} 与乙酸构成的稳定结构

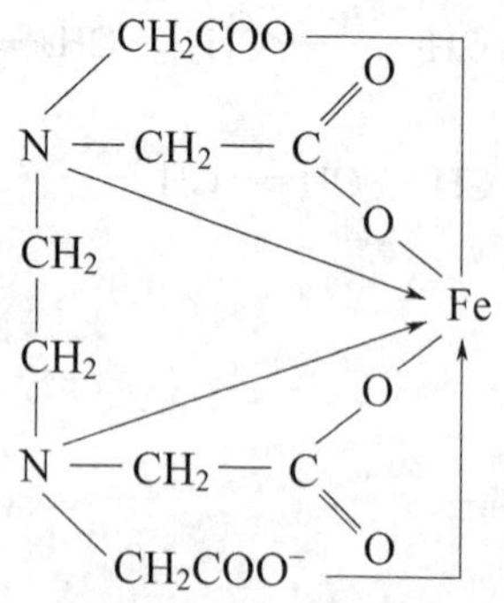

Fe^{3+} 与乙二胺四乙酸二钠盐构成的稳定结构

此外，还可用下列化学剂作铁稳定剂：

$$
\begin{array}{ccc}
\begin{array}{c}COOH \\ | \\ COOH\end{array} & \begin{array}{c}CH_3-CH-COOH \\ | \\ OH\end{array} & \begin{array}{c}CH_3-CH-COOH \\ | \\ SH\end{array} \\
草酸 & 乳酸 & 巯基乳酸
\end{array}
$$

$$
\begin{array}{cc}
\begin{array}{c}CH_2COOH \\ | \\ HO-C-COOH \\ | \\ CH_2COOH\end{array} & \begin{array}{c}CH_2COOH \\ | \\ N-CH_2COOH \\ | \\ CH_2COOH\end{array} \\
柠檬酸 & 次氮基三乙酸，NTA
\end{array}
$$

$$
HOOCH_2C-N(-CH_2CH_2-)_2N\begin{array}{l}CH_2COOH \\ \\ CH_2COOH\end{array}
$$

二乙烯三胺五乙酸，DTPA

2）还原剂

若将 Fe^{3+} 还原至 Fe^{2+}，则在乏酸的 pH 值下达到稳定铁的目的。可用下列化学剂作还原剂：

$$
\begin{array}{ccc}
CH_2O & H_2N-\underset{\underset{NH_2}{\|}}{C}-NH_2 & NH_2-NH_2 \\
甲醛 & 硫脲 & 联氨
\end{array}
$$

$$
\begin{array}{c}
HO-C-CH-CH-CH_2OH \\
HO-C \quad O \quad OH \\
C \\
O
\end{array}
$$

异抗坏血酸

在这些还原剂中，异抗坏血酸最有效，它可通过下面反应将 Fe^{3+} 还原为 Fe^{2+}：

$$
2Fe^{3+}+\begin{array}{c}HO-C-CH-CH-CH_2OH \\ HO-C \quad O \quad OH \\ C \\ O\end{array} \longrightarrow 2Fe^{2+}+\begin{array}{c}O=C-CH-CH-CH_2OH \\ O=C \quad O \quad OH \\ C \\ O\end{array}+2H^+
$$

3）有机酸

若稳定乏酸的 pH 值不大于 2，则也可达到稳定铁的目的。可通过加入下列有机酸酸来控制乏酸的 pH 值：

$$
\begin{array}{cccc}
\begin{array}{c}COOH \\ | \\ COOH\end{array} & \begin{array}{c}CH_3-CH-COOH \\ | \\ OH\end{array} & \begin{array}{c}CH_2COOH \\ | \\ HO-C-COOH \\ | \\ CH_2COOH\end{array} & \begin{array}{c}CH_2COOH \\ | \\ N-CH_2COOH \\ | \\ CH_2COOH\end{array} \\
草酸 & 乳酸 & 柠檬酸 & 次氮基三乙酸，NTN
\end{array}
$$

$$CH_2COOH$$

$$HOOCH_2C \xrightarrow{} N \xrightarrow{} CH_2CH_2 \xrightarrow{}_2 N < \begin{matrix} CH_2COOH \\ CH_2COOH \end{matrix}$$

二乙烯三胺五乙酸，DTPA

4. 防乳化剂

防乳化剂是指能防止原油与酸形成乳状液的化学剂。原油中的天然表面活性剂、加入酸中的表面活性剂以及酸化产生的岩石微粒（粒径小于 $1\mu m$），都有一定的乳化作用，它们可使原油与酸形成乳状液，影响酸化后乏酸的排出。防乳化剂有两类：

（1）有分支结构的表面活性剂，如：

$$CH_3 \longrightarrow CH \longrightarrow O \xrightarrow{} C_3H_6O \xrightarrow{}_m C_2H_4O \xrightarrow{}_n H$$
$$CH_2 \longrightarrow O \xrightarrow{} C_3H_6O \xrightarrow{}_m C_2H_4O \xrightarrow{}_n H$$

聚氧乙烯聚氧丙烯丙二醇醚

$$-CH_2CH_2 \longrightarrow N < \begin{matrix} C_3H_6O \xrightarrow{}_m C_2H_4O \xrightarrow{}_n H \\ C_3H_6O \xrightarrow{}_m C_2H_4O \xrightarrow{}_n H \end{matrix}$$

$$\xrightarrow{} N \longrightarrow CH_2CH_2 \xrightarrow{}_4 N < \begin{matrix} C_3H_6O \xrightarrow{}_m C_2H_4O \xrightarrow{}_n H \\ C_3H_6O \xrightarrow{}_m C_2H_4O \xrightarrow{}_n H \end{matrix}$$

$$\xrightarrow{} C_3H_6O \xrightarrow{}_m C_2H_4O \xrightarrow{}_n H$$

聚氧乙烯聚氧丙烯五乙烯六胺

该类表面活性剂可吸附在原油和酸的界面上，但其分支结构不能稳定任何类型的乳状液，使酸化过程形成的液珠易于聚并，防止产生乳状液。

（2）互溶剂，如：

$$C_4H_9 \longrightarrow O \longrightarrow CH_2CH_2OH \quad （乙二醇丁醚）$$

$$C_2H_5 \longrightarrow O \xrightarrow{} CH_2CH_2O \xrightarrow{}_2 H \quad （二乙二醇丁醚）$$

$$C_4H_9 \longrightarrow O \xrightarrow{} CH_2CH_2O \xrightarrow{}_2 H \quad （二乙二醇丁醚）$$

$$C_4H_9 \longrightarrow O \xrightarrow{} CH_2CH_2O \xrightarrow{}_3 H \quad （三乙二醇丁醚）$$

在酸中加入互溶剂，可减少表面活性剂在原油和酸界面上的吸附，使酸化过程形成的液珠易于聚并，因此有防乳化作用。

5. 黏土稳定剂

能抑制黏土膨胀和黏土微粒运移的化学剂称为黏土稳定剂。

酸是一类黏土稳定剂，它可将黏土中膨胀性强的钠土转变为膨胀性弱的氢土而起到黏土稳定作用。但当地层恢复注水或采油时，地层水中的钠离子可通过离子交换逐渐将氢土再转变为钠土而恢复它的膨胀性。因此，酸属于非永久性的黏土稳定剂。

可在酸中加入有机阳离子型聚合物来有效地稳定黏土。有机阳离子型聚合物是通过化学吸附起稳定黏土作用，特别耐温、耐酸、耐盐、耐流体冲刷，因此，它属于永久性的黏土稳定剂。

可用下列有机阳离子型聚合物作黏土稳定剂：

$$\left[CH_2-\underset{\underset{OH}{|}}{CH}-CH_2-\underset{\underset{H}{\overset{H}{|}}}{\overset{+}{N}} \right]_n Cl^-$$

聚2-羟基-1,3-亚丙基氯化铵

$$\left[CH_2-\underset{\underset{OH}{|}}{CH}-CH_2-\underset{\underset{CH_3}{\overset{CH_3}{|}}}{\overset{+}{N}} \right]_n Cl^-$$

聚2-羟基-1,3-亚丙基二甲基氯化铵

$$\left[CH_2-CH-CH-CH_2 \right]_n$$

聚二烯丙基二甲基氯化铵

$$\left[CH_2-\underset{\underset{CONH_2}{|}}{CH} \right]_m \left[CH_2-\underset{\underset{COO(CH_2)_2\overset{+}{N}(CH_3)_3 \; Cl^-}{|}}{CH} \right]_n$$

丙烯酰胺与丙烯酸-1,2-亚乙酯基三甲基氯化铵共聚物

$$\left[CH_2-\underset{\underset{CONH_2}{|}}{CH} \right]_m \left[CH_2-\underset{\underset{CH_2OH}{\overset{|}{CONH}}}{CH} \right]_n \left[CH_2-\underset{|}{CH} \right]_p$$

羟甲基化聚丙烯酰胺与三乙醇胺盐酸盐的反应产物

6. 助排剂

助排剂是指能减少二次沉淀对地层伤害，使乏酸易从地层排出的化学剂。助排剂有两类：

1）表面活性剂型助排剂

表面活性剂型助排剂耐酸、耐盐，即使在浓酸和高含盐条件下仍能有效地降低界面张力，减小贾敏效应，使乏酸易从地层排出。可用的表面活性剂包括胺盐型表面活性剂、季铵盐型表面活性剂、吡啶盐型表面活性剂、非离子—阴离子型表面活性剂和含氟表面活性剂等。由于含氟表面活性剂在酸化条件下有优异的降低界面张力的能力，所以是理想的助排剂。例如：

$$\left[CF_3-(CF_2)_6-\underset{\underset{O}{\overset{\parallel}{C}}}{C}-NH-(CH_2)_2-\overset{+}{N}(C_2H_5)_2CH_3 \right] I^-$$

全氟辛酰胺胺基-1,2-亚乙基甲基二乙基碘化铵

$$\left[CF_3-(CF_2)_6-O-(CFCF_2O)_2-CF-\underset{\underset{O}{\overset{\parallel}{C}}}{C}-NH-(CH_2)_2-\overset{+}{N}(C_2H_5)_2CH_3 \right] I^-$$

全氟聚氧丙烯庚醇醚全氟丙酰胺基-1,2-亚乙基甲基二乙基碘化铵

2）增能剂

在注酸液前，向地层注入一个段塞的增能剂，可以提高近井地带的压力，使乏酸易从地层排出。增能剂主要用于低压地层的酸化，最常用的增能剂为高压氮气。

7. 防淤渣剂

酸化淤渣是由于酸中的 H^+ 和酸中含有的 Fe^{2+}、Fe^{3+} 与原油胶质、沥青质中的含硫部分、含氮部分发生下面的反应或络合生成的：

$$—SH+H^+ \longrightarrow —\overset{+}{S}H_2$$

$$—S—S—+2H^+ \longrightarrow —\overset{+}{\underset{H}{S}}—\overset{+}{\underset{H}{S}}—$$

$$\diagdown NH +H^+ \longrightarrow \diagdown \overset{+}{N}H_2$$

上述这些反应或络合提高了含硫部分和含氮部分的极性，减少了胶质在油中的溶解度及其对沥青质固体颗粒的稳定能力，从而使胶质、沥青质以淤渣的形式从油中析出。温度越高、酸浓度及酸中铁离子（特别是 Fe^{3+}）含量越高，越易形成淤渣。盐酸比甲酸、乙酸更易形成淤渣。

能防止酸与原油接触时产生淤渣的化学剂称为防淤渣剂。防淤渣剂可分为 3 类：（1）油溶性表面活性剂，如脂肪酸、烷基苯磺酸等，可吸附在酸与油的界面上，减少酸与油的接触，而进入油中的表面活性剂，则可按极性相近规则与胶质、沥青质中的含硫部分、含氮部分结合，减少胶质、沥青质与酸反应及与铁离子络合的可能，起防淤渣作用；（2）铁稳定剂，可通过螯合酸中的 Fe^{2+}、Fe^{3+} 或将 Fe^{3+} 还原为 Fe^{2+}，减少淤渣的生成；（3）芳烃溶剂，如苯、甲苯、二甲苯或其混合物，可作为酸与原油间的缓冲段塞，减少酸与油的接触和淤渣的生成。

8. 润湿反转剂

酸中的缓蚀剂在油井近井地带通过吸附，可将地层的亲水表面反转为亲油表面，减小地层对油的渗透率，影响酸化效果。润湿反转剂是指将油井近井地带的亲油表面重新反转为亲水表面的化学剂。有两类润湿反转剂：（1）表面活性剂，如聚氧乙烯聚氧丙烷烷基醇醚、磷酸酯盐化的聚氧乙烯聚氧丙烯烷基醇醚或其混合物，其作用原理是在地层表面按极性相近规则吸附第二吸附层而起润湿反转作用；（2）互溶剂，如乙二醇丁醚和二乙二醇乙醚或其混合物，其作用原理是通过解吸地层表面吸附的缓蚀剂，恢复地层表面的亲水性而起润湿反转作用。这两类润湿反转剂都是加到后处理液中处理地层的。

9. 转向剂

能暂时封堵高渗透层，使酸转向低渗透层，提高酸化效果的化学剂称为转向剂。有 4 类转向剂：

1）颗粒转向剂

该这类转向剂是通过在高渗透层的入口形成滤饼起转向作用的，起转向作用后通过水溶或油溶的方法解除封堵。其中，水溶的颗粒转向剂有苯甲酸、硼酸颗粒等；油溶的颗粒转向剂有萘、苯乙烯与乙酸乙烯酯共聚物颗粒等。

2）冻胶转向剂

该类转向剂是一类加有破胶剂（如过硫酸铵）的冻胶（如铬冻胶、锆冻胶）。起转向作用后，破胶剂使冻胶降解，解除封堵。

3）泡沫转向剂

该类转向剂是通过气泡在高渗透层叠加的贾敏效应封堵高渗透层，转向剂在起转向作用后被油破坏，解除封堵。

4）黏弹性表面活性剂转向剂

适合配这类转向剂的表面活性剂是长链的阳离子—阴离子型表面活性剂，如：

$$R-\overset{\overset{\displaystyle CH_3}{|}}{\underset{\underset{\displaystyle CH_3}{|}}{N^+}}-CH_2CH_2COO^- \qquad R: C_{16} \sim C_{30}$$

烷基二甲铵基丙酸内盐

除表面活性剂外，还需用助表面活性剂，如：

$$R-\langle\!\!\!\bigcirc\!\!\!\rangle-SO_3M \qquad M: Na, K, NH_4$$

烷基磺酸盐

表面活性剂和助表面活性剂都是溶于酸中使用的，其在酸中可产生如下的化学反应：

$$R-\overset{\overset{\displaystyle CH_3}{|}}{\underset{\underset{\displaystyle CH_3}{|}}{N^+}}-CH_2CH_2COO^- +H^+ \longrightarrow R-\overset{\overset{\displaystyle CH_3}{|}}{\underset{\underset{\displaystyle CH_3}{|}}{N^+}}-CH_2CH_2COOH$$

$$R-\langle\!\!\!\bigcirc\!\!\!\rangle-SO_3^- +H^+ \longrightarrow R-\langle\!\!\!\bigcirc\!\!\!\rangle-SO_3H$$

酸化时，酸与地层反应，产生高价金属离子（如 Ca^{2+}），同时由于 H^+ 逐渐减少，上述两个反应平衡左移，使表面活性剂、助表面活性剂和高价金属离子形成下面所示的结构，将乏酸稠化，迫使后来的酸液进入未酸化的地层，从而起到转向作用：

所产生的结构可在酸化后溶于地层油或被地层水稀释破坏。

第六节　稠油降黏

目前我国已开发的油田大多数都已处于高含水和高采出程度阶段，东部多数老油田的综合含水率高达 85% 以上，可采储量的开采程度达 70% 以上。而我国的稠油储量很大，主要分布在辽河、新疆、胜利、河南、大港、吉林和华北等油田，稠油的地质储量约占原油总储量的 17%。但稠油中的胶质、沥青质和石蜡含量较高，黏度很大，流动性差，导致其开采和集输难度很大，需进行加热或稀释处理。

一、稠油概述

1. 稠油分类

稠油是指黏度高、相对密度大的原油。稠油的分类不仅直接关系到油藏类型的划分与评价，也关系到稠油油藏开采方式的选择及其开采潜力。为此，许多专家对稠油分类标准进行了研究并多次举行国际学术会议进行讨论。联合国培训研究署（UNITAR）推荐的重油分类标准如表 6-8 所示。

表 6-8　UNITAR 推荐的分类标准

分类	第一指标	第二指标	
	黏度，mPa·s	60u（5.6℃）相对密度	60u（5.69℃）重度，°API
重质油	100~10000	0934~1.000	20~10
沥青	>10000	>1.000	<10

注：u 为未知黏度指数的原料，在 100℉（或 40℃）的黏度。

我国稠油的沥青质含量低胶质含量高、金属含量低，黏度偏高，相对密度较低。针对我国稠油的特点建立的分类标准如表 6-9 所示。分类标准以原油黏度为第一指标，相对密度为辅助指标，当两个指标发生矛盾时按黏度进行分类。

表 6-9　中国稠油分类标准

分类	第一指标	第二指标	开采方式
	黏度，mPa·s	相对密度（20℃）	
普通稠油	50*（或 100*）~1000 亚 50*~100* 类 100~10000	>0.9200 >0.9200 >0.9200	可以先注水 再热采 热采
特稠油	10000~50000	>0.9500	热采
超稠油（天然沥青）	>50000	>0.9600	热采

注：*指油层条件下的原油黏度；无*者为油层温度下脱气原油黏度。

稠油之所以稠，主要是因为稠油中的胶质、沥青质含量高。从表 6-10 可以看到，油中的胶质、沥青质含量越高，油的黏度就越高，也即油越稠。

表 6-10　一些原油的性质

井号	相对密度	黏度 mPa·s	质量分数,%		
			胶质	沥青质	胶质+沥青质
1	0.9534	6105	55.22	9.29	64.51
2	0.9521	4875	39.27	10.24	49.51
3	0.9414	832	30.68	11.25	41.93
4	0.9331	457	31.71	4.96	36.67
5	0.8816	51	24.33	4.30	28.63

原油中的胶质、沥青质不是单一物质，而是结构复杂的非烃化合物的混合物。其中，胶质的分子量较低（$5 \times 10^2 \sim 1.5 \times 10^3$），溶于油；沥青质的分子量较高（$1.5 \times 10^3 \sim 5 \times 10^5$），是胶质的进一步缩合物，不溶于油，分子中稠环部分成片状，它们之间被碳链或含杂原子（指硫、氮等原子）碳链连接起来，形成复杂结构，如图 6-13、图 6-14 所示。沥青质分子含有可形成氢键的羟基、氨基、羧基等，它们可通过氢键将稠环的片状部分堆叠起来，自成一相（沥青质相）。

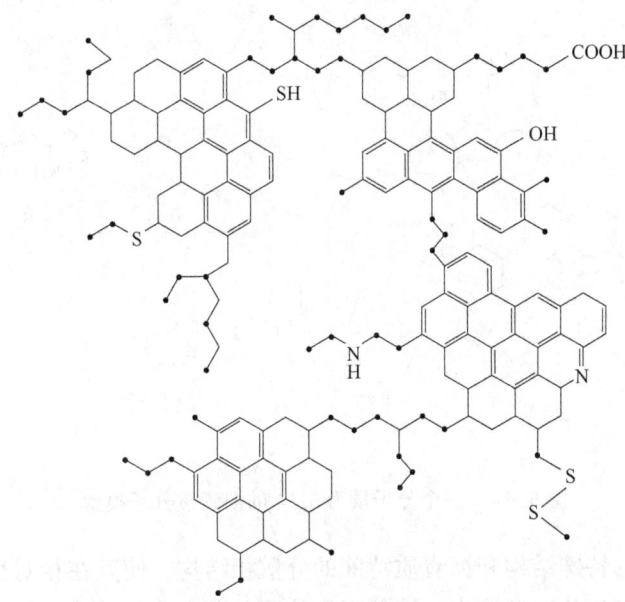

图 6-13　一个分子量为 2606 的沥青质分子模型

·为碳原子及相应数目的氢原子

胶质分子的分子量较小，但也有如同沥青质分子那样的复杂结构，也含有可形成氢键的羟基、氨基、羧基等，它们可通过氢键和分子间力吸附在沥青质相表面，保护着沥青质相，使其分散于油，形成特殊的胶体结构，如图 6-15 所示。

稠油流动时，相对移动液层间的内摩擦力来源于下列物质间相对移动所产生的内摩擦力：

（1）油质分子间；（2）胶质分子间；（3）沥青质分散相间；（4）油质分子与胶质分子间；（5）油质分子与沥青质分散相间；（6）胶质分子与沥青质分散相间。

这里的油质分子是指油相中除胶质分子外的分子。

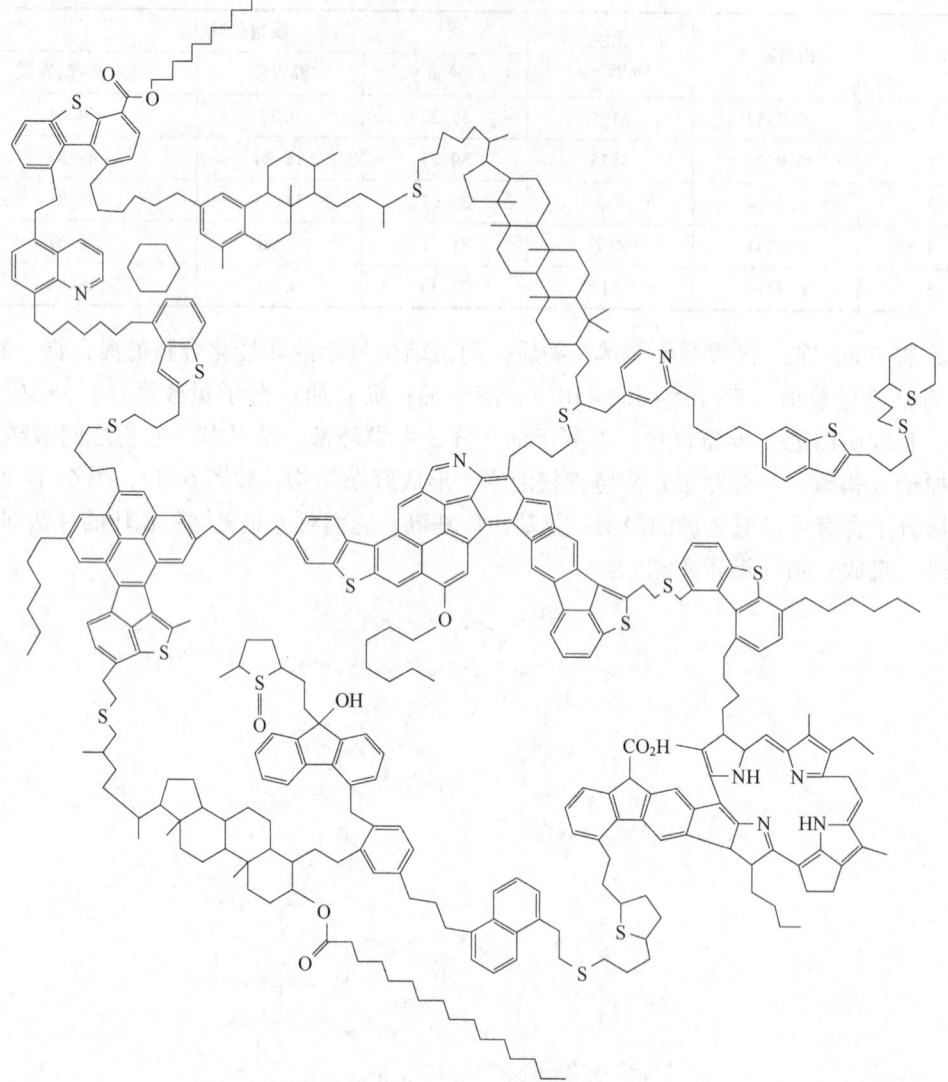

图 6-14   一个分子量为 6134 的沥青质分子模型

由于胶质分子的特殊结构和沥青质特殊的分散相结构，使其在相对移动时，需要克服氢键和分子纠缠所产生的内摩擦力，因此高含胶质、沥青质的稠油必然有高的黏度。

2. 稠油油藏一般地质特征

稠油油藏相对于稀油油藏而言，具有以下特点：

1）油藏大多埋藏较浅

我国稠油油藏一般集中分布于各含油气盆地的边缘斜坡地带以及边缘潜伏隆起倾没带，也分布于盆地内部长期发育断裂带隆起上部的地堑。油藏埋藏深度一般小于 1800m，部分可出露地表，甚至高出地表几十米至近百米。埋深在 3000~4500m 的稠油油藏数量较少。

2）储层胶结疏松、物性较好

稠油油藏储层多为粗碎屑岩。我国稠油油藏储层多为砂岩，部分为砂砾岩，其沉积相

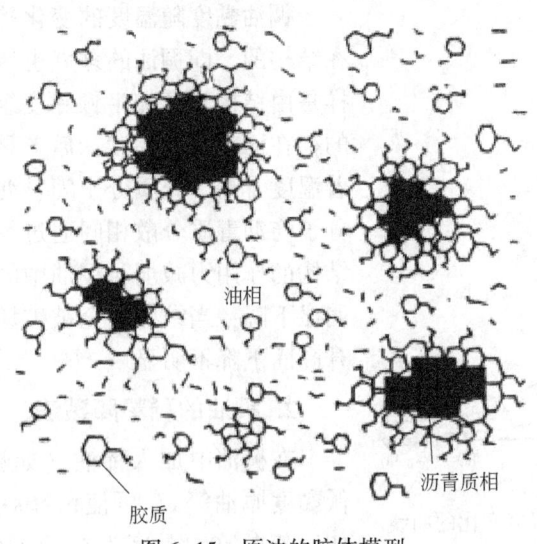

图 6-15　原油的胶体模型

一般为河流相或河流三角洲相，储层胶结疏松，成岩程度低，固结性能差，因而，稠油油藏生产中油井易出砂。

稠油油藏储层物性较好，孔隙度高，一般为 25%~30%，渗透率高，空气渗透率一般高于 0.5~2.0D。

3）稠油组分中胶质、沥青质含量高，轻质馏分含量低

稠油与轻质油在组分上的差别在于稠油中胶质、沥青质含量高，油质含量小。其中，胶质、沥青质的总含量一般大于 30%~50%，烷烃、芳烃含量则小于 60%~50%。

4）稠油中含蜡量少、凝点低

原油凝点的大小主要取决于其含蜡量的多少，也与其重质组分含量有关。含蜡量高，则凝点也高。稠油含蜡量一般小于 10%，其凝点一般低于 20℃。我国部分稠油的含蜡量小于 5.0%，凝点大多在 0℃ 以下。例如，克拉玛依油田的稠油含蜡量为 1.4%~4.8%，凝点为 -16~-23℃；孤岛油田稠油的含蜡量为 5%~7%，凝点为 -10~-26℃。

5）原油含气量少、饱和压力低

低稠油油藏在其形成过程中，由于生物降解及其破坏作用，天然气及轻质成分散失，使原油中轻质馏分含量低、含气量低，200℃ 馏分一般小于 10%，原始气油比一般小于 $10m^3/t$，有的则小于 $5m^3/t$，油藏饱和压力低，天然能量小。

二、稠油降黏法

1. 稠油升温降黏法

稠油升温降黏可采用注蒸汽和电加热的方法。稠油黏度随温度变化的曲线如图 6-16 所示。

从图 6-16 可以看到，在一定温度范围内，随着温度升高，稠油的黏度明显下降（温度每升高 10℃，稠油的黏度约下降 50%），但超过这个温度范围，温度升高时稠油的黏度变化很小。

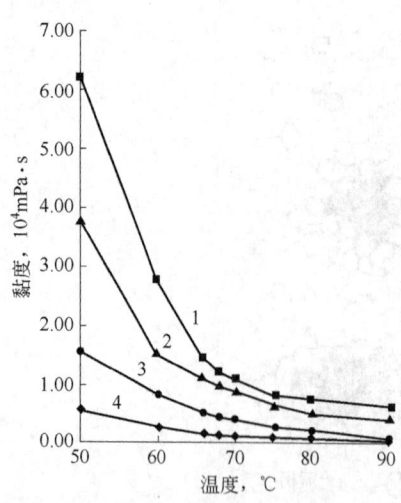

图 6-16　稠油黏度随温度变化的曲线

稠油黏度随温度的变化趋势表明，稠油中是存在结构的，即稠油的黏度也像聚合物溶液的黏度一样是由结构黏度和牛顿黏度组成：前者是由于结构的存在而产生的黏度，后者是稠油固有的黏度。随着温度升高，胶质分子间、沥青质分散相间和胶质分子与沥青质分散相间通过氢键和分子纠缠而产生结构的作用力减弱，稠油中的结构被破坏，使黏度明显下降；当结构完全被破坏时，稠油黏度随温度升高而下降不明显。

2. 稠油的稀释降黏法

在稠油中加入稀油（如煤油、柴油、轻质油、低黏度原油等），可使稀释后的稠油黏度降低。例如，若在 50℃黏度为 $6.24×10^4$mPa·s 的稠油中按不同的质量比加入 50℃黏度为 10.2mPa·s 的煤油，可使稠油黏度明显降低（表 6-11）。

表 6-11　加入煤油后稠油的黏度变化

稠油与煤油质量比	黏度，mPa·s	稠油与煤油质量比	黏度，mPa·s
100：10	$6.24×10^4$	100：15	$6.67×10^4$
100：5	$2.83×10^4$	100：20	$3.22×10^4$
100：10	$1.24×10^4$	100：30	$1.45×10^4$

从表 6-11 可以看到，煤油的加入可使稀释后的稠油的黏度大幅度降低。这是由于稀油的加入增加了胶质、沥青质分散体之间的距离，减小了分散体之间的相互作用力，从而使结构产生一定程度的破坏，从而实现降黏。

稠油稀释后的黏度可按下面的经验式计算：

$$\lg(\lg \mu_d) = x\lg(\lg \mu_l) + (1-x)\lg(\lg \mu_v) \tag{6-1}$$

式中　μ_d——稠油稀释后的黏度，mPa·s；

　　　μ_l——稀油的黏度，mPa·s；

　　　μ_v——稠油的黏度，mPa·s；

　　　x——稀油与稠油的质量比。

从式（6-1）可以看到，稀油的黏度越低、稀油与稠油的质量比越大，稠油稀释后的黏度就越低。

3. 稠油的乳化降黏法

在一定油水比的条件下，用水溶性表面活性剂溶液可将稠油乳化成水包稠油乳状液。这种乳状液的黏度远低于稠油的黏度，并与稠油的黏度无关。

水包稠油乳状液的黏度可用 Richardson 公式表示：

$$\mu = \mu_0 e^{k\varphi} \tag{6-2}$$

式中　μ——水包稠油乳状液的黏度，mPa·s；

　　　μ_0——水的黏度，mPa·s；

φ——油在乳状液中所占的体积分数；

k——常数。

式(6-2) 中的常数 k 取决于 φ。当 $\varphi \leqslant 74\%$ 时，k 为 7.0；当 $\varphi > 74\%$ 时，k 为 8.0。稠油乳化降黏可使用下列的 HLB 值在 7~18 范围的水溶性表面活性剂：

R — SO₃Na

烷基磺酸钠   R: C_{12}~C_{18}

烷基苯磺酸钠   R: C_8~C_{14}

R — O (CH₂CH₂O)ₙ H

聚氧乙烯烷基醇醚   R: C_{12}~C_{18}; n: 5~30

聚氧乙烯烷基苯酚醚   R: C_8~C_{14}; n: 5~30

$CH_3 — CH — O (C_3H_6O)_m (C_2H_4O)_n H$

$CH_2 — O (C_3H_6O)_m (C_2H_4O)_n H$

聚氧乙烯聚氧丙烯丙二醇醚 m: 17; n: 15~53

R — O (CH₂CH₂O)ₙ SO₃Na

聚氧乙烯烷基醇醚硫酸酯钠盐   R: C_{12}~C_{18}; n: 1~10

聚氧乙烯烷基苯酚醚硫酸酯钠盐   R: C_8~C_{14}; n: 1~10

R — O (CH₂CH₂O)ₙ R′COONa

聚氧乙烯烷基醇醚羧酸钠盐   R: C_{12}~C_{18}; R′: C_1~C_3; n: 1~10

聚氧乙烯烷基苯酚醚羧酸钠盐   R: C_8~C_{14}; R′: C_1~C_3; n: 1~10

乳化剂不一定外加，例如氢氧化钠与石油酸反应后所生成的表面活性剂就可作为水包油型乳化剂。表面活性剂在水溶液中的质量分数在 $0.02\% \sim 0.5\%$。稠油与水的体积比一般在 $70:30 \sim 80:20$。

4. 稠油的氧化降黏法

稠油中加入氧化剂可使连接沥青质中稠环部分的碳链或含杂原子碳链通过下面的氧化反应断裂，减小沥青质形成结构的能力，达到稠油降黏的目的：

沥青质中稠环部分连接的碳链 + [O] + H₂O ——→

沥青质中稠环部分连接的含硫碳链

$$+3[O]+H_2O \longrightarrow$$

$$\text{---}CH_2\text{---}SO_3H + HO\text{---}CH_2\text{---}$$

上述氧化反应生成的醇可进一步氧化成醛，再氧化成酸：

$$\text{醇} \quad \text{---}CH_2\text{---}CH_2\text{---}OH + [O] \longrightarrow \text{醛} \quad \text{---}CH_2\text{---}CHO + H_2O$$

$$\text{醛} \quad \text{---}CH_2\text{---}CHO + [O] \longrightarrow \text{酸} \quad \text{---}CH_2\text{---}COOH$$

因此，氧化完全后，稠油的酸值增加。

为使稠油氧化易于进行，在氧化过程中可加入提供 H^+ 的物质，使沥青质中的 N—、—S—和—SH 阳离子化：

$$\text{---}N\text{---} + H^+ \longrightarrow \text{---}\overset{+}{N}\text{---}H$$

$$\text{---}S\text{---} + H^+ \longrightarrow \text{---}\overset{+}{S}\text{---}H$$

$$\text{---}SH + H^+ \longrightarrow \text{---}\overset{+}{S}H_2$$

阳离子化后的沥青质片互相松开，有利于氧化的进行。可用的氧化剂（主剂）为 $NaIO_4$ 和 $30\%H_2O_2$；可用的提供 H^+ 的物质（助剂）为 NaH_2PO 和 CH_3COOH。

将上述的主剂和助剂组成两个体系：（1）$NaIO_4/NaH_2PO$（按质量比 1∶1 混合），称为氧化体系 A；（2）$30\%H_2O_2/CH_3COOH$（按体积比 1∶10 混合），称为氧化体系 B。在 30℃ 条件下，使用这两个氧化体系将几种不同黏度的稠油氧化 12h，降黏效果见表 6-12。

表 6-12　稠油氧化前后的变化

油样	氧化体系	饱和分含量，%	芳香分含量，%	胶质含量，%	沥青质含量，%	沥青质分子量	黏度，mPa·s
	—①	40.13	8.56	42.58	8.64	3866	$6.24×10^4$
1号	A	41.01	9.53	46.72	3.21	1782	$3.96×10^4$
	B	40.95	9.03	44.40	5.62	2138	$4.13×10^4$

油样	氧化体系	饱和分含量，%	芳香分含量，%	胶质含量，%	沥青质含量，%	沥青质分子量	黏度，mPa·s
2号	—	41.62	15.17	35.41	7.80	3271	3.77×10^4
	A	41.80	18.62	37.43	2.16	1429	2.32×10^4
	B	41.73	18.45	36.75	3.77	1856	2.75×10^4
3号	—	49.51	19.06	26.35	5.08	2894	1.58×10^4
	A	50.45	19.34	27.57	2.66	1228	9.93×10^3
	B	49.65	19.22	27.51	3.22	1552	1.12×10^4
4号	—	61.27	21.31	14.29	3.13	2266	5.26×10^3
	A	61.46	21.38	15.41	1.75	982	3.54×10^3
	B	61.31	21.35	14.65	2.78	1435	3.98×10^3

① "—"表示不加氧化剂。

由表6-12可以看出，稠油氧化后的分子量和黏度都明显降低。与氧化前相比，稠油的沥青质含量减少了，胶质含量增加了，说明稠油氧化使较大分子量的沥青质向较小分子量的胶质转化。

5. 稠油的催化水热裂解降黏法

稠油催化水热裂解是指在高温和催化剂存在的条件下，稠油中的活性组分（指连接稠环部分的碳链中有硫键的胶质、沥青质）与水发生的导致稠油降黏的一系列反应。

针对表6-13所列的稠油样品，按油水质量比为10∶1加入溶有催化剂（如$FeSO_4$、$NiSO_4$、$VOSO_4$等）的水，在250℃条件下，水热裂解24h，降黏结果见表6-13。

表6-13 催化水热裂解用的稠油

油样	密度，g/cm^3	黏度，mPa·s	w(胶质)，%	w(沥青质)，%	w(硫)，%
1号	0.9812	50400	35.2	9.62	0.03
2号	1.0031	101200	45.5	16.1	0.92

表6-14 稠油催化水热裂解的结果

油样	催化剂①	w(胶质)，%	w(沥青质)，%	w(硫)，%	降黏率②，%
1号	$FeSO_4$	34.9	9.52	0.02	18.5
	$VOSO_4$	33.7	9.03	0.02	22.4
	$NiSO_4$	34.5	9.12	0.02	21.2
2号	$FeSO_4$	38.7	10.51	0.65	31.6
	$VOSO_4$	34.8	9.32	0.51	52.7
	$NiSO_4$	35.1	9.34	0.52	51.7

注：①加入质量为稠油质量的0.15%；②降黏率是指裂解前后黏度差与裂解前黏度的比值。

由表6-14可以看到：

（1）硫含量低的稠油（油样1号）降黏率低于硫含量高的稠油（油样2号），表明催化水热裂解主要发生在碳—硫键的位置。这与碳—硫键的键能（272kJ/mol）低于碳—氧键（360kJ/mol）、碳—氢键（293kJ/mol）和碳—碳键（346kJ/mol）有关。

（2）催化水热裂解后，稠油中的胶质、沥青质的质量分数均降低，降黏率显示稠油黏度降低。

可通过下列反应说明稠油中的活性组分催化水热裂解的全过程：

（1）稠油中活性组分在高温（150~300℃）和催化剂（如 Fe^{2+}、Ni^{2+}、V^+ 等阳离子）存在的条件下脱氢并水解生成烯醇和硫醇：

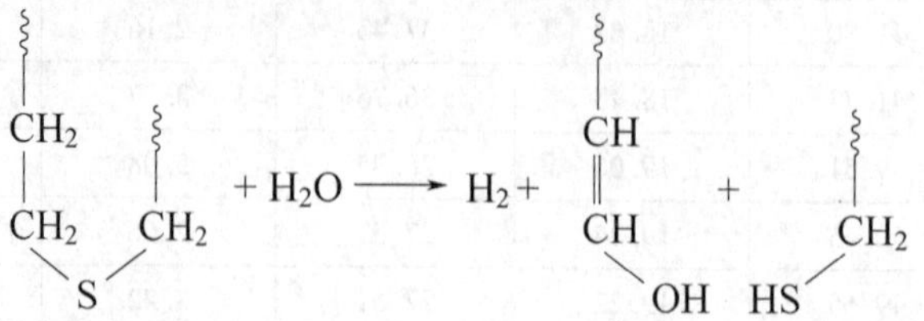

$$稠油中活性组分 + H_2O \longrightarrow H_2 + 烯醇 + 硫醇$$

（2）烯醇即变成醛并分解生成一氧化碳：

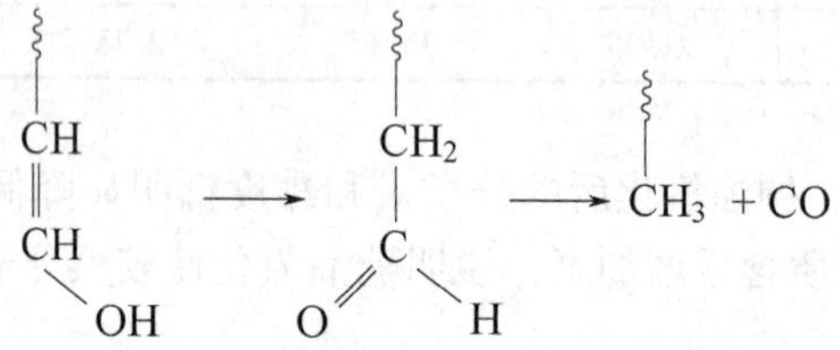

$$\longrightarrow \longrightarrow CH_3 + CO$$

（3）一氧化碳在催化剂作用下由水气转换反应再生成氢：

$$CO + H_2O \longrightarrow CO_2 + H_2$$

（4）稠油中的活性组分在催化剂作用下加氢，使该组分断裂，并释放出硫化氢：

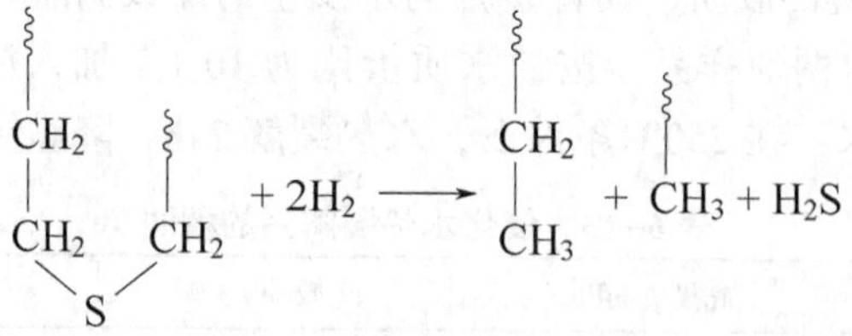

$$+ 2H_2 \longrightarrow + CH_3 + H_2S$$

上述反应表明，反应（1）和反应（4）是稠油催化水热裂解使稠油降黏的关键。上述反应生成的气体（如二氧化碳、氢、硫化氢和烃气等）均已经室内试验证实。

6. 微生物降黏

利用微生物降解技术对稠油中的沥青质等重质组分进行降解，可降低原油黏度，提高稠油油藏的采收率，该技术的理论基础是使用添加氮、磷盐、铵盐的充气水可使地层微生物活化。其具体机理包括：

（1）就地生成以增加压力来增强原油中的溶解能力；

（2）生成有机酸从而改善原油的性质；

（3）利用降解作用将大分子烃类转化为低分子烃；

（4）产生表面活性剂以改善原油的溶解能力；

（5）产生生物聚合物，将固结的原油分散成滴状；

（6）对原油重质组分进行生化活性的酶改进从而降低原油黏度。

微生物降解技术具有明显局限性：微生物在温度较高、盐度较大、重金属离子含量较高的油藏条件下易于遭到破坏；微生物产生的表面活性剂和生物聚合物本身有造成沉淀的危险性；培养微生物的条件不易把握。因此，该技术的发展方向是培养耐温、耐盐、耐重金属离子的易培养菌种。

由于油藏地质复杂，各种稠油降黏法具有其各自的优缺点，因此在选择降黏方法时应根据实际的油藏条件，开发出有针对性的降黏技术，以满足实际生产需要。目前，稠油降黏主要采用升温降黏法、稀释降黏法和乳化降黏法。

第七节　压裂液及其添加剂

压裂改造技术是油气井增产增注的主要方法之一，为石油行业持续、有效、健康发展做出了巨大贡献。

压裂是靠水（液体）传导压力的，故也称为水力压裂。其过程是：在地面采用高压大排量的泵，利用液体传压的原理，将具有一定黏度的液体以大于油层吸收能力的排量向井内注入，使井筒内的压力逐渐升高。当压力升高到大于油层破裂所需的压力时，就会在油层内形成一条或几条水平或垂直裂缝。继续注入液体时，裂缝向油层深处延伸与扩展，直到液体注入速度等于油层渗透速度时，裂缝才会停止延伸与扩展。如果此时地面停止注入液体，由于外来压力消失，油层内部的裂缝将闭合，为了防止停泵后裂缝闭合，在挤入的液体中可加入支撑剂（如石英砂、核桃壳等），使油层中形成导流能力很强的添砂裂缝。

一、压裂液的类型

在压裂过程中注入地层的液体统称为压裂液。一种好的压裂液应满足黏度高、摩阻低、滤失量少、稳定性好、对地层无伤害、配制简便、材料来源广、材料成本低等条件。目前使用的压裂液主要有两大类，即水基压裂液和油基压裂液。

1. 水基压裂液

水基压裂液是以水作溶剂或分散介质配成的压裂液，下面几种压裂液属水基压裂液：

1）稠化水压裂液

稠化水压裂液是将稠化剂溶于水中配成的。稠化剂种类很多，表6-15列出了部分常见的稠化剂。稠化剂用量是由压裂液所需的黏度决定的，其质量分数通常为 $5 \times 10^{-3} \sim 5 \times 10^{-2}$。

表6-15　一些常见的稠化剂

天然聚合物及其改性产物		合成聚合物	生物聚合物
来自纤维素（C）	来自半乳甘露聚糖（GM）		
甲基纤维素（MC） 羧甲基纤维素（CMC） 羟乙基纤维素（HEC） 羧甲基羟乙基纤维素（CM-HEC）	甲基半乳甘露聚糖（MGM） 羧甲基半乳甘露聚糖（CMGM） 羟乙基半乳甘露聚糖（HEGM） 羧甲基羟乙基半乳甘露聚糖（CMHEGM） 羟丙基半乳甘露聚糖（HPGM）	聚氧乙烯（PEO） 聚乙烯醇（PVA） 聚乙酸乙烯酯（PVAc） 聚丙烯酰胺（PAM） 部分水解聚丙烯酰胺（HPAM）	黄胞胶（XC） 硬葡聚糖（SG） 网状细菌纤维素（RBC）

配制稠化水压裂液时，可利用稠化剂复配所产生的协同效应来减少自由化剂的用量。这里的协同效应是指混合稠化剂的稠化能力强于相同条件下参与混合的任一稠化剂单独作用时的稠化能力。

2）水基冻胶压裂液

水基冻胶压裂液主要由水、成胶剂、交联剂和破胶剂配成。其中，成胶剂可采用表6-15中的任意一种稠化剂；交联剂的类型取决于稠化剂可交联的基团及交联条件（表6-16）；破胶剂主要是过氧化物，通过氧化降解实现破胶。

表6-16 稠化剂的交联基团、交联剂和交联条件

稠化剂中可交联基团	典型聚合物	交联剂	交联条件
—$CONH_2$	HPAM PAM	醛，二醛，六亚甲基四胺	酸性交联
—COO^-	HPAM CMC CMGM XC	$AlCl_3$， $CrCl_3$， $K_2Cr_2O_7+Na_2SO_3$， $ZrOCl_2$，$TiCl_4$	酸性交联或中性交联
邻位顺式羟基	GM CMGM HPGM CMHPGM PVA	硼酸、四硼酸钠、 五硼酸钠、 有机硼、 有机锆、有机钛	碱性交联

从表6-16可以看到3个有代表性的交联反应：（1）甲醛对PAM的交联反应：

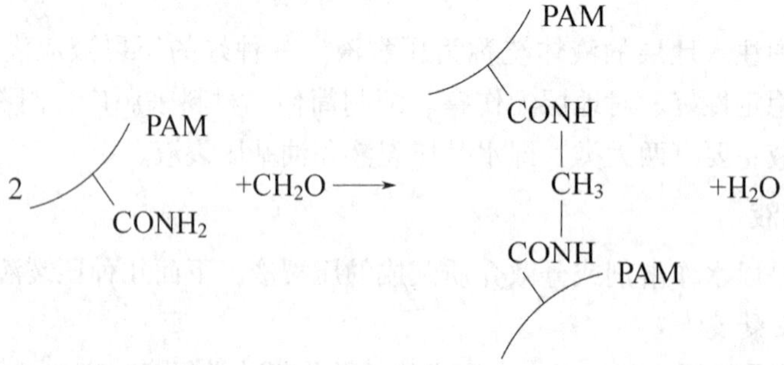

（2）硼酸对GM的交联反应：

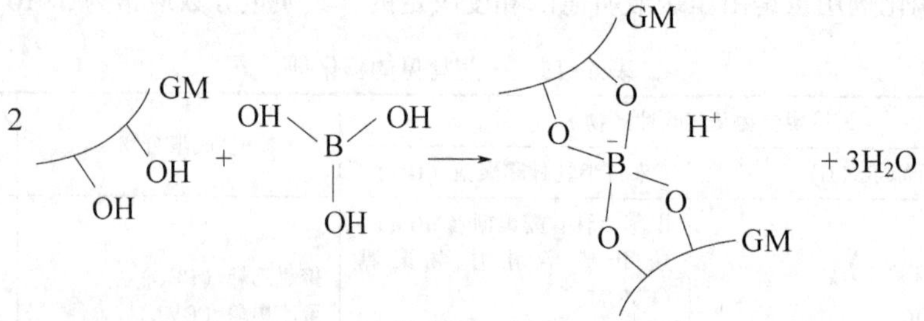

（3）铬的多核羟桥络离子对HPAM的交联反应：

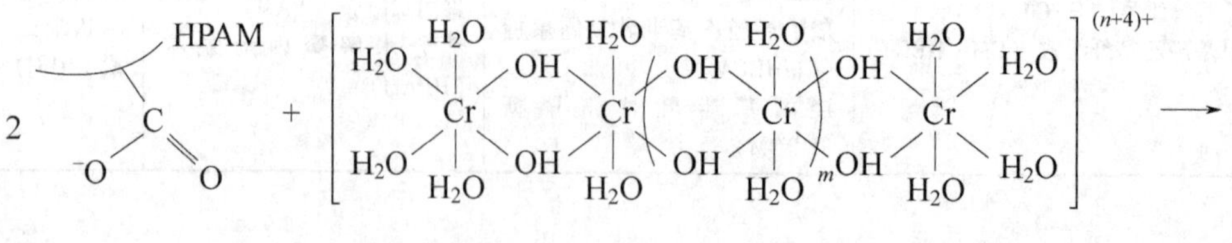

$$\left[\begin{array}{c} \text{HPAM} \\ \text{H}_2\text{O} \quad \text{H}_2\text{O} \quad \text{C} \quad \text{O} \quad \text{H}_2\text{O} \quad \text{H}_2\text{O} \quad \text{OH} \quad \text{OH} \quad \text{H}_2\text{O} \\ \text{Cr} \quad \text{Cr} \quad \text{Cr} \quad \text{Cr} \\ \text{H}_2\text{O} \quad \text{OH} \quad \text{OH} \quad \text{O} \quad \text{C} \quad \text{H}_2\text{O} \\ \text{HPAM} \end{array} \right]^{(n+2)+}$$

水基冻胶压裂液具有高黏度、低摩阻、低滤失、对地层伤害小等特点。

3）水包油压裂液

水包油压裂液主要由水、油和乳化剂配成。其中，水可使用淡水、盐水和稠化水；油可使用原油或其馏分（如煤油、柴油或凝析油）；乳化剂可使用离子型、非离子型或两性表面活性剂（表6-17），其 HLB 值应为 8~18，水相中乳化剂的质量分数应为 0.01~0.03，油与水的体积比一般要求在 50：50~80：20。与稠化水相比，水包油乳状液具有更好的黏温关系。

表6-17 水包油压裂液用的乳化剂

表面活性剂	示例
离子型	$R—OSO_3Na$ R：$C_{10}\sim C_{18}$ $R—SO_3Na$ R：$C_{10}\sim C_{18}$ R—〔苯环〕SO_3Na R：$C_8\sim C_{14}$ $R—COONa$ R：$C_9\sim C_{17}$ 季铵盐型表面活性剂 吡啶盐型表面活性剂
非离子型	$R—O{\left(CH_2CH_2O\right)}_{\overline{n}}H$ R：$C_{12}\sim C_{18}$，$n>2$ R—〔苯环〕$O{\left(CH_2CH_2O\right)}_{\overline{n}}H$ R：$C_8\sim C_{14}$，$n>2$ 吐温型表面活性剂
两性	$R—O{\left(CH_2CH_2O\right)}_{\overline{n}}SO_3Na$ R：$C_{10}\sim C_{18}$，$n=3\sim5$ $R—O{\left(CH_2CH_2O\right)}_{\overline{n}}CH_2SO_3Na$ R：$C_{10}\sim C_{18}$，$n=3\sim5$ $R—O{\left(CH_2CH_2O\right)}_{\overline{n}}CH_2COONa$ R：$C_{10}\sim C_{18}$，$n=3\sim5$

若用稠化水作外相，油作内相，可配得稠化水包油压裂液（聚合物乳状液）。这种压裂液能在较高温度（160℃）下使用，具有很好的降阻性能，能自动破乳排液。这是因为稠化水包油压裂液选用阳离子型表面活性剂作乳化剂，易吸附于地层表面引起破乳，或采用浊点低于地层温度的非离子型表面活性剂作乳化剂，当地层温度高于乳化剂浊点时即能析出，引起破乳，使高黏的乳状液转化为低黏的油和水，易于从地层排出。

4）黏弹性表面活性剂压裂液

黏弹性表面活性剂压裂液主要由水、长碳链表面活性剂、水溶性盐和（或）醇配成。其中，长碳链表面活性剂可采用阴离子型、阳离子型、非离子型和两性型的长碳链表面活性剂，如：

$$\underset{\substack{|\\ MO \;\;\; OM}}{\overset{\substack{R-O \;\;\; O\\ \backslash \;\; \parallel}}{P}} \qquad R\text{：}C_{16} \sim C_{30}$$

$$M\text{：}Na,\ K,\ NH_4$$

烷基醇磷酸酯盐

$$\left[\ R-\overset{\overset{\textstyle CH_3}{|}}{\underset{\underset{\textstyle CH_3}{|}}{N}}-CH_3\ \right]Cl \qquad R\text{：}C_{16} \sim C_{30}$$

氯化烷基三甲基铵

$$R-O\!\left(\!CH_2-\overset{\overset{\textstyle CH_3}{|}}{CH}-O\!\right)_{\!m}\!\!\left(CH_2CH_2O\right)_{\!n}\!H \qquad R\text{：}C_{16} \sim C_{30}$$

聚氧乙烯聚氧丙烯烷基醇醚

$$R-O\!\left(\!CH_2-\overset{\overset{\textstyle CH_3}{|}}{CH}-O\!\right)_{\!m}\!\!\left(CH_2CH_2O\right)_{\!n}\!SO_2M \qquad R\text{：}C_{16} \sim C_{30}$$

聚氧乙烯聚氧丙烯烷基醇醚硫酸酯盐

$$R-\overset{\overset{\textstyle CH_2CH_2OH}{|}}{\underset{\underset{\textstyle CH_2CH_2OH}{|}}{N^+}}-CH_2CH_2COO^- \qquad R\text{：}C_{16} \sim C_{30}$$

烷基二（2-羟乙基）羧乙基季铵内盐

　　水溶性盐可采用无机盐和有机盐，如氯化钾、硝酸钾、水杨酸钠等；水溶性醇可采用乙醇、异丙醇等。

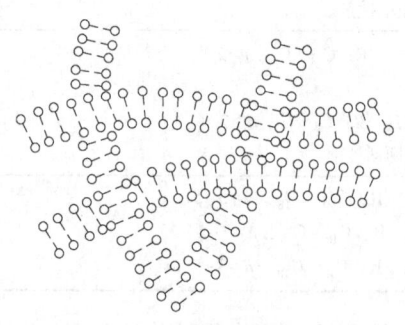

图6-17　表面活性剂的线性胶束形成结构

当长碳链表面活性剂溶于一定浓度的盐和（或）醇溶液中时，盐和（或）醇抑制了表面活性剂的水溶性，促使长碳链缔合，生成互相纠缠的线性胶束，形成如图6-17所示的结构，可提高压裂液的黏度，使其能携砂压裂地层。

在拉伸作用下，表面活性剂线性胶束结构可显示出黏弹性。黏弹性表面活性剂压裂液具有无残渣、低伤害、剪切稳定等特点。

5）水基泡沫压裂液

水基泡沫压裂液是指以水作分散介质，以气作分散相的压裂液，具有低黏度（但悬砂能力强）、低摩阻、低滤失量、低含水量、压裂后易于排出、对地层污染少等特点。水基泡沫压裂液的主要组分是水、气和起泡剂。其中，水可用淡水、盐水、稠化水；气可用二氧化碳、氮气、天然气；起泡剂可用烷基磺酸盐、烷基苯磺酸盐、烷基硫酸酯盐、季铵盐和OP型表面活性剂。在水中，起泡剂的质量分数一般在0.005~0.02，泡沫特征值要求在0.5~0.9。

　　用二氧化碳和氮气进行泡沫压裂时，最好以其液态形式使用。例如，使用二氧化碳时，可通过控制温度和压力使二氧化碳处于液态，然后与携砂的起泡剂溶液一起注入地层。当这种混合物的温度超过 31℃（即二氧化碳的临界温度）时，液态二氧化碳转化为气态，产生泡沫。使用液氮时，则可用罐车将液氮送至现场，在井口稍稍加热，即可得到高压氮气，再与携砂的起泡剂溶液混合产生泡沫。

也可用由二氧化碳和氮气两种气体组成的混合气体配制泡沫，配得的泡沫更有利于压裂后的排液，这是因为在排液过程中，氮气发挥作用在前，二氧化碳发挥作用（溶气驱动）在后。

6) 水基冻胶泡沫压裂液

水基冻胶泡沫压裂液是指以水基冻胶作分散介质，以气作分散相的压裂液。

水基冻胶泡沫压裂液由水、气、稠化剂、起泡剂、交联剂和破胶剂配成。压裂时，先将稠化剂和起泡剂溶于水中配成稠化的起泡剂溶液，然后注气产生泡沫，再注入交联剂和破胶剂。其中，交联剂可将泡沫外相稠化剂交联成冻胶，配成水基冻胶泡沫压裂液；破胶剂则使压裂液使用后易从地层排出。

水基冻胶泡沫压裂液兼具水基冻胶压裂液和水基泡沫压裂液的特点。

7) 水基冻胶包油压裂液

若在稠化水包油压裂液中加入交联剂将稠化水中的聚合物交联，即可配得水基冻胶包油压裂液。这种压裂液比稠化水包油压裂液具有更强的携砂能力和降滤失能力，但需在压裂液中加入破胶剂，使压裂液在使用后易从地层排出。

2. 油基压裂液

油基压裂液是以油作溶剂或分散介质配成的压裂液，适用于压裂水敏地层（有可膨胀黏土的地层），下面几种压裂液属油基压裂液。

1) 稠化油压裂液

稠化油压裂液是将稠化剂溶于油中配成的压裂液。可用的稠化剂包括脂肪酸皂、磷酸酯和油溶性聚合物。其中，脂肪酸皂中的碳原子数应大于 8，这样才会使脂肪酸皂溶解于油，脂肪酸皂超过一定浓度以后，就可在油中产生结构黏度将油稠化。磷酸酯由醇与五氧化二磷反应生成，为了配制油基压裂液，可将磷酸酯溶于油中，然后用铝盐（如硝酸铝、氯化铝）将其活化，即可在油中通过羟桥连接起来形成结构黏度将油稠化。油溶性聚合物在油中超过一定浓度即可产生结构黏度，将油稠化。可用的油溶性聚合物有：

$$\begin{array}{lll} +CH_2-CH=CH-CH_2\frac{}{}_n & +CH_2-CH=C-CH_2\frac{}{}_n & +CH_2-CH-CH-CH_2\frac{}{}_n \\ & \qquad\qquad\quad\; | & \qquad\qquad\qquad | \\ & \qquad\qquad\quad CH_3 & \qquad\qquad\qquad CH_3 \end{array}$$

聚顺丁二烯　　　　　　　　聚异戊二烯　　　　　　　氢化聚异戊二烯

$$+CH_2-CH\frac{}{}_n \qquad +CH_2-CH\frac{}{}_n \qquad +CH_2-CH\frac{}{}_n$$
$$\quad\;\; | \qquad\qquad\qquad\;\; | \qquad\qquad\qquad\;\; |$$
$$\quad\; R \qquad\qquad\qquad COOR \qquad\qquad\quad OOCR$$

聚α-烯烃，R：$C_6 \sim C_{20}$　　　聚丙烯酸酯，R：$C_{14} \sim C_{40}$　　　聚羧酸乙烯酯，R：$C_{15} \sim C_{35}$

$$\qquad\qquad CH_3 \qquad\qquad\qquad +CH_2-CH\frac{}{}_n$$
$$\qquad\qquad | \qquad\qquad\qquad\qquad\qquad |$$
$$+CH_2-C\frac{}{}_n$$
$$\qquad\qquad | \qquad\qquad\qquad\qquad\qquad R$$
$$\qquad\qquad CH_3$$

聚异丁烯　　　　　　聚烷基苯乙烯，R：$C_2 \sim C_{16}$

2）油基冻胶压裂液

当油中稠化剂的浓度足够大时，稠化油压裂液就转化为油基冻胶压裂液。油基冻胶比稠化油具有更高的黏度和更好的携砂能力，能用于压裂更深的地层。

3）油包水压裂液

油包水压裂液主要由油、水和乳化剂组成。其中，油可用原油、柴油或煤油，水可用淡水或盐水，乳化剂可用 Span80 和月桂酰二乙醇胺（分别溶于油和水中）。该类压裂液以油作分散介质，以水作分散相，其优点是黏度高、悬砂能力强、滤失量低、对油层伤害小，而缺点是流动摩阻很高。若将油包水压裂液中的水改为酸，就可制成油包酸压裂液。油包酸压裂液不仅可减轻酸对管线的腐蚀，而且在乳状液破坏后还可给出酸液，将压裂产生的裂缝进一步溶蚀加宽，提高压裂效果。

4）油基泡沫压裂液

油基泡沫压裂液主要由油、气和起泡剂组成。其中，油可用原油、柴油或煤油；气体主要用二氧化碳和氮气；起泡剂可用下面分子式的含氟的聚合物：

$$\left(CH_2 - \underset{\underset{O}{\overset{\underset{O}{\overset{C=O}{|}}}{|}}{\overset{R_2}{\underset{}{C}}} \right)_m \left(CH_2 - \underset{\underset{O-R_3}{\overset{C=O}{|}}}{\overset{R_2}{\underset{}{C}}} \right)_n$$

$$(CH_2)_q (CF_2 - CF_2)_r R_1$$

烷基丙烯酸氟代烷基酯与烷基丙烯酸酯共聚物

式中，R_1 为 H 或 F；R_2 为 H 或 CH_3；R_3 为 $C_{10} \sim C_{20}$ 的烃基；m、n 为使聚合物链节的质量比，在 25：75 至 60：40；q 为 $1 \sim 2$；r 为 $2 \sim 10$。起泡剂在油中的质量分数在 $5 \times 10^{-4} \sim 5 \times 10^{-2}$ 范围内。

二、压裂添加剂

为了提高压裂效果，在压裂中用到许多添加剂，如防乳化剂、黏土稳定剂、助排剂、润湿反转剂、支撑剂、破坏剂、减阻剂、降滤失剂等。其中，前 4 种添加剂与酸化使用的相同，本节只介绍后 4 种添加剂。

1. 支撑剂

支撑剂是指由压裂液带入裂缝，在压力释放后用以支撑裂缝的物质。一种好的支撑剂应具有密度低、强度高、化学稳定性好、便宜易得等特点。支撑剂的粒径一般为 0.4 ~ 1.2mm。天然支撑剂包括石英砂、铝矾土、氧化铝、锆石和核桃壳等。高强度的支撑剂包括烧结铝矾土（烧结陶粒）、铝合金球和塑料球等。低密度的支撑剂包括微孔烧结铝矾土（微孔烧结陶粒）及核桃壳等。化学稳定性好的支撑剂包括由酚醛树脂覆盖的砂粒或有机硅覆盖的砂粒。

若将覆盖砂粒的酚醛树脂全部或部分改为可在温度超过 54℃ 的地层中固化的树脂，则支撑剂不仅具有好的化学稳定性，而且可稳定地固定在裂缝中起支撑作用。在支撑剂中还可混入一定比例的有特殊用途的固体颗粒。如在油井压裂时加入水膨体、防蜡剂、防垢剂、破乳剂、缓蚀剂等；在水井压裂时加入黏土稳定剂、杀菌剂等。压裂后，这些有特殊用途的固体颗粒可在采油和注水过程中起相应的作用。

2. 破坏剂

破坏剂是指在指定时间内能将压裂液的黏度减到足够低的化学剂。由于破坏后的压裂液易从地层排出，因此可减轻压裂液对地层的污染。压裂液中使用的破坏剂主要是用于破坏冻胶结构的破胶剂。油基冻胶主要由磷酸酯用铝盐活化配成，可用的油基破胶剂包括乙酸钠、苯乙酸钠等，它们是通过竞争络合的机理使油基冻胶破胶的。水基冻胶压裂液的破胶剂有下列 4 类：

1）过氧化物

过氧化物通过聚合物氧化降解而破坏冻胶结构，它们都含有过氧基（—O—O—），如：

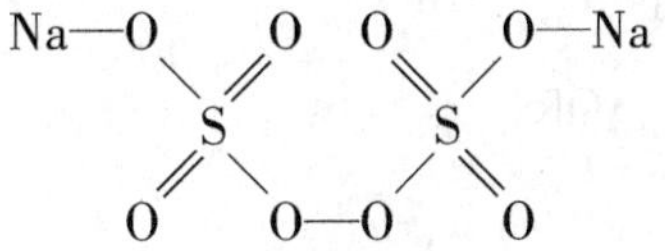

过硫酸钠

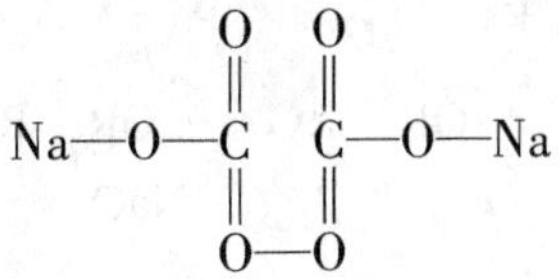

过碳酸钠

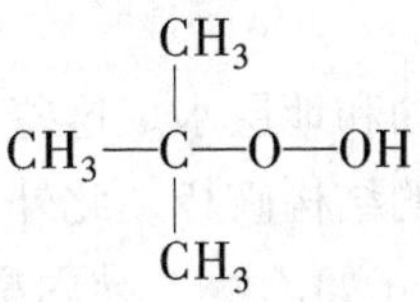

过氧异丁醇

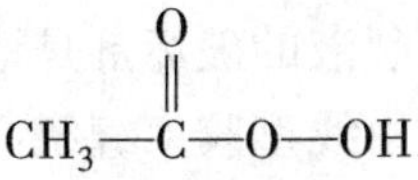

过氧乙酸

2）酶

酶是一种特殊的蛋白质，如 α-淀粉酶、β-淀粉酶、纤维酶、半纤维酶、蔗糖酶、麦芽糖酶等，它们对糖类水解、降解起催化作用，可破坏冻胶结构。酶只能在低于 65℃ 和 pH 值为 3.5~8.0 的条件下使用。

3）潜在酸

潜在酸是在一定条件下能转变为酸的物质，如：

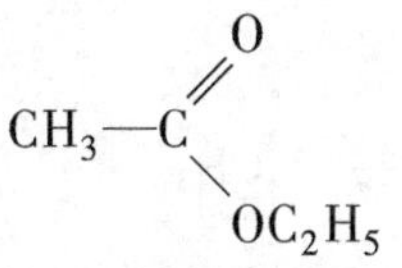

乙酸乙酯

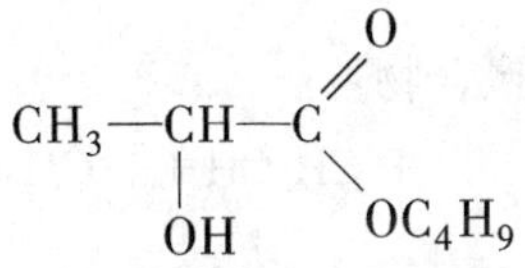

α-羟基丙酸乙酯

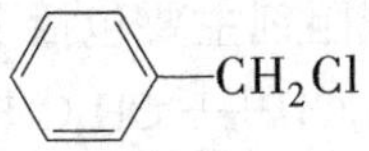

苄氯

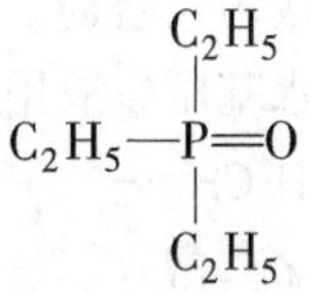

磷酸三乙酯

潜在酸不是通过破坏聚合物，而是通过改变条件（pH 值）使冻胶交联结构破坏而起作用。

4）潜在螯合剂

潜在螯合剂是在一定条件下能转变为可螯合交联剂的物质，如：

草酸

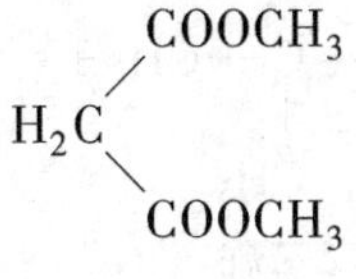

丙二酸二甲酯

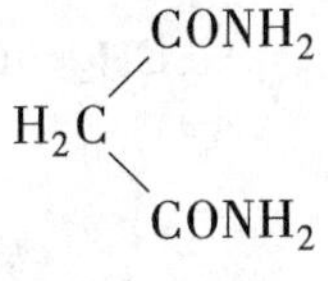

丙二酰胺

这 3 种潜在螯合剂可分别在低于 60℃、60℃和高于 60℃的条件下水解生成草酸或丙二酸，螯合作为交联剂的金属离子，破坏冻胶的交联结构。

油基冻胶压裂液主要由磷酸酯用铝盐活化配成，可用的破胶剂包括乙酸钠、苯乙酸钠等。这些破胶剂是通过竞争络合的机理使油基冻胶破胶的。例如，乙酸钠对磷酸酯铝盐稠化生成的油基冻胶的破胶机理可用下面的反应来说明：

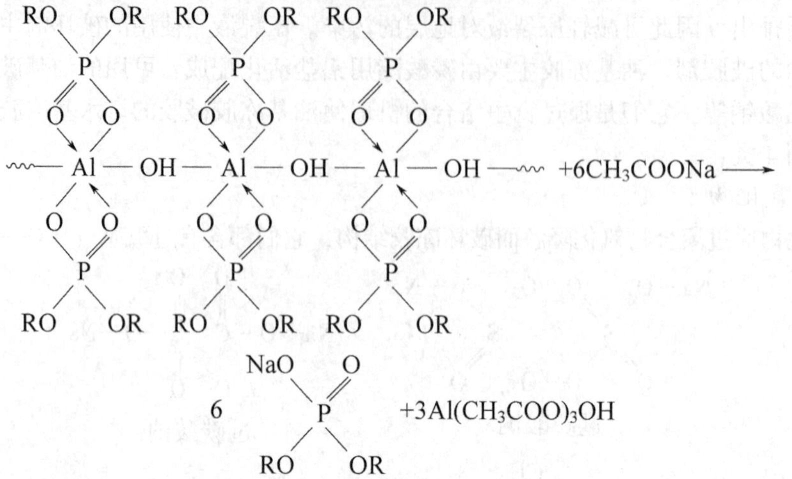

黏弹性表面活性剂压裂液的破坏剂是地层油和地层水。这些表面活性剂可被地层油溶解或被地层水稀释，导致由线型胶束缠绕产生的结构破坏。此外，还可用黏弹性表面活性剂压裂液的其他破坏剂，包括压裂后注入的醇（如乙醇、异丙醇）和与压裂液一起注入的酯（如乙酸乙酯、烷基硫酸酯盐、聚丙烯酸酯等），它们通过水解产生相应的醇从而起破坏作用。

3. 减阻剂

减阻剂是指在紊流状态下能减小压裂液流动阻力的化学剂。减阻剂是通过储藏紊流能量的机理来减小压裂液流动阻力的。减阻剂通常是聚合物，同一种聚合物有时是稠化剂而有时是减阻剂。在使用高质量浓度减阻剂时，它是稠化剂；在使用低质量浓度减阻剂时，它又成为减阻剂。

水基压裂液用水减阻剂主要包括下列聚合物：

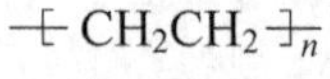

聚乙二醇

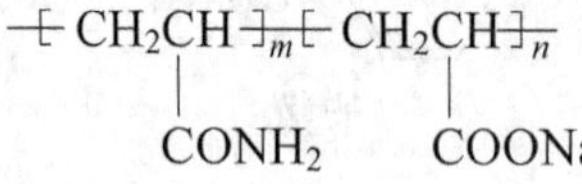

丙烯酰胺与丙烯酸钠共聚物

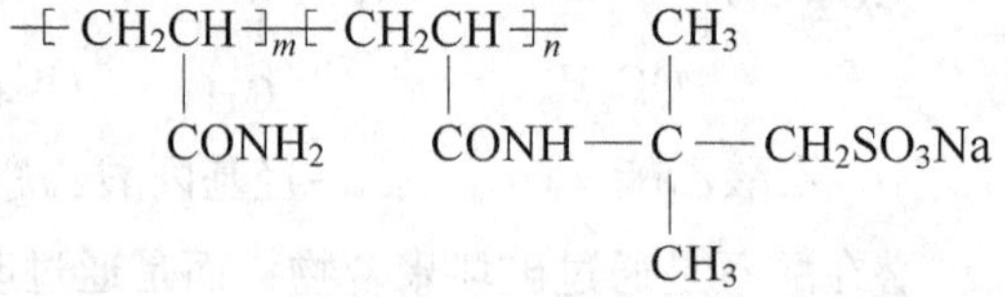

丙烯酰胺与2-丙烯酰胺基-2-甲基丙基磺酸钠共聚物

油基压裂液用油减阻剂包括下列聚合物：

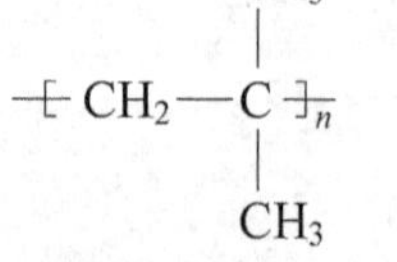

聚异丁烯

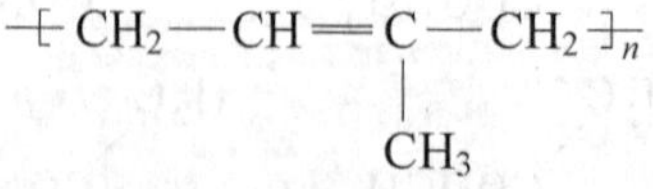

聚异戊二烯

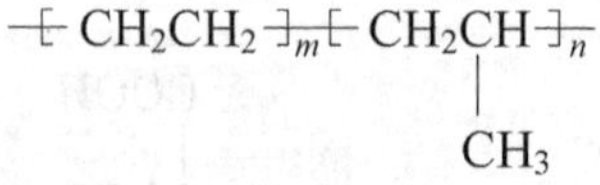

乙烯与丙烯共聚物

4. 降滤失剂

降滤失剂是指能减少压裂液从裂缝中向地层漏失的化学剂。降滤失剂可减少压裂液对地层的污染，并可在压裂时使压力迅速提高，在压裂后能被溶掉。降滤失剂有如下3类：

（1）水溶性降滤失剂，如水溶性聚合物、水溶性皂、水溶性盐等。

（2）油溶性降滤失剂，如蜡、萘、蒽、松香、松香二聚物、聚苯乙烯、苯乙烯与甲苯乙烯共聚物、乙烯与乙酸乙烯酯共聚物等。

（3）酸溶性降滤失剂，如石英粉、碳酸钙粉等。

第八节　采油处理剂及工作液

一、调剖剂

调剖剂是指能调整注水地层吸水剖面的物质。常用的调剖剂包括以下4类：

1. 冻胶型调剖剂

冻胶是由聚合物与交联剂配成的失去流动性的体系。其中，常用的聚合物是聚丙烯酰胺，常用的交联剂包括重铬酸钠+亚硫酸钠、醋酸铬、氧氯化锆、酚醛树脂预聚物。冻胶是根据交联剂命名的，主要包括铬冻胶、锆冻胶、酚醛树脂冻胶等。部分冻胶型调剖剂配方如下：

（1）0.20%~0.60%的聚丙烯酰胺+0.06%~0.12%的重铬酸钠+0.16%~0.24%的亚硫酸钠；

（2）0.20%~0.60%的聚丙烯酰胺+0.08%~0.24%的醋酸铬；

（3）0.20%~0.60%的聚丙烯酰胺+0.04%~0.10%的氧氯化锆；

（4）0.20%~0.60%的聚丙烯酰胺+0.30%~1.60%的酚醛树脂预聚物。

2. 凝胶型调剖剂

凝胶是由溶胶转变而来的失去流动性的体系。硅酸凝胶是常用的凝胶型调剖剂，它是由硅酸溶胶转变而来。将20%~25%的水玻璃加到8%~12%盐酸中，直至 pH=2，即可配成一种在矿场试验中使用的硅酸溶胶。

3. 沉淀型调剖剂

沉淀型调剖剂为双液法调剖剂。调剖时，需向地层注入由隔离液隔开的两种工作液（第一工作液和第二工作液），当用注入水将两种工作液向地层深部推进时，随着隔离液变薄直至失去隔离作用，两种工作液相遇发生沉淀反应，封堵高渗透层。一些沉淀型调剖剂配方如下：

（1）硅酸钙调剖剂的配方：第一工作液为0.04%~0.60%的水玻璃；第二工作液为0.01%~0.15%的氯化钙。两种工作液相遇后的反应为：

$$Na_2O \cdot mSiO_2 + CaCl_2 =\!=\!= CaO \cdot mSiO_2 \downarrow + 2NaCl$$

硅酸钙

（2）硅酸镁调剖剂的配方：第一工作液为0.04%~0.60%的水玻璃；第二工作液为

0.01%~0.15%的氯化钙。两者相遇后的反应为：

$$Na_2O \cdot mSiO_2 + MgCl_2 \Longrightarrow MgO \cdot mSiO_2 \downarrow + 2NaCl$$

硅酸镁

（3）硅酸亚铁调剖剂的配方：第一工作液为0.04%~0.60%的水玻璃；第二工作液为0.05%~0.13%的硫酸亚铁。两者相遇后的反应为：

$$Na_2O \cdot mSiO_2 + FeSO_4 \Longrightarrow FeO \cdot mSiO_2 \downarrow + Na_2SO_4$$

硅酸亚铁

4. 分散体型调剖剂

分散体型调剖剂主要包括：气体分散体—泡沫、液体分散体—乳状液、液固分散体—悬浮体、冻胶分散体—微球。

二、驱油剂

驱油剂是指为了提高原油采收率而从油田注入井注入油层将油驱至油井的物质。不同驱油剂的性质和驱油机理不同，但都能使原油的采收率得到提高。重要的驱油剂见表6-18。

表6-18　重要的驱油剂

驱动	驱油剂	驱动	驱油剂
聚合物驱	聚合物（溶液）	气驱	氮气、二氧化碳气、空气
碱驱	碱（溶液）	泡沫驱	气体—表面活性剂—水
表面活性剂驱	表面活性剂（溶液）	蒸汽驱	水蒸气
复合驱	聚合物—表面活性剂 聚合物—碱 碱—表面活性剂	热水驱	热水
		微生物驱	微生物代谢作用产生的气体、表面活性剂

驱油用碱包括 NaOH、$2Na_2O \cdot SiO_2$、$Na_2O \cdot SiO_2$、$NH_3 \cdot H_2O$、Na_2CO_3 等。

新型驱油用碱包括弱碱（如 $NaBO_2$）、缓冲碱（如 $Na_2CO_3 + NaHCO_3$）、有机碱（如 $NH_2—NH_2$）。

三、防砂用剂

防砂用剂分为防砂桥接剂和防砂胶结剂两类。重要的防砂胶结剂有：

（1）冻胶型胶结剂：如铬冻胶、锆冻胶。

（2）树脂型胶结剂：如酚醛树脂、脲醛树脂、环氧树脂。

（3）聚氨酯型胶结剂：如聚氨基甲酸酯。

（4）沥青质：由原油得到。

四、堵水剂

为了保护油层，应选用选择性堵水剂进行油井堵水。选择性堵水剂是指那些能利用油与水或产油层与产水层的差别进行堵水的物质。目前，研究过的选择性堵水剂包括部分水解聚丙烯酰胺（HPAM，水基）、部分水解聚丙烯腈（HPAM，水基）、硬葡聚糖（SG，水基）、阴阳非三元共聚物（水基）、冻胶（水基）、泡沫（水基）、水玻璃（水基）、稠化水玻璃的醇溶液（水基、醇基）、松香酸皂、脂肪酸皂、环烷酸皂（水基）、烃基卤代甲硅烷（油基）、油基水泥（油基）、对烷基酚—乙醛树脂（水基）、聚氨酯（油基）、松香二聚物醇溶液（醇基）、山嵛酸钾（水基）、胶束溶液（水基）、阳离子型表面活性剂（水基或油基）、单宁（水基）、β-内酯（油基）、聚三聚氰酸酯盐（水基）、活性稠油（油基）、水包稠油（水基）、偶合稠油（油基）、聚烯烃（油基）、酸渣（水基）等。重要的选择性堵水剂如下：

（1）冻胶：可用铬冻胶、锆冻胶和酚醛树脂冻胶进行油井的选择性堵水。

（2）泡沫：泡沫之所以对油水有选择性，是由于其在含油饱和度不同的水中具有不同的稳定性。泡沫适用于油藏温度低于90℃、油藏地层水矿化度低于8×10^4mg/L油藏的油井堵水。

（3）水玻璃：高温高矿化度底水油藏理想的选择性堵剂，它有6个特性，即水基、钙镁敏、高密度、酸敏、盐敏和热敏。

五、防蜡剂

防蜡剂是指能抑制原油中蜡晶析出、长大、聚集和（或）在固体表面上沉积的化学剂。重要的防蜡剂有：

（1）稠环芳烃型防蜡剂：主要通过参加组成晶核，使晶核扭曲，不利石蜡结晶长大而起防蜡作用。

（2）表面活性剂型防蜡剂：可在蜡晶表面吸附，防止蜡晶聚结而起防蜡作用。

（3）聚合物型防蜡剂：主要通过蜡晶在其上的烃基（R）析出并彼此分离，不能互相聚结长大而起防蜡作用。

六、清蜡剂

清蜡剂是指能清除蜡沉积物的化学剂。重要的清蜡剂有：

（1）油基清蜡剂：如苯、甲苯，通过溶解作用清蜡。

（2）水基清蜡剂：由表面活性剂、互溶剂和碱组成，通过润湿反转使蜡从表面脱落而起清蜡作用。

七、防垢剂

防垢剂是指能防止或延缓水中一些离子成垢沉积的化学剂。油田的主要结垢类型为碳酸钙垢、硫酸钙垢、硫酸锶垢和硫酸钡垢。

防垢剂的防垢机理包括：（1）晶格畸变机理通过防垢剂吸附，使垢晶状态受到干扰（畸变），抑制垢晶的长大而起防垢作用；（2）静电排斥机理，通过防垢剂在垢晶表面吸附形成扩散双电层，使垢晶表面带负电，抑制垢晶间的聚并而起防垢作用。

八、除垢剂

除垢剂是指能将垢从结垢表面除去的化学剂。清除不同类型的垢需要用不同的除垢剂，例如，清除碳酸钙垢要用盐酸；清除硫酸钙垢要用氯化钠，清除硫酸锶垢和硫酸钡垢要用螯合剂和冠醚。

九、黏土稳定剂

黏土稳定剂是指能抑制黏土膨胀、分散的化学剂。黏土是黏土片的集合体。黏土的膨胀、分散是由于黏土片表面的可交换阳离子在水中解离，使黏土片表面带负电而互相排斥所引起。重要的黏土稳定剂有：

（1）氯化钾和氯化铵：因 K^+、NH_4^+ 取代黏土可交换阳离子后不易在水中解离，从而起到稳定黏土的作用。

（2）季铵盐型表面活性剂：因季铵盐型表面活性剂的活性作用部分带正电，可中和膨胀黏土片表面的负电性从而抑制黏土膨胀。

（3）季铵盐型聚合物：黏土稳定机理同季铵盐型表面活性剂的机理。

十、示踪剂

示踪剂是指能随流体运动，指示流体的存在、运动方向和运动速度的化学剂。通过示踪剂可以了解油水井的连通情况、注入剂在地层中的渗流速度、地层的分层情况、裂缝和断层以及地层的剩余油饱和度。重要的示踪剂有：

（1）水示踪剂：如氚水、硫氰酸铵、硝酸铵。

（2）油示踪剂：如氚化戊烷、五氯苯。

（3）气体示踪剂：如氚化氢、氟利昂。

（4）油水分配示踪剂：如氚化丁醇、丁醇。

十一、酸液

酸液是指酸化用的工作液，主要有两个作用：一是除去地层的堵塞物（如氧化铁、硫化亚铁和黏土等），达到恢复地层渗透率的目的；二是溶解地层的岩石，扩大孔隙结构的喉部，达到提高地层渗透率的目的。酸液由酸化用酸与酸化用添加剂配制而成。其中，酸化用酸包括盐酸、氢氟酸、磷酸、硫酸、碳酸、氨基磺酸、甲酸、乙酸、丙酸和土酸（盐酸与氢氟酸混合酸）等；酸化用添加剂包括缓速剂、助排剂、缓蚀剂、防淤渣剂、铁稳定剂、转向剂和防乳化剂等。

缓速剂是指加在酸中能延缓酸与地层反应速率的化学剂。如季铵盐表面活性剂可吸附在岩石表面起缓速作用，聚乙烯吡咯烷酮可将酸稠化起缓速作用。

助排剂是指能减少二次沉淀对地层伤害，使乏酸易从地层排出的化学剂。如含氟表面活性剂可通过降低界面张力使酸易从地层排出。

缓蚀剂是指少量加入就能大大减缓金属腐蚀的化学剂。缓蚀机理包括吸附机理和"中间相"机理。例如，烷基胺、戊二醛和若丁是通过在金属表面吸附起缓蚀作用的，而辛炔醇、甲基丁炔醇和甲基戊炔醇是通过在金属表面产生"中间相"起缓蚀作用的。

防淤渣剂是指能防止酸与原油接触时产生淤渣的化学剂。由于淤渣是由酸中的 Fe^{3+} 产生，因此可用铁稳定剂来防止淤渣的生成。

铁稳定剂是指能将 Fe^{3+} 稳定在乏酸中的化学剂。例如，乙二胺四乙酸二钠盐能通过螯合将 Fe^{3+} 稳定在乏酸中，而异抗坏血酸可通过将 Fe^{3+} 还原为 Fe^{2+}，实现将铁稳定在乏酸中。

转向剂是指能暂时封堵高渗透层，使酸转向低渗透层，提高酸化效果的化学剂。例如，加有破胶剂的冻胶是理想的转向剂，该转向剂首先封堵高渗透层，使注入的酸转向低渗透层，酸化后破胶剂将冻胶破坏，恢复高渗透层的渗透性。

防乳化剂是指能防止原油与酸形成乳状液的化学剂。例如，有分支结构的表面活性剂可通过竞争吸附作用起防乳化作用；互溶剂是通过减少表面活性剂在原油与酸界面上吸附起防乳化作用。

十二、压裂液

压裂液是油气层压裂过程中所用的液体。好的压裂液应满足黏度高、摩阻低、滤失量少、对地层无伤害、配制简便、材料来源广、材料成本低等条件。压裂用添加剂包括支撑剂、破坏剂、破胶剂、减阻剂和降滤失剂等。

压裂液支撑剂是指由压裂液带入裂缝，在压力释放后用以支撑裂缝的物质。好的支撑剂应具有密度低、强度高、化学稳定性好、便宜易得等特性。天然支撑剂有石英砂、铝矾土、氧化铝、锆石和核桃壳等；高强度的支撑剂包括烧结铝矾土（烧结陶粒）、铝合金球和塑料球等；低密度的支撑剂包括微孔烧结铝矾土（微孔烧结陶粒）及核桃壳等；化学稳定性好的支撑剂包括由酚醛树脂覆盖的砂粒或有机硅覆盖的砂粒等。

压裂液破坏剂是指在指定时间内能将压裂液的黏度减到足够低的化学剂。由于破坏后压裂液易从地层排出，因此可减轻压裂液对地层的污染。压裂液中使用的破坏剂主要是破胶剂。

压裂液破胶剂是用于破坏冻胶结构的化学剂。常用的破胶剂包括过氧化物（如过硫酸铵）、酶（如淀粉酶、纤维酶）、潜在酸（如乙酸乙酯）、潜在螯合剂（如丙二酸胺）和竞争络合剂（如乙酸钠、苯乙酸钠等，用于破坏油基冻胶压裂液）等。

压裂液减阻剂是指在紊流状态下能减小压裂液流动阻力的化学剂。它是通过储藏紊流能量的机理减小压裂液的流动阻力的。减阻剂包括水基压裂液减阻剂（如聚乙二醇、丙烯酰胺与丙烯酸钠共聚物）和油基压裂液减阻剂（如聚异丁烯、聚异戊二烯）两类。

压裂液降滤失剂是指能减少压裂液从裂缝中向地层漏失的化学剂。它可减少压裂液对地层污染，并可在压裂时使压力迅速提高在压裂后能被溶掉。重要的降滤失剂包括水溶性降滤失剂（如水溶性聚合物，水溶性皂和水溶性盐等）、油溶性降滤失剂（如蜡、萘、蒽、松香、松香二聚物等）和酸溶性降滤失剂（如石英粉、碳酸钙粉）等。

 复习思考题

1. 解释以下名词：注水井调剖、波及系数、洗油效率。
2. 油井防砂的方法有哪些？

3. 油井防蜡的方法有哪些？

4. 列举油井常用酸液有哪些。

5. 什么是压裂液？压裂液的类型及稠化剂有哪些？

6. 稠油降黏法有哪些？

7. 列举采油处理剂有哪些。

第七章　乳化原油的破乳与
起泡沫原油的消泡

原油中含有各种表面活性物质，如环烷酸、脂肪酸、胶质、沥青质等，在油田开发中后期，采用增产措施提高原油采收率注入地层的表面活性剂、聚合物等，它们可吸附在油水界面或气液表面，对液珠和气泡有稳定作用，由此产生原油乳化和起泡沫问题。本章主要介绍与乳化原油破乳和起泡沫原油消泡有关的问题。

第一节　乳化原油的破乳

一种液体以一定大小的液滴形式分散于另一种液体中，这一过程称作乳化。乳化形成的新液体叫乳化液，常见的乳化液如牛奶、原油。在乳化液中，处于内部被包围状态的液滴叫分散相，又叫内相；处于外部的液体叫分散介质，又叫外相。乳化原油是指以原油做分散介质或分散相的乳状液。由于乳化原油含水会增加泵、管线和储罐的负荷，引起金属表面腐蚀和结垢，因此乳化原油外输前都要破乳，将水脱出。

一、乳化原油的形成条件

乳化原油的形成受三种因素的影响：

1. 油水比例

一般油多水少容易形成油包水（O/W）乳化原油，水多油少容易形成水包油（W/O）乳化原油。

2. 乳化剂种类

乳化剂是促进乳化发生并使乳化液更为稳定的一类表面活性剂。乳化剂分子由亲油基团和亲水基团构成。根据亲水基团的电离情况不同，可将乳化剂分为非离子、阴离子和阳离子三种类型。亲水基团不电离的是非离子型，亲水基团电离后带负电的是阴离子型，亲水基团电离后带正电的是阳离子型。但无论何种类型，亲水基团或亲油基团的大小、特性和能力决定了乳化剂分子的亲水性、亲油性有强弱之分。另外离子型乳化剂在界面膜上的排列，显然会使界面膜具有正电性或负电性，这样也会使液滴间产生电性排斥，阻止液滴合并，增加乳化液稳定性。

存在亲油性或油溶性强的乳化剂，容易形成 W/O 乳化原油；存在亲水性或水溶性强的乳化剂，容易形成 O/W 原油。

3. 温度和混合方式

温度会影响乳化剂的性质，进而影响乳化原油的形成；混合方式则是往油里加水还是往水里加油，形成的乳化原油类型不一样。

实际上，原油和水混合后生成何种乳化原油，受油水比例、乳化剂种类、温度的综合影响，而且一定条件下油包水乳化原油和水包油乳化原油可相互转换。

二、乳化原油的类型

乳化原油有以下两种类型：

1. 油包水乳化原油

这是以原油做分散介质、以水做分散相的乳化原油，记为 O/W 乳化原油。一次采油和二次采油采出的乳化原油多是油包水乳化原油。稳定这类乳化原油的乳化剂主要是原油中的活性石油酸（如环烷酸、胶质酸等）和油湿性固体颗粒（如蜡颗粒、沥青质颗粒等）。

2. 水包油乳化原油

这是以水做分散介质、以原油做分散相的乳化原油，记为 W/O 乳化原油。三次采油（尤其是碱驱、表面活性剂驱）采出的乳化原油多是水包油乳化原油。稳定这类乳化原油的乳化剂是活性石油酸的碱金属盐、水溶性表面活性剂或水湿性固体颗粒（如黏土颗粒等）。

这两种类型的乳化原油是基本类型的乳化原油。但在显微镜观察中还发现，在这些类型的乳化原油中还包含一定数量的油包水包油（记为油/水/油）或水包油包水（记为水/油/水）的乳化原油。这些乳化原油叫多重乳化原油。乳化原油类型的复杂性可能是一些乳化原油难以彻底破乳的一个原因。

三、乳化液的破乳影响因素

破乳是乳化的逆过程，从物理学上讲，乳化液是一种不稳定状态，有液相分离的趋势，但实际上许多乳化液室温下放置几年也不会分层，比如一些含水原油。这是因为乳化液中的分散液滴一直在做无规则的运动（布朗运动），而且温度越高运动越快，液滴间的碰撞时时发生，由于同种液体间的引力较大，如果没有弹性界面膜的存在，必然发生液滴的结合，小液滴逐渐变成大液滴，然后因油水密度的差异而分层破乳。界面膜的牢固程度、液滴的大小和温度条件的不同造成了乳化液的稳定程度不同。

所以，乳化液的破乳同乳化液的形成一样也需要一定的条件，如温度、电解质、破乳剂、外加电场等。

1. 温度的影响

升温可使布朗运动加快，增加液滴碰撞频率，促进液滴结合；升温还可使两种液体的密度差发生变化，从而影响液体分层；降低液相黏度，利于水的沉降。

2. 电解质的影响

电解质的影响主要有两方面：一是中和界面膜所带电荷，降低液滴间排斥力；二是增加油水密度差，加快破乳。

3. 破乳剂的影响

破乳剂与乳化剂类似，其分子都是由亲油基团和亲水基团构成的，这一类物质都容易吸附到油水界面上，由于分子引力的变化使得界面张力降低，所以这些物质又统称为表面活性剂。一般认为，破乳剂吸到油水界面上后，会替代原有活性物质，降低膜的稳定性，加快破乳。在一定条件下，破乳剂与乳化剂的功能可以相互转换。

4. 外加电场的影响

乳化液外加电场后，分散的液滴会发生变形和极化，从而使液滴间电性引力加强，这种引力往往远大于同性液体间的吸引力，会大大促进液滴合并速度，促进破乳。

四、油包水乳化原油的破乳

1. 油包水乳化原油的破乳方法

油包水乳化原油的破乳方法有热法、电法和化学法。这些方法通常是联合起来使用的，叫热—电—化学法。

1）热法

这是用升高温度破坏油包水乳化原油的方法。由于升高温度可以减少乳化剂的吸附量，减小乳化剂的溶剂化程度，降低分散介质的黏度，因而有利于分散相的聚并和分层。

2）电法

这是在高压（$1.5×10^4 \sim 3.2×10^4$ V）的直流电场或交流电场下破坏油包水乳化原油的方法。在电场作用下，水珠被极化变成纺锤形，表面活性物质则趋向并浓集在变形水珠的端部，使垂直电力线方向的界面保护作用削弱，导致水珠沿垂直电力线方向聚并，引起破乳，如图7-1所示。

3）化学法

这是用破乳剂破坏油包水乳化原油的方法。

按分子结构可把破乳剂分为离子型破乳剂和非离子型破乳剂两大类。破乳剂溶于水时，凡能电离形成离子的称为离子型破乳剂；凡在水溶液中不能电离的称为非离子型破乳剂。与

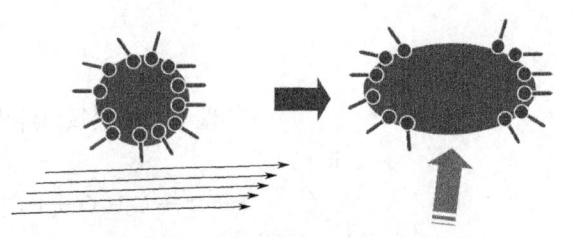

图7-1　油包水乳化原油电法破乳原理

离子型破乳剂相比，非离子型破乳剂具有用量少、不产生沉淀、脱出水含油少、脱水成本低等优点。根据非离子型破乳剂的溶解性能，又可分为水溶性、油溶性和混溶性三类。原油破乳剂针对性很强，不同油田、不同区块、不同开采期，由于原油组成和乳状液性质不同、乳化程度不同等因素，现场使用前必须在室内和现场对破乳剂进行实验和筛选。油田生产对破乳剂的要求很高，如用量少、油水分离快且好、油水界面清晰、脱水温度低等，而且希望成本低、无毒无害、不易燃、不易爆、不结垢、对金属管路和设备不产生强烈腐蚀等。一种破乳剂很难满足上述诸多要求，可将两种或两种以上破乳剂配合，使其破乳效果更为理想，这种效用称为破乳剂的协同效应或复配效应。

2. 油包水乳化原油的破乳剂

虽然可用低分子破乳剂如脂肪酸盐、烷基硫酸酯盐、烷基磺酸盐、烷基苯磺酸盐、OP 型表面活性剂、平平加型表面活性剂和吐温型表面活性剂等破乳，但高效的油包水乳化原油的破乳剂是高分子破乳剂。这些破乳剂可由引发剂（如丙二醇、丙三醇、二乙烯三胺、三乙烯四胺、四乙烯五胺、酚醛树脂、酚胺树脂等）和环氧化合物（如环氧乙烷、环氧丙烷等）反应生成。为了提高破乳剂的分子量，可使用扩链剂（如二异氰酸酯、二元羧酸等）。为了改变破乳剂的亲水亲油平衡，可使用封尾剂（如松香酸、羧酸等）。下面列出的油包水乳化原油破乳剂，都可找到引发剂和环氧化合物的组成部分，有些破乳剂还可找到扩链剂和封尾剂的组成部分：

$$R\!-\!O\!\leftarrow\!C_3H_6O\overrightarrow{\,}_m\!C_2H_4O\overrightarrow{\,}_n H$$

聚氧乙烯聚氧丙烯烷基醇醚

$$R\!\!-\!\!\bigcirc\!\!-\!O\!\leftarrow\!C_3H_6O\overrightarrow{\,}_m\!C_2H_4O\overrightarrow{\,}_n H$$

聚氧乙烯聚氧丙烯烷基苯酚醚

$$CH_3\!-\!CH\!-\!O\!\leftarrow\!C_3H_6O\overrightarrow{\,}_m\!C_2H_4O\overrightarrow{\,}_n H$$
$$\quad\quad CH_2\!-\!O\!\leftarrow\!C_3H_6O\overrightarrow{\,}_m\!C_2H_4O\overrightarrow{\,}_n H$$

聚氧乙烯聚氧丙烯丙二醇醚，BE 型破乳剂

$$CH_3\!-\!CH\!-\!O\!\leftarrow\!C_3H_6O\overrightarrow{\,}_m\!C_2H_4O\overrightarrow{\,}_n H$$
$$\quad\quad CH_2\!-\!O\!\leftarrow\!C_3H_6O\overrightarrow{\,}_m\!C_2H_4O\overrightarrow{\,}_n OC$$

聚氧乙烯聚氧丙烯丙二醇醚松香酸酯

$$R\!\!-\!\!\bigcirc\!\!-\!O\!\leftarrow\!C_3H_6O\overrightarrow{\,}_m\!C_2H_4O\overrightarrow{\,}_n C_3H_6O\overrightarrow{\,}_p H$$

聚氧丙烯聚氧乙烯聚氧丙烯烷基苯酚醚

$$H_2C\!-\!O\!\leftarrow\!C_3H_6O\overrightarrow{\,}_m\!C_2H_4O\overrightarrow{\,}_n C_3H_6O\overrightarrow{\,}_p H$$
$$HC\!-\!O\!\leftarrow\!C_3H_6O\overrightarrow{\,}_m\!C_2H_4O\overrightarrow{\,}_n C_3H_6O\overrightarrow{\,}_p H$$
$$H_2C\!-\!O\!\leftarrow\!C_3H_6O\overrightarrow{\,}_m\!C_2H_4O\overrightarrow{\,}_n C_3H_6O\overrightarrow{\,}_p H$$

聚氧丙烯聚氧乙烯聚氧丙烯丙三醇醚，GP 型破乳剂

$$\leftarrow\!CH_2\!-\!CH\overrightarrow{\,}_x CH_2\!-\!\underset{|}{\overset{CH_3}{C}}\overrightarrow{\,}_y CH_2\!-\!CH\overrightarrow{\,}_z$$
$$\quad COOC_4H_9 \quad\quad COOCH_3 \quad\quad COO\!\leftarrow\!C_3H_6O\overrightarrow{\,}_m\!C_2H_4O\overrightarrow{\,}_n H$$

丙烯酸丁酯、甲基丙烯酸甲酯与聚氧乙烯聚氧丙烯丙烯酸酯的共聚物

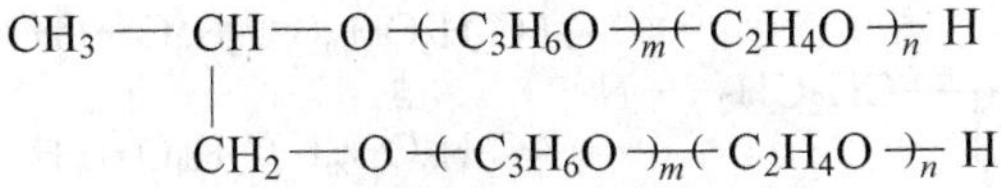

$$CH_3 - CH - O + C_3H_6O \xrightarrow{}_m C_2H_4O \xrightarrow{}_n H$$
$$CH_2 - O + C_3H_6O \xrightarrow{}_m C_2H_4O \xrightarrow{}_n H$$

聚氧乙烯烷基苯酚甲醛树脂

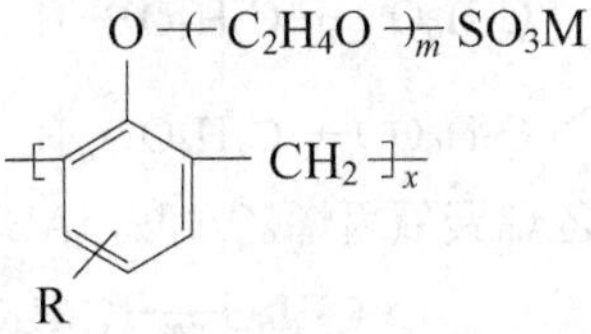

$$O + C_2H_4O \xrightarrow{}_m SO_3M$$

聚氧乙烯烷基苯酚甲醛树脂硫酸酯盐

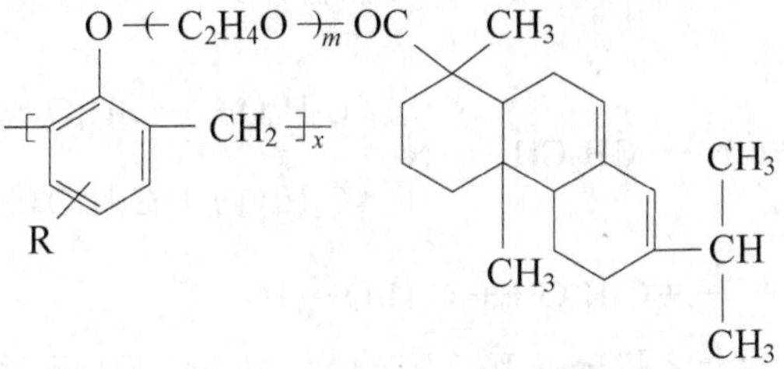

聚氧乙烯烷基苯酚甲醛树脂松香酸酯

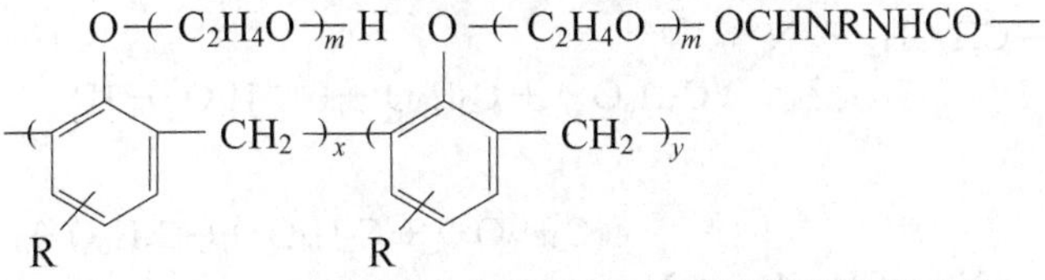

$$O + C_2H_4O \xrightarrow{}_m H \quad O + C_2H_4O \xrightarrow{}_m OCHNRNHCO —$$

聚氧乙烯烷基苯酚甲醛树脂的二异氰酸酯扩链产物

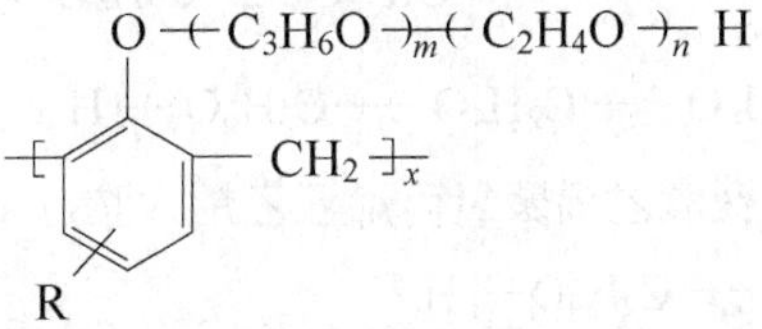

$$O + C_3H_6O \xrightarrow{}_m C_2H_4O \xrightarrow{}_n H$$

聚氧乙烯聚氧丙烯烷基苯酚甲醛树脂，AR型破乳剂

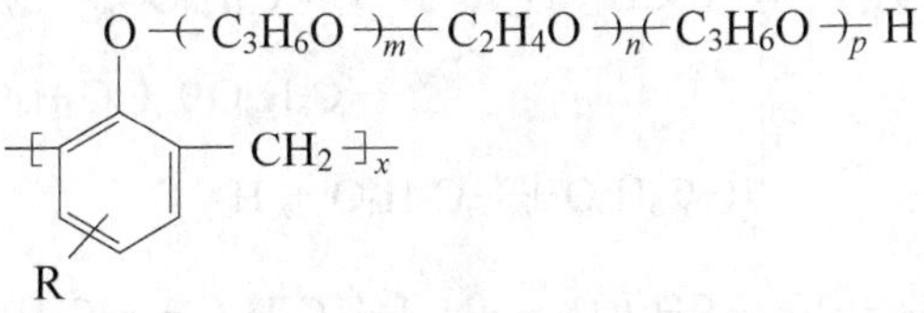

$$O + C_3H_6O \xrightarrow{}_m C_2H_4O \xrightarrow{}_n C_3H_6O \xrightarrow{}_p H$$

聚氧丙烯聚氧乙烯聚氧丙烯烷基苯酚甲醛树脂，AF型破乳剂

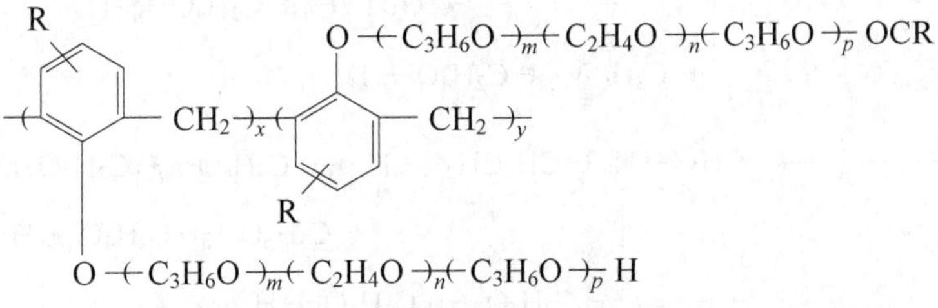

$$O + C_3H_6O \xrightarrow{}_m C_2H_4O \xrightarrow{}_n C_3H_6O \xrightarrow{}_p OCR$$

$$O + C_3H_6O \xrightarrow{}_m C_2H_4O \xrightarrow{}_n C_3H_6O \xrightarrow{}_p H$$

聚氧丙烯聚氧乙烯聚氧丙烯烷基苯酚甲醛树脂羧酸酯

$$-CH_2CH_2-N \begin{cases} (C_3H_6O)_{\overline{m}}(C_2H_4O)_{\overline{n}}H \\ (C_3H_6O)_{\overline{m}}(C_2H_4O)_{\overline{n}}H \end{cases}$$

$$-N \begin{cases} (C_3H_6O)_{\overline{m}}(C_2H_4O)_{\overline{n}}H \\ (C_3H_6O)_{\overline{m}}(C_2H_4O)_{\overline{n}}H \end{cases}$$

聚氧乙烯聚氧丙烯乙二胺，AE型破乳剂

$$-CH_2CH_2-N \begin{cases} (C_3H_6O)_{\overline{m}}(C_2H_4O)_{\overline{n}}H \\ (C_3H_6O)_{\overline{m}}(C_2H_4O)_{\overline{n}}H \end{cases}$$

$$-[N-CH_2CH_2]_{\overline{4}}N \begin{cases} (C_3H_6O)_{\overline{m}}(C_2H_4O)_{\overline{n}}H \\ (C_3H_6O)_{\overline{m}}(C_2H_4O)_{\overline{n}}H \end{cases}$$

$$-(C_3H_6O)_{\overline{m}}(C_2H_4O)_{\overline{n}}H$$

聚氧乙烯聚氧丙烯五乙烯六胺，AE型破乳剂

$$-CH_2CH_2-N \begin{cases} (C_3H_6O)_{\overline{m}}(C_2H_4O)_{\overline{n}}(C_3H_6O)_{\overline{p}}H \\ (C_3H_6O)_{\overline{m}}(C_2H_4O)_{\overline{n}}(C_3H_6O)_{\overline{p}}H \end{cases}$$

$$-[N-CH_2CH_2]_{\overline{4}}N \begin{cases} (C_3H_6O)_{\overline{m}}(C_2H_4O)_{\overline{n}}(C_3H_6O)_{\overline{p}}H \\ (C_3H_6O)_{\overline{m}}(C_2H_4O)_{\overline{n}}(C_3H_6O)_{\overline{p}}H \end{cases}$$

$$-(C_3H_6O)_{\overline{m}}(C_2H_4O)_{\overline{n}}(C_3H_6O)_{\overline{p}}H$$

聚氧丙烯聚氧乙烯聚氧丙烯五乙烯六胺，AP型破乳剂

$$O-(C_3H_6O)_{\overline{m}}(C_2H_4O)_{\overline{n}}H$$

$$-CH_2-N-[CH_2CH_2-N]_{\overline{x}}(C_3H_6O)_{\overline{m}}(C_2H_4O)_{\overline{n}}H$$
$$\qquad\qquad\qquad\qquad -(C_3H_6O)_{\overline{m}}(C_2H_4O)_{\overline{n}}H$$
$$\qquad -(C_3H_6O)_{\overline{m}}(C_2H_4O)_{\overline{n}}H$$

$$-CH_2-N-[CH_2CH_2-N]_{\overline{x}}(C_3H_6O)_{\overline{m}}(C_2H_4O)_{\overline{n}}H$$
$$\qquad\qquad\qquad\qquad -(C_3H_6O)_{\overline{m}}(C_2H_4O)_{\overline{n}}H$$
$$\qquad -(C_3H_6O)_{\overline{m}}(C_2H_4O)_{\overline{n}}H$$

$$-CH_2-N-[CH_2CH_2-N]_{\overline{x}}(C_3H_6O)_{\overline{m}}(C_2H_4O)_{\overline{n}}H$$
$$\qquad\qquad\qquad\qquad -(C_3H_6O)_{\overline{m}}(C_2H_4O)_{\overline{n}}H$$
$$\qquad -(C_3H_6O)_{\overline{m}}(C_2H_4O)_{\overline{n}}H$$

聚氧乙烯聚氧丙烯酚胺树脂，PFA型破乳剂

3. 油包水乳化原油破乳剂的破乳机理

不同破乳剂有不同的破乳机理。

低分子破乳剂都是水溶性破乳剂（HLB 值大于 8），它们相对于油包水乳化原油乳化剂（HLB 值一般在 3~6 范围）是反型乳化剂，可以通过抵消作用使油包水乳化原油破乳，属于低效破乳剂，如脂肪酸盐、烷基硫酸酯盐、烷基磺酸盐、烷基苯磺酸盐、OP 型表面活性剂、平平加型表面活性剂、吐温型表面活性剂等。

高分子破乳剂中的水溶性破乳剂同样有此抵消作用，但油溶性破乳剂是高效破乳剂。高分子破乳剂由引发剂和环氧化合物反应生成，其中引发剂主要有丙二醇、丙三醇、二乙烯三胺、三乙烯四胺、四乙烯五胺、酚醛树脂、酚胺树脂，环氧化合物主要有环氧乙烷、环氧丙烷。高分子破乳剂主要通过下列机理破乳：

1）不牢固吸附膜的形成

因高分子破乳剂在界面上取代原来的乳化剂后所形成的吸附层不紧密（特别是支链线型的高分子破乳剂），保护作用差。

2）对水珠的桥接

由高分子破乳剂可同时吸附在两个或两个以上水珠的界面上所引起，这些被破乳剂分子联系起来的水珠有更多的机会碰撞、聚并。

3）对乳化剂的增溶

高分子破乳剂在很低的浓度下即可形成胶束，这种高分子胶束可增溶乳化剂分子，导致乳化原油破乳。

4. 高分子破乳剂的发展趋势

高分子破乳剂的发展有如下趋势：

1）分子量继续升高

各种扩链剂的使用表现出这一趋势。目前使用的扩链剂包括醛、二元羧酸或多元羧酸（如聚丙烯酸）、环氧衍生物和多异氰酸酯。

2）由水溶性转向油溶性

这是由于油田产液中水含量越来越高，水溶性破乳剂主要分配在水中，因而破乳效果越来越差，而油溶性破乳剂主要分配在油中，因而能延长其起作用时间，提高破乳效果。

3）由直链线型转向支链线型

如羟基系列的引发剂发展到采用酚醛树脂，氨基系列的引发剂发展到采用多乙烯多胺。

4）新型的破乳剂仍在开发

这是由破乳剂专一性强所决定的。新型高分子破乳剂除含硅、含氮、含磷、含硼破乳剂外，还有提出用碳酸亚乙酯代替氧亚烷基化合物合成高分子破乳剂。

5）复配使用

这是克服高分子破乳剂专一性的最可取的做法，如含硅破乳剂与聚氧乙烯酚醛树脂复配、不酯化的与酯化的聚氧乙烯酚醛树脂复配等。

五、水包油乳化原油的破乳

1. 水包油乳化原油的破乳方法

水包油乳化原油的破乳方法有热法、电法和化学法。这些方法通常也是联合使用的。

1）热法

热法的作用同油包水乳化原油破乳法。

2）电法

水包油乳化原油的电法破乳是在中频（$1 \times 10^3 \sim 2 \times 10^4$Hz）或高频（大于$2 \times 10^4$Hz）的高压交流电场下进行的（考虑到水的导电性，在通电的电极中必须有一个是绝缘的）。在电场的作用下，由于乳化剂吸附层的有序性受到干扰而使保护作用削弱，导致油珠聚并，引起破乳。

3）化学法

水包油乳化原油的化学法破乳也是使用破乳剂破乳。

2. 水包油乳化原油的破乳剂

可用 4 类破乳剂，即电解质、低分子醇、表面活性剂和聚合物。

可用的电解质有盐酸、氯化钠、氯化镁、氯化钙、硝酸铝等。

可用的低分子醇可分成水溶性醇和油溶性醇，前者如甲醇、乙醇、丙醇等，后者如己醇、庚醇等。

可用的表面活性剂包括阳离子型表面活性剂和阴离子型表面活性剂，如：

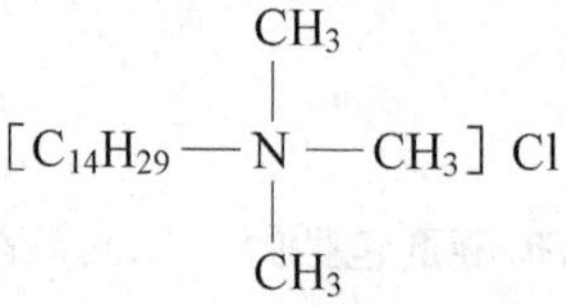

十四烷基三甲基氯化铵 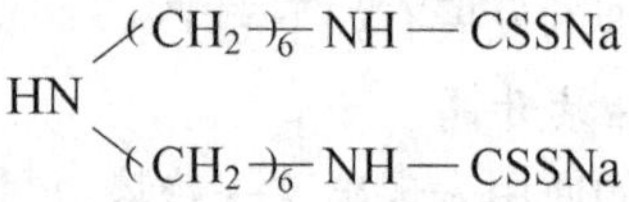　　　二(六亚甲基)胺二(氨基二硫代甲酸钠)

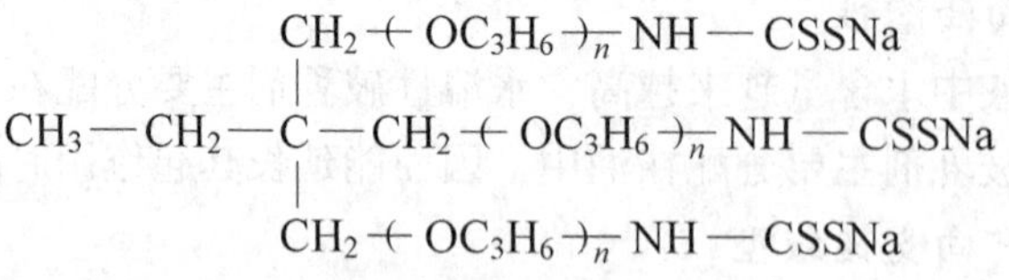

聚氧丙烯-2,2-二羟甲基正丁醇醚三(氨基二硫代甲酸钠)

可用的聚合物包括阳离子型聚合物，如：

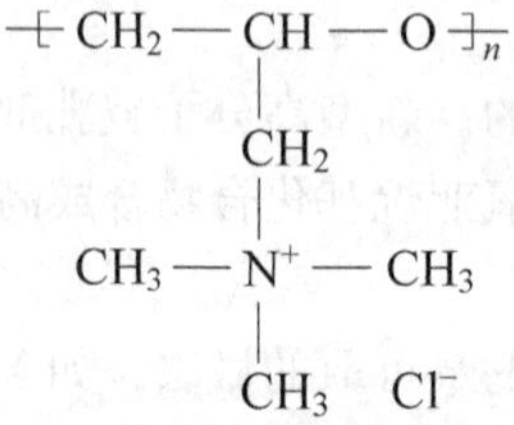

聚氧丙烯基三甲基氯化铵

及非离子型聚合物，如：

$$+CH_2 - \underset{\underset{COO-CH_2-\underset{\underset{CH_2NH_2}{|}}{\overset{\overset{CH_2NH_2}{|}}{CH}}}{\overset{\overset{CH_3}{|}}{C}}+_n$$

聚甲基丙烯酸(1-氨基-2-氨甲基)丙酯

和非离子—阳离子型聚合物，如：

$$+CH_2 - \underset{\underset{CONH_2}{|}}{CH}+_m +CH_2 - \underset{\underset{COOCH_2CH_2 - \underset{\underset{CH_3Cl^-}{|}}{\overset{\overset{CH_3}{|}}{N^+}} - CH_3}{|}}{CH}+_n$$

丙烯酰胺与丙烯酸-1,2-亚乙酯基三甲基氯化铵

3. 水包油乳化原油的破乳机理

同样，不同的破乳剂有不同的破乳机理。

电解质主要通过减小油珠表面的负电性和改变乳化剂的亲水亲油平衡的机理起作用。

低分子醇通过改变油水相的极性（使油相极性增加，水相极性减小），使乳化剂移向油相或水相的机理起破乳作用。

表面活性剂通过与乳化剂反应（阳离子型表面活性剂）、形成不牢固吸附膜（有分支结构的阴离子型表面活性剂）和抵消作用（油溶性表面活性剂）等机理起破乳作用。

聚合物中的非离子型聚合物通过桥接机理起破乳作用；阳离子型聚合物和非离子—阳离子型聚合物除通过桥接机理起破乳作用外，还通过减小油珠表面负电性的机理起破乳作用。

4. 水包油乳化原油的发展趋势

水包油乳化原油破乳剂的发展表现出如下的趋势：

（1）在4类水包油乳化原油破乳剂中，表面活性剂和聚合物的发展占主要地位。

（2）在表面活性剂和聚合物的破乳剂中主要发展了季铵盐型表面活性剂和季铵盐型聚合物。

（3）在所发展的季铵盐型聚合物中则向着高季铵度的方向发展。这里的季铵度是指聚合物链节中含季铵基团链节所占的百分数。

（4）由于环境友好，所以季铵盐型天然高分子（如季铵盐型淀粉等）的发展受到人们特别的重视。

（5）由于不同破乳剂有不同的破乳机理，因此破乳剂是趋向于复配使用的。

第二节　起泡沫原油的消泡

一、原油泡沫的形成机理

油气分离及原油的稳定过程，是通过降低压力或升高温度使天然气（包括 $C_1 \sim C_7$ 的

烃，主要是烷烃）从原油中释放出来的过程。当天然气从原油中释出时，必然会产生油气表面。

原油中含有的表面活性剂，其中有低分子表面活性剂（如脂肪酸、环烷酸）和高分子表面活性剂（如胶质、沥青质），都可在油气表面上吸附。

有油气表面和表面活性物质两个条件，会使原油发生起泡问题。泡沫中的气泡大小是不均匀的，小气泡内的压力大于大气泡内的压力，因此小气泡中的气体可通过液膜扩散到大气泡中，使小气泡逐渐变小直至消失，而大气泡逐渐变大最终导致破灭。但由于表面活性剂吸附膜的存在可抑制大小气泡液膜的透气性，从而使原油泡沫稳定性得到提高。

原油泡沫的形成会严重影响油气分离和原油稳定的效果，并使正常的计量工作不能进行。

二、原油消泡剂的分类

能消除原油泡沫的化学剂叫原油消泡剂。可用原油消泡剂消除原油的泡沫，原油消泡剂可分为以下 3 类。

1. 溶剂型原油消泡剂

这类消泡剂是指通常做溶剂用的低分子醇、醚、醇醚和酯。当将这些消泡剂喷洒在原油泡沫上时，由于其表面张力较低而迅速扩展，使液膜局部变薄而导致泡沫破坏。可用消泡剂如：

$$C_5H_{11}OH \quad C_8H_{17}OH \quad C_3H_7{-}O{-}C_3H_7 \quad HO{+}CH_2CH_2O{+}_2C_6H_{13}$$

戊醇　　　　辛醇　　　　丙醚　　　　　　二乙二醇己醚

磷酸三丁酯　　　邻苯二甲酸二乙酯　　　邻苯二甲酸二丁酯

2. 表面活性剂型原油消泡剂

这类消泡剂是指一些有分支结构的表面活性剂。当将这些消泡剂喷洒在原油泡沫上时，由于它会取代原来稳定泡沫的表面活性物质后形成不稳定的保护膜，导致泡沫的破坏。这类消泡剂如：

$$CH_3{-}CH{-}O{+}C_3H_6O{+}_m{+}C_2H_4O{+}_n H$$
$$CH_2{-}O{+}C_3H_6O{+}_m{+}C_2H_4O{+}_n H$$

聚氧乙烯聚氧丙烯二醇醚

$$CH_2{-}O{+}C_3H_6O{+}_m{+}C_2H_4O{+}_n H$$
$$CH{-}O{+}C_3H_6O{+}_m{+}C_2H_4O{+}_n H$$
$$CH_2{-}O{+}C_3H_6O{+}_m{+}C_2H_4O{+}_n H$$

聚氧乙烯聚氧丙烯甘油醚

$$\begin{array}{c}
\mathrm{CH_2-O\!-\!\!\left[\!C_3H_6O\!\right]_{\!m}\!\!\left[\!C_2H_4O\!\right]_{\!n}\!\!\overset{\overset{\displaystyle O}{\displaystyle \|}}{C}\!-\!\!\left[\!CH_2\!\right]_{\!16}\!CH_3} \\
\mathrm{CH-O\!-\!\!\left[\!C_3H_6O\!\right]_{\!m}\!\!\left[\!C_2H_4O\!\right]_{\!n}\!H} \\
\mathrm{CH_2-O\!-\!\!\left[\!C_3H_6O\!\right]_{\!m}\!\!\left[\!C_2H_4O\!\right]_{\!n}\!H}
\end{array}$$

聚氧乙烯聚氧丙烯甘油醚硬脂酸酯

3. 聚合物型原油消泡剂

这类消泡剂是指其与气的表面张力、油的表面张力都低的聚合物。它的消泡机理与溶剂型原油消泡剂的消泡机理相同。这类消泡剂如：

聚二甲基硅氧烷

聚一乙基硅氧烷

聚甲基苯基硅氧烷

聚甲基氟代癸氧基硅氧烷

由于破乳剂价格较贵，其生产成本一般是脱盐费用的 60% 以上，因此过多地使用破乳剂是不经济的。

复习思考题

1. 简述乳状液破乳的影响因素。
2. 油包水乳化原油的方法有哪些？
3. 简述起泡沫原油消泡用到的消泡剂。
4. 乳化原油的类型有哪些？
5. 乳化原油的破乳剂如何分类？
6. 水包油乳化原油的破乳机理是什么？

第八章　埋地管道的腐蚀与防腐

随着我国城市建设的不断发展，地下输油、输气及供水管道作为重要的经济命脉，日益引起广泛重视。而埋地管道的材料多为金属材料，会受到土壤化学、电化学以及微生物等多重侵蚀作用。若不采取必要的防腐措施并及时检测，则会导致腐蚀穿孔，不仅影响管道的使用寿命，引发漏油、漏水、漏气，造成巨大的经济损失，而且严重污染环境。特别是由于管道燃气泄漏造成的突发性事故时有发生，直接威胁人民的身体健康和安全。因此，有必要了解金属管道的腐蚀和防腐技术。

第一节　埋地管道的腐蚀

埋地管道的腐蚀有土壤腐蚀、电化腐蚀和化学腐蚀。

一、土壤腐蚀

土壤是由气相、液相和固相所构成的一个复杂系统，其中还生存着很多土壤微生物。影响土壤腐蚀的因素很多，如孔隙度、盐分、电阻率、水分、酸碱度、温度、微生物和杂散电流等，各种因素又会相互作用，所以土壤腐蚀是一个十分复杂的腐蚀问题。

1. 孔隙度

土壤的透气性好坏直接与土壤的孔隙度、松紧度、土质结构有着密切关系。紧密的土壤中氧气的传递速率较慢，疏松的土壤中氧气的传递速率较快。在含氧量不同的土壤中很容易形成氧浓差电池而引起腐蚀。

浓差腐蚀也叫缝隙腐蚀，这类腐蚀是水分进入缝隙后，由于缝隙口处与位于缝隙中间及底部的水分含量不同形成电位差，在含氧量高的缝隙口处，金属就成为正极而被腐蚀。

埋地管道最常见的腐蚀现象是氧浓差电池。由于在管道的不同部位氧的浓度不同，在贫氧的部位管道的自然电位（非平衡电位）低，是腐蚀原电池的阳极，其阳极溶解速度明显大于其余表面的阳极溶解速度，故遭受腐蚀。管道通过不同性质土壤交接处时，黏土段贫氧，易发生腐蚀，特别是在两种土壤的交接处或埋地管道靠近出土端的部位腐蚀最严重。

2. 盐分

土壤中的盐分除对土壤腐蚀介质的导电过程起作用外，还参与电化学反应，从而影响土壤的腐蚀性。它是电解液的主要成分，含盐量越高，电阻率越低，腐蚀性就越强。氯离子对土壤腐蚀有促进作用，所以在海边潮汐区或接近盐场的土壤，腐蚀更为严重。但碱土金属钙、镁等的离子在非酸性土壤中能形成难溶的氧化物和碳酸盐，在金属表面上形成保护层，能减轻腐蚀。富含钙、镁离子的石灰质土壤，就是一个典型例子。

3. 电阻率

电阻率是土壤腐蚀的综合性因素。土壤的含水量、含盐量、土质、温度等都会影响土壤的电阻率。土壤含水量未饱和时，土壤电阻率随含水量的增加而减小；当达到饱和时，由于土壤孔隙中的空气被水所填满，含水量增加时，电阻率也增大。

4. 水分

水分使土壤成为电解质溶液，是造成电化学腐蚀的先决条件。土壤中的含水量对金属材料的腐蚀速率存在着一个最大值。当含水量低时，腐蚀速率随着含水量的增加而增加。达到某一含水量时，腐蚀速率最大，再增加含水量，其腐蚀速率反而下降。

5. 酸碱度

土壤的酸碱性强弱指标 pH 值，是土壤中所含盐分的综合反映。金属材料在酸性较强的土壤中腐蚀最厉害，这是因为在强酸条件下，氢的阴极化过程得以顺利进行，强化了整个腐蚀过程。中性和碱性土壤腐蚀性较小。

6. 温度

土壤温度通过影响土壤的物理化学性质来影响土壤的腐蚀性。它可以影响土壤的含水量、电阻率、微生物等。温度低，电阻率增大；温度高，电阻率降低。温度的升高使微生物活跃起来，从而增大对金属材料的腐蚀。

7. 微生物

土壤中的微生物会促进金属材料的腐蚀过程，还能降低非金属材料的稳定性能。好氧菌如硫氧化细菌的生长，能氧化厌氧菌的代谢产物，产生硫酸，破坏金属材料的保护膜，使之发生腐蚀。在金属表面形成的菌落在代谢过程中消耗周围的氧，会形成一个局部缺氧区，与氧浓度高的周围或阴极区形成氧浓差电池，提高腐蚀速率。厌氧的硫酸盐还原菌（SRB）趋向于在钢铁附近聚集，有着阴极去极化作用，导致钢铁的腐蚀。

8. 杂散电流

杂散电流是指在规定的电路之外流动的电流。它是一种土壤介质中存在的大小、方向都不固定的电流，大部分是直流电。杂散电流来源于电气化铁路、电车、地下电缆的漏电、电焊机等。直流干腐蚀的机理是由于电解作用，处于腐蚀电池阳极区的金属体被腐蚀。

对于埋地管道，电流从土壤进入金属管路的地方带有负电，从而成为阴极区，由管路流出的部位带正电，该区域为阳极区，铁离子会溶入土壤中而使阳极区受到严重的局部腐蚀。而阴极区很容易发生析氢，造成表面防护涂层的脱落。

二、电化腐蚀

金属管道的主要成分一般是钢铁，钢铁接触到电解质溶液发生原电池反应，即铁原子失去电子而被氧化所引起的腐蚀，这种腐蚀称为电化腐蚀。通常金属管道的腐蚀主要是电化腐蚀作用的结果。

在潮湿的空气或土壤中，钢铁管道表面会吸附一层薄薄的水膜而促使管道腐蚀。由于外界酸碱环境的差异，钢铁会发生吸氧或析氢腐蚀，一般以吸氧的电化学腐蚀为主。

当水膜基本为中性时，钢铁与吸附在管道表面的溶有氧气的水膜构成原电池。

负极：$Fe-2e \longrightarrow Fe^{2+}$（钢铁溶解）　　正极：$2H_2O+O_2+4e \longrightarrow 4OH^-$（吸收氧气）

而当水膜为酸性时，钢铁与吸附在管道表面的溶有 CO_2 的水膜构成原电池。

负极：$Fe-2e \longrightarrow Fe^{2+}$（钢铁溶解）　　正极：$2H^++2e \longrightarrow H_2$（析出氢气）

如果这种电化学或原电池作用代表腐蚀的全部过程的话，应该在管壁上看到一个个的空泡。但在实际中，这些空泡经过一段时期后，变成了大小不均的瘤状结垢，硬壳内充满了 $Fe(OH)_3$ 和 $Fe_2(OH)_3$ 的混合物。这是因为，金属表面由于氧化形成的二价氢氧化铁会继续被氧化形成三价铁，但它并不是永远贴附在管壁上，保持静止，而是随着土壤中不断有氧气浸入，通过破裂的膜向内一层层运动，把部分亚铁离子氧化成铁离子，经过一段时间，这些氧化铁浓度超过一定的比例，磁性氧化铁或其他亚铁化合物就会不断地析出，并产生酸性物质，后者继续与金属作用，再产生新的亚铁盐，不断循环腐蚀结锈。

三、化学腐蚀

金属管道的腐蚀除电化腐蚀外，还有金属跟接触到的物质（一般是非电解质）直接发生化学反应而引起的一种腐蚀，称作化学腐蚀。这一类腐蚀的化学反应较为简单，仅仅是铁等金属跟氧化剂之间的氧化还原反应。从本质上讲，电化腐蚀和化学腐蚀都是铁等金属原子失去电子而被氧化的过程，但是电化腐蚀过程中有电流产生，而化学腐蚀过程中都没有。在一般情况下，这两种腐蚀往往同时发生，只是化学腐蚀远不如电化腐蚀普遍，对管道外壁的腐蚀作用也不大，在此不作详述。

第二节　埋地管道的防腐

埋地管道的防腐方法有覆盖层防腐法和阴极保护法。

一、覆盖层防腐法

为使金属表面与腐蚀介质隔开而覆盖在金属表面上的保护层叫覆盖层。用覆盖层抑制金属腐蚀的方法叫覆盖层防腐法。抑制金属腐蚀的覆盖层又称为防腐层。一种好的防腐层应满足热稳定、化学稳定、生物稳定、机械强度高、电阻率高、渗透性低等条件。

在防腐层的结构中，涂料是重要的组成部分。埋地管道所用涂料主要有石油沥青涂料、煤焦油沥青涂料、聚乙烯涂料、环氧树脂涂料和聚氨酯涂料。在这些涂料中，有些是通过熔融后冷却产生坚韧保护膜（如石油沥青涂料、煤焦油沥青涂料、聚乙烯涂料等），有些则是通过化学反应产生坚韧保护膜（如环氧树脂涂料、聚氨酯涂料等）。

在防腐层的结构中，除涂料外，还有底漆（或底胶）、中层漆、面漆、内缠带和外缠带等视情况需要而使用的组成部分。

下面是埋地钢质管道常用的防腐层。

1. 石油沥青防腐层

以石油沥青涂料为主要材料组成的防腐层为石油沥青防腐层。石油沥青来自原油。原油减压蒸馏后的塔底残油或用溶剂（如丙烷）脱出的沥青（经氧化或不经氧化）都属于这里提到的石油沥青。

石油沥青主要由油分、胶质和沥青质等成分组成。有两类可用的石油沥青：一类是软化点为95~110℃的Ⅰ号石油沥青，用于输送液体温度低于50℃的埋地管道；另一类是软化点为125~140℃的Ⅱ号石油沥青，用于输送液体温度在50~80℃范围的埋地管道。

根据土壤的腐蚀性，可选用不同结构的石油沥青防腐层（表8-1）。

表8-1　石油沥青防腐层的等级与结构

防腐层等级	防腐层结构	防腐层总厚度，mm
普通级	底漆—石油沥青—内缠带—石油沥青—内缠带—石油沥青—外缠带	≥4.0
加强级	底漆—石油沥青—内缠带—石油沥青—内缠带—石油沥青—内缠带—石油沥青—外缠带	≥5.5
特强级	底漆—石油沥青—内缠带—石油沥青—内缠带—石油沥青—内缠带—石油沥青—内缠带—石油沥青—外缠带	≥7.7

表8-1中所用的底漆由石油沥青溶于工业汽油制成；所用的内缠带为玻璃布（由玻璃纤维编织而成），外缠带为聚氯乙烯工业膜（膜上涂有由氯丁橡胶与松香混合制得的胶黏剂）。

石油沥青防腐层具有原料来源广、成本低、施工工艺简单等优点。

2. 煤焦油瓷漆防腐层

煤焦油瓷漆由煤焦油、煤焦油沥青和煤粉组成。有3类可用的煤焦油瓷漆，它们的软化点分别为大于100℃、105℃、120℃，这些煤焦油瓷漆的浇涂温度都在230~260℃范围。

根据土壤的腐蚀性，可选用不同结构的煤焦油瓷漆防腐层，见表8-2。

表8-2　煤焦油瓷漆防腐层的等级与结构

防腐层等级	防腐层结构	防腐层总厚度，mm
普通级	底漆—煤焦油瓷漆—外缠带	≥3.0
加强级	底漆—煤焦油瓷漆—内缠带—煤焦油瓷漆—外缠带	≥4.0
特强级	底漆—煤焦油瓷漆—内缠带—煤焦油瓷漆—内缠带—煤焦油瓷漆—外缠带	≥5.0

表8-2中所用的底漆为煤焦油底漆，它由煤焦油和煤焦油沥青溶于二甲苯中制成；所用的内缠带和外缠带均为玻璃纤维织成的毡带，前者浸渍了胶黏剂（如乙烯与乙酸乙烯酯共聚物），后者浸渍了煤焦油瓷漆。

煤焦油瓷漆具有防水性好、机械强度高、化学稳定、抗细菌能力和抗植物根系穿入能力强、原料来源广、成本低等优点。

3. 聚乙烯防腐层

聚乙烯防腐层用到两种聚乙烯：一种是密度在$0.935~0.950g/cm^3$范围的高密度聚乙烯；另一种是密度在$0.900~0.935g/cm^3$范围的低密度聚乙烯。

可用两种方法形成聚乙烯防腐层：一种方法是挤压包覆法；另一种方法是胶黏带缠绕

法。当用挤压包覆法形成聚乙烯防腐层时，可先将聚乙烯加热熔化，然后挤压包覆在涂有底胶的管道外壁形成防腐层。这里使用的底胶是一种起底漆作用的胶黏剂。在它的分子中有非极性部分，能与聚乙烯表面紧密结合；也有极性部分，能与管道表面（因管道表面为空气所氧化，带极性）紧密结合。

当用胶黏带缠绕法形成聚乙烯防腐层时，可先在聚乙烯带表面涂上黏胶，制得聚乙烯胶黏带，然后将此聚乙烯胶黏带缠绕在涂有底漆的管道外壁形成聚乙烯防腐层。聚乙烯带上涂的黏胶有两种主要成分：一种是胶黏剂如聚异戊二烯，它能提高黏胶黏度；另一种是润湿剂，如聚乙烯，它可溶于胶黏剂中，提高胶黏剂的润湿能力，减小胶黏剂在聚乙烯表面和底漆表面的润湿角，提高胶黏剂的胶黏作用。

在胶黏带缠绕法中，金属表面的底漆可由下列橡胶型聚合物溶于溶剂中制得：

$$+CH_2—CH=C—CH_2\frac{}{}_n$$
$$|$$
$$Cl$$

氯丁橡胶

$$+CH_2—CH=CH—CH_2\frac{}{}_m+CH_2—CH\frac{}{}_n$$

丁苯橡胶

可用的溶剂有二甲苯、乙酸乙酯、甲基乙基酮、甲基异丁酮等。当底漆中的溶剂挥发后即可在金属表面形成橡胶型聚合物的漆膜，它可提高聚乙烯胶黏带与金属表面的结合力。

4. 聚乙烯聚氨酯泡沫保温防腐层

这是以聚氨酯泡沫为内保温层，以聚乙烯为外保护层的复合保温防腐层。聚氨酯泡沫是通过不同的方法使聚氨酯起泡、固化而产生的。聚氨酯由多异氰酸酯与多羟基化合物合成。在合成时，必须保持异氰酸基比羟基过量。

可用的多异氰酸酯有：甲苯二异氰酸酯、己二异氰酸酯、二苯甲烷二异氰酸酯。

可用的多羟基化合物有：聚氧丙烯乙二醇醚、聚氧丙烯丙三醇醚、四羟异丙基乙二胺。

由于合成时保持异氰酸基比羟基过量，因此聚氨酯与水接触时，可发生下列反应，使聚氨酯起泡、固化，产生聚氨酯泡沫：

$$—NCO+H_2O \longrightarrow —NH_2+CO_2$$

$$—NH_2+—NCO \longrightarrow NH—\overset{\overset{O}{\|}}{C}—NH—$$

脲键

$$—NH—\overset{\overset{O}{\|}}{C}—NH— +—NOC \longrightarrow \cdots$$

此外，也可通过通入空气或利用反应热使低分子烷烃（如丁烷）或低分子卤代烷烃（如一氟三氯甲烷）汽化的方法产生气泡，同时加入胺，如：乙二胺（$NH_2\text{-}CH_7\text{-}CH_2\text{-}$

NH_3）、二苯甲烷二胺，使聚氨酯固化，产生聚氨酯泡沫。二苯甲烷二胺的结构式如下：

$$NH_2 - \bigcirc - CH_2 - \bigcirc - NH_2$$

二苯甲烷二胺

作为外保护层的聚乙烯多用高度聚乙烯。聚乙烯聚氨酯泡沫保温防腐层在油田中有着广泛的应用。

5. 熔结环氧粉末防腐层

将加有固化剂的环氧树脂粉末喷涂在金属表面，在 150~180℃ 下烘 15min，即可得到坚韧的熔结环氧粉末防腐层。这种防腐层可使用具有下面结构的环氧树脂：

$$CH_2 - CH - CH_2 + O - \bigcirc - \underset{CH_3}{\overset{CH_3}{C}} - \bigcirc - O - CH_2 - CH - CH_2 +_n$$

软化点是环氧树脂的重要性质，它是在规定条件下测得的环氧树脂的软化温度。环氧树脂软化点与环氧树脂聚合度（上面结构式中的 n）的关系见表 8-3。环氧树脂软化点与环氧树脂分子量的关系见图 8-1。

表 8-3 环氧树脂软化点与聚合度的关系

软化点, ℃	聚合度
<50	<2
50~100	2~5
>100	<5

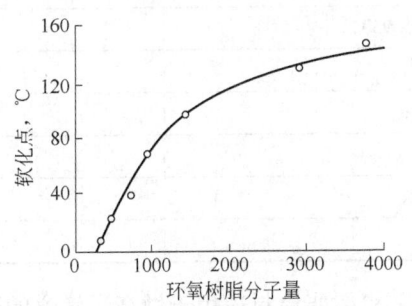

图 8-1 环氧树脂软化点与分子量的关系

可用软化点为 95℃ 的环氧树脂制备环氧粉末。

环氧树脂的固化剂主要有两种：

1) 双氰胺

双氰胺由两个氰胺加合而成。反应式为：

$$2NH_2-CN \longrightarrow NH_2-\underset{\underset{NH}{\parallel}}{C}-NHCN$$

氰胺　　　　　双氰胺

表 8-4 为用双氰胺作固化剂的环氧粉末配方。在配方中，聚丙烯酸酯可降低涂料的表面张力，提高涂料对金属表面的润湿性，使涂料易于在金属表面扩展。配方中的二氧化钛为颜料，起着色和增加涂膜强度的作用。

表 8-4　双氰胺固化的环氧粉末配方

组成	$w^{①}$,%
环氧树脂（软化点 95℃）	66.0
聚丙烯酸酯	3.4
二氧化钛	27.5
双氰胺	3.1
合计	100.0

①表示各成分的含量。

2）酚醛树脂

酚醛树脂由苯酚（或甲酚）与甲醛缩聚而成。酚醛树脂中的酚基可通过环氧树脂中的环氧基起交联作用。反应式如下：

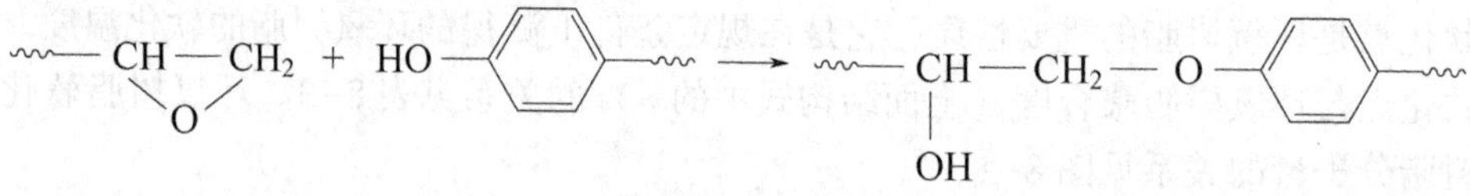

$$\sim\!\!\!-CH-CH_2 + HO-\!\!\!\!\bigcirc\!\!\!\!-\sim \longrightarrow \sim\!\!\!-CH-CH_2-O-\!\!\!\!\bigcirc\!\!\!\!-\sim$$
$$\underset{\underset{OH}{\vert}}{\overset{\underset{O}{\diagdown\diagup}}{}}$$

表 8-5 为用酚醛树脂做固化剂的环氧粉末配方。配方中的气相二氧化硅是将熔融的二氧化硅在气相中雾化产生的，它的表面是羟基化了的，可以通过氢键形成结构，防止涂料边缘在高温烘干时流失。配方中的二氧化钛和三氧化二铁均为颜料，起着色和增加涂膜强度的作用。

表 8-5　酚醛树脂固化的环氧粉末配方

组成	w,%
环氧树脂（软化点 95℃）	64.0
酚醛树脂	16.0
气相二氧化硅	0.5
二氧化钛	18.0
三氧化二铁	1.5
合计	100

以酚醛树脂做固化剂的环氧树脂涂料适用于做高温管道的防腐层。

6. 环氧煤沥青防腐层

环氧煤沥青防腐层主要由环氧煤沥青底漆、中层漆和面漆组成，表 8-6 是它们的配方。

表 8-6　环氧煤沥青防腐层中各种漆的配方

成分	组成	w，%		
		底漆	中层漆	面漆
第一成分	环氧树脂	11.3	11.2	19.6
	煤焦油沥青	6.7	14.0	24.5
	轻质碳酸钙	30.2	31.5	15.8
	铁红	11.3	10.5	5.2
	锌黄	7.5		
	混合溶剂	27.4	27.2	25.1
第二成分	聚酰胺	2.8	2.8	4.9
	二甲苯	2.8	2.8	4.9
合计		100.0	100.0	100.0

在表 8-6 的第一成分中，环氧树脂和煤焦油沥青为主剂，轻质碳酸钙为填料，铁红（三氧化二铁）和锌黄（碱式铬酸锌与铬酸钾形成的复盐）为颜料，混合溶剂由甲苯、环己酮、二甲苯和乙酸丁酯按质量比 4：3：2：1 配成；第二成分中的聚酰胺由不饱和脂肪酸加热聚合成二聚酸，再与二乙烯三胺缩合而成，二甲苯是它的溶剂。

环氧煤沥青防腐层中的各种漆，只需将表 8-6 中各种漆的第一成分与第二成分混合起来就可配得。

表 8-7 为环氧煤沥青防腐层的等级与结构。在表 8-7 中，加强级、特强级的防腐层中增加了内缠带（玻璃布）。

表 8-7　环氧煤沥青防腐层的等级与结构

防腐层等级	防腐层结构	防腐层厚度，mm
普通级	底漆—中层漆—面漆	≥0.2
加强级	底漆—中层漆—内缠带—中层漆—面漆	≥0.4
特强级	底漆—中层漆—内缠带—中层漆—内缠带—中层漆—面漆	≥0.6

由于环氧树脂可在常温下固化，所以环氧煤沥青漆可在常温下冷涂。

7. 三层型的复合防腐层

由于各种防腐层各有它们的优点，所以可通过防腐层的复合形成使用性能更好的防腐层。代表这一发展趋势的是一种三层型的复合防腐层。在这种防腐层中，底层为环氧树脂，它有很好的防腐性、黏结性与热稳定性；中层为各种含乙烯基单体的共聚物如乙烯与乙酸乙烯酯共聚物、乙烯与丙烯酸乙酯共聚物和乙烯与顺丁烯二酸甲酯共聚物等，这些共聚物有与底层结合的极性基团，也有与外层结合的非极性基团，因此有很强的黏结作用；外层为高密度的聚乙烯；有很好的机械强度。若用聚丙烯代替聚乙烯作外层，则防腐层可用于 93℃ 高温。

这种三层型复合防腐层的主要缺点是成本高，在使用范围上受到限制。

二、阴极保护法

覆盖层防腐法是防止埋地管道腐蚀的重要方法，但它必须与阴极保护法联合使用才能有效控制埋地管道的腐蚀，因为在涂敷过程中防腐层不可避免地会出现漏涂点，在使用期间防腐层在各种因素作用下，会产生剥离、穿孔、开裂等现象，这时阴极保护法是覆盖层防腐法的补充防腐法。

阴极保护法有两种：外加电流的阴极保护法和牺牲阳极的阴极保护法。

1. 外加电流的阴极保护法

在腐蚀电池中，阳极是被腐蚀的电极，而阴极是不被腐蚀的电极。

将直流电源的负极接在需保护的金属（埋地管道）上，将正极接在辅助电极（如高硅铸铁）上，形成图 8-2 所示的回路，然后加上电压，使被保护金属整体（包括其中大量由于金属的不均匀或所处条件不相同而产生的微电池）变成阴极，产生保护电流。保护电流发生后，在电极表面发生电极反应：在阳极表面发生阳极反应（氧化反应）；在阴极表面发生阴极反应（还原反应）。由于被保护金属与直流电源的负极相连，它发生的是阴极反应，因此得到保护。

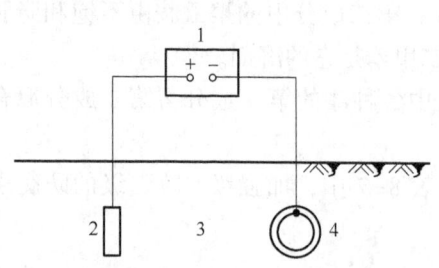

图 8-2 埋地管道的外加电流阴极保护法
1—直流电源（恒电位仪）；2—辅助阳极；
3—土壤；4—被保护金属（埋地管道）

这种将被保护金属与直流电源的负极相连，由外加电流提供保护电流，从而降低腐蚀速率的方法叫外加电流的阴极保护法。阴极保护法需测定被保护金属的自然电位和保护电位。这两种电位都是需要将被保护金属与参比电极相连测出的。参比电极是一种具有稳定的可重现电位的基准电极。常用的参比电极为铜/饱和硫酸铜电极（简称硫酸铜电极，copper sulfate electrode，CSE）。

若在图 8-2 所示回路中，用外加电流法对金属进行阴极保护，即回路中产生了保护电流，在这种情况下再将被保护金属与插于土壤中的硫酸铜参比电极相连，如图 8-3 所示，测得的电位则为被保护金属的保护电位。在有效的阴极保护中，保护电位一般控制在 $-0.85 \sim -1.20V$（相对于 CSE）范围。保护电位之所以对自然电位负移，是由于阴极反应受阻。在阴极表面发生的反应为还原反应。还原反应需要与阴极表面相接触的水中有接受电子的离子（如 H^+）。这些离子的扩散、反应以及反应产物离开阴极表面的速率低于电子在金属导体中的移动速率，造成电子在阴极表面的积累。在这种情况下测得的电位（保护电位）必然比自然电位更负些。

2. 牺牲阳极的阴极保护法

将被保护金属和一种可以提供阴极保护电流的金属或合金（即牺牲阳极）相连，使被保护金属腐蚀速率降低的方法叫牺牲阳极的阴极保护法。图 8-4 为牺牲阳极的阴极保护系统和监测系统。

可作为牺牲阳极的物质是电位比被保护金属还要负的金属或合金。

一种好的牺牲阳极应满足电位足够负、电容量大、电流效率高、溶解均匀、腐蚀产物

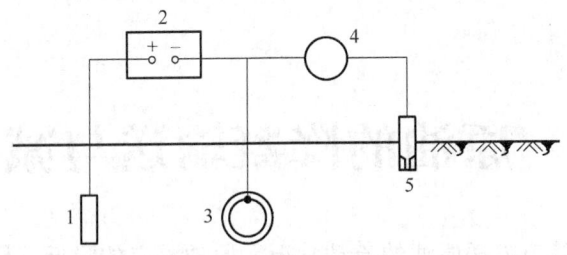

图 8-3　被保护金属保护电位的测定

1—辅助阳极；2—直流电源；3—被保护金属；4—高阻电位计；5—硫酸铜参比电极

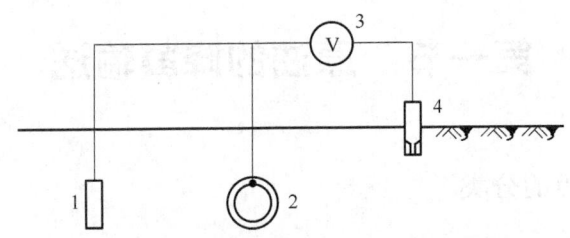

图 8-4　牺牲阳极的阴极保护系统和监测系统

1—牺牲阳极；2—被保护金属；3—高阻电位计；4—硫酸铜参比电极

易脱落、制造简单、来源广、成本低等要求。这里讲的电容量是指单位质量牺牲阳极溶解所能提供保护电流的电量，而电流效率则是指牺牲阳极的实际电容量与理论电容量的比值，以百分数表示。

重要的牺牲阳极均为合金。可用两类合金：一类是以镁为主要成分的镁基合金；另一类是以锌为主要成分的锌基合金。

在牺牲阳极使用时，必须在它的周围加入由硫酸钠、膨润土和石膏粉组成的填包料。填包料主要起减小牺牲阳极的接地电阻、增加输出电流和使腐蚀产物易于脱落的作用。

复习思考题

1. 埋地管道会受到哪些腐蚀？
2. 简述埋地管道防腐的方法。

第九章 原油的降凝输送与减阻输送

为了改善长距离管道输送原油的流动状况，原油凝点的降低（降凝）和原油管输阻力的减小（减阻）是原油集输中的两个重要问题。在解决这些问题时，化学方法仍是非常适用的方法。

第一节 原油的降凝输送

一、原油按凝点的分类

原油凝点是指在规定的试验条件下原油失去流动性的最高温度。

原油失去流动性有两个原因：一个是由于原油的黏度随温度的降低而升高，当黏度升高到一定程度时，原油即失去流动性；另一个是由原油中的蜡引起的，因为原油中溶有蜡，当温度降低至原油的析蜡温度时，蜡晶析出，随着温度的进一步降低，蜡晶数量增多，并长大、聚结，直到形成遍及整个原油的结构网，原油即失去流动性。

按凝点划分，可将原油分为低凝原油、易凝原油和高凝原油。

（1）低凝原油：指原油凝点低于0℃的原油。这种原油中，蜡的质量分数小于2%。

（2）易凝原油：指原油凝点在0~30℃范围的原油。这种原油中，蜡的质量分数在2%~20%范围。

（3）高凝原油：指原油凝点高于30℃的原油。这种原油中，蜡的质量分数大于20%。

从上面的分类可以看出，原油的凝点越高，原油的蜡含量也就越高。由我国原油的凝点与蜡含量的统计关系可看到上述规律，如图9-1所示。

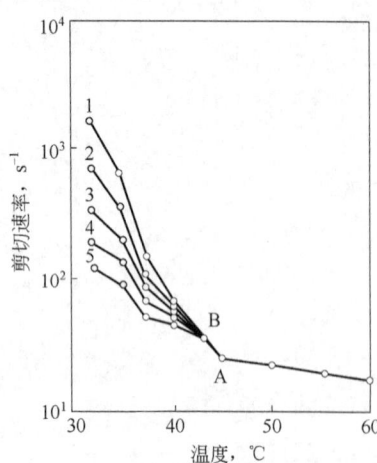

图9-1 一种多蜡原油的黏温关系

剪切速率：1—8.1s^{-1}；2—24.3s^{-1}；3—72.9s^{-1}；4—218.7s^{-1}；5—656.0s^{-1}

二、多蜡原油的黏温曲线

易凝原油与高凝原油统称为多蜡原油。在不同的剪切速率下测定多蜡原油黏度随温度的变化，就可得到图9-1所示的黏温曲线。从图9-1可以看到，温度对多蜡原油的黏度有明显的影响。

在图9-1中，A点为析蜡点，多蜡原油降温至该点所处的温度时，即有蜡晶析出；B点是反常点，从该点起继续降温，多蜡原油的黏度即随剪切速率变化，说明多蜡原油已由牛顿流体转变为非牛顿流体。由于在不同的剪切速率下，多蜡原油蜡晶所形成的结构受到不同程度破坏，因此低于反常点温度的多蜡原油的黏度随剪切速率变化。

三、原油降凝法

原油的降凝输送是指用降凝法处理过的原油在长输管道中的输送。

原油降凝法有下列几种：

1. 物理降凝法

物理降凝法是一种热处理方法。该法首先将原油加热至最佳的热处理温度，然后以一定的速率降温，达到降低原油凝点的目的。

热处理对原油黏温曲线的影响如图9-2所示，图9-2为一种原油热处理前后的黏温曲线。

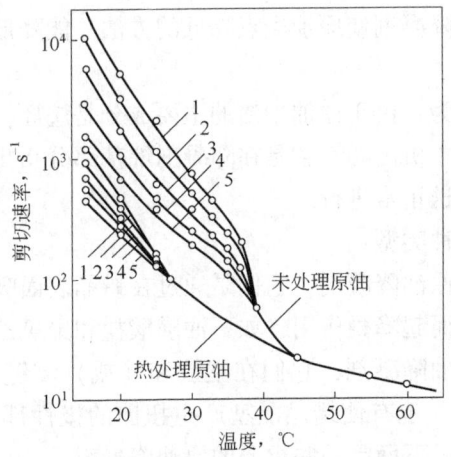

图9-2　一种原油热处理前后的黏温曲线

剪切速率：1—16.2s^{-1}；2—27.0s^{-1}；3—18.65s^{-1}；4—81.0s^{-1}；5—145.0s^{-1}

从图9-2看到，热处理后，原油的黏温曲线发生了下列变化：

（1）析蜡点后，原油黏度降低。

（2）原油具有牛顿流体特性的温度范围加宽，即反常点降低。

（3）反常点后，原油黏度随剪切速率的变化减小。

如表9-1所示，热处理后，原油的凝点有很明显的下降。

表9-1　热处理对原油凝点的影响

原油产地	蜡含量，%	胶质+沥青质含量，%	热处理前凝点，℃	热处理温度，℃	热处理后凝点，℃
大庆油田	34.5	8.43	32.5	70	17.0
中原油田	10.4	21.2	32.0	85	21.0
江汉油田	10.7	24.2	26.0	80	14.0
火烧山油田	20.5	20.9	20.5	70	7.0

由表9-1得出结论，热处理后原油黏温曲线发生的这些变化是由温度对原油中各成分的存在状况的影响引起的。

原油升温对原油各成分存在状况可产生下列影响：

（1）原油中的蜡晶全部溶解，蜡以分子状态分散在油中；

（2）沥青质堆叠体的分散度由于氢键减弱和热运动加剧的影响而有一定提高，即沥青质堆叠体的尺寸减小，但数量增加；

（3）在沥青质堆叠体表面的胶质吸附量由于热运动的加剧而减少，相应的原油油分中胶质的含量增加。

原油升温后引起各成分存在状况的变化在冷却时不能立即得到复原。这意味着原油降温至析蜡点时，蜡是在比升温前有更多沥青质堆叠体和成分中有更高胶质含量的条件下析出。由于沥青质堆叠体可通过充当晶核的机理起作用，胶质则通过与蜡共晶和吸附的机理起作用，因此处理后原油析出的蜡晶将更分散、更疏松，形成结构的能力减弱，因而热处理后原油的凝点降低。

2. 化学降凝法

化学降凝法是指加入降凝剂使原油凝点降低的方法。能降低原油凝点的化学剂叫原油降凝剂。

原油降凝剂降凝机理为：由于原油中蜡的主要成分是烷烃，它的结构与降凝剂中烷基结构相同，因此蜡从原油中析出时，它是在降凝剂烷基部分析出（共结晶），而不结在管线或设备表面，使原油输送正常进行。

化学降凝剂主要有两种类型：

一种是表面活性剂型原油降凝剂，它们是通过在蜡晶表面吸附的机理，使蜡不易形成遍及整个体系的网络结构而起降凝作用，如石油磺酸盐和聚氧乙烯烷基胺。

另一种是聚合物型原油降凝剂，它们在主链和（或）支链上都有可与蜡分子共同结晶（共晶）的非极性部分，也有使蜡晶晶型产生扭曲的极性部分，如聚丙烯酸酯就是这样一种典型的原油降凝剂。下面是一些重要的原油降凝剂：

$$-\!\!\!\left[CH_2CH\right]_{\overline{n}}$$
$$|$$
$$COOR$$
聚丙烯酸酯，R：$C_{14}\sim C_{40}$

$$-\!\!\!\left[CH_2CH_2\right]_{\overline{m}}\!\!\left[CH_2CH\right]_{\overline{n}}$$
$$|$$
$$COOR$$
乙烯与丙烯酸酯共聚物，R：$C_1\sim C_{26}$

$$-\!\!\!\left[CH_2CH\right]_{\overline{n}}$$
$$|$$
$$RCOO$$
聚羧酸乙烯酯，R：$C_{15}\sim C_{35}$

$$-\!\!\!\left[CH_2CH_2\right]_{\overline{m}}\!\!\left[CH_2CH\right]_{\overline{n}}$$
$$|$$
$$RCOO$$
乙烯与羧酸乙烯酯共聚物，R：$C_1\sim C_{25}$

$$\quad\quad\quad CH_3$$
$$\quad\quad\quad |$$
$$-\!\!\!\left[CH_2CH_2\right]_{\overline{m}}\!\!\left[CH_2C\right]_{\overline{n}}$$
$$|$$
$$COOR$$
乙烯与甲基丙烯酸酯共聚物，R：$C_1\sim C_{26}$

$$\quad\quad\quad CH_3$$
$$\quad\quad\quad |$$
$$-\!\!\!\left[CH_2CH_2\right]_{\overline{m}}\!\!\left[CH_2C\right]_{\overline{n}}$$
$$|$$
$$RCOO$$
乙烯与羧酸丙烯酯共聚物，R：$C_1\sim C_{25}$

$$-\!\!\!\left[CH_2CH\right]_{\overline{m}}\!\!\left[CH-\!\!-CH\right]_{\overline{n}}$$
$$|\quad\quad\quad\quad|\quad\quad\quad|$$
$$C_6H_5\quad COOR\ COOR$$
苯乙烯与顺丁烯二酸酯共聚物，R：$C_{14}\sim C_{40}$

$$-\!\!\!\left[CH_2CH_2\right]_{\overline{m}}\!\!\left[CH-\!\!-CH\right]_{\overline{n}}$$
$$|\quad\quad\quad|$$
$$COOR\ COOR$$
乙烯与顺丁烯二酸酯共聚物，R：$C_1\sim C_{26}$

表9-2是降凝剂对一些多蜡原油凝点的影响，可以看出，降凝效果十分明显。

表 9-2　降凝剂对一些多蜡原油凝点的影响

原油产地	降凝剂前凝点，℃	降凝剂	降凝剂质量浓度，mg/L	加降凝剂后凝点，℃
中原油田	33	乙烯与乙酸乙烯酯共聚物	50	13
江汉油田	25	乙烯与乙酸乙烯酯共聚物	100	15
马岭油田	16	聚丙烯酸酯	50	2
青海油田	32	乙烯、丙烯酸酯与丙烯磺酸盐共聚物	150	12

　　由于当聚合物型原油降凝剂中的非极性部分有与蜡相近的平均碳数时降凝剂降凝效果最好，因此在多蜡原油的降凝剂中，除可选择不同的聚合物外，还应优化聚合物中非极性部分的平均碳数。

　　图 9-3 是一种原油中蜡的烷烃碳数分布图。从图中可以看到，这种原油中蜡的烷烃碳数分布在 18~38 范围，而以 24 为其峰值（即蜡的平均碳数）。对这种原油，选用非极性部分的平均碳数为 24 的聚合物应有最好的降凝效果。

3. 化学—物理降凝法

　　这是一种综合降凝法。该法要求在原油中加入降凝剂并对加剂原油进行热处理。

　　为将热处理与综合处理进行对比，可测定下列 3 种情况下的黏温曲线，即未处理原油的黏温曲线、热处理原油的黏温曲线和综合处理原油的黏温曲线。

　　图 9-4 为一种多蜡原油在上述 3 种情况下的黏温曲线。在进行热处理时，该原油被加热至

图 9-3　一种原油中蜡的烷烃碳数分布

85℃后冷却；在进行综合处理时，该原油在 60℃ 时加入 100mg/L 降凝剂（乙烯与乙酸乙烯酯共聚物），再升温至 85℃后冷却。

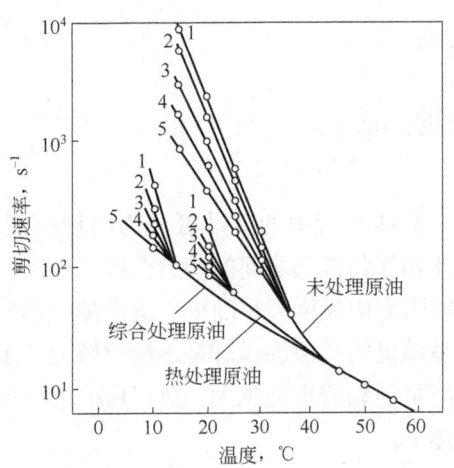

图 9-4　一种多蜡原油在未处理、热处理和综合处理情况下的黏温曲线

剪切速率：1—4.5s^{-1}；2—8.1s^{-1}；3—13.5s^{-1}；4—24.3s^{-1}；5—40.5s^{-1}

从图9-4可以看到，综合处理后的原油比热处理后的原油有更好的低温流动性，表现在析蜡点以后原油黏度更低和原油具有牛顿流体特点的温度范围更宽（即反常点出现的温度更低）。

表9-3说明，综合处理后的原油比热处理后的原油有更低的凝点。

表9-3 热处理与综合处理对原油凝点的影响

原油产地	热处理前凝点，℃	热处理后凝点，℃	综合处理后凝点，℃
大庆油田	32.5	17.0	12.3
江汉油田	26.0	14.0	6.0
华北油田	34.0	17.0	13.5
红井子油田	17.0	8.0	1.5

综合处理后的原油之所以比热处理后的原油有更好的低温流动性，主要由于综合处理后的原油中既有天然的原油降凝剂（胶质、沥青质）的降凝作用，也有外加的聚合物型原油降凝剂的降凝作用。也就是说，综合处理是热处理在降凝作用上的延伸和强化。在某些场合下（如热处理后原油的性质仍不能满足管输的要求时），综合处理可起特殊的作用。

第二节　原油的减阻输送

一、雷诺数及流动的类型

1. 雷诺数

雷诺数（Reynolds number）是用于表征流体在管中流动状态的一个无量纲准数，它按下式定义：

$$Re = vd/\nu \tag{9-1}$$

式中　Re——雷诺数；

v——平均流速，m/s；

d——管的内径，m；

ν——流体的运动黏度，m^2/s。

2. 流动的类型

若按雷诺数进行分类，流体在管中的流动可分为两种类型，即层流和紊流。在层流中，流体的流动阻力由流体相邻各流层之间的动量交换产生。

在紊流中，流体的流动阻力由尺度大小随机、运动随机的旋涡所引起。

尽管紊流产生的旋涡是随机的，但旋涡总是逐渐分解而产生尺度越来越小的旋涡。

由于旋涡尺度越小，能量的黏滞损耗越大，所以由分解形成的小旋涡的能量最终为流体的黏滞力损耗掉，变成热能。

二、减阻剂及影响减阻剂减阻作用因素

原油的减阻输送，是指加有减阻剂的处在紊流状态的原油在长距离管道中的输送。

1. 原油减阻剂

由于处于紊流状态的原油有许多旋涡，而且这些旋涡是逐级变小的，从而使管输能量逐级地由较大的旋涡传递给较小的旋涡。

由于旋涡尺度变小，能量的黏滞损耗变大，所以由分解形成的小旋涡的能量最终为流体的黏滞力损耗掉，变成热能而被消耗掉。

因此处于紊流状态的原油，需消耗大量的管输能量。为了减小长距离管道输送原油的管输阻力（减阻），减少能量消耗，从而达到提高管输量的目的，可在原油输送时，在原油中加入原油减阻剂。

原油减阻剂是指在紊流状态下能降低原油管输阻力的化学剂。原油减阻剂都是油溶性聚合物，它在油中主要以蜷曲的状态存在。以这种状态存在的聚合物分子是具有弹性的。

若处于紊流状态的原油中有减阻剂存在，各级旋涡就把能量传递给减阻剂分子，由于原油减阻剂蜷曲分子的弹性，可在原油输送时伸长，使其发生弹性变形，将能量储存起来，使这些能量不变成热能而被消耗掉，减小了管输所需的能量。这些能量可在减阻剂应力松弛时释放出来，还给流体，使流体保持一定的紊流状态，从而减少外界为保持这一状态所必须提供的能量，达到减阻的目的。

只有当原油处于紊流状态时，减阻剂才起减阻作用。

可用下列聚合物作原油减阻剂：

$$-\!\!\!+\!\!CH_2-CH\!\!+\!\!{}_n \quad\quad\quad -\!\!\!+\!\!CH-CH\!\!+\!\!{}_n$$
$$\quad\quad\quad | \quad\quad\quad\quad\quad\quad\quad | \quad\quad |$$
$$\quad\quad\quad R \quad R:C_6\sim C_{26} \quad\quad C_2H_5 \quad R \quad\quad R:C_6\sim C_{26}$$

聚 α-烯烃　　　　　　　　聚乙基烷基乙烯

$$\quad\quad\quad CH_3 \quad\quad\quad\quad\quad\quad\quad CH_3$$
$$\quad\quad\quad | \quad\quad\quad\quad\quad\quad\quad\quad |$$
$$-\!\!\!+\!\!CH_2-C\!\!+\!\!{}_n \quad\quad -\!\!\!+\!\!CH_2-C\!\!+\!\!{}_n \quad R:C_6\sim C_{26}$$
$$\quad\quad\quad | \quad\quad\quad\quad\quad\quad\quad\quad |$$
$$\quad\quad\quad CH_3 \quad\quad\quad\quad\quad\quad\quad COOR$$

聚异丁烯　　　　　　聚甲基丙烯酸酯

$$-\!\!\!+\!\!CH_2-CH=C-CH_2\!\!+\!\!{}_n$$
$$\quad\quad\quad\quad\quad\quad\quad |$$
$$\quad\quad\quad\quad\quad\quad\quad CH_3$$

聚异戊二烯

$$-\!\!\!+\!\!CH_2-CH_2-CH-CH_2\!\!+\!\!{}_n$$
$$\quad\quad\quad\quad\quad\quad\quad |$$
$$\quad\quad\quad\quad\quad\quad\quad CH_3$$

氢化聚异戊二烯

$$-\!\!\!+\!\!CH_2-CH_2\!\!+\!\!{}_m\!\!+\!\!CH_2-CH\!\!+\!\!{}_n$$
$$\quad\quad\quad\quad\quad\quad\quad\quad\quad\quad |$$
$$\quad\quad\quad\quad\quad\quad\quad\quad\quad\quad CH_3$$

乙烯与丙烯共聚物

$$+ CH_2 - CH \xrightarrow{}_m + CH_2 - CH \xrightarrow{}_n \quad R: C_6 \sim C_{26}$$
$$\overset{|}{C_2H_5} \qquad \overset{|}{R}$$

1-乙烯与 α-烯烃共聚物

$$\overset{\qquad\qquad\qquad\qquad CH_3}{+ CH_2 - CH \xrightarrow{}_m + CH_2 - \overset{|}{C} \xrightarrow{}_n} \quad R: C_6 \sim C_{26}$$
$$\overset{|}{R} \qquad\qquad \overset{|}{COOCH_3}$$

α-烯烃与甲基丙烯酸甲酯共聚物

$$+ CH_2 - CH_2 \xrightarrow{}_m + CH_2 - CH \xrightarrow{}_n + CH_2 - CH \xrightarrow{}_p \quad R: C_6 \sim C_{26}$$
$$\overset{|}{CH_3} \qquad \overset{|}{R}$$

乙烯、丙烯与 α-烯烃共聚物

2. 影响减阻剂减阻作用因素

可用减阻率与增输率评价原油减阻剂的减阻效果。

在管输量不变的情况下，减阻率由下式定义：

$$DR = \frac{\Delta p_1 - \Delta p_2}{\Delta p_1} \times 100\% \tag{9-2}$$

式中　DR——减阻率；

　　　Δp_1——加减阻剂前的管输摩阻，MPa；

　　　Δp_2——加减阻剂后的管输摩阻，MPa。

在管输摩阻不变的情况下，增输率由下式定义：

$$FI = \frac{Q_2 - Q_1}{Q_1} \times 100\% \tag{9-3}$$

式中　FI——增输率；

　　　Q_1——加减阻剂前的管输量，m^3/h；

　　　Q_2——加减阻剂后的管输量，m^3/h。

在一般的原油管输条件下，管输摩阻与管输量之间有如下关系：

$$\Delta p = 0.0246 \cdot \frac{Q^{1.75} \nu^{0.25}}{d^{4.75}} \cdot L\rho g \tag{9-4}$$

式中　Δp——管输摩阻，Pa；

　　　Q——管输量，m^3/s；

　　　ν——原油的运动黏度，m^2/s；

　　　d——管径，m；

　　　L——管长，m；

　　　ρ——原油密度，kg/m^3；

　　　g——重力加速度，m/s^2。

由式(9-4)可导出减阻率与增输率的关系式：

$$FI = \left[\left(\frac{1}{1-DR} \right)^{0.55} - 1 \right] \times 100\% \tag{9-5}$$

若将一种减阻剂加入原油中进行减阻试验，得到加减阻剂前后的管输摩阻，然后由式(9-2) 和式(9-5) 计算出减阻剂的减阻率和增输率，可得到表9-4 的结果。

表9-4　减阻剂对管输原油的减阻

减阻剂的质量浓度，mg/L	管输摩阻，MPa	减阻率，%	增输率，%
0.0	3.41	0.0	0.0
20.9	3.02	11.4	6.9
28.3	2.87	15.8	10.0
57.4	2.62	23.1	15.5

注：（1）减阻剂为聚 α-烯烃；（2）原油黏度为 22.8mPa·s，密度为 0.832g/cm，平均油流温度为 46.7℃；（3）管径为 0.72m，管输量为 2847m/h。

从表9-4 可知，只要加入少量减阻剂，管输原油的摩阻就明显降低。下列因素对减阻剂的减阻作用有重要影响：

1）原油性质

原油的黏度和密度越低，紊流条件越易达到，越有利于原油减阻剂起作用。

2）原油含水率

原油含水率高，影响减阻剂的溶解，从而影响其减阻效率。

3）减阻剂结构

减阻剂的分子量不宜过低或过高（一般以 $10^5 \sim 10^6$ 为宜）。过低影响减阻效率；过高则影响油溶性能，并易被剪切降解。

减阻剂主链应有一定数量、一定长度的支链（如乙烯、丙烯与 α-烯烃共聚物），使交联剂分子有适当的柔顺性，同时具有支链对主链的保护作用，以提高减阻剂的剪切稳定性和减阻效率。

4）管输条件

管输温度越高，油的黏度越低，就越有利于减阻剂起作用。

管输的流速越快、管径越小，雷诺数越大，紊流程度越高，减阻剂作用发挥越好。但当流速过快，引起减阻剂降解时，减阻剂的减阻效率就降低，如图 9-5 所示。

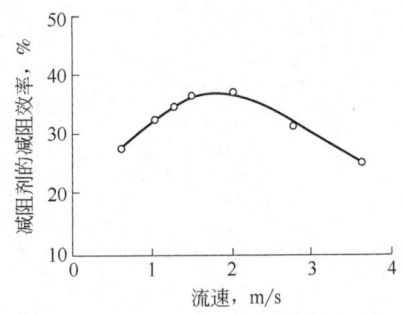

图9-5　管输流速对减阻剂减阻效率的影响

5）减阻剂的浓度

原油减阻剂应具有最佳的使用浓度。

减阻剂的浓度越高，那么它的减阻效率就会增加。减阻效率增高，当增高到超过一定数值后，减阻效率提高的幅度减小，如图 9-6 所示。

因此，原油减阻剂应找到一个最佳的使用浓度。

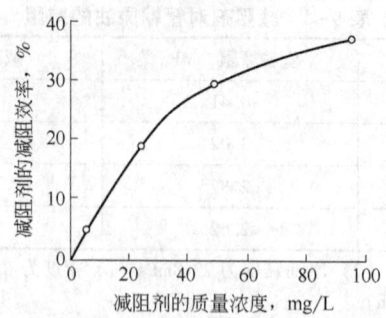

图 9-6 减阻剂的质量浓度对减阻剂减阻效率的影响

1. 什么是原油的凝点？原油按凝点如何划分？

2. 原油在地层条件下失去流动性的原因。

3. 什么是原油的降凝输送？原油降凝法分为哪几类？

4. 写出下列几种原油降凝剂的分子结构式：

（1）聚丙烯酸酯；（2）聚羧酸乙烯酯；（3）乙烯与丙烯酸酯共聚物。

5. 什么是原油的减阻输送？

6. 写出下列几种原油减阻剂的分子结构式：

（1）聚 α-烯烃；（2）聚异丁烯；（3）聚异戊二烯。

7. 为什么在原油的输送中要加入原油减阻剂？

8. 影响原油减阻剂减阻作用的因素有哪些？

第十章 天然气处理与油田污水处理

天然气，作为全球能源结构中的关键元素，对于确保能源安全、促进能源结构优化及降低温室气体排放起到了至关重要的作用。随着天然气产业的蓬勃发展，油田开发带来的污水处理问题亟待解决。未经处理的污水会对环境造成严重破坏。本章将探讨天然气处理与油田污水处理的有效策略，以确保环境保护与能源开发的和谐共存。

第一节 天然气处理

天然气，作为地层中开采出的宝贵资源，主要由饱和烃类气体组成，如甲烷（通常占主导地位）、乙烷、丙烷和丁烷等，同时也含有少量的非烃气体，如二氧化碳、硫化氢及硫醇等。

根据产出环境的不同，天然气分为气田气和油田气。气田气，即从气田中开采出的天然气，以干气为主，压力较高，含有少量的 C_2 以上烃类，部分气井还可能含有氮气和酸性气体。这种气体一般只需除去有害组分（水分、酸性气），适合管道输送指标即可外输。若含氮量过高则需除氮以保证热值，如重烃含量过高则需进行重烃分离。油田伴生气，又称油田气或伴生气，是和原油伴生的天然气，分为气层气和溶解气。气层气用于维持井压，一般不轻易开采，其开采和集输与气井气相似；溶解气是在原油开采过程中，由于压力降低或温度升高过程中释放出来的溶于原油中的气体，一般压力不高（0.1~0.6MPa），但其中富含 C_2 以上烃类，其集输与原油集输同时进行。

来自油气分离器、原油稳定装置以及油罐烃蒸气回收系统的气体和轻烃液，最后都要汇集于气体处理厂加工处理，使之成为购销合格产品。油田气处理包括气体净化和分离两大部分。净化是把天然气中所含的水蒸气、硫化氢和二氧化碳等杂质控制在商品质量之内；而分离是把含 C_3~C_6 较富的油田气分离为主要组分为 C_1 的天然气，主要组分为 C_3、C_4 的液化石油气以及主要组分为 C_{5+} 的稳定轻烃。天然气的处理不仅对环境保护至关重要，也是确保资源高效开发和利用的关键。通过适当的处理，可以提高天然气的质量和安全性，减少对环境的潜在影响，同时提高能源的利用效率。

一、天然气净化

天然气中主要有害杂质为水、二氧化碳、硫化氢及各种形态的硫化物。水在一定的温度和压力下可与烃类形成水合物而造成管道堵塞，在输送过程中当温度降低时，也会因为冷凝水的冻结而阻塞管道。二氧化碳在有水存在时可腐蚀管道，二氧化碳含量过高会降低天然气热值。硫化氢对输送管道有腐蚀，且使用时会造成污染。因此，天然气在输送之前应进行净化处理以满足管输要求。

当天然气进入低温分离装置时，为防止水合物及低温下析出的固体二氧化碳堵塞管道和设备，则需在天然气进入低温分离装置的冷区之前严格地进行净化。对深冷分离装置而言，一般要求脱水至露点-76~100℃以下，二氧化碳含量控制在2%以下。对天然气液化装置而言，则需将水分脱至10^{-6}以下，二氧化碳脱至50×10^{-6}以下。

1. 天然气脱水

1）天然气脱水的必要性

在地下天然气常常是与水接触的，因此天然气中总含有一定数量的水蒸气。这些水蒸气对天然气的集输会产生较大危害：一是天然气可与水在一定条件下生成水合物堵塞管道；二是在硫化氢和二氧化碳等酸性气体存在下，水蒸气的冷凝可使管道产生严重腐蚀。

对管输天然气而言，脱水的目的是为了降低天然气露点，既可避免产生冷凝水而限制输气能力，又可避免形成水合物而堵塞管道，同时也可减轻腐蚀。深冷分离或液化之前，为防止管道和设备的冻堵，更需严格脱水。因此，应根据不同的要求，用不同的方法，将天然气中的含水量脱至一定程度。

2）天然气含水量表示法

天然气的含水量通常通过绝对湿度、相对湿度和水露点三个参数来描述。

（1）绝对湿度：指在标准状况（0℃、0.101325MPa）下，单位体积天然气中水蒸气的质量，单位为g/m^3。它直接反映了天然气中实际含有的水蒸气量。

（2）相对湿度：天然气的绝对湿度与其饱和湿度（在相同温度和压力下，天然气中水蒸气的最大含量）的比值。相对湿度提供了一个相对的水分含量指标，用于比较不同条件下的水分含量。

（3）水露点：在给定的压力下，当天然气中的水蒸气达到饱和状态时对应的温度即为水露点。水露点越低，表示天然气中的水分含量越低。为保证天然气正常运输，要求所输送天然气的水露点必须比输气管道沿线环境温度低5~15℃。

3）天然气脱水法

（1）节流降温法。

节流降温法是一种在天然气处理中常用的脱水技术，尤其适用于气井与管输之间存在较大压差的情况。该方法通过换热器初步冷却天然气，然后利用减压节流使其进一步降温，从而促使天然气中的水分凝结成液态。例如，在荷兰罗宁根气田，气井压力高达35MPa，而管输压力仅为6.4MPa，通过利用这10.6MPa的压差，天然气在节流后能够达到-12℃的低温，有效冷凝出大部分水分和一些重烃。这种方法不仅作为初步脱水手段大幅减轻了后续深度脱水的负担，同时也是经济高效的，因为它最大限度地利用了现有的压差。

为了防止在低温条件下形成水合物，需要在天然气预冷前注入甘醇或甲醇等防冻剂。防冻剂将与冷凝下来的水和重烃一起送到再生系统，在此回收防冻剂并分离水和液态烃。此外，天然气中水蒸气的饱和含量会随着温度的降低和压力的升高而减少，因此也可用先增压后降温法脱除天然气中的水蒸气。天然气降温脱水所达到的温度必须比管输天然气的水露点低5~7℃。

（2）吸收法。

吸收法是一种利用吸收剂从天然气中去除水蒸气的脱水技术。理想的吸收剂应具备以下特性：对水有高溶解度，对天然气有低溶解度，具有良好的热稳定性和化学稳定性，黏度低，蒸汽压低，不易起泡和乳化，无腐蚀性，易于再生和重复使用，来源广泛且成本低廉。

在实际应用中，常用的吸收剂是甘醇类化合物，尤其是二甘醇、三甘醇和四甘醇（表 10-1）。这些吸收剂能够通过氢键与水分子结合，从而有效地从天然气中分离出水分子。由于甘醇的沸点远高于水，因此可以通过蒸馏和气提等方法将甘醇再生利用。

表 10-1　天然气脱水用的吸收剂

吸收剂	分子式	密度 g/cm³	冰点 ℃	沸点 ℃	水溶性	热分解温度,℃	再生温度 ℃
二甘醇	$HO\text{---}[CH_2CH_2O]_2H$	1.118	-8.3	245.0	易溶	164.4	149~163
三甘醇	$HO\text{---}[CH_2CH_2O]_3H$	1.125	-7.2	287.4	易溶	206.7	117~196
四甘醇	$HO\text{---}[CH_2CH_2O]_4H$	1.128	-5.6	327.3	易溶	237.8	204~224

三甘醇因其设备投资低、能耗低、使用寿命长和可循环再生性而应用广泛，但存在黏度大、易起泡、在酸性气体存在下可能产生降解物和处理后天然气露点只能达到-30℃等缺点。三甘醇浓度越高，露点降低越大，因此高纯度三甘醇法进行脱水，逐渐被采用以降低露点。另外，固体氯化钙作为一种价廉的吸水剂，仅适用于边远单井处理气量较小的情况。特别在严寒地区的井场，仍有一定的优越性，但需定期更新，露点降低值随运行时间会发生变化。

（3）吸附法。

吸附法是一种通过固体吸附剂来脱除天然气中水蒸气的脱水技术。理想的吸附剂应具备以下特性：比表面积（单位质量吸附剂的表面积）大、孔隙度大，对水有选择性、热稳定和化学稳定性高、有一定机械强度、易于再生、来源广泛且成本低廉。吸附法特别适用于那些初始含水量较低，但需要进一步深度脱水的场合。这种方法在天然气深冷分离或液化等低温工艺中尤为常见，因为它能够有效地从天然气中去除微量的水蒸气。

常用的吸附剂包括活性氧化铝、硅胶和分子筛（表 10-2）。这些吸附剂能够有效地吸附水蒸气，同时允许天然气的其他组分通过，从而实现脱水目的。铝胶脱水后天然气露点可达-73℃，价格较便宜，遇水不易碎裂。但所需再生热量较大，且可吸附重烃而又难于脱除。硅胶脱水后天然气露点可达-70℃，容易再生，虽吸附重烃但容易脱除。硅胶可脱除少量硫化氢，但当硫化氢含量较大时，可生成硫黄而堵塞微孔，又不能用再生方法脱除。此外，有水滴存在时硅胶碎裂而降低使用寿命。用于脱水的分子筛一般采用 4A 分子筛，脱水后天然气露点可达-100℃（或 0.1×10^{-6} 以下）。分子筛不吸附重烃，但当有油或醇类带入床层时，会使分子筛恶化变质。此外，分子筛价格较贵，再生温度也较高（250~300℃）。

表 10-2　天然气脱水用的吸附剂

吸附剂	分子式	比表面积, m²/g	孔隙度, %	再生温度, ℃	说明
活性氧化铝	Al_2O_3	210~350	50~65	180~450	无定形多孔体，$w(Al_2O_3)$ 为 90%~94%

吸附剂		分子式	比表面积，m²/g	孔隙度，%	再生温度，℃	说明
硅胶		SiO_2	550~830	50~65	120~230	无定形多孔体，$w(SiO_2)$ 高达 99%
分子筛	4A	$Na_2O \cdot Al_2O_3 \cdot mSiO_2$①	700~900	55~60	150~310	晶体多孔体，微孔结构均一，孔径为 0.45nm
	5A	$CaO \cdot Al_2O_3 \cdot mSiO_2$①	700~900	55~60	150~310	晶体多孔体，微孔结构均一，孔径为 0.55nm

①m 一般为 2.0~2.5。

由于分子筛具有晶体多孔体的均一微孔结构，其微孔孔径与水分子的直径（约为 0.28nm）相近，同时分子筛的极性与水分子的极性相似，这使得分子筛具有优异的吸水性能。通过分子筛的脱水处理，天然气中的水分含量通常可低到 $0.1 \sim 10 g/m^3$。

在实施吸附法脱水时，湿天然气首先被送入装填有分子筛吸附剂的吸附塔。在塔内，水蒸气被吸附剂有效捕获，而干燥的天然气则通过塔顶排出。当吸附剂达到其吸附饱和状态后，可以通过引入热天然气来脱附吸附剂上的水分，实现吸附剂的再生。这样，经过再生的吸附剂便可以循环使用，持续进行天然气的脱水处理，确保脱水过程的连续性和高效性。

（4）天然气水合物生成的抑制。

在一定条件下天然气可与水生成水合物，使天然气管道产生堵塞。所以，要抑制管输过程中天然气水合物的生成。天然气水合物的生成有两个条件：一是天然气中有水存在；二是有足够低的温度和足够高的压力。图 10-1 为丙烷水合物的相图，从此相图可理解天然气水合物生成的两个条件。从图 10-1 还可以看到，当温度超过 5.5℃时，丙烷就不再产生丙烷水合物了。这个温度通常称为水合物临界生成温度。天然气中各成分水合物的临界生成温度见表 10-3。

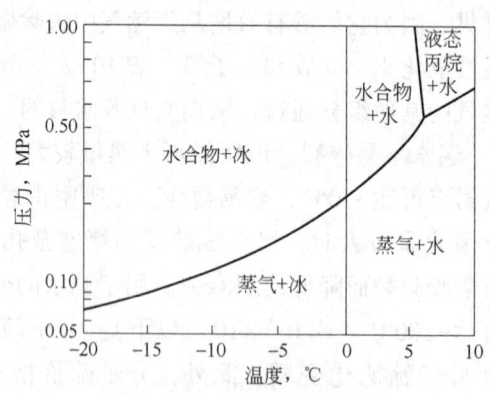

图 10-1　丙烷水合物相图

表 10-3　天然气各成分水合物的临界生成温度

成分	CH_4	C_2H_6	C_3H_8	$i\text{-}C_4H_{10}$	$n\text{-}C_4H_{10}$	CO_2	H_2S
水合物临界生成温度，℃	47.0	14.5	5.5	2.5	1.0	10.0	29.0

抑制水合物生成的方法就是降低压力并保持一定的温度。对一定温度和一定组成的天

然气，可将压力降至水合物生成压力之下；对一定压力和一定组成的天然气，可将温度保持在水合物生成温度以上（可从图 10-1 理解）。因为天然气经过节流调压装置后可能会产生很大幅度的温降，所以加热主要适合于在节流调压装置之前，而一般不适合干线输气管道。另外，也可以使用抑制剂来防止天然气水合物的生成。

常见的天然气水合物抑制剂主要分为三大类：一类是醇，如甲醇、乙醇或乙二醇，因醇与水完全互溶，天然气在醇水溶液表面上形成水合物的倾向显然低于天然气在水表面上形成水合物的倾向，醇含量越大，抑制水合物结晶析出的倾向越大，根据天然气的组成，醇含量为 0.10~0.60，即可有效地抑制水合物结晶的析出，从而抑制天然气水合物的生成。另一类是表面活性剂，因表面活性剂可通过吸附使析出的天然气水合物结晶表面或已长大的天然气水合物结晶表面受到干扰（产生畸变），不利于它继续长大、聚并，抑制了天然气水合物在天然气管道表面沉积，如：

R—⬡—SO$_3$M　　烷基苯磺酸盐，R：C$_8$~C$_{22}$，M：Na、K、NH$_4^+$

$$\left[\ R-\overset{\overset{\displaystyle CH_3}{|}}{\underset{\underset{\displaystyle CH_3}{|}}{N}}-CH_2-⬡\ \right]Cl$$　　烷基苄基二甲基氯化铵，R：C$_8$~C$_{18}$

R—⬡—O$\overline{\!(\,CH_2CH_2O\,)\!}_n$H　　聚氧乙烯烷基苯酚醚，R：C$_8$~C$_9$，$n$：2~7

还有一类是水溶性聚合物，其链节可与天然气水合物析出的结晶或已长大的天然气水合物结晶结合，从而使它们彼此分离，即使它们能继续长大，但不能彼此聚并，也不能在天然气管道表面沉积，引起管道的堵塞，如：

$$\overline{\!(\,CH_2CH\,)\!}_n$$

聚 N-乙烯吡咯烷酮　　　聚 N-乙烯吡咯烷酮的丁基衍生物

上述聚合物为非离子型聚合物。此外，还可用阴离子型聚合物和阳离子型聚合物。

从上述三类抑制剂的作用机理对比可以看到，醇是将天然气水合物控制在结晶析出阶段，表面活性剂是将天然气水合物控制在结晶的长大阶段，而聚合物则将天然气水合物控制在聚并、沉积阶段，因此它们都称为天然气水合物抑制剂。天然气水合物抑制剂通常是复配使用的，如含 2.5×10^3 mg/L 的 N-乙烯己内酰胺与 N-乙烯吡咯烷酮共聚物、1.0×10^3 mg/L 的烷基苄基二甲基氯化铵和 2.5×10^3 mg/L 的四正戊基氯化铵的复合抑制剂对天然气水合物有优异的抑制作用。

2. 天然气脱酸性气体

天然气中的酸性气体主要包括硫化氢（H$_2$S）和二氧化碳（CO$_2$）。硫化氢的存在会加剧管线和设备的腐蚀，对环境造成污染，并在后续的加工过程中导致催化剂中毒。二氧化碳的浓度过高会增加管线和设备的腐蚀风险，并降低天然气的热值（单位质量天然气的发热量）。因此，为了确保天然气的质量和安全性，必须对这些酸性气体进行脱除。在处理过程中，除了硫化氢和二氧化碳，其他硫化物如二硫化碳（CS_2）、硫氧化碳（COS）和硫醇（RSH）等也会被一并去除。天然气脱酸性气体的方法包括吸收法、吸附法和直接转化法等。选择最合适的方法取决于多种因素，例如操作压力、酸性气体的初始浓度、净化标准以及对硫黄回收的需求等。每种方法都有其特定的优势和局限性，因此在实际应用中需要根据具体情况进行综合考虑和优化选择。

1）吸收法

吸收法是一种利用吸收剂来脱除天然气中的酸性气体的方法，主要使用两类吸收剂：

（1）化学吸收剂。

这是一类在吸收时可与酸性气体反应的吸收剂，如乙醇胺、二乙醇胺和氢氧化钠等。醇胺液中过去多采用乙醇胺（MEA），其反应性强，净化程度高，价格便宜，因而应用广泛，已建有数百个装置。但乙醇胺遇 COS、CS_2 等生成不可再生的化合物，使溶剂耗量增加，并有腐蚀、起泡及汽耗大等问题。当天然气中有机硫及酸性气体含量高时，往往用改良的二乙醇胺（DEA）溶剂来代替乙醇胺。此外，还有适用于寒冷地区的二甘醇胺（DGA）以及对硫化氢选择吸收较好的二异丙醇胺（DIPA）均可处理含有有机硫的天然气，其蒸汽耗量也较低，腐蚀较小，均比乙醇胺法有所改进。

乙醇胺是一种化学吸收剂，在低温（25~40℃）下能有效吸收除去酸性气体，如下所示：

$$2HOCH_2CH_2NH_2+H_2S \underset{高温}{\overset{低温}{\rightleftharpoons}} (HOCH_2CH_2NH_3)_2S$$

$$2HOCH_2CH_2NH_2+CO_2+H_2O \underset{高温}{\overset{低温}{\rightleftharpoons}} (HOCH_2CH_2NH_3)_2CO_3$$

$$HOCH_2CH_2NH_2+RSH \underset{高温}{\overset{低温}{\rightleftharpoons}} HOCH_2CH_2NH_3SR$$

吸收了酸性气体的醇胺溶液，可以通过升温（高于150℃）和气提的方法来脱除其中的酸性气体，实现吸收剂的再生。类似一乙醇胺的化学吸收剂还有下列醇胺：

$$\begin{array}{ll} HOCH_2CH_2 & \\ & NH \\ HOCH_2CH_2 & \end{array} \qquad \begin{array}{ll} HOCH_2CH_2 & \\ & N-CH_3 \\ HOCH_2CH_2 & \end{array} \qquad \begin{array}{ll} HOCH_2CH_2 & \\ & N-CH_2CH_2OH \\ HOCH_2CH_2 & \end{array}$$

　　二乙醇胺（DEA）　　　甲基二异丙醇胺（MDEA）　　　　　三乙醇胺（TEA）

用醇胺作吸收剂脱除酸性气体的方法称作醇胺法。在醇胺法中，醇胺一般配成水溶液使用，其质量分数控制在 0.10~0.30 之间。醇胺的复配可提高它脱除酸性气体的效果。

氢氧化钠（NaOH）也是一种有效的化学吸收剂，用于脱酸时通常采用18%~20%（质量分数）的水溶液，这种方法被称为碱洗法。尽管碱洗法在去除酸性气体方面效果显著，但由于溶液消耗量大，且使用后的废液难以处理，通常仅适用于杂质含量较低且净化要求较高的场合。在碱洗过程中，酸性气体通过氢氧化钠溶液时，会发生以下化学反应而被去除：

$$H_2S+2NaOH === Na_2S+2H_2O$$

$$CO_2+2NaOH === Na_2CO_3+H_2O$$

$$H_2S + Na_2S \Longrightarrow 2NaHS$$

$$CO_2 + 2Na_2S + H_2O \Longrightarrow Na_2CO_3 + 2NaHS$$

$$H_2S + Na_2CO_3 \Longrightarrow NaHS + NaHCO_3$$

$$CO_2 + Na_2CO_3 + H_2O \Longrightarrow 2NaHCO_3$$

可再生的碱液为热钾碱液，其典型代表为 Benfield 法。此法以 25%~30% 的 K_2CO_3 水溶液为吸收剂，并加少量 DEA 和 V_2O_5 为催化剂。该法溶解度较高，而且由于吸收与再生基本上在同一温度下进行，吸收液再生前可省去一般化学吸收法所需换热器，同时蒸汽消耗有所减少。因而适用于 CO_2 含量很高，又需同时脱除 CO_2 和 H_2S 的情况。当 H_2S 的净化程度要求较高时，往往要增设二乙醇胺（DEA）吸收段。天然气中 COS、CS 等杂质可被水解而吸收。

（2）物理吸收剂。

物理吸收剂是一类通过物理吸收脱除酸性气体的吸收剂，它们是通过溶解作用除去酸性气体的。对于高压和高酸性的天然气，采用物理吸收法时，相比于化学吸收法，其所需的溶剂循环量和设备的容积通常较小，对有机硫无降解作用。而且由于采用减压或汽提再生，无需加热，蒸汽耗量也大大减少，因此发展较快。可用的吸收剂有：

环丁砜　　　碳酸丙二醇脂　　　三乙酸甘油酯　　　N-甲基吡咯烷酮

磷酸三丁酸　　　二甲基甲酰胺　　　聚甘醇二甲醚，n: 2~7

目前多把化学吸收剂与物理吸收剂复配使用，两者的结合，可以提高酸性气体脱除的效率和选择性。砜胺法就是这样一种结合了物理和化学吸收特性的方法，它所使用的吸收剂是由砜与醇胺复配而成的。胺法中常用的砜为环丁砜，常用的醇胺为二异丙醇胺。这种复配吸收剂具有下列特点：净化面宽，能脱除多种酸性气体，如二氧化碳（CO_2）、硫化氢（H_2S）、硫化碳（COS）、硫醇（RSH）和硫醇盐（RSR）等；净化度高，净化气中的 H_2S 浓度可低至 $6mg/m^3$；吸收量大，$1m^3$ 吸收剂最高可吸收酸性气体达 $120m^3$；蒸发消耗少，吸收剂循环用量少。

2）吸附法

吸附法是用吸附剂脱除酸性气体的方法。当天然气处理量较小、硫化氢含量又较低（小于 1%），且水含量也不高（在标准条件下低于 $320mg/m^3$）时，可采用吸附法选择性脱除硫化氢。在低温装置（如天然气液化装置）中，分子筛吸附法被广泛应用，它不仅能有效脱除硫化氢，还能同时去除天然气中的残余水分和二氧化碳。在合成气生产中，分子筛变压吸附（VPSA）装置也被用于同时实现脱水、脱硫化氢和脱二氧化碳。但是，当酸性气体含量较高或处理量较大时，吸附装置可能会变得过于庞大，限制了其应用。吸附法主要使用两类吸附剂：

（1）化学吸附剂。

化学吸附剂是一类在吸附时可与酸性气体反应的吸附剂。在现场使用的化学吸附剂主要为海绵铁。海绵铁的化学成分为氧化铁（Fe_2O_3），对硫化氢具有高度选择性。当硫化氢在其上吸附时，可发生下面反应而被除去：

$$2Fe_2O_3+6H_2S \Longrightarrow 2Fe_2S_3+6H_2O$$

使用过的海绵铁，可通入空气，在空气中氧的作用下进行下面反应而再生使用：

$$2Fe_2S_3+3O_2 \Longrightarrow 2Fe_2O_3+6S$$

尽管海绵铁也能与二氧化碳反应，但反应不彻底，因此不适用于脱除二氧化碳。其他化学吸附剂如氧化锌和氧化钙也有应用，但它们不像海绵铁那样可以再生使用。

（2）物理吸附剂。

物理吸附剂是一类通过物理吸附脱除酸性气体的吸附剂。在工业现场，分子筛是常用的物理吸附剂。由于酸性气体对吸附材料的腐蚀性，选择耐酸的分子筛至关重要。分子筛的耐酸性能与其组成的硅铝比密切相关，这里的硅铝比是指分子筛中二氧化硅与三氧化二铝的物质的量之比，通常为 2~2.5，但耐酸分子筛的硅铝比则在 4~10 范围内。吸附了酸性气体的分子筛可以通过热脱附（热天然气）的方法进行再生，恢复其吸附能力，以便再次使用。除了分子筛，活性炭和硅胶也是常用的物理吸附剂。活性炭因其多孔结构和大比表面积而具有强大的吸附能力，而硅胶则因其稳定的化学性质和良好的热稳定性而被广泛使用。这些物理吸附剂在天然气处理过程中起到了关键作用，有助于提高气体的纯度和质量。

3）直接转化法

对于处理量较小且硫化氢含量较低的天然气，直接转化法提供了一种有效的处理手段。这种方法的一个例子是 ADA 法，它通过特定的化学过程实现硫化氢到硫黄的转化，避免了额外的硫黄回收步骤。然而，直接转化法存在一些局限性。首先，这种方法不回收废热，这可能导致能源效率较低。其次，当硫黄生成量较大时，处理成本会显著增加，使得这种方法在经济上不太可行。因此，尽管直接转化法在某些特定条件下可能适用，但其应用范围相对有限，通常需要根据具体的工艺条件和经济考量来决定是否采用。

二、天然气分离技术

当天然气中含有较多的重烃（C_4 以上烃类）时，为满足天然气管输要求，需要从天然气中分离重烃。为综合利用天然气，进一步分离回收其中所含的 C_3 甚至 C_2 烷烃（用作石油化工的原料）。此外，当天然气中含氮较高时，为提高天然气的热值，有时也需分离天然气中的氮；当天然气中含有一定量氦气时，也要分离回收。常用的分离方法有吸附分离法、油吸收分离法和冷凝分离法等。前两种方法因投资高、能耗大、C_{3+} 收率低，因此国内外建成的凝液回收装置大多采用的是冷凝分离法。冷凝分离是在低温下将天然气中的 C_{3+}（或 C_{2+}）组分冷凝成液体，与以 C_1 为主体的气体分离。所得液体通过分馏法变成商品的乙烷、丙烷、丁烷及稳定轻烃。

分离方法的选择取决于天然气的组成、压力、所需回收的组分和要求，以及其他很多经济技术等因素。以下主要讲述回收天然气中 C_2 以上烃类的分离方法。

1. 吸附分离法

吸附分离法是利用固体吸附剂对各种烃类的吸附容量的不同，而使天然气中各组分得以分离的方法。烃类分离中使用最广泛的吸附剂是活性炭。吸附装置一般采用 3 台吸附器交替操作，一台进行吸附操作，另一台进行脱附，第三台进行冷却。脱附是用吸附后的干气经增压和加热后作为脱附气，脱附温度约 235~265℃。脱附气经冷凝分离即可回收烃类。显然，要求回收的组分越轻，吸附周期越短，所要求的冷凝温度也越低。如在常温冷凝，只能回收 75%~90% 的 C_{5+}；如要回收乙烷，不仅吸附周期很短，且必须采用低温冷凝分离脱附气，或用油吸收的方法分离脱附气。因此，吸附分离法多用于处理气量较小（$6 \times 10^5 \text{m}^3/\text{d}$）及含液烃量较少的天然气分离。

吸附分离法可同时吸附水及重烃，使水及液烃的露点均符合管输要求。装置比较简单，不需要特殊的设备和材料。但其能耗较大，燃料消耗约为天然气的 5%，生产成本也较高。此法在加拿大采用较多。在美国有采用此法作成可拆迁的小型吸附装置，采用短周期操作，并附低温冷凝设施，多临时用于初开发油田或单井附近。

2. 油吸收分离法

油吸收分离法是根据天然气中各组分在吸收油中溶解度的不同而使不同烃类得以分离的方法。油吸收分离装置中，主要部分为吸收塔、富油稳定塔和富油蒸馏塔。在吸收塔中，用吸收油吸收需要回收的烃类，同时吸收少量不需要回收的轻组分。吸收烃类的吸收油在富油稳定塔中脱除不需要回收的轻组分（如甲烷），然后再送入富油蒸馏塔中蒸馏出液烃。蒸出液烃后的吸收液再送入吸收塔吸收天然气中所需吸收的烃类。根据温度不同，油吸收法可分为常温油吸收法、中温油吸收法和低温油吸收法。油吸收装置一般对乙烷的回收率不高，主要用于回收丙烷及以上的烷烃。

3. 冷凝分离法

对高压天然气用水冷的方法进行分离是最古老的天然气分离法。为提高液烃回收率，可采用冷冻的方法，进一步降低冷凝温度，从而提高液烃冷凝率。按冷凝温度不同，可分为浅冷和深冷两类。

1）浅冷分离法

浅冷以回收 C_3（丙烷）为主要目的，冷凝温度一般为 -40~-25℃。适用于天然气压力较高、轻烃含量较低的情况，可以有效降低干气露点以满足管输要求。此法流程简单，操作容易，对设备要求也不高，在中东地区广泛用于伴生气和原油稳定气的处理。可分为自制冷法和外加冷源法两种。

2）深冷分离法

深冷以回收 C_2（乙烷）为目的，要求 C_3 回收率在 90% 以上，冷凝温度一般为 -100~-90℃。根据提供冷源的方式，可分为外补冷源深冷分离法和膨胀机法两类。外补冷源深冷分离法是利用单独的制冷系统提供主要冷量，在原料气压力与干气外输压力存在足够压差时，也可由节流提供少量冷量。为达到 -90℃ 左右的低温，可采用复叠式制冷系统（如丙烷—乙烷复叠式制冷系统），也有采用混合冷剂制冷系统。此法在原料气压力与干气外输压力之间压差很小时，回收 C_{2+} 的成本比低温吸收法要低，在天然气液化装置中有一定应用，但不如膨胀机法应用广泛。膨胀机法深冷分离装置主要由膨胀机提供冷量。当天然气中所含 C_{2+} 烃量较大，或要求回收率较高时，除膨胀机提供冷量外，尚需由外加冷源补充冷量。此法在原料气压力与干气外输压力之间有足够压差、乙烷回收率要求较高时，投资少，生产成本低。

总的来说，浅冷和深冷分离法各有特点和适用场景，选择哪种分离技术取决于天然气的具体成分、所需的产品纯度、经济效益和操作条件等因素。

第二节　油田污水处理

油田污水处理是石油工业中的一个重要环节，它对于环境保护、资源循环的利用以及油田的经济效益都有着直接的影响。

一、油田污水的来源、特点及危害

1. 油田污水的来源

油田污水主要来源于原油脱出水（又名油田采出水）、钻井污水及站内其他类型的含油污水。这些污水中含有可溶性盐类、重金属、悬浮和乳化的原油、固体颗粒、硫化氢等天然杂质，以及在油田开发过程中添加的化学添加剂，如酸类、除氧剂、润滑剂、杀菌剂和防垢剂等。

油田开发中的注水阶段是提高油田产量和采收率的关键技术措施。随着注水技术的广泛应用，油田产生的水量也随之增加，这要求对产出水进行有效处理，以便回注地下，实现水资源的循环利用。污水处理的效果直接关系到注水效率和油田的整体开发表现。随着油田开发的深入，污水处理技术持续进步，化学、物理和生物处理方法被广泛应用于改善水质和降低处理成本。然而，油田污水处理仍面临着一系列挑战：由于油田污水处理水质未达到使用要求，只好使用大量的清水；油田整体污水富余，需要外排，但污水处理达不到环保要求，油田只好另外选址打井，将污水注入地下，也就是无效回灌。这些挑战在一定程度上影响了油田的开发和可持续发展，引起各油田的广泛重视。

2. 油田污水的特点

油田污水量大，因其来源的油藏不同，差异较大。与一般污水相比有以下四个特点。

1）富含油污

富含油污是油田污水的主要特点，由于油田污水是油田生产过程中产生的，来源于油藏。因此污水含油量较高，一般在每升几十毫克到几百毫克不等，具体数值取决于油藏的特性和开采条件。其中的含油部分呈悬浮状态存在，部分呈溶解状态存在。前者通过加入化学剂（如破乳剂等）比较容易去除，但后者通过物理或化学的方法去除较难，通常需要采用更为先进的处理技术，如高级氧化过程（AOPs）或生物降解技术。

2）具有一定的矿化度

由于油田污水来源于地下油藏，各油藏中水相的矿化度不同，因此不同油田污水矿化度不一样。高的可达几万毫克每升，低的也在几千毫克每升。污水硬度一般也较高，矿化度和硬度的存在一定程度上会影响污水处理效果。

3）具有较高的温度

由于油藏的埋藏深度不同，产出水的温度也有所差异。高温污水（如 50~60℃）对水处理设备的性能和寿命有负面影响，可能需要特殊设计和材料来应对。

4）含细菌微生物

大部分油田污水处理系统中都含有多种细菌。其中，硫酸盐还原菌等有害细菌的存在，一方面会引起设备的生物腐蚀；另一方面细菌及其产生的残液会增加污水的悬浮物含量。生物腐蚀过程中，还会产生大量的有机杂质，从而导致污水进一步恶化，是油田污水水质不稳定的主要原因。

为了确保油田污水的安全回注和环境友好，行业标准如 SY/T 5329—2022《碎屑岩油藏注水水质指标技术要求及分析方法》提供了详细的水质要求。这些标准针对不同油藏渗透率，规定了注入水的各项指标，主要是悬浮固体含量、悬浮物颗粒直径、含油量、平均腐蚀率和细菌含量等指标。

3. 油田污水的危害

注水技术在油田开发中扮演着至关重要的角色，它通过补充地层能量，维持油层压力，从而确保油田的高产和稳产。注入水的水源主要是地面淡水、地下浅层水及采出原油的同时采出的油层水。为了节约地球上的淡水资源，目前注入油层的水大部分来自原油开采脱出的水，习惯上称之为污水，大体已经占了全国注水总量的80%左右。污水未经处理时含有大量的悬浮固体、乳化原油、细菌等有害物质，这些物质对人体健康和油层环境都构成严重威胁。直接饮用未经处理的污水可能导致人体健康受损，发生各种病变；同样，如果油层注入了未经处理的污水，油层也会受到伤害，主要体现在大量繁殖的细菌、机械杂质以及铁的沉淀物堵塞油层，引起注水压力上升、注水量下降，影响水驱原油的效率。因此，必须对注入油层的水进行净化处理。

油田污水处理方法多样，需根据油田的具体生产条件和环保要求来选择。在需要注水的情况下，处理后的污水必须满足严格的水质标准，包括悬浮物、油等指标，以防止对油层造成伤害。此外，如果污水作为蒸汽发生器或锅炉的给水，还需要严格控制水中的钙、镁等易结垢的离子含量、总矿化度以及油含量等，以保证设备的正常运行和效率。

二、常用的污水处理方法

油田污水处理的核心目标是去除油和悬浮物，以确保处理后的水可以安全回注或排放。这一过程通常分为两个关键阶段，第一阶段为除油阶段，该阶段是利用油、水密度差以及化学药剂的破乳和絮凝作用，将油和水分离开来；第二阶段为过滤阶段，该阶段利用滤料的吸附和拦截作用，去除污水中的悬浮固体、油和其他杂质。除油阶段要根据含油污水中原油的密度、凝点等性质的不同而采用相应的处理方法。

1. 物理法处理技术

物理法处理技术是一系列基于物理原理的方法，旨在从废水中去除矿物质、大部分固体悬浮物、油类等污染物。主要包括重力分离、离心分离、粗粒化、过滤、膜分离和蒸发等技术。

1）重力分离技术

依靠油水密度差进行重力分离是油田废水治理的关键。从油水分离的试验结果看，沉淀时间越长，从水中分离浮油的效果越好。自然沉降除油罐、重力沉降罐、隔油池作为含油废水治理的基本手段，已被各油田广泛使用。

2）离心分离技术

通过高速旋转的设备产生强大的离心力，实现废水中的油滴和其他颗粒物与水的分离。在离心力的作用下，较重的油滴和其他大颗粒物质被推向设备的外侧，而较轻的水和其他小颗粒则留在内侧。这种分离过程使得油和水在设备的不同区域分离，并通过专门的出口进行收集。含油废水经离心分离后，油集中在中心部位，而废水则集中在靠外侧的器壁上。按照离心力产生的方式，离心分离可分为水力旋流分离器和离心机两种。水力旋流分离器以其紧凑的设计、轻量化结构、高效的分离性能以及运行的安全性和可靠性而受到业界的重视。这种设备在全球范围内的油田，包括中东、非洲、西欧、美洲等地区的海上和陆地油田中都有广泛应用。在我国，引进的 Vortoil 水力旋流分离器已在油田污水处理中取得了良好的效果。

3）粗粒化

粗粒化是指含油废水通过一个装有粗粒化材料（如石英砂、无烟煤、蛇纹石、陶粒、树脂等）的设备时，油珠粒径由小变大的过程。粗粒化除油罐特别适用于去除经前期治理后的含油污水中的细小油珠和乳化油。

4）过滤处理技术

通过物理拦截的方式去除废水中的悬浮固体和油滴。过滤器有压力式和重力式两种，我国油田普遍采用压力式，有石英砂过滤器、核桃壳过滤器、双层滤料过滤器以及多层滤料过滤器等。这些过滤器的设计和材料选择旨在提高过滤效率和处理能力。随着纤维材料的发展，以纤维材料为滤料发展起来的深床高精度纤维球过滤器，因其具有纤维细密、过滤时可形成上大下小的理想滤料空隙分布、纳污能力强、反洗滤料不流失等优点而发展迅速，有望成为未来油田污水处理技术的重要发展方向。

5）膜分离技术

膜分离技术被认为是"21世纪的水处理技术"，是一大类技术的总称。它通过使用具有特定孔径的膜材料，实现对水中颗粒、分子和离子的选择性分离。这项技术涵盖了微滤、超滤、纳滤和反渗透等多种方法，见表10-4，每种方法针对不同的分离需求和应用场景。在油田污水处理中，超滤技术因其在除油方面的显著效果而受到特别关注。

表 10-4　膜分离技术的基本特征

膜类型	孔径大小，μm	功能	膜间压力，Pa
微滤（MF）	0.1~0.2	去除悬浮固体	$(1.72 \sim 3.44) \times 10^5$
超滤（UF）	0.01~0.1	去除有机物、细菌和热原质，去除胶体物质，去除悬浮固体，去除染料大分子	$(1.72 \sim 6.89) \times 10^5$
纳滤（NF）	0.001~0.01	去除病毒，去除大的无机离子，去除分子量在300~1000有机物，去除三价盐	$(9.30 \sim 15.86) \times 10^5$
反渗透（RO）		去除所有有机化合物，去除所有溶解盐，去除病毒、细菌和热原质	$(13.80 \sim 68.90) \times 10^5$

国外已经成功应用 Membralox 陶瓷膜等膜技术处理油田采出水，通过预处理和膜过滤有效降低了悬浮物和油含量。例如，悬浮物从 73~290mg/L 降至 1mg/L 以下，油含量从 8~583mg/L 降至 5mg/L 以下。在加拿大西部，高分子膜和陶瓷膜的应用进一步将悬浮物和油含量降至极低水平。美国自 1991 年起使用陶瓷超滤膜处理采出水进行油田回注，确保水质满足标准。在加利福尼亚，膜法处理的采出水甚至达到了饮用或灌溉标准。Chen 等人的研究也证实了陶瓷膜在降低油和悬浮固体含量方面的高效性，通过适当的反冲和清洗，膜通量能够长期保持稳定。在中国，超滤膜技术也已成功应用于油田废水处理。胜利油田东辛采油厂的实践表明，超滤膜能有效截留油分，达到 97.7% 的高截留率，满足回注水标准。大庆油田试验的中空纤维超滤器显示出更高的通量，尤其在低压差条件下性能突出。此外，中空纤维超滤膜在降低悬浮固体和油浓度方面效果显著，大幅提高了水质。南京化工大学研发的陶瓷微滤膜在江苏真武油田的应用也取得了良好效果。

2. 化学法处理技术

化学法主要用于处理废水中不能单独用物理法或生物法去除的一部分胶体和溶解性物质，特别是含油废水中的乳化油，包括混凝沉淀法、化学氧化法和中和法。

1）混凝沉淀法

混凝沉淀法是借助混凝剂（如铝盐类、铁盐类、聚丙烯酰胺 PAM 类、接枝淀粉类等）对胶体粒子的静电中和、吸附、架桥等作用，使胶体粒子脱稳，在絮凝剂的作用下，发生絮凝沉淀以去除污水中的悬浮物和可溶性污染物。这种方法是油田污水处理中常用的预处理步骤。

2）化学氧化法

化学氧化法主要用于去除水中的有机污染物和降低生化需氧量（BOD），通过化学反应产生具有强氧化性的自由基或其他氧化剂，从而破坏污染物的化学结构，实现污染物的降解或转化。化学氧化法分为化学氧化、电解氧化和光化学催化氧化三类。化学氧化是利用强氧化剂（如 O_2、O_3、Cl_2、H_2O_2、$KMnO_4$、K_2FeO_4 等）来氧化分解废水中的油分和化学需氧量（COD）等污染物质，达到净化废水的一种方法。电解氧化是在废水中插上电极，通过直流电使污染物在阳极发生电氧化或与电解产生的氧化性物质（如 Cl_2、ClO^-、Fe^{3+} 等）发生化学氧化还原作用，达到净化废水的一种方法。光化学催化氧化则利用半导体材料（如 TiO_2、Fe_2O_3、WO_3 等）在太阳光能或人造光能（如紫外线、日光灯等）作用下催化氧化废水中的污染物，使废水中的油和 COD 等污染物质降解，达到净化废水的一种方法。目前常用的处理含油废水的方法有超临界水氧化、湿式空气氧化、臭氧氧化、TiO_2 电极氧化、Fenton 试剂氧化等。

3）中和法

中和法主要用于调整废水的 pH 值，以促进某些污染物的沉淀或溶解，从而便于后续的处理步骤。这种方法涉及向废水中添加酸或碱，以达到中和作用，使废水的 pH 值接近中性。中和过程可以有效地去除或转化废水中的酸性或碱性污染物，如硫化氢、硫酸盐等，这些物质在酸性或碱性条件下可能对环境造成严重危害。

3. 物理化学法处理技术

1）气浮法

气浮法是将空气以微小气泡形式注入水中，使微小气泡与在水中悬浮的油粒黏附，因其密度小于水而上浮，形成浮渣层从水中分离。常投加浮选剂提高浮选效果，浮选剂一方面具有破乳作用和起泡作用，另一方面还有吸附架桥作用，可以使胶体粒子聚集随气泡一起上浮。我国有人将电气浮技术应用于油田采出水处理中，研究表明电气浮工艺用于油田采出水除油及杀菌是可行的。阳极用于除油，阴极用于杀菌，除油率为 80%~90%，电耗约为 $0.1kW \cdot h/m^3$。

2）吸附法

吸附法主要是利用固体吸附剂去除废水中多种污染物。根据固体表面吸附力的不同，吸附可分为表面吸附、离子交换吸附和专属吸附。油田污水处理中采用的吸附主要是利用亲油材料来吸附水中的油。常用的吸附材料是活性炭，由于其吸附容量有限，且成本高，再生困难，使用受到一定的限制，故一般只用于含油废水的深度处理。因此，后续寻求新的吸油剂方面的研究主要集中在两点：一是把具有吸油性的无机填充剂与交联聚合物相结合，提高吸附容量；二是提高吸油材料的亲水性，改善其对油的吸附性能。

另外，20 世纪 70 年代，美国学者 Richard 首次提出了超声波辐照的化学效应。随着超大功率超声波设备的问世，超声波的物理化学效应已逐渐成为人们的研究热点。20 世纪 90 年代以来，国内外学者纷纷致力于超声波降解有机物研究，开始将超声波应用于控制水污染，尤其是治理废水中难以降解的有毒有机污染物，结果表明，超声波对污染水体的降解机理是声空化效应及由空化产生的增强化学反应的活性自由基作用。

4. 生物法处理技术

生物法是利用微生物的生化作用，将复杂的有机物分解为简单的物质，将有毒的物质转化为无毒物质，从而使废水得以净化。根据氧气的供应与否，将生物法分成好氧生物处理和厌氧生物处理。好氧生物处理是在水中有充分溶解氧的情况下，利用好氧微生物的活动，将废水中的有机物分解为 CO_2、H_2O、NH_3、NO_2 等；厌氧生物处理的特点是可以在厌氧反应器中稳定地保持足够的厌氧生物菌体，使废水中的有机物降解为 CH_4、CO_2 和 H_2O 等。生物法较物理或化学法成本低，投资少，效率高，无二次污染，广泛为各国所采用。油田废水、污水处理方法较多，现将其各自的优缺点比较列于表 10-5 中。

表 10-5 油田污水主要处理方法比较

方法名称	适用范围	去除粒径，m	主要优缺点
重力分离法	浮油及分散油	>60	效果稳定，运行费用低，处理量大；占地面积大
粗粒化法	分散油及乳化油	>10	设备小，操作简便；易堵，有表面活性剂时效果差
过滤法	分散油及乳化油	>10	水质好，设备投资少，无浮渣；滤床要反复冲洗
吸附法	溶解油	10	水质好，设备占地少；投资高，吸附剂再生困难
浮选法	乳化油、分散油	>10	效果好，工艺成熟；占地大，药剂用量大，有浮渣
膜分离法	乳化油及溶解油	<60	出水水质好，设备简单；膜清洗困难，运行成本高
混凝沉淀法	乳化油	>10	效果好，占地大，药剂用量大，污泥难处理
电解法	乳化油	>10	效率高；耗电量大，装置复杂，有氢气产生，易爆

方法名称	适用范围	去除粒径, m	主要优缺点
超声波法	分散油及乳化油	>10	分离效果好；装置价格高，难于大规模处理
生物法	溶解油	<10	处理效果好，无二次污染，费用低；占地大

三、油田污水处理工艺简介

油田污水成分比较复杂，油分含量及油在水中存在的形式也不相同，且多数情况下常与其他废水相混合，因此单一方法处理往往效果不佳。同时，因各种方法都有其局限性，在实际应用中通常是两三种方法联合使用，使出水水质达到排放标准。在设备方面，国外开发应用的设备有许多不同类型，其处理效率都较高，如使用较广泛的气浮选装置就有立式罐和卧式槽型，除油效率达 98% 以上。精细过滤设备对悬浮物的控制含量小于 1mg/L，颗粒直径小于 1μm。同时，研究者开发了精细过滤器，PE、PEC 微孔过滤器等，对 2μm 颗粒的控制能力在 85% ~ 95%，基本满足了各种地层的注水水质要求。

国内外含油污水处理工艺是基本相同的，主要分为除油和过滤两级处理，处理污水进行回注。根据注水地层的地质特性，确定处理深度标准、选择净化工艺和设备。对渗透性好的地层，一般污水经除油和一段过滤后即进行回注；而对低渗透地层，则要进行二级或三级过滤。由于各油田的生产方式、环境要求以及处理水的用途不同，使油田污水处理工艺差别较大。在这些工艺流程中，常见的一级处理有重力分离、浮选及离心分离，主要除去浮油及油湿固体；二级处理有过滤、粗粒化、化学处理等，主要是破乳和去除分散油；深度处理有超滤、活性炭吸附、生化处理等。如美国得克萨斯贝克斯油田，污水经气浮选、双滤料过滤器、滤芯式过滤器处理后即可回注；苏联曾对高渗透层的重力沉降过滤流程改造为聚结过滤和气浮选法配套工艺，收到明显的效益。油田污水处理常见有以下几种工艺：

工艺一：油田污水→隔油池→浮选池→生化池→出水；

工艺二：油田污水→自然沉降罐→浮选罐→过滤罐→出水；

工艺三：油田污水→浮选池→混凝沉淀→砂滤→精滤→电渗析→出水；

工艺四：油田污水→浮选池→混凝沉淀→砂滤→精滤→电渗析→出水；

工艺五：油田污水→预处理→超滤→出水。

工艺二、工艺三处理后出水外排；工艺四处理后的水用作热采锅炉给水；工艺一、工艺五处理后的水用于回注。目前国内外除油阶段主要采用的技术方法有重力式隔油罐技术、压力沉降除油技术、气浮选除油技术、水力旋流除油技术等。

重力式隔油罐技术是靠油水的相对密度差来达到除油目的。含油污水进入隔油罐后，大的油滴在浮力作用下自由地上浮，乳化油通过破乳剂（混凝剂）的作用，由小油滴变成大油滴。在一定的停留时间内，绝大部分原油浮升至隔油罐的上部而被除去。其特点是，隔油罐体积大，污水停留时间长，即使来水有流量和水质的突然变化，也不会严重影响出水水质；但其占地面积大，去除乳化油能力差。

压力沉降除油技术是在除油设备中装填有使油珠聚结的材料，当含油污水经过聚结材料层后，细小油珠变成较大油滴，加快了油的上升速度，从而缩短了污水停留时间，减小了设备体积。其特点是设备综合采用了聚结斜板技术，大大提高了除油效率；但其适应来水量、水质变化能力要比隔油罐差。

气浮选除油技术是在含油污水中产生大量细微气泡，使水中颗粒粒径为 $0.25 \sim 25 \mu m$ 的悬浮油珠及固体颗粒黏附到气泡上，一起浮到水面，从而达到去除污水中污油及悬浮固体颗粒的目的。采用气浮，可大大提高悬浮油珠及固体颗粒浮升速度，缩短处理时间。其特点是处理量大，处理效率高，适用于稠油油田含油污水以及含乳化油高的含油污水。

水力旋流除油技术是利用油水密度差，在液流高速旋转时，受到不等离心力的作用而实现油水分离。其特点是设备体积小、分离效率高；但其对原油相对密度大于 0.9 的含油污水适应能力差。过滤阶段采用的过滤技术根据滤后水质的要求不同分为粗过滤、细过滤和精细过滤。根据水质推荐标准，悬浮物固体含量为 $1.0 \sim 5.0 mg/L$，颗粒直径为 $2.0 \sim 5.0 \mu m$。过滤的核心技术是滤料的选择与再生。在油田污水处理中，目前国内外主要采用的滤料有石英砂、无烟煤、陶粒、核桃壳、纤维球、陶瓷膜和有机膜等。滤料的再生方法主要有热水反冲洗、空气反吹等。旋流脱水与污水过滤装置如图 10-2 所示。

(a) 旋流脱水器

(b) 污水过滤器

图 10-2　旋流脱水器与污水过滤器

近些年，旋流分离器技术在油田污水处理、原油脱水、液化气脱胺以及环保等行业中得到了广泛应用，以其体积小、处理能力强、操作成本低等优势，有效提高了处理效率和水质。技术研究不断深入，通过改进结构和优化流场，提高了分离效率，同时数值模拟和理论研究的发展为旋流分离器的设计和应用提供了科学指导，展望未来，该技术有望在更多领域展现其广阔的应用潜力。

四、油田污水处理技术的发展趋势

从世界石油开发历史看，注水开发是提高油田最终采收率和开发效益的主要方式，注水开发技术与管理水平直接影响油田开发的最终效益。油田开发进入二次采油阶段后，油田注水工作将贯穿于油田开发的全过程，涵盖采出液处理、污水净化、污水回注等诸多工作。长期的油田注水实践证明，作为注水源头的注水水质是实现油田高效开发的关键。注入水质不但对水驱油藏的开发效果有着重要的影响，而且对地面工程设备、设施的功能发挥、使用寿命等带来后续效应，在很大程度上制约着地面工程系统的运行质量与效益，这些都将最终体现在注水开发效益上。

2005 年开展的中国石化油田注水大调查工作，发现注水开发油田中暴露出来的许多问题都与注水水质直接相关。因此，在强调加强油田注水、搞好二次采油、实现东部老油田稳产和提高开发效益时，首先要强调注水水质对二次采油的重要性，从思想认识上提高对水质的重视程度。近年来，中国石化在油田注水水质改造方面取得了显著成就，通过扩大水质监测覆盖范围、提升监测频率和效率，以及加强科研与现场工作的结合，实现了注水水质的综合达标率显著提升。特别是在 2023 年，注水水质综合达标率达到了 99.3%，创下历史新高。公司投资 9 亿元开展为期 3 年的水质专项治理工作，坚持"注好水、注够水、有效注水、精细注水"的原则，全面加强水质管理，并通过技术攻关和创新思路，优化水处理工艺流程，提升了老油田的整体开发成效。这些措施不仅提高了油田的稳产增产能力，也显著提升了开发效益。

随着全球范围水资源短缺的加剧以及人们对环境污染认识的加深，油田污水处理后回用已经越来越受到重视。今后研发的重点和技术发展趋势如下。

1. 高效混凝剂的研制与开发

研发高效混凝剂成为油田污水处理领域提升效率和实现可持续发展的关键策略。研究者们正致力于开发新型混凝剂，这些混凝剂旨在通过更强的混凝能力、快速的破乳和沉降速度以及在不同 pH 条件下的稳定性来满足油田采出水和钻井污水的特殊处理要求。通过材料创新，特别是无机高分子混凝剂（如聚合铝、铁、硅等）的系列化研究，以及有机混凝剂复合配方的筛选和高聚物的改性，新型混凝剂有望提高污水处理效率，减少化学药剂的使用量，降低处理成本，并减轻对环境的影响。目前，无机高分子混凝剂的研发已形成系列化，有机混凝剂方面的研究则聚焦于配方优化和改性，以期在实际应用中展现出卓越的处理效果，支持油田水处理的可持续发展，并减少对环境的负面影响。

2. 生物处理技术的优化

生物处理技术的优化是油田污水处理的核心，其目标是通过微生物的自然降解作用来高效去除有机污染物。近年来，研究者们利用基因工程技术，尤其是 CRISPR-Cas9 系统，这种技术不仅在治疗遗传性疾病方面展现出巨大潜力，也被用于开发能够高效降解原油、乳化油及其他复杂烃类化合物的基因工程菌种。这样的菌种能够显著增强生物处理系统对特定污染物的降解能力。同时，通过调整微生物群落的结构和优化环境因素（如温度、pH 值、氧气供应等），可以进一步提升生物反应器的运行稳定性和适应性。此外，结合物理化学技术的新型工艺，例如膜生物反应器（MBR）和生物电化学系统，不仅进一步提升了污水处理的效率，还促进了能源的回收利用，并减少了设施的占地面积。这些创新的发展推动了油田污水处理技术朝着更高效、更环保的方向发展，与高效混凝剂的研发相辅相成。

3. 膜技术的创新与应用

膜技术的创新应用正成为油田污水处理的关键技术，它通过将传统生物处理工艺与先进的膜分离技术相结合，极大地提升了处理效率和出水水质。研究者们正在开发新型膜材料，如具备抗污染性和高透过性的膜，以及优化膜结构设计，旨在提高对油类污染物的截留效率和化学耐腐蚀性。特别是膜生物反应器（图 10-3）技术的进步，它不仅使得固液分离过程更为高效，还减少了膜的污染和清洗频率，有效降低了长期运行成本。这些技术的发展不仅与生物处理技术的优化相得益彰，还与高效混凝剂的应用形成了互补，共同推动油田污水处理向更高效率和更好环保性能的方向发展。随着膜技术的持续进步，预计其在油田污水处理中的应用将更加广泛，有助于实现污水的高度净化和资源化回用，为环境保护和水资源的可持续利用贡献重要力量。

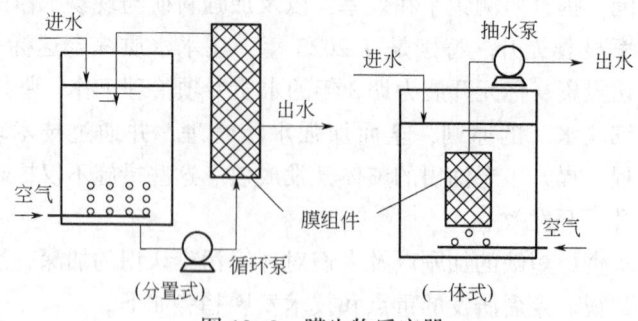

图 10-3　膜生物反应器

4. 先进氧化技术的集成

先进氧化技术（AOT）的集成在油田污水处理技术的发展中扮演着至关重要的角色，它通过融合多种氧化过程，显著增强了对难降解有机物和有毒污染物的去除能力。AOT 涉及使用紫外光（UV）、臭氧（O_3）、过氧化氢（H_2O_2）以及 Fenton 反应中的氢过氧化物和铁盐等强氧化剂，产生具有高氧化潜力的羟基自由基。这些高活性物种能够有效地攻击并破坏复杂的有机分子结构，将其转化为易于生物降解的小分子或直接矿化为无害物质。AOT 的集成不仅提升了污水处理的效率，还有助于降低化学需氧量（COD）和生物需氧量（BOD），同时减少了有害副产品的生成。通过优化操作参数和工艺组合，例如将 AOT 与生物处理工艺相结合，可以实现更为高效的污染物去除效果，降低能耗和操作成本。这种技术的发展与膜技术的创新、生物处理技术的优化以及高效混凝剂的研制相辅相成，共同为油田污水处理提供了一种经济高效且环境友好的综合解决方案。

5. 自动化与智能化控制系统

自动化与智能化控制系统的应用正在油田污水处理领域引领一场技术革新。这一系统通过整合先进的传感器、物联网（IoT）技术、大数据分析和人工智能（AI）算法，实现了对污水处理过程的实时监控和智能管理。它能够自动调整关键处理参数，例如泵速、药剂投加量和曝气量，以适应不断变化的进水水质和处理条件，确保出水水质满足预定标准。智能化控制系统的预测功能还能识别和预防潜在的操作问题，如设备故障和性能下降，从而减少停机时间和维护成本，提高系统的可靠性和经济性。

此外，该系统通过收集和分析大量的运行数据，为操作人员提供了强有力的决策支持，使得长期运营策略得以优化，能源效率和整体处理效率得到显著提升。随着自动化与智能化技术的持续进步，油田污水处理不仅将变得更加高效和可靠，还将在环境保护和资源可持续利用方面发挥更大的作用。这种技术的发展与高效混凝剂、生物处理技术的优化、膜技术的创新以及先进氧化技术的集成等其他技术进步相结合，共同推动油田污水处理技术向更高水平的环境保护和资源循环利用迈进。

6. 资源回收与能源再利用

资源回收与能源再利用是油田污水处理中推动可持续发展的关键策略。通过创新技术和环保材料的应用，人们不仅能从废水中提取宝贵的资源，如净化水、氮、磷等营养物质，还能捕获和利用潜在的能源资源，例如通过生物质转化产生的沼气或捕获甲烷。这些做法不仅减少了对新鲜水资源的依赖，还显著降低了处理过程中的能源消耗。

利用先进的膜技术、蒸发和冷凝过程，可以高效地从油田污水中回收纯净水，适用于工业循环使用或农业灌溉。同时，微生物处理过程中产生的沼气可转化为清洁能源，用于发电或供热，减少对化石燃料的依赖。此外，通过工艺设计的优化，如结合厌氧消化与生物电化学系统，提高了能源回收效率，并促进了有机物的高效转化。

7. 环境友好型材料与工艺

在环境友好型材料与工艺的开发方面，研究者们正致力于寻找既能提高处理效率又能减轻环境负担的新型材料和方法，包括开发生物可降解的高分子材料、生态友好的吸附剂和催化剂，以及探索天然来源的混凝剂以替代传统化学混凝剂。这些创新材料能够有效去除污水中的污染物，并在处理结束后自然分解，减少对生态系统的影响。

通过应用绿色化学原理优化水处理过程，减少有害副产品的生成，并提高能源和资源的使用效率。例如，采用微生物降解技术替代化学氧化过程，或者利用光催化和电催化技术，在无需添加外部化学试剂的情况下分解污染物，实现更加环保的污水处理。

8. 系统整合与工艺优化

系统整合与工艺优化通过融合多种处理技术，形成一个高效协同作用的集成系统，提升污水处理的整体效率和效果。这种整合不仅提高了污水处理的整体效率和效果，还通过优化各个处理单元的操作参数和顺序，确保在整个处理流程中实现最佳的污染物去除效果。例如，结合先进的膜分离技术和生物处理工艺，不仅提升了出水水质，还减少了污泥的产生和处理成本。利用计算机模拟和大数据分析工具，可以深入分析污水处理过程，识别并解决效率瓶颈，进一步优化工艺参数，实现能源消耗的最小化和处理能力的最大化。此外，模块化设计的考虑使得处理设施能够灵活适应不同规模和处理要求，便于未来的扩展和升级。这些综合性的工艺优化措施，不仅满足了日益严格的环保标准，还提升了资源回收率，为环境保护和可持续发展贡献了力量。

 复习思考题

1. 天然气脱水的方法主要包括哪些？请简要描述每种方法的工作原理。
2. 天然气中常见的酸性气体有哪些？请描述一种有效的酸性气体脱除方法及其原理。
3. 污水处理中有哪些常见的处理方法？请简要说明每种方法的适用条件和处理原理。
4. 请讨论在油田污水处理中，如何平衡环境保护和经济效益。
5. 油田污水处理中生物处理技术的原理是什么？
6. 概述油田污水处理技术发展的主要趋势。

参 考 文 献

[1]　陈来成，赵瑜藏．石油化学．北京：石油工业出版社，2012．

[2]　赵福麟．油田化学．2版．东营：中国石油大学出版社，2010．

[3]　朱道义．油田化学：富媒体．北京：石油工业出版社，2020．

[4]　付美龙．油田化学原理．北京：石油工业出版社，2015．

[5]　张玉平，陈海峰，李建芳．化学基础．2版．北京：石油工业出版社，2017．

[6]　周小玲，孟祥江．油田化学．北京：石油工业出版社，2010．

[7]　方绍燕，卢宝文．油田基础化学．2版．北京：石油工业出版社，2015．

[8]　池秀梅，张克军．有机化学．2版．北京：石油工业出版社，2024．